엑셀로 푸는
관망 해석·설계

대표 저자 **박한영**
공동 저자 **강문식**
공동 저자 **양재구**
지음

공감북스

차 례

Chapter 1

Chapter 2

차 례

Chapter 3

매니폴드 유동 / 39

Chapter 4

관망해석 / 63

차 례

Chapter 5

관망설계 / 175

Chapter 6

경제적 관망설계와 ETS / 279

차 례

Appendix A

수치해석 / 335

Appendix B

펌프특성곡선 / 379

Appendix C

밸브손실계수/ 387

Appendix D

엑셀 사용법 / 393

찾아보기 / 401

제 1 장

소개

관망시스템의 범위는 매우 단순한 관망부터 매우 크고 복잡한 관망에 이른다. 관망은 하나의 배수지로부터 다른 배수지로 물을 송수하는 단일 배관과 같이 단순하거나 또는 주요 대도시 지역에서 서로 연결된 급수관망과 같이 복잡할 수 있다. 관로의 말단부 또는 중간 지점에 여러 종류의 펌프가 설치될 수 있으며 이 펌프는 저장 탱크로 또는 탱크로부터 물을 송수한다. 송수시스템은 고도가 다른 지역에 공급하는 에너지구배선 또는 압력수준에 기초하여 많은 하부-관망으로 분리될 수 있다. 또한 일부 관망에서는 펌프를 지속적으로 운영할 필요가 없도록 가압 탱크가 설치될 수 있으며 이러한 송수시스템에서는 의도된 기능을 충분히 수행하기 위해 감압밸브 또는 압력유지밸브가 설치될 수 있다. 관망시스템의 물리적 무결성을 보장하기 위해 시스템 내 여러 지점에 서지 릴리프 밸브, 서지 탱크 또는 진공 밸브와 같은 서지제어장치를 설치할 필요가 있다.

이와 같은 관망시스템이 어떻게 동작할까? 무슨 법칙이 포함되며, 어떻게 하면 이와 같은 관망시스템을 성공적으로 분석하고 이해할 수 있을까? 사전 설계의 거동을 어떻게 평가하고, 결함 발생시 이를 해결하기 위해 어떻게 설계를 수정할 수 있을까? 인류의 기본적인 욕구를 충족시키기 위해 기본적인 사회기반시설의 개발과 관련된 기술자가 즉각 직면하는 도전과제 중 일부는 지불 가능한 가격으로 원하는 장소와 시간에 물을 송수하는 것이다. 이 분야 기술자의 주된 목적은 관련 지식을 축적하고 적용하여 관망시스템이 제대로 동작하도록 하는 것이다. 이 과업을 성공시키기 위해서는 처음에는 유체기계의 기본적인 원리에 관한 충분한 지식이 필요하다. 수리 유동 문제를 해결하는 약간의 경험이 있으면 매우 바람직하고, 시간 투자와 노력의 결과로서 이러한 경험을 얻을 수 있다. 최신 특정한 수치해석 방법의 이해 및 이 방법을 전산기로 실행하는 능력은 절대적으로 필요한 기술이다. 지난 50년 동안 공학 분야와 관련된 연산은 계산자(slide rule)를 사용하여 핵심 요소 수치를 추정한 것부터 시작하여 전산기를 사용하여 다양한 대안 설계에 대응하여 상세한 관망시스템 성능의 모의 결과를 얻을 수 있는 단계까지 극단적으로 변화하여 왔으며, 이제는 다양한 구상의 결과를 정량적으로 확인할 수 있게 되었다. 전산기 출력의 분량은 인간이 가장 타당한 정보를 찾을 수 있는 능력을 압도한다. 본서는 이러한 목적을 수행할 수 있는 지식, 경험 및 도구를 제공한다.

본서에서는 종합적이지만 상대적으로 실용적인 관로 수리학을 제공하고, 손으로 수행하기에 비현실적인 상세한 연산을 수행하기 위해 필요한 전산기 응용기법을 제공한다. 저자의 의도는 책을 저술하고, 다음 역할을 잘 수행하는 CD를 첨부하는 것이다. (1)유체기계, 수리학, 급수와 배수, 수자원 분야 전문가 양성을 위해 선발된 학사 학위 학생을 위한 높은 수준의 학사 학위과정을 위한 교과서; (2)동일한 분야의 대학원 공학 과정을 위한 교과서;

(3)배수, 송수, 그리고 관로 내 유체의 제어와 관련된 전문지식의 업데이트를 원하는 전문 기술자를 위한 교재; (4)관망시스템 계획을 설계하고 승인하는 모든 직위의 정부기관의 기술자에게 자원 재료 제공; 그리고 (5)문제를 해결하고 계획을 검토하거나 또는 프로젝트 대안을 제시하여야 하는 자문가에게 참고 자료를 제공하는 것이다.

관망시스템의 수리학은 유체기계의 첫 번째 과정에서 발견할 수 있는 일부 기본적인 법칙에 기초한다. 통상적으로 이와 같은 과정은 토목공학과 환경공학, 기계공학, 농업공학과 관개공학 그리고 일부 관련된 공학 분야의 대학 3년차 학생이 수강한다. 이상적으로 이 과정은 기본 이론의 전개와 적용의 신중한 조합이지만, 실무 적용분야를 강조하는 과정은 드물다. 저자는 독자가 기본적인 유체기계 원리의 지식을 이미 취득한 것으로 추정하고, (1) 기본 개념의 이해를 상기시키고, (2)본서에서의 공식의 전개와 이해를 높이기 위해 필요할 때 간혹 보조식을 찾을 수 있는 유체기계학과 관련된 기본적인 참고도서를 소유하고 있기를 기대한다. 이와 같은 참고도서에 수록된 유체 특성과 관련된 자료를 사용할 수 있다.

후속 절에서 전개될 기초를 확립하기 위해 제2장에서는 관망시스템 수리학과 관련된 기본적인 유체기계의 요소를 기술한다. 펌프는 관망시스템에서 공통적인 요소이기 때문에 제2장에서는 펌프 거동에 대한 간략한 기초 그리고 펌프 특성곡선이 이와 같은 펌프의 거동에 미치는 영향에 대한 요약만을 기술한다. 또한 통상적인 여러 기본적인 유동 예제를 기술하고 나머지 부분에서는 일반적인 관망시스템 해석의 3개 범주에 대해 기술한다.

제3장에서 기술된 첫 번째 범주는 상대적으로 덜 복잡한 관망시스템 유형인 배관 매니폴드를 고려한다. 비록 배관 매니폴드는 기본적으로 많은 유출지점 또는 포트로 유체를 수송하는 상대적으로 큰 배관이지만 유체기계와 관련된 대학 교과서에는 빈번하게 연구되지 않는 공간적으로 변화하는 유동의 한 예이다. 여러 완성도 수준에서 단일 매니폴드 배관을 검토하고, 제3장 후반부에서는 전산기 프로그램의 도움으로 매니폴드 설계를 전개하는 공통적인 설계 예제를 기술한다. 두 번째 범주는 관망의 정상유동해석이다. 본서의 가장 많은 분량에서 이 주제를 다룬다. 다른 도서에서 이 주제를 기술하는 적용범위와는 다르게 본서에서는 상대적으로 광범위하고 철저하게 기술한다. 관망에 대한 고찰은 단순한 관망부터 복잡한 관망으로 진행한다. 원리를 강조하기 위해 단순한 관망을 사용하고, 대형 관망에서는 실제 현실적 감각을 경험하고 추가적인 복잡성에 대해 대처할 수 있는 능력을 배양할 수 있도록 진행한다. 독자가 전체 해석의 진행 절차를 파악할 수 있도록 충분한 수치기법과 프로그래밍 기법의 상세한 내용을 제시한다.

제4장에서는 해석 기법에 대해 집중하고 관망시스템을 위한 수학적 모델 공식화로 접근하는 3개의 주된 대안을 완벽하게 기술하고, 이들을 해결하기 위한 방법을 제시한다. 포트

란과 C 프로그램으로 제4장과 후속 장에서의 각 해결 방법의 주된 요소를 실행하며 이 프로그램은 본서에 동반된 CD에 수록하였다. 상대적으로 복잡한 감압밸브와 배압밸브를 관망시스템 내부로 통합시킬 필요가 있는 논리를 조심스럽게 기술하였다.

제5장에서는 관망설계에 대한 효과적인 접근법을 기술한다. 즉, 대부분 관로 설계의 첫 번째 목적은 명시된 배수 요구조건을 만족시킬 수 있는 가장 작은 배관 직경을 결정하는 것이고, 이 배관은 구매 가능하여야 한다. 5장에서는 일부 배관 직경이 미지수인 문제를 어떻게 공식화하는지를 다룬다. 이와 같은 기법은 통상적으로 초기에 모든 배관 규격을 동일한 것으로 추정하여 관망을 해석하며, 만족스러운 설계를 발견할 때까지 반복적으로 규격을 조정하는 통상적인 방법과는 확연한 대조를 이룬다. 독자가 대형 관망 성능에서의 결함을 가장 효과적으로 제거하기 위해 어느 요소를 변경시킬 것인지를 합리적으로 결정할 수 있도록 이 방법을 기술한다. 즉, 종속변수로부터 독립변수의 민감도를 정량화하여 이 결정 과정을 수행한다. 예를 들어 압력이 과도하게 낮은 문제를 해결하기 위해서는 반드시 압력이 가장 낮은 절점에서의 압력(종속변수)에 대한 민감도가 가장 큰 펌프장을 확장하여야 한다. 최종적으로 제6장에서는 관망설계에서의 시간확장모의와 경제적인 고려사항을 추가로 기술한다.

처음에는 확실하지는 않지만 독자가 본서를 읽고 학습하는 동안 특히 관망시스템이 대형이 될수록 관로의 수리학 문제의 해결은 상당한 연산 노력을 요구할 수 있다는 사실을 확실히 알게 된다. 전산기를 사용하여 대형 관망의 정상유동 해석 또는 부정류해석을 수행하기 위해서는 통상적으로 2000년도 이전에는 데스크 탑 전산기 또는 워크스테이션을 사용하였으나 최근에는 단순한 데스크 탑 전산기를 사용할 수 있다. 통상적으로 일련의 중간부터 대형의 초기 비선형 대수학식 또는 많은 다른 공식을 해결하기 위한 이러한 형식의 연산은 신뢰할 수 있는 그리고 합리적으로 효율적인 수치해석방법의 사용에 크게 종속된다.

관망의 정상유동을 해석하고 설계하기 위해서는 반드시 대형 비선형 대수학식시스템을 해결하여야 한다. 이를 위해 본서에서는 일련의 공식을 해결하기 위해 상대적으로 신뢰할 수 있는 뉴튼법을 주로 사용한다. 관망의 비정상유동에서 관성이 포함되면 DAE's라고도 불리는 매우 크게 될 수 있는 미분식과 대수학식시스템을 해결하여야 한다. 비록 DAE's의 해결과 관련된 연구논문은 1980년부터 시작되었지만 이와 같이 조합된 공식시스템이 지배하는 공학 실무에 적용된 사례는 많지만 관로 수리학 문제에 적용되었던 사례는 거의 없다고 말할 수 있다. 본서는 이러한 공식시스템의 해결을 위한 기법을 제공하는 유일한 도서이다. 미래에는 더욱 세련된 공학 문제의 해결을 요구하므로 본서에 기술된 유사한 해결 기법이 보편적으로 사용되게 될 것이다.

여러 방법 중 하나로 관망시스템의 수리학을 설명할 수 있다. 이 방법은 일련의 서술적인 수학식으로 수리이론을 설명하는 단순한 방법부터 문제 배열의 서술, 전산기 프로그램의 사용을 위한 일련의 전산기 프로그램 소스파일과 입력자료 지침을 설명하는 방법에 이른다. 저자는 이 방법을 권장하지 않지만 독자는 저자의 목표와는 전적으로 일치하지 않는 목표를 가질 수 있다는 사실을 저자는 이해하고 있다. 많은 숙고 끝에 저자는 중간적인 방법을 선정하였다. 각 주된 주제의 첫 번째 단계에서는 지배원리와 이를 수학식으로 표현하는 방법을 제시한다. 원리의 적용 사례는 통상적으로 작고 단순한 것부터 시작하여 더욱 현실적이고 더욱 어려운 큰 사례로 진행하며, 대부분 장의 종료부에서 예제 문제를 다룬다. 문제 해결의 수치적 그리고 절차적 상세한 내용의 대부분은 작은 문제를 토론할 때 검토된다. 일부 독자는 본서에 기술된 것 보다는 수치해석 그리고 전산기 코딩과 관련된 상세한 내용을 더욱 알고 싶어 할 수 있다. 저자는 불가피하게 어느 정도는 중간 접근법을 택하기 위해 이러한 결과를 선택할 수밖에 없으나 관심 있는 독자는 수치해석기법 및 실제 전산기 프로그래밍과 관련된 더욱 상세하고 많은 내용을 학습할 수 있다. 부록 A는 약간의 수치해석 기법에 대한 기초를 기술한다. 또한 CD로터 전산기 프로그램의 소스 코드를 추출하여 이를 열거하고, 학습하고, 그리고 이를 사용하여 다양한 문제를 해결하기를 권장한다. CD는 약 250개의 개별 파일을 포함하지만 실행 가능한 USU-NETWK 파일은 포함하지 않는다. 즉, USU-NETWK와 같은 주된 실행 가능한 프로그램의 사용을 설명하기 위해 7개의 문서파일이 제공된다. 약간의 예외를 제외하고 소스 프로그램은 포트란과 C 두 전산 언어로 제공된다. CD는 약 100개 포트란 소스 프로그램을 포함하며 각 소스 프로그램을 출력하면 적게는 1쪽부터 많게는 여러 쪽의 분량이 된다. 이 프로그램 중 일부는 통상적인 단일 미분식, 공식시스템 또는 2차스플라인 보간과 같은 과업을 수치해석으로 수행하기 위한 서브루틴이다. 독자는 각 장의 종료부에 있는 많은 문제를 해결하는 도중 CD애 수록된 방대한 추가 자원을 사용하는 것이 유리하다는 사실을 알 수 있다. CD에 수록된 INSTALL 프로그램은 사용자가 형식별로 파일을 추출하고 압출파일을 풀거나 또는 개별 또는 그룹으로 선택하는 것을 허락한다.

본서는 주로 관망시스템의 수리학을 기술하도록 작성되었지만 중요한 부차적인 목적은 적용 예제, 그리고 기술자가 직면할 수 있는 대형 문제와 더욱 복잡한 문제를 해결하기 위한 일부 신뢰성 있는 수치 기법을 조심스럽게 기술하는 것이다. 본서에서 다루는 예제는 비록 모두 관망문제이지만 수치 기법 자체는 유사한 일련의 공식으로 모델링 할 수 있는 임의 주제에 더욱 광범위하게 적용할 수 있는 잠재력을 갖는다. 전 세계 모든 공과대학에서는 오랜 기간 동안 포트란, C, 또는 파스칼과 같은 프로그램 언어를 학생에게 교육시키거나 또는 MathCAD, TK-Solver 또는 Mathematica로 실행시킬 수 있는 해석언어(interpretative language)와 엑셀 사용법의 교육에 대한 우열을 토론하여 왔다. 학생의 재학시절 그리고 졸업 후에도 많은 학생을 관찰하면서 형성된 저자의 의견은 전산기가 우리의 전문적인 그리고 개인 생활에서 필수품의 일부가 되어가면서 전산 프로그래밍은 필수는 아니지만 매우 중요한 스킬이라는 것이다. 절차적 프로그래밍(procedural programming) 언어를 효과적으로 사용할 수 있는 사람은 재학시절 응용 패키지가 유일한 경험인 사람보다 더 쉽게 응용 소프트 패키지의 사용을 이해할 수 있다. 결과적으로 프로그래밍은 과업을 완성하기 위해서 뿐만 아니라 간결하고 올바른 기본 원리를 요구하기 때문에 그리고 경험은 수계산으로 작은 문제의 해결뿐만 아니라 이러한 원리에 대한 이해를 향상시키기 때문에 효과적으로 프로그래밍하는 방법을 배우는 것이 큰 가치가 있다. 그러나 만일 본서에서 프로그래밍 언어를 사용하여야만 한다면 어느 언어를 사용하여야 할까? 마침 계절과 유사한 측면에서 시간이 지나면서 더욱 많은 언어가 출현하고 있다. 예를 들어 독자의 출생 년도에 따라 독자와 저자는 베이직과 포트란, 그리고 파스칼, 그리고 최근에는 C와 C++, 자바 그리고 더욱 최근에는 비주얼 베이직, 비주얼 C 및 다른 언어의 여러 세대가 출현하는 것을 목격하여 왔다. 독자에게 특정 프로그래밍 언어의 해독능력을 강제하지 않으면서 논제를 다룰 수 있는 도서를 어떻게 저술할 수 있을까?

저자는 독자가 연산 방법에 대한 일부 지식을 갖춘 것으로 가정하고 시작하였다. 또한 저자는 많은 독자는 프로그래밍 언어로서 포트란 또는 C와 친숙하고, 필요한 배경지식을 갖춘 것으로 가정하였다. 따라서 독자는 본서의 모든 문제는 아니지만 일부 문제를 해결하기 위해 CD에 수록된 실행 가능한 프로그램 요소를 편집하지 않고 직접 사용할 수 있다. 더욱이 TK-Solver 모델은 공식과 종속변수를 명확하게 선정하는 방법을 제시하기 때문에 수개의 TK-Solver 모델을 CD에 수록하였다. 분량이 허락하는 한 TK-Solver 뿐만 아니라 MathCAD 모델을 포함시키려고 의도하였다. 일부 예제 그리고 각 장의 종료부에 있는 문제를 해결하기 위한 해석 능력을 배양하기 위해 독자는 독자 자신의 TK-Solver, MathCAD, Mathematica, 엑셀, 또는 다른 소프트웨어 모델을 개발하면 소중한 경험이 될 것이다. 이미 소스 프로그램에 대해서 언급하였으며 각 프로그램은 독자가 각자의 목적에 맞게 새로운 또는 전문 프로그램을 만들 수 있는 기초 역할을 한다. 물론 임의 프로그램을 수정하기 위해서는 재편집이 필요하고, 따라서 적합한 편집기 접속이 필요하다. 독자가 이 프로그램을 사용할 때 주의할 점은 저자의 생각으로 프로그램은 정확하다고 생각하지만 100% 보장하지는 않는다는 것이다. 따라서 독자는 각자 책임아래 이 프로그램을 사용하여야 한다.

독자가 수리학의 기본 원리를 광범위한 실제 문제에 적용하는 것은 도전적인 과제일 수 있지만 이는 독자는 물론 고급 교육 또는 전문직에게도 유용한 것을 알 수 있다고 저자는 확신한다. 더 나아가 저자는 상당히 많은 전산기 프로그램과 적용 범위는 사용자가 광범위하게 관망시스템을 해석할 수 있는 도구를 제공할 것이라고 기대한다.

관망에서 또 다른 주된 주제는 관망에서 운영되는 펌프의 기동 및 정지, 그리고 밸브의 개방과 폐쇄시 유동은 일시적으로(통상적으로 수분에서 수십분 정도) 정상유동으로부터 부정류[transient, 경우에 따라 수격(waterhammer)이라고도 부른다]로 변화한다. 부정류의 원인은 유속이 급속하게 변화하는 곳(예를 들어 펌프, 밸브 등)에서 압력파 a가 발생하고 이 압력파는 관로를 반복하여 이동하면서 유동을 정지시켜 유체의 운동에너지를 압력에너지로 전환시킨다. 이때 유체는 더 이상 비압축성이 아닌 압축성이 되고, 통상적으로 강성체로 고려되는 배관도 더 이상 강성체가 아닌 탄성체로 취급된다. 이와 같은 현상이 조합되어 관로 내 압력은 상승과 하강 또는 그 반대로 하강과 상승을 일정 시간 동안 반복한다.

이와 같은 수격현상을 해석하기 위해서는 시간 증분 dt와 관로길이 ds의 상관관계 $\pm a = ds/dt$를 만족시키는 특성식을 사용하여야 한다. 완벽하지는 않지만 가장 단순한 경우에는 특성식이 아니라 자이코프스식 $\Delta H = a\Delta V/g$을 사용할 수 있다. 이와 같은 단순한 경우에서도 복잡한 대규모의 관망에서 발생하는 수격현상을 해석하기 위해서는 관의 재질, 직경, 관로 지지방법에 따라 다른 a를 결정하고 $\pm a = ds/dt$을 만족시키기 위한 최소 해석시간 증분 dt는 1/100초~1/1000초가 된다. 따라서 단순하고 작은 규모의 관망에서 발생하는 수격현상을 해석하기 위해서는 정상유동해석보다는 상당히 긴 시간이 소요되고, 또한 해석결과를 출력하면 통상적으로 수백 쪽의 보고서가 된다. 또한 이 짧은 dt 마다 관로 내에서 변화하는 유속 ΔV를 구하기 위해서는 유속을 변화시키는 펌프 또는 밸브(통상적으로 경계조건)에서의 유동상태를 분석하여야 한다. 이를 위해서는 펌프의 경우 상사법칙을 사용하여 dt 마다 펌프 임펠러의 회전속도와 유속을, 그리고 밸브의 경우 밸브특성곡선과 보간법을 이용하여 dt 마다 개도별 유속을 구하여야 한다. 부정류를 해석하기 위해서는 수치해석을 위한 연산능력, 유체기계의 법칙 및 특성과 관련된 깊은 전문지식을 갖추어야 하며, 전문지식을 학습하기 위해서는 최소한 대학원에서 수 년의 학습기간과 현장경험이 필요하다. 따라서 부정류해석과 관련된 내용은 본서에서는 다루지 않지만 관심 있는 독자는 저자가 발간한 '그림으로 푸는 수충격해석', '전산기로 푸는 수충격해석 입문' 및 '전산기로 푸는 수충격해석 완성', '펌프장 설계' 와 '밸브핸드북'을 참조한다.

제2장

수리기초

본 장에서는 관망시스템의 수력학과 관련된 기본 원리와 개념에 대해 기술한다. 유체역학과 유체기계의 기초 과정을 완전히 이해하고 있는 독자는 이 내용을 이해하는 데 별 어려움이 없을 것으로 생각된다. 먼저 본서에서 앞으로 자주 인용할 기본식을 소개한다. 에너지구배선 EGL(Energy Grade Line)과 수력구배선 HGL(Hydraulic Grade Line)의 개념은 매우 유용하므로 이 개념에 대해서 별도로 고찰한다. 다음은 다양한 손실수두식 그리고 임펠러가 회전하는 펌프와 같은 터보기계의 기능은 매우 중요하므로 이 책의 많은 부분에서 이 터보기계의 운영이론과 기본특성에 대해서 고찰한다.

2.1 기본 원리

2.1.1. 기본 공식

가장 중요한 원리는 질량보존법칙이다. 통상적으로 유체의 밀도 ρ는 유체의 온도와 압력의 변화에 따라 변화한다. 표면 S에 의해 둘러싸인 고정된 검사 체적 $\overline{V}$에 대한 질량보존식은 다음과 같다.

$$\frac{\partial}{\partial t}\int_{\overline{V}}\rho d\overline{V}+\int_{S}\rho\overline{v}\cdot\overline{n}dS=0 \tag{2.1}$$

여기서 $\overline{v}$는 한 지점에서의 속도, $\overline{n}$은 표면 S에 대한 외부 직각 단위 벡터, t는 시간이다. 첫 번째 항은 검사체적 내 시간에 따른 질량의 축적을 나타내는 것으로서 정상유동에서는 0이 된다. 두 번째 항은 표면 지점에서 내적 $\overline{v}\cdot\overline{n}$는 표면을 통과하는 속도성분을 나타내며 전체 검사 표면을 통과하는 유체의 순수 유출을 나타낸다. 배관 내 비압축성 유체의 정상유동에 대한 질량보존은 다음과 같이 표현되며 통상적으로 연속식이라고도 부른다.

$$Q=\int_{A}vdA=V_1A_1=V_2A_2 \tag{2.2}$$

여기서 Q는 배관 단면적을 통과하는 체적 유량으로서 이는 평균 유속 V와 배관 단면적 A의 곱으로 표현된다.

두 번째로 중요한 원리는 일과 에너지법칙이다. 때로는 단순히 에너지법칙이라고도 불린다. 혹자는 베르누이식이라고도 부르기도 하지만 분명하게 에너지법칙은 베르누이식보다 많은 뜻을 내포하고 있다. 배관 내 유체의 1차원 정상유동에 대한 에너지법칙은 다음과 같이 두 지점에 적용된다.

$$\frac{V_1^2}{2g}+\frac{p_1}{\gamma}+z_1=\frac{V_2^2}{2g}+\frac{p_2}{\gamma}+z_2+\sum h_{L_{1-2}}-h_m \tag{2.3}$$

상기 식에서 $V^2/2g$은 속도수두 또는 동 에너지, P/γ는 압력수두 또는 유동 일 그리고 z는 위치수두 또는 포텐셜 에너지라 하며, 이들 모두는 단위 중량당으로 표현된다. 만일 상기 식 오른쪽의 마지막 2개 항이 생략되면 베르누이식이 된다. 손실수두 항, 또는 단위 중량당 축적된 에너지손실 $\sum h_{L1\sim 2}$은 지점 1과 2 사이 마찰에 의한 손실수두의 합이다. 마지막 항 h_m은 수력 기계가 유체에 전달하는 단위 중량당 기계 에너지이다. 펌프는 유동에 에너지를 가하게 되므로 h_m은 (+)가 되며 h_p로 표기하고, 터빈은 유동으로부터 에너지를 빼내가므로 h_m은 (−)가 되며 h_t로 표기한다.

P로 표기된 수동력은 단위 중량당 에너지의 이득 또는 손실인 h_m과 유체의 중량 γQ와의 곱인 $P=\gamma Q h_m$으로 표시하며 이 결과에 단위 변환 계수를 적용하여 동력을 마력 hp 또는 킬로와트 kW로 표현한다. 계산 목적에 따라 효율 η를 곱하거나 나눈다.

마지막으로 중요한 원리는 충동 모멘트식에 의해 지배선형 모멘트식이다.

$$\frac{\partial}{\partial t}\int_{\overline{V}}\rho\overline{v}d\overline{V}+\int_{S}\overline{v}(\rho\overline{v}\cdot\overline{n})dS=\overline{F_{net}}=\overline{F_s}+\overline{F_b} \tag{2.4}$$

유체 또는 고체에 작용하는 힘은 표면력(surface force)과 중력(body force)으로 구분되며, 이 힘은 검사체적 내 축적되는 모멘텀 비율과 검사체적의 표면을 통과하는 순수 유동의 합이다. 정상유동에서는 첫 번째 항은 0이 된다. 배관을 통과하는 1차원 비압축성 정상유동에서 유동방향에 따른 모멘텀식은 다음과 같다.

$$\overline{F_{net}}=\rho Q(\overline{V_2}-\overline{V_1}) \tag{2.5}$$

여기서 유체는 배관의 왼쪽에서 유입되고 오른쪽으로 유출되는 것으로 가정한다. 만일 배관의 단면이 일정하고 직관인 경우 속도는 동일하고 상기 식은 더욱 간단하게 되어 $\overline{F_{net}}=0$이 된다. 2차원 $x-y$평면에서는 다음과 같이 벡터식을 나타낼 수 있다.

$$\sum F_x=(\rho QV_x)_2-(\rho QV_x)_1=(\rho AV_x^2)_2-(\rho AV_x^2)_1 \tag{2.5a}$$

$$\sum F_y=(\rho QV_y)_2-(\rho QV_y)_1=(\rho AV_y^2)_2-(\rho AV_y^2)_1 \tag{2.5b}$$

2.1.2. 에너지구배선과 수력구배선

에너지선 또는 단순히 EL로 표현되는 에너지구배선은 일과 에너지식에 있는 3개 항의 합을 선으로 표현한 것으로 베르누이 합이라고도 불린다.

$$EL=\frac{V^2}{2g}+\frac{p}{\gamma}+z \tag{2.6}$$

상기 식의 각 항은 단위 길이로 표현되므로 편리하게 각 에너지 항의 합을 선도위에 포개어 나타낼 수 있다. 한 예로 유동 중간에 삽입된 피토트 관의 끝 부분에서 유속이 0이 되고, 이 속도수두는 추가적인 압력수두로 변환되며 이로 인해 그 지점에서의 유속은 액체의 EL 고도를 상승시킨다.

수력구배선 또는 HGL은 오직 압력수두와 위치수두의 합이다. 이 두 항의 합을 피에조미터 수두라고도 부르며 피에조미터 관을 배관의 벽에 삽입하여 쉽게 측정할 수 있다. 이미 EL이 작도되었다면 단순히 EL로부터 속도수두만큼 밑에 HGL을 위치시켜 쉽게 선도에 표시할 수 있다.

그림 2.1은 EL, HGL, 각 수두 항 그리고 지점 1에서 2를 통과하면서 발생하는 손실수두의 관계를 묘사하고 있다.

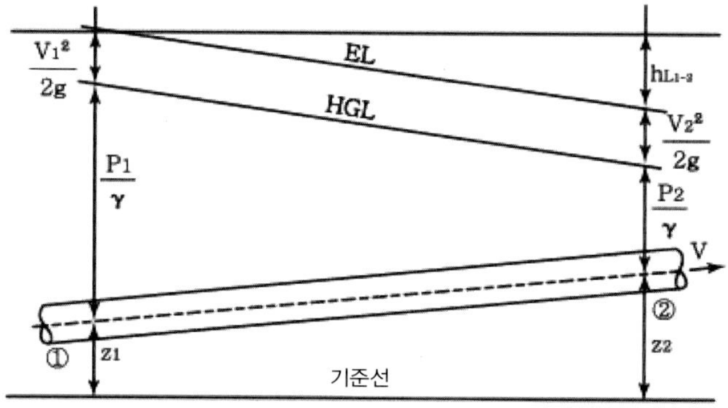

| 그림 2.1 | 각 수두와 EL, HGL의 관계

2.2 손실수두식

식 2.3에서 손실수두 $\sum h_{L_{1-2}}$은 실제로 유체의 두 현상으로 인해 발생한다. 하나는 배관 벽에서 발생하는 유체의 전단력에 기인한 손실수두로서 배관의 마찰손실이고, 다른 하나는 유체 유동의 부분적 교란에 의해 발생하는 손실수두로서 부분손실이다. 배관 마찰에 의한 손실수두는 항상 배관 길이에 걸쳐 나타나는 반면 부분손실은 밸브, 곡관 그리고 다른 부속품에서의 부분적 교란에 의해 발생된다. 또한 부분손실은 유동 결정에 있어 이들의 영향이 그다지 크지 않으므로 부차적 손실이라고도 불린다. 부차적 손실은 때로는 사소한 것이 되기 때문에 무시된다. 또한 사전 조사 설계시 이 부차적 손실을 무시하고 최종 설계 단계에서만 고려하기도 한다.

2.2.1. 배관 마찰

원통형 배관에서 부분적으로 원통형 검사체적을 선정하여 유동방향을 s, 반경 방향을 r의 좌표로 설정하고, 정상유동에서 모멘텀식 2.4를 이 검사체적에 적용하면 유체의 평균 유체 전단응력 τ는 배관 중심으로부터의 반경 r의 함수가 된다.

$$\tau = -\frac{r}{2}\gamma\frac{\partial}{\partial s}\left(\frac{p}{\gamma}+z\right) \tag{2.7}$$

상기 식으로부터 다음 두 가지 중요한 사실을 알 수 있다.

1. 유체의 전단응력 τ는 배관 단면의 중심선에서 0으로부터 배관 벽 $r = D/2$에서 최대로 선형적으로 변화한다.
2. 피에조미터 수두$(p/\gamma + z)$의 유동 구배가 없으면 유체의 전단응력은 0이 되고 결과적으로 그 부분에서는 유동이 형성되지 않는다.

만일 검사체적을 배관 전 단면적에 걸쳐 확장하고 식 2.7을 직경이 동일한 배관 길이 L에 걸쳐 적분하면 그 길이에서 발생하는 마찰손실수두 h_L은 다음 식과 같이 관 벽에서의 전단응력 τ_w와 직접적으로 관련이 된다.

$$\tau_w = \gamma h_L \frac{D}{4L} \tag{2.8}$$

상기 식은 평균 유속 V 또는 토출 유량 Q와는 아무런 관계가 없다.

2.2.2. 달시-바하식

관 벽 전단응력 τ_w, 평균 유속 V, 배관 직경 D, 유체 밀도 ρ, 등가 모래입자 조도 e, 점도 μ 사이의 완전한 일반 함수 관계는 차원 해석에 의해 다음과 같이 단순화된다.

$$\frac{\tau_w}{\rho V^2} = F\left(\frac{VD\rho}{\mu}, \frac{e}{D}\right) = \frac{f}{8} \tag{2.9}$$

관 벽에서의 전단응력을 제거하기 위해 식 2.8과 2.9를 조합하면 배관 내 마찰손실수두를 나타내는 가장 기본적이고 널리 사용되는 달시-바하식이 된다.

$$h_L = f\frac{L}{D}\frac{V^2}{2g} = f\frac{L}{D}\frac{Q^2}{2gA^2} \tag{2.10}$$

식 2.9에서 함수 F을 간략하게 표시하기 위해 마찰계수 f를 사용하며 F는 레이놀즈수 $Re = VD\rho/\mu = VD/\nu$ 그리고 모래입자 조도와 배관 직경의 비인 상대조도 e/D의 함수이다. 각 배관 재질에 따른 모래입자 조도 e를 관 내경 D와의 비인 무차원으로 표현하여 사용한다. 표 2.1은 여러 관로 재질에서 널리 사용되는 등가 모래 입자(sand-grain) 조도 e 수치를 보여준다.

:: 표 2.1 배관 조도

재 질	e(mm)	e(in)
리벳 강	0.9~9.0	0.035~0.35
콘크리트	0.30~3.0	0.012~0.12
주철	0.26	0.010
아연도금 철	0.15	0.006
아스팔트 주철	0.12	0.0048
상업용 또는 용접 강관	0.045	0.0018
PVC, 인발 튜브, 유리	0.0015	0.00006

상업적으로 사용되는 배관의 조도는 약간의 이질성 또는 불균등을 타나내므로 특정 마찰계수 또는 경험 수치를 여러 자리 수의 정밀도로 나타낼 수 없다. 마찰계수 f의 함수적인 거동은 그림 2.2 무디선도와 같다.

로그함수로 작성된 무디선도에서 배관 유동을 특징짓는 여러 영역을 볼 수 있다. 첫 번째, 레이놀즈수가 $R_e=2100$(다른 저자는 2300) 이하에서는 오직 한 선만이 존재하며 이는 실험적인 자료 입력이 필요 없고 단순히 층류 점성 유동 공식으로부터 유도된다. 즉, 층류에서의 마찰계수는 $f=64/Re$가 된다. 이 영역에서는 선이 하나이기 때문에 층류에서 모든 배관은 수력적으로 매끈하다고 말할 수 있다. 두 번째, 레이놀즈수 2100~4000까지는 천이 영역이라 하고 이 영역에서의 유동은 층류로부터 약한 난류로 변환된다. 마지막으로 레이놀즈수 4000 이상에서는 다음과 같은 3개의 유동 영역을 발견할 수 있다.

1. 그림의 오른쪽 점선 경계 상부. 이 영역은 완전 거친 유동 또는 거친 배관에서의 완전 난류 영역이라 부르며, 마찰계수 f는 레이놀즈수 Re가 아닌 상대조도 e/D만의 함수이다. 이 영역은 상대적으로 거친 배관 그리고/또는 유량이 큰 유동 형태에서 나타난다. 따라서 배관 재질을 알 수 있으면 e/D을 알 수 있으므로 Re와 관계없이 f 수치를 바로 구할 수 있다.
2. 가장 밑에 있는 선은 매끄러운 배관(smooth-pipe)선이라 불리며 다음과 같은 경험식으로 표현된다.

$$1/\sqrt{f}=2\log_{10}\left(Re\sqrt{f}\right)-0.8 \tag{2.11}$$

이 선은 연속적인 구배를 갖고 있으며 완전 거친 유동 영역과 같은 수평선을 갖을 수 없다. 따라서 f는 항상 레이놀즈수에 좌우된다. PVC 배관 내 유동은 이 선에 의해 기술되므로 최근 특정 분야에서는 그 중요성이 더욱 증가되고 있다.

3. 영역 1과 2 사이는 중요한 과도적인 영역으로 난류 천이 영역이라 불린다. 이 영역에서 f는 레이놀즈수 Re와 e/D에 의해 결정되며 다음의 Colebrook-White식이 사용된다.

$$\frac{1}{\sqrt{f}} = 1.14 - 2\log_{10}\left(\frac{e}{D} + \frac{9.35}{Re\sqrt{f}}\right) \tag{2.12}$$

특히 무디선도의 난류-천이영역에서 f 수치를 반복적으로 구하기 위해 컴퓨터 프로그램을 작성하여 사용한다. 전술한 바와 같이 마찰계수의 정밀도가 제한되어도 때때로 컴퓨터 알고리즘이 수렴하기 위해 더욱 큰 수치를 채택할 필요가 있다. 그리고 연산된 수치의 여러 자리 숫자는 연산 문제의 성공 여부를 확인하기 위해 도움이 되기도 한다. 따라서 본서에서는 이러한 이유로 실용적인 측면에서 보장할 수 없는 것처럼 보일지라도 더욱 많은 자리 수를 갖는 결과 수치를 사용한다.

유동형태에 따른 마찰계수 f을 구하기 위해 사용되는 식을 표 2.2에 기술하였으며 독자의 편의를 위해서 임의 유량에서 마찰계수 f를 구하는 포트란 프로그램을 엑셀로 구현한 파일 그리고 최근 엑셀 버전에 있는 해 찾기 기능을 이용한 엑셀 파일 PIPK_N.xls을 CD에 수록하였다.

표 2.2 달시-바하식

유동 형태	f 공식	범위
층류	$f = 64/Re$	$Re < 2100$
매끄러운 배관	$1/\sqrt{f} = 2\log_{10}(Re\sqrt{f}) - 0.8$	$Re > 4000$ & $e/D \rightarrow 0$
Colebrook-White식	$\frac{1}{\sqrt{f}} = 1.14 - 2\log_{10}\left(\frac{e}{D} + \frac{9.35}{Re\sqrt{f}}\right)$	$2100 > Re > 4000$
완전 거친 유동	$\frac{1}{\sqrt{f}} = 1.14 - 2\log_{10}(\frac{e}{D})$	$Re > 4000$

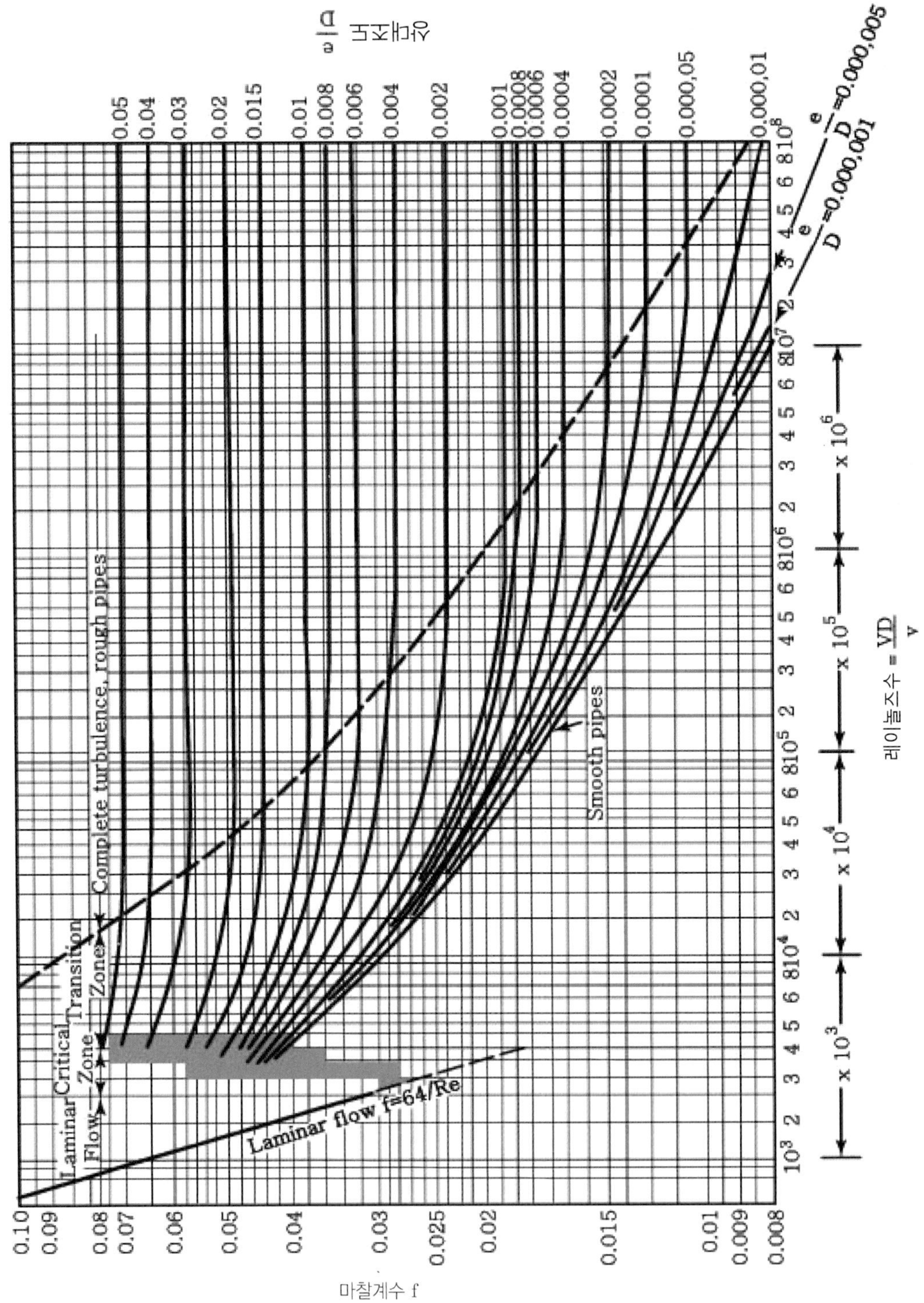

| 그림 2.2 | 달시-바하 마찰계수 f를 위한 무디선도

예제 2.1

배관 직경 $D=0.5m, e=0.26㎜, \nu=1.13\times10^{-6}m^2/s$, 유량 $Q=0.3m^3/s$일 때 마찰계수 f를 구하라.

해답 문제에서 유량 Q가 주어졌으므로 이 자료를 사용하기 위해 표 2.2의 Colebrook-White 식에서 $Re=QD/(A\nu)$로 대체하여 다음과 같이 수정하면 오직 f만이 미지수가 되며 엑셀 또는 포트란 프로그램에 상기 자료를 입력하면 $f=0.017547$을 얻을 수 있다.

$$\frac{1}{\sqrt{f}}=1.14-2\log_{10}\left(\frac{e}{D}+\frac{7.3434728\nu D}{Q\sqrt{f}}\right)$$

방법 1. f를 구하기 위한 포트란 프로그램의 실행과정을 살펴보면 다음과 같다. 상기 식을 단순하게 표현하기 위해 $Re_9=7.3434728\nu D/Q$, $\sqrt{f}$의 역수를 $1/\sqrt{f}=SF$로 설정하고 상기 식을 다시 정리하면 다음과 같다.

$$SF=1.14-2\log_{10}\left(\frac{e}{D}+SF\times Re_9\right)$$

점화 수치로서 $f=0.015$로 가정하고, 주어진 자료를 상기 식에 대입하고, 편의를 위해 좌변을 SF_1으로, 우변을 SF_2로 표현하고, 이들의 차이 $DIF=ABS(SF_2-SF_1)$로 표현하여 계산한 결과는 다음과 같다.

$$SF_1=1/\sqrt{0.015}=8.164966$$

$$SF_2=1.14-2\log_{10}\left(\frac{0.00026}{0.5}+8.164966\times0.0001383\right)=7.537298$$

$$DIF=ABS(7.537298-8.164966)=0.627668$$

이제 SF_2를 SF_1으로 변경하여 상기 과정을 수 회 반복하면 SF_1과 SF_2의 차이가 발생하지 않는 정확한 $f=1/SF_2^2$ 값을 얻을 수 있으며 반복 계산한 결과는 다음 표와 같다 (Exam2_1.xls 파일 참조).

SF_1	8.164966	7.537298	7.549293	7.549063	7.549067
SF_2	7.537298	7.549293	7.549063	7.549067	7.549067
DIF	0.627668	0.011995	0.000231	0.000004	0.000000
f	0.017602	0.017546	0.017547	0.017547	0.017547

방법 2. Colebrook-White식에서 모든 변수는 기저이고 유일한 미지수 f는 음해식으로 표현된다. 최신 엑셀 버전에서는 이와 같이 표현된 음해식의 해를 찾기 위한 "해 찾기" 기능이 추가되었으며 이 기능의 사용법은 부록 D.1과 Exam2_1.xls 파일을 참조한다.

2.2.3. 경험식

관망문제를 해결하기 위해 오래 전부터 경험적 손실수두식을 사용하여 왔다. 무디선도가 개발되기 상당히 오래 전에 사용된 이 식은 아직도 전문적인 분야에서 널리 사용되고 있다. 혹자는 습관에 의해 이 경험식의 사용을 선호하는 반면 다른 사람은 달시-바하식의 마찰계수를 결정하여야 하는 어려움을 피하기 위해 경험식의 사용을 선호한다. 공통적으로 경험식은 선택 단위에 따라 결정되는 상수를 포함한다. 유량을 계산하기 위한 경험식 중 가장 광범위하게 사용되는 하젠-윌리엄식은 다음과 같다.

$$Q = 1.318 C_{HW} A R^{0.63} S^{0.54} \qquad ES\text{단위}\ (A = ft^2,\ R = ft,\ Q = ft^3/s) \tag{2.13}$$

$$Q = 0.849 C_{HW} A R^{0.63} S^{0.54} \qquad SI\text{단위}\ (A = m^2,\ R = m,\ Q = m^3/s) \tag{2.14}$$

여기서 C_{HW}는 하젠-윌리엄 조도 계수, $S = h_f/L$은 에너지선 구배, $R = A/P$ 수력 반경, A는 단면적 그리고 P는 접수 길이로서 만수된 배관의 경우 항상 $R = D/4$이다. 표 2.3은 일반적으로 사용되는 배관 재질의 C_{HW} 수치를 보여주고 있다. 개방 수로 유동을 위해 최초로 개발된 다른 경험식은 다음의 매닝식이다.

$$Q = \frac{1.49}{n} A R^{2/3} S^{1/2} \quad ES\text{단위} \tag{2.15}$$

또는

$$Q = \frac{1}{n} A R^{2/3} S^{1/2} \quad SI\text{단위} \tag{2.16}$$

배관의 경계 조도는 매닝계수 n으로 기술되고 이 수치는 표 2.3과 같다.

표 2.3 하젠-윌리엄식과 매닝식의 조도

배관 재질	C_{HW}	n
PVC	150	0.009
매우 매끄러운 관	140	0.010
시멘트 라이닝 주철관	140	0.012
신 주철관, 용접 강관	130	0.014
나무, 콘크리트	120	0.016
진흙, 신규 리베트 강	110	0.017
구 주철관, 벽돌	100	0.020
매우 부식된 주철관	80	0.035

경험식인 하젠-윌리엄식과 매닝식을 달시-바하식과 비교하면 경험식의 적용 범위가 상당히 제한된다는 것을 알 수 있다. 즉, 경험식은 오직 물의 난류 유동에만 적용 가능하고 매닝식은 오직 배관 내 완전 거친 유동에만 적용 가능하다. 만일 하젠-윌리엄식을 로그 무디선도에 그리게 되면 무디선도의 천이 난류 유동에 걸쳐 구배가 −0.15인 직선의 집단으로 나타난다. 따라서 하젠-윌리엄식은 계수의 선택에 따라 무디선도상의 각 e/D의 일부분만을 나타낼 수 있다.

2.2.4. 지수식

달시-바하식, 하젠-윌리엄식 또는 매닝식을 사용하여 유량의 함수로 손실수두를 나타낼 때 관망의 각 관로에서 발생하는 손실수두를 다음과 같은 지수식으로 나타내면 하나의 이론식으로 상기 모든 식을 나타낼 수 있는 이점이 있다. 달시-바하식, 하젠-윌리엄 또는 매닝식에 따라 이 식의 K와 n수치는 변화한다.

$$h_f = KQ^n \tag{2.17}$$

하젠-윌리엄식과 매닝식을 이용하여 h_f를 구하기 위해 이를 지수식 형태로 변형시키면 하젠-윌리엄식의 경우 지수는 $n = 1.852$가 되고 계수 K는 다음과 같다.

$$K = \frac{C_K L}{C_{HW}^{1.852} D^{4.87}} \tag{2.18}$$

매닝식의 경우 지수 $n = 2$가 되고 K는 다음과 같다.

$$K = \frac{C_K n^2 L}{D^{5.33}} \tag{2.19}$$

여기서 C_K는 단위에 따른 환산계수로서 표 2.4와 같다.

표 2.4 C_K 계수

단위 D	단위 L	하젠-윌리엄	매닝
ft	ft	4.73	4.66
in	ft	8.53×10^5	2.65×10^6
m	m	10.67	10.29

달시-바하식에서 K와 n을 구하기 위해서 대략적인 무디선도 형상을 나타내는 다음 식을 사용하여 제한된 무디선도의 범위에서 f를 추정한다.

$$f = a/Q^b \tag{2.20}$$

이 식은 a와 b가 상수일 경우 무디선도상(로그-로그 좌표)에서 직선으로 나타난다. 식 2.20을 달시-바하식에 대입하여 정리하면 다음과 같다.

$$n = 2 - b \tag{2.21}$$

그리고

$$K = \frac{aL}{2gDA^2} \tag{2.22}$$

식 2.17을 사용하기 위해 K와 n를 결정하는 것은 예측되는 토출 유량 범위에서 f를 대략적으로 추정하는 식 2.20의 a와 b 수치를 결정하는 것과 동등하다. 이때 식 2.17에서 너무 큰 유량범위에서 구한 K와 n을 사용하면 달시-바하식과 Colebrook-White식으로부터 직접 구할 수 있는 마찰손실수두와는 차이가 발생할 수 있다. 반대로 유량 선정범위가 너무 작으면 실제 토출량은 이 범위를 벗어나게 되므로 K와 n을 다시 결정하여야 한다. a와 b 수치를 구하기 위해 예상되는 토출량 Q를 포함하는 적정 레이놀즈수(토출량 또는 유속) 범위를 선정하여야 한다. 이 2개의 레이놀즈수 Re_1과 Re_2을 갖고 Colebrook-White 식을 풀면 2개의 f_1과 f_2 그리고 이에 상응하는 유량 Q_1과 Q_2를 구할 수 있다. 식 2.20 양변에 로그(자연 로그 또는 밑변이 10인 로그)를 취하면 다음 두 식을 얻을 수 있다.

$$\log_{10} f_1 = \log_w a - b\log_{10} Q_1 \tag{2.23}$$

$$\log_{10} f_2 = \log_{10} a - b\log_{10} Q_2$$

첫 번째 식으로부터 두 번째 식을 감하면

$$b = \frac{\log_{10}(\frac{f_1}{f_2})}{\log_{10}(\frac{Q_1}{Q_2})} \tag{2.24}$$

따라서 a는 다음과 같다.

$$a = f_1 Q_1^b \tag{2.25}$$

계산기를 사용하여 K와 n 수치를 쉽게 구할 수 있다. 그러나 빈번하게 계산하려면 CD에 수록된 컴퓨터 포트란 프로그램 PIPK_N.FOR 또는 엑셀 PIPK_N.xls 등을 사용한다.

예제 2.2

아래 표와 같이 3개 배관에서 지수식에 사용되는 K와 n 수치를 결정하라. 단 $\nu = 1.217 \times 10^{-5} ft^2/s$ 또는 $\nu = 1.13 \times 10^{-6} m^2/s$이다.

배관	종류	길이	직경	e	C_{HW}	n	대략적인 Q
1	PVC	1000ft	8in	0.00006in	150	0.009	$2.5 ft^3/s$
2	리벳 강관	1000ft	8in	0.035 in	110	0.015	$0.8 ft^3/s$
3	주철관	3000m	300mm	0.26mm	140	0.011	$0.4 m^3/s$

여기에서는 배관 1에 대한 자세한 풀이만을 다루고 독자는 나머지 해답을 직접 구한다. 식 2.18과 2.19로 하젠-윌리엄과 매닝식의 K와 n을 각각 계산할 수 있으며 하젠-윌리엄식은 다음과 같고,

$$n_1 = 1.852$$

$$K_1 = \frac{4.73 \times 1000}{150^{1.852} \times 0.667^{4.87}} = 3.17$$

매닝식은 다음과 같다.

$$n_1 = 2.0$$

$$K_1 = \frac{4.66 \times 0.009^2 \times 1000}{0.667^{5.33}} = 3.27$$

달시-바하식에서는 대략적인 유량 $Q_1 = 2.5 ft^3/s$의 ±20% 범위인 $Q_1 = 2 ft^3/s$와 $Q_2 = 3 ft^3/s$을 선정한 다음 Colebrook-White식으로부터 이 유량에 상응하는 마찰계수 $f_1 = 0.01442812$, $f_2 = 0.01341325$을 구한다. 정밀도가 높은 마찰계수를 구하기 위해 무디선도가 아닌 계산기 또는 컴퓨터 프로그램을 이용하는 것이 좋다.

$$b = \frac{\log_{10}(\frac{f_1}{f_2})}{lpg_{10}(\frac{Q_2}{Q_1})} = \frac{\log_{10}(\frac{0.01442812}{0.01341325})}{\log_{10}(\frac{3.0}{2.0})} = 0.1799$$

$$n = 2 - b = 1.8201$$

$$a = f_1 Q_1^b = 0.01442812 \times 2.0^{0.1799} = 0.016344$$

$$K = \frac{aL}{2gDA^2} = \frac{0.016344 \times 1000}{2 \times 32.2 \times 0.667 \times 0.349^2} = 3.1275$$

나머지 배관의 K와 n의 계산결과는 다음 표와 같으며 포트란 프로그램 PIPK_N.FOR 또는 엑셀 PIPK_N.xls를 실행하도 동일한 결과를 얻을 수 있다(Exam2_2.xls 파일 참조).

배관	Q_1	Q_2	Re_1	Re_2	f_1	f_2	b	a
1	2.0	3.0	314000	471000	0.01443	0.01341	0.1799	0.0163
2	0.4	1.2	62800	188000	0.03073	0.02969	0.0847	0.0326
3	0.2	0.6	751000	2250000	0.01940	0.01910	0.0140	0.0189

배관	달시-바하		하젠-윌리엄		매닝	
	K	n	K	n	K	n
1	3.1239	1.8201	3.1714	1.852	3.2680	2.000
2	6.2208	1.9153	5.6326	1.852	9.0777	2.000
3	1938.9	1.9859	1194.2	1.852	2286.9	2.000

요약하면 유체의 종류와 관계없이 배관의 직경과 유량이 주어질 경우 마찰손실수두를 계산하기에 가장 좋은 식 또는 손실수두를 알고 있으면 유량을 구하기 위한 가장 좋은 식은 달시-바하식이다. 경험식의 적용 범위는 상당히 제한되므로 결론적으로 경험식을 사용하는 것보다는 때로는 어렵지만 달시-바하식을 사용하는 것이 좋다.

2.2.5. 부분손실과 부차적 손실

부분손실은 배관 마찰 이외 밸브, 곡관 그리고 다른 부속품과 같은 설비에 의해 발생되는 추가적인 에너지손실이다. 실제로 이 에너지손실은 반드시 짧을 필요는 없지만 제한된 배관 길이에서 발생한다. 일반적으로 부분손실은 유동 교란과 손실을 야기하는 장치에서의 손실의 합을 나타낸다. 만일 이 부분손실이 다른 에너지손실과 배관 마찰손실에 비해 충분히 작으면 부차적 손실로 간주된다. 이 부차적 손실은 사전 조사시 또는 상당히 작다는 것을 알면 종종 무시하고, 관로가 상당히 긴 경우에는 실제로 무시한다. 그러나 밸브가 부분적으로 개방된 경우 부분손실은 상당히 커서 절대 부차적 손실로 간주할 수 없을 경우에는 반드시 포함시켜야 한다.

통상적으로 이러한 장치가 발생시키는 에너지손실의 크기를 이론만으로 결정하는 것은 불가능하여 주로 경험 자료에 의존하여 손실을 결정하며 다음 식으로 이 부분손실을 나타낸다.

$$h_L = K_L \frac{V^2}{2g} \tag{2.26}$$

여기서 $V = Q/A$는 통상적으로 하류측 평균 유속이다. 확대관에서는 다음의 식을 적용한다.

$$h_L = K_L \frac{(V_1 - V_2)^2}{2g} \tag{2.27}$$

여기서 V_1과 V_2는 각각 상류와 하류측의 유속이다. 식 2.27에서 손실계수 K_L은 급 확대관에 적용하며 점차적으로 확대되는 원뿔인 경우 0.2~1.2의 수치를 취한다. 배관으로부터 저수지로 유동할 경우 손실수두식 2.27은 특별하고 중요하며 이를 유출손실이라 한다. 즉, 이 경우 $K_L = 1$과 $V_2 = 0$ 되며, 유출 배관의 기하학적 형상과는 관계가 없다.

일반적으로 사용되는 밸브와 배관 부속품의 부분손실계수 K_L는 표 2.5와 같다. 이러한 부속품에 의한 에너지손실은 대부분 하류 지점에 존재하는 2차유동에 의한 것보다 장치에 의해 발생하는 유체 난류의 결과이다. 통상적으로 부분적으로 가속되는 유동은 감속되는 유동에 비해 에너지손실이 작다. 만일 너무 급속히 감속되면 유동이 분리되고 이로 인해 추가적인 난류 그리고 비분리(non-separated) 영역에서 높은 유속이 발생한다. 다른 특정 밸브 제작사가 제공하는 밸브 개도 함수로서의 손실계수는 부록 C에서 구할 수 있다.

표 2.5 부속품 손실계수

부속품	K_L	비 고
글로브밸브, 완전 개방	10.0	
앵글밸브, 완전 개방	5.0	
버터플라이밸브, 완전 개방	0.4	
게이트밸브, 완전 개방	0.2	
3/4 개방	1.0	
1/2 개방	5.6	
1/4 개방	17.0	
역지밸브, 스윙 형식, 완전 개방	2.3	
리프트 식, 완전 개방	12.0	
볼 형식, 완전 개방	70.0	
풋밸브, 완전 개방	15.0	
곡관, 45°	0.4	
장 곡관, 90°	0.6	
중 곡관, 90°	0.8	
단 곡관(표준), 90°	0.9	
Closed return bend, 180°	2.2	
배관 유입부, 원형, $r/D < 0.16$	0.1	
직각 모서리	0.5	
re-entrant	0.8	

급 축소는 처음에는 가속 유동 영역을 갖고 다음에는 유동 분리에 의해 유동이 감속되는 영역을 갖게 된다. 비록 가속 유동 영역이 크다 할지라도 손실수두는 원칙적으로 축소부분 직 하류에서 발생하는 감속과 분리에 의해 크게 영향을 받는다. 이 축소 배관의 부분손실계수는 그림 2.3과 같다.

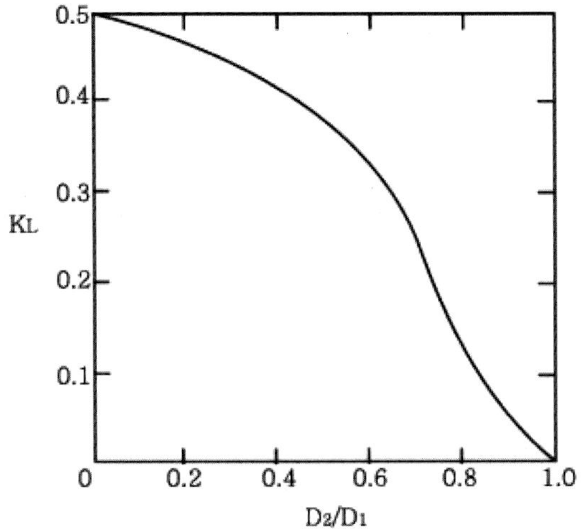

| 그림 2.3 | 급 축소관의 부분손실계수

2.3 펌프 이론과 특성 곡선

단위 중량당 유체에 가해지는 기계 에너지 $h_m = h_p$는 식 2.3에서 언급한 바와 같이 펌프에 의해 추가된다. 때로는 용적형 펌프가 그 역할을 하지만, 대부분의 경우 회전하는 임펠러를 갖는 펌프는 유체의 압력수두를 증가시켜 배관 내 유체를 이동시킨다. 이 임펠러의 형상은 펌프 운영 영역에 따라 다르다. 펌프의 에너지가 전달되어 추가되는 수두를 펌프순수수두 h_p라 부른다. 유체에 가해지는 수동력 P_w는 펌프순수수두, 유량, 유체의 비중량의 곱인 $P_w = \gamma Q h_p$가 된다. 펌프를 운영하기 위한 기계 동력은 이 수동력보다 크며 기계동력을 제동력 또는 $bhp = T\omega$라 부른다. 여기서 T는 토크이고 ω는 펌프 회전축의 각속도이다. 이 수동력과 제동력의 비가 바로 효율 $\eta = P_w / bhp$가 된다. 대용량 펌프가 최대 효율점 부근에서 운전되면 효율은 90% 전후가 되며 이 최대 효율점을 설계점이라 부른다. 그러나 용량이 작거나 마모된 펌프의 효율은 이보다 상당히 낮게 된다.

펌프는 상당히 복잡하여 이론만을 근거로 설계할 수는 없다. 새로운 또는 수정된 설계를 개선하기 위해서 먼저 모델시험을 성공적으로 시행한 후 원래 크기의 원형 펌프를 제작한다. 모델펌프와 원형펌프를 관련짓기 위해 차원 해석을 사용한다. 먼저 모델펌프와 원형펌프의 형상은 상사하다고 가정하고 이를 기하학적 상사라 부르고 속도장에서도 상사한 형상을 갖는다고 가정하며 이를 동적 상사라 한다. 이러한 요구 조건을 만족시키는 펌프를 상사하다고 말 할 수 있다. 이러한 상사법칙을 완성하기 위해 무차원의 매개변수인 수두계수 C_H, 유량계수 C_Q, 동력 계수 C_P를 사용한다.

$$C_H = \frac{gh_p}{N^2D^2}, \quad C_Q = \frac{Q}{ND^3}, \quad C_P = \frac{P}{\rho N^3 D^5} \tag{2.28}$$

여기서 D는 회전 임펠러의 직경이다. 만일 임펠러의 크기 D 또는 회전수 N이 다른 경우 상사 법칙은 다음과 같다.

$$\left(\frac{h_p}{N^2D^2}\right)_1 = \left(\frac{h_p}{N^2D^2}\right)_2 \quad \left(\frac{Q}{ND^3}\right)_1 = \left(\frac{Q}{ND^3}\right)_2 \quad \left(\frac{P}{\rho N^3D^5}\right)_1 = \left(\frac{P}{\rho N^3D^5}\right)_2 \tag{2.29}$$

상기 식에서 같은 단위(예를 들어 회전속도의 단위를 $rad/s, rev/s, rev/min$)로 각 변수를 측정하면 무차원이 되기 때문에 식 2.28보다 식 2.29가 더욱 다양하게 사용된다. 만일 펌프 1과 2의 임펠러 직경이 동일하면 식 2.29에서 유량, 수두, 동력은 오직 N의 변수가 되며 반대로 회전수가 고정되면 직경 D가 변수가 된다.

비속도 N_S는 상사한 펌프를 나타내기 위한 매개변수로서 펌프의 중요한 변수인 유량 Q, 수두 h_p와 직경 D를 포함한다. 이 비속도가 다르다는 것은 근본적으로 임펠러 형상이 다르다는 것이지 임펠러 크기의 차이를 의미하는 것이 아니다. 비속도가 다르면 펌프의 성능이 다르게 나타난다. N의 단위가 rad/s인 경우 무차원의 펌프 비속도 형태는 다음과 같다.

$$N_S = \frac{NQ^{1/2}}{(gh_p)^{3/4}} \tag{2.30}$$

미국에서는 오랜 기간 동안 관례적으로 다음 식을 사용해왔다.

$$N_S' = \frac{(rev/min)(gal/min)^{1/2}}{[h_p(ft))]^{3/4}} \tag{2.31}$$

상기 식은 무차원이 아닌 단위를 갖는다. 펌프는 비속도(즉, 펌프 임펠러 형상)에 근거하여 표 2.6과 같이 3가지로 분류된다.

표 2.6 펌프 형식-비속도

구분	원심	사류	축류	비고
N_S	$N_S < 1.46$	$1.46 < N_S < 3.7$	$N_S > 3.7$	식 2.30
N_S'	$500 < N_S' < 4000$	$4000 < N_S' < 10000$	$N_S' > 10000$	식 2.31

상대적으로 비속도가 작은 곳에서는 원심펌프가 가장 효율적으로 사용된다. 이 원심펌프는 축 방향으로 물이 유입되고 축의 직각으로 유로가 변경된 후 임펠러 형상에 따라 방사선 방향으로 물이 유출된다. 이 형식의 펌프에 대한 명칭은 여러 가지가 있으나 여기서는 원심펌프라 한다. 비속도가 가장 높은 펌프는 물이 축 방향으로 유입되어 축 방향으로 유출되는 축류펌프로서 때로는 프로펠러펌프라고도 한다. 축 방향으로 유입되어 원심펌프와 축류펌프의 중간 방향으로 유출되는 펌프를 사류펌프라 한다. 상기 펌프 형식 사이에는 중복되는 범위가 존재하고 기술자에 따라 비속도의 범위가 다를 수 있다.

각 펌프의 개별 성능 또는 동일한 펌프 케이싱과 크기가 다른 여러 임펠러를 갖는 펌프의 집단 성능은 통상적으로 제작사가 작성한 일련의 펌프의 특성 곡선 또는 단순히 펌프곡선으로 기술된다(부록 B에 나타낸 8개의 펌프 특성 곡선 참조). 각 그림의 상부에 있는 그림은 펌프 한 단에서의 유량-수두 곡선이고 이 곡선은 통상적으로 직선 또는 포물선으로 작성되나 실제로는 이 보다 더욱 복잡하다. 곡선 형태의 변화는 정상적으로 펌프 내 유동의 형태가 변경된 것을 의미한다. 일련의 수두 곡선을 가로지르는 선은 동일한 효율 곡선이다. 각 효율 등고선은 효율 퍼센트 수치이며 통상적으로 이 수치는 70%~85% 정도이다. 각 그림의 밑 부분에 나타낸 일련의 곡선은 토출량에 따른 제동력을 나타낸다. 이 선은 직선으로 표현되면 완벽하지는 않지만 거의 정확하다. 마지막으로 각 도표의 상부 오른쪽에는 토출량에 따른 $NPSH$를 나타낸다.

펌프의 흡입수두 $NPSH$(Net Positive Suction Head)는 펌프 임펠러 흡입구에서 캐비테이션을 발생하지 않고 흡입할 수 있는 수두 z_i를 결정하기 위해 사용된다. 캐비테이션은 부분절대 압력이 액체의 포화증기압 이하가 되면 액체가 기체로 변하는 것을 말한다. 시험을 통해 캐비테이션이 발생하면 펌프 운전 효율이 저하되는 사실을 추론할 수 있으며 이에 따른 $NPSH$식은 다음과 같다.

$$NPSH = \frac{p_{atm}}{\gamma} - \frac{p_v}{\gamma} - h_L - z_i \tag{2.32}$$

여기서 p_{atm}과 p_v는 액체에 작용하는 대기압과 포화증기압, h_L은 흡입 배관 내에서 발생하는 손실 수두, z_i는 펌프 흡입구가 캐비테이션으로부터 안전하게 설치될 수 있는 최대 허용 높이이다. 펌프 곡선으로부터 운전 유량에서 $NPSH$를 읽어 z_i를 계산할 수 있다.

2.4 정상유동 분석

본 절에서는 여러 정상유동 문제에 대해서 기술하며 이를 위해 지수식 또는 경험 손실수두식을 사용하지만 때때로 마찰계수 수치를 추정하기 위해 광범위하게 사용되는 달시-바하식을 사용한다. 우선 부분손실을 고려하는 경우와 무시하는 경우, 관로 내 펌프가 설치된 경우 직렬배관과 병렬배관, 그리고 마지막으로 여러 개의 저수지가 있는 경우에서 정상유동분석 방법에 대해 기술한다.

2.4.1. 직렬배관 유동

본 절에서 기본적으로 사용하는 식은 연속식, 일과 에너지식, 달시-바하식이다. 모든 직렬배관 유동 문제는 어떤 요소가 주어지거나 알고 있는지(기저) 그리고 무엇을 구하고자 하는지(미지수)에 따라 다음 3가지 계산 범주 중의 하나에 해당된다.

표 2.7 문제 형태

범주	기저	미지수
1	Q	h_L
2	h_L	Q
3	$Q,\ h_L$	가장 작은 D

범주 1과 2의 형태는 해석 문제이다. 즉, 범주 1 형태의 해는 반복의 필요 없이 직접 구할 수 있으나 범주 2 형태의 해를 구하기 위해서는 먼저 f를 추정하여 Re를 구한 후 유동 영역의 일치여부를 확인하여야 하며 일치할 때까지 반복이 필요하다. 범주 3은 설계 문제이고 이 문제를 해결하기 위해서는 통상적으로 더욱 많은 가정과 반복 계산이 필요하며 구하고자 하는 것은 관로 특성인 길이, 직경, 재질이 된다.

예제 2.3

주철관으로 두 저수지를 연결하였다. 관로의 길이는 1200ft이고 직경은 12인치이다. 이 관로를 통해 유량 $8ft^3/s$을 수송할 때 이 관로에서 발생하는 마찰 손실수두를 구하라. 단, 유체의 수온은 60°F이고 동 점성계수는 $\nu = 1.2\times 10^{-5} ft^2/s$이다.

풀이 이 문제는 범주 1에 해당된다. 관로 내 평균 유속은 다음과 같다.

$$V = \frac{Q}{A} = \frac{4\times 8}{\pi\times 1^2} = 10.19 ft/s$$

레이놀즈수는 다음과 같다.

$$R_e = \frac{VD}{\nu} = \frac{(10.19)(1)}{1.2\times 10^{-5}} = 8\times 10^5$$

표 2.1에서 주철관의 경우 $e/D = 0.010/12 = 0.00083$이고 무디선도 또는 PIPK_N 엑

셀파일로부터 $f(R_e, e/D) = 0.0185$가 된다. 달시-바하식 2.10으로부터 다음과 같이 마찰손실수두를 계산할 수 있다(Exam2_3.xls 파일 참조).

$$h_f = f\frac{L}{D}\frac{V^2}{2g} = 0.0185\frac{1200}{12/12}\frac{10.19^2}{2(32.2)} = 35.8ft$$

예제 2.4

예제 2.3의 관로에서 두 저수지의 수위 차이가 20ft이고 두 저수지가 직경 18인치 용접강관으로 연결될 때

(a) 오직 관 마찰만을 고려할 경우 송수량은 얼마인가?

(b) 유입부는 직각-모서리, 토출 지점 근방에 게이트 밸브는 완전 개방되고, 토출 관로는 저수지에 연결되었다고 가정하면 토출 유량은 얼마가 되나?

(c) (b)에서 게이트 밸브가 1/4 개방일 경우 예상되는 토출 유량은?

해답 상기 문제는 손실 수두 h_L을 구하는 것이 아니라 유량 Q를 구하는 것이므로 범주 2에 속한다.

(a) 이 경우 다음과 같이 가정한다.

$$z_1 - z_2 = 20ft = h_f = f\frac{L}{D}\frac{V^2}{2g}$$

표 2.1로부터 용접 강관의 경우 $e/D = 0.0018/18 = 0.0001$이다. 만일 유동을 무디선도에서 완전 거친 유동 영역이라고 가정하면 그림 2.2에서 $f = 0.012$가 된다. 따라서

$$h_f = 20 = (0.012)\frac{1200}{18/12}\frac{V^2}{2(32.2)}$$

상기 식으로부터 $V = 11.6ft/s$가 되며, 이제 레이놀즈수를 계산하여 유동 영역을 확인하여야 한다. $Re = VD/\nu = 11.6(18/12)/1.2\times10^{-5} = 1.4\times10^6$이며 이는 완전 거친 영역이 아니다. 따라서 이 레이놀즈수와 e/D의 수치로부터 $f = 0.013$으로 가정한다. 0.012대신 0.013를 사용하면 $V = 11.1ft/s$가 된다. 약간의 레이놀즈수의 변화로는 f 값이 변화하지 않지만 다음과 같이 토출 유량을 계산한다.

$$Q = VA = 11.1\frac{\pi}{4}(\frac{18}{12})^2 = (11.1)(1.77) = 19.6ft^3/s$$

$$Re = \frac{11.1\times(18/12)}{1.2\times10^{-5}} = 1,387,500$$

Re와 f가 둘 모두 만족될 때까지 상기 과정을 반복하면 최종적으로 $Q = 19.7 ft^3/s$가 된다.

(b) 경우

$$20 = \sum h_L = \left(K_{ent} + f\frac{L}{D} + K_{valve} + K_{exit} \right) \frac{V^2}{2g}$$

속도수두항만이 괄호 밖으로 빠져나오는데 이는 모든 손실 항이 동일한 규격의 배관, 단면적, 속도로 구성되기 때문이다. 표 2.5로부터 유입부와 밸브의 손실계수는 각각 0.5와 0.2가 되고, 유출부는 항상 $K_{exit} = 1.0$이 된다. (a)로부터 마찰계수를 0.013으로 가정하면 다음과 같이 된다.

$$20 = \left(0.5 + 0.013 \frac{1200}{18/12} + 0.2 + 1.0 \right) \frac{V^2}{2g}$$

따라서 $V = 10.3 ft/s$이 되며 이에 따른 레이놀즈수는 다음과 같다.

$$Re = VD/\nu = 10.3(18/12)/1.2 \times 10^{-5} = 1.3 \times 10^6$$

따라서 부분손실을 고려하면 토출 유량 $Q = (10.3)(1.77) = 18.2 ft^3/s$가 되어 약 8% 정도인$1.4 ft^3/s$ 감소된다.

(c) 게이트 밸브가 1/4 개방될 경우 표 2.5로부터 밸브 손실계수는 0.2에서 17.0으로 증가된 것을 알 수 있다. 이 밸브 손실은 배관 마찰 손실보다 상당히 크므로 부차적 손실은 아니지만 아직은 부분손실로서 존재한다. (b)에서 0.2대신에 17.0을 대입하여 다시 계산하면 $V = 6.68 ft/s$가 된다. 새로운 레이놀즈수를 계산하면 $Re = 8.46 \times 10^5$가 되고 새로운 마찰계수 $f = 0.015$가 된다. 속도를 다시 계산하면 $V = 6.677 ft/s$가 되고 따라서 유량은 $Q = 11.96 ft^3/s$가 된다. (b)에서의 유량의 1/3 정도가 감소된다 (Exam2_4.xls 파일 참조).

2.4.2. 펌프가 설치된 직렬관로 유동

펌프가 설치된 관로의 유동문제를 해결하기 위해서는 통상적으로 펌프특성곡선으로부터 자료를 구하여야 하지만 이는 그리 어려운 문제가 아니다. 이런 문제의 해답으로 펌프에 대한 충분한 자료를 컴퓨터 프로그램에 제공하여 펌프의 유량-수두 곡선을 일치시키는 수두 h_p를 유량을 변수로 하는 다항식으로 표현할 수 있다.

펌핑 수두 h_p 특성곡선을 2차 함수로 표현하면 $h_p = AQ^2 + BQ + C$가 되고 여기서 계수 A, B, C는 펌프의 운영 범위 내에서 3개의 수두와 유량(h_p, Q) 자료를 사용하여 결정한다. 이 계수를 구하기 위해 각 자료를 대입하여 다음 3개의 다항식을 작성한다.

$$AQ_1^2 + BQ_1 + C = h_{p1} \tag{2.33}$$

$$AQ_2^2 + BQ_2 + C = h_{p2}$$

$$AQ_3^2 + BQ_3 + C = h_{p3}$$

식을 행렬로 작성하면

$$\begin{vmatrix} Q_1^2 & Q_1 & 1 \\ Q_2^2 & Q_2 & 1 \\ Q_3^2 & Q_3 & 1 \end{vmatrix} \begin{pmatrix} A \\ B \\ C \end{pmatrix} = \begin{pmatrix} h_{p1} \\ h_{p2} \\ h_{p3} \end{pmatrix} \tag{2.34}$$

상기 행렬의 계수를 결정하기 위해 여러 가지 방법을 사용할 수 있으며 여기에서는 라그란지 보간법을 사용한다. 라그란지식은 다음과 같다.

$$h_p = \frac{(Q-Q_2)(Q-Q_3)}{(Q_1-Q_2)(Q_1-Q_3)}h_{p1} + \frac{(Q-Q_1)(Q-Q_3)}{(Q_2-Q_1)(Q_2-Q_3)}h_{p2} + \frac{(Q-Q_1)(Q-Q_2)}{(Q_3-Q_1)(Q_3-Q_2)}h_{p3} \tag{2.35}$$

수두 h_p는 유량 Q의 다항식으로 표현될 수 있으며 이때 앞 식의 항을 다시 정리하여야 한다. 계수 A, B, C는 다음과 같이 분자를 전개하여 구할 수 있다.

$$c_1 = h_{p1}/(Q_1-Q_2)(Q_1-Q_3) \tag{2.36}$$

$$c_2 = h_{p2}/(Q_2-Q_1)(Q_2-Q_3)$$

$$c_3 = h_{p3}/(Q_3-Q_1)(Q_3-Q_2)$$

따라서

$$A = c_1 + c_2 + c_3 \tag{2.37}$$

$$B = -2[(Q_2+Q_3)c_1 + (Q_3+Q_1)c_2 + (Q_1+Q_2)c_3]$$

$$C = Q_2Q_3c_1 + Q_3Q_1c_2 + Q_1Q_2c_3$$

어떠한 방법을 사용하던 결과를 컴퓨터 프로그램에 삽입하면 펌프 특성곡선으로부터 자료를 읽어야 할 필요성은 생략된다. 다항식 표현과 보간법은 부록 A를 참조한다.

예제 2.5

임펠러가 가장 큰 단단 Ingersoll-Dresser 15H277펌프(부록 B의 펌프 특성 곡선 참조)가 설치된 직경 18인치, 길이 6000ft의 관로를 이용하여 저수지 수위 1350ft에 있는 물을 다른 저수지 수위 1425ft로 이송하려고 한다. 부분손실을 무시하고 관로의 토출 유량을 계산하라. (단, 조도 $e = 0.015$인치, $\nu = 1.14 \times 10^{-5} ft^2/s$ 이다)

해답 일과 에너지법칙 식 2.3을 2개의 저수지 수위인 지점 1과 지점 2에 적용한다.

$$1350 = 1425 + h_f - h_p$$

또는

$$h_{p1} = 75 + f\frac{L}{D}\frac{Q^2/A^2}{2g} = 75 + f\frac{6000}{1.5}\frac{Q^2}{2g(1.767)^2} = 75 + 19.9fQ^2$$

h_p, Q, f를 구하기 위해 컴퓨터를 사용한다면 펌프 곡선을 수학식으로 정의하여야 한다. (103.0, 6.68), (95.0, 7.35) 그리고 (88.0, 7.80) 세 점에서의 자료와 식 3.33과 3.34를 적용하여 Ingersoll-Dresser 15H277 펌프 곡선을 2차식으로 표현할 수 있다. 식 3.34를 다음과 같은 형태의 배열로 정리할 수 있다.

$$\begin{vmatrix} Q_1^2 & Q_1 & 1 \\ Q_2^2 & Q_2 & 1 \\ Q_3^2 & Q_3 & 1 \end{vmatrix}\begin{pmatrix} A \\ B \\ C \end{pmatrix} = \begin{vmatrix} 44.62 & 6.68 & 1 \\ 54.02 & 7.35 & 1 \\ 60.84 & 7.80 & 1 \end{vmatrix}\begin{pmatrix} A \\ B \\ C \end{pmatrix} = \begin{pmatrix} 103 \\ 95 \\ 88 \end{pmatrix}$$

상기 식을 가우스소거법으로 풀면 $A = -3.228$, $B = 33.347$, $C = 24.277$가 되므로 다음 식으로 펌프의 곡선을 표현할 수 있다.

$$h_{p2} = -3.228Q^2 + 33.347Q + 24.277$$

상기 두 식에서 미지수는 h_{p1}, Q, f가 되며, 펌프곡선과 Colebrook-White식을 사용하여 이 미지수를 결정하여야 한다. 미지수를 구하기 위해 두 방법을 사용할 수 있으며 처음에는 수계산으로 그 다음에는 컴퓨터의 도움으로 미지수를 구한다.

수계산으로 미지수를 구하려면 (a)초기유량을 가정하고, (b)Colebrook-White식 2.12에서 f를 구하고, (c)상기 일과 에너지식으로부터 관로의 h_{p1}를 계산하고, (d)이 h_{p1}를 펌프 특성 곡선으로부터 구한 h_{p2}와 비교하고, (e)h_{p1}과 h_{p2}가 일치할 때까지 이러한 절차를 반복하여야 하며 그 결과는 다음 표와 같다.

(a)		(b)	(c)
Q $gal/\min$	Q ft^3/s	f	관로 수두 $h_p(ft)$
3000	6.68	0.01946	92.3
3500	7.80	0.01946	98.6
3300	7.35	0.01946	95.9
3280	7.31	0.01946	95.7

MathCAD, TK_Solver 또는 엑셀 등을 사용하여 상기 식을 해결하면 $h_p = 95.7ft$, $Q = 7.30ft^3/s = 3280gal/min$, $f = 0.019546$가 된다. 엑셀에서는 상기와 같이 복잡한 과정을 거치지 않고 펌프특성곡선을 2차식으로 표현할 수 있으며 이에 대한 상세한 내용은 부록 D.3과 Exam2_5.xls 파일을 참조한다.

예제 2.6

예제 2.5의 관로조건에서 3단 Ingersoll-Dresser 15H277 펌프 2대를 병렬로 운전하며 펌프의 각 단은 가장 작은 임펠러를 사용하는 것으로 가정할 때 관로의 토출유량을 계산하라.

해답 관로 분석은 변함이 없다. 따라서

$$h_p = 75 + 19.9fQ^2$$

이 경우 3단 펌프 2대가 병렬 운전하고 있으며 h_p는 각각의 펌프 1대가 가압하는 수두의 3배가 된다. 또한 각 펌프는 오직 관로 유량의 절반만을 펌핑한다. 예제 2.4에서와 같이 시행 오차 방법으로 수행한 결과는 다음 표와 같다.

펌프토출량 Q $gal/\min$	관로유량 Q $al/\min$	f	관로 수두 $h_p(ft)$	펌프 1단 수두 $h_p(ft)$
3000	6000	0.01921	143.3	67
3500	7000	0.01915	167.7	45
3300	6600	0.01917	157.5	54
3320	6640	0.01917	158.5	53

전체 토출 유량은 $6640gal/min$이 된다. 이 문제를 컴퓨터로 해결하기 위해서는 먼저 다음과 같은 행렬을 설정하여 펌프 곡선을 다항식으로 표현할 수 있다.

$$\begin{vmatrix} Q_1^2 & Q_1 & 1 \\ Q_2^2 & Q_2 & 1 \\ Q_3^2 & Q_3 & 1 \end{vmatrix}\begin{pmatrix} A \\ B \\ C \end{pmatrix} = \begin{vmatrix} 44.69 & 6.685 & 1 \\ 54.02 & 7.350 & 1 \\ 60.84 & 7.800 & 1 \end{vmatrix}\begin{pmatrix} A \\ B \\ C \end{pmatrix} = \begin{pmatrix} 67 \\ 55 \\ 45 \end{pmatrix}$$

따라서 한 단에서의 수두는 $h_p = -3.74643Q^2 + 34.536Q + 3.552$가 된다. 단수를 고려하기 위해서 계수를 3으로 곱하면 $h_p = 3h_{p1}$이 된다. 각 펌프로는 관로 유량의 절반만을 펌핑하므로 $Q_1 = Q/2$가 된다. 최종 펌프 곡선은 다음과 같이 된다.

$$h_p = 3(-3.74643)(Q/2)^2 + 3(34.536)Q/2 + 3(3.552)$$

$$= -2.8098Q^2 + 51.804Q + 10.656$$

상기 관로식과 펌프식을 하나의 식으로 정리한 결과식과 Colebrook-White식을 동시에 해결하기 위해서는 뉴튼법을 사용하여야 한다. 뉴튼법의 상세한 내용은 제4장과 제5장에서 상세히 다루므로 여기에서는 계산과정만 소개한다. 먼저 펌프수두식과 관로수두식을 하나의 식으로 정리하면 다음과 같다.

$$F_1 = 19.9fQ^2 + 2.8098Q^2 - 51.804Q + 64.344 = 0$$

식 2.12의 Colebrook-White식으로부터

$$F_2 = \frac{1}{\sqrt{f}} - 1.14 + 2\log_{10}\left(\frac{e}{D} + \frac{9.35}{Re\sqrt{f}}\right) = 0$$

상기 F_1식과 F_2식을 Q와 f에 관해 미분하면

$$\frac{\partial F_1}{\partial Q} = 2 \times 19.9fQ + 2 \times 2.8098Q - 51.804 = 0 \quad (1)$$

$$\frac{\partial F_1}{\partial f} = 19.9Q^2 \quad (2)$$

식 5.4f와 5.4g로부터

$$\frac{\partial F_1}{\partial Q} = C_1\left[\frac{e\sqrt{f}}{eQ\sqrt{f} + C_2\nu D^2} - \frac{1}{Q}\right] \quad (3)$$

$$\frac{\partial F_1}{\partial f} = -\frac{1}{2}f^{-\frac{3}{2}} + C_1\left(\frac{0.5eQf^{-0.5}}{eQ\sqrt{f} + C_2\nu D^2} - \frac{0.5}{f}\right) \quad (4)$$

식 (1)~(4)에서 Q와 f만을 제외하고 모든 변수는 기저인 비선형식이다. 따라서 뉴튼법을 사용하여 2개의 식으로부터 2개의 미지수를 구한 결과는 다음과 같고, 계산과정은 엑셀파일 Exam2_6.xls 파일을 참조한다.

$$f = 0.01909, \quad h_p = 159.2ft, \quad Q = 14.886ft^3/s \times 448.8 = 6677gal/min$$

2.4.3. 병렬관로 유동, 등가배관

병렬관로 내 유체 유동에서 에너지손실과 유량의 관계는 직렬관로 유동에서의 관계와는 반대가 된다. 앞에서 언급한 직렬관로에서는 유량은 각 관로에서 동일하지만 손실수두는 계속 누적되는 반면 병렬관로에서의 손실수두는 각 관로가 동일하지만 토출 유량은 각 관로 유량의 합이 된다.

직렬관로의 유동해석은 배관의 조합을 통과하는 병렬관로의 유동해석보다 더욱 단순하기 때문에 병렬관로의 배관을 단일 등가배관으로 대체하는 것이 더욱 편리하다. 원래의 병렬관로와 동일한 유량을 수송하는 등가배관을 사용하면 반복법을 사용하지 않아도 되므로 상당히 간편하게 계산할 수 있다.

등가배관식은 지수식 2.17에 의해 기술되는 손실수두특성을 갖는 모든 배관에 대해 적용할 수 있다. 배관 1과 2는 병렬관로이고 마찰 손실을 KQ^n으로 나타낼 수 있다고 가정하면 등가배관은 다음 식을 만족시켜야 한다.

$$h_f = KQ^n = K_1 Q_1^n = K_2 Q_2^n \tag{2.38}$$

$$Q = Q_1 + Q_2 \tag{2.39}$$

식 2.38을 풀어 Q_1과 Q_2를 구해 이 결과를 식 2.39에 대입하면 다음과 같이 된다.

$$\left(\frac{1}{K}\right)^{1/n} = \left(\frac{1}{K_1}\right)^{1/n} + \left(\frac{1}{K_2}\right)^{1/n} \tag{2.40}$$

2개 이상의 병렬관로를 처리하기 위해서 단순히 식 2.40의 오른쪽 항에 항목만을 추가하면 된다.

예제 2.7

수위 차이가 40ft인 두 저수지의 물은 높은 저수지로부터 길이 4000ft, 12인치 직경 관로를 통해 이동하고 후단에서 한 쌍의 병렬 배관 길이 2000ft는 수위가 낮은 저수지에 연결된다. 병렬관로 중 한 관로의 직경은 10인치, 다른 관로의 직경은 8인치이다. 단순화를 위해 모든 배관의 $f=0.02$으로 가정할 때 두 저수지 사이 각 배관에서의 유량을 구하라.

해답 지수식을 사용하여 이 문제에서의 손실수두를 구한다. 각 배관의 $n=2$로 가정하면 다음 식으로 K를 표현할 수 있다.

$$K = f\frac{L}{D}\frac{1}{2g}\frac{1}{A^2}$$

주어진 관경, 관길이와 관마찰계수를 상기 식에 대입하면 다음과 같다.

$$K_{12} = 0.02\frac{4000}{1}\frac{1}{2\times 32.2}\left(\frac{4}{3.14\times 1^2}\right)^2 = 2.01$$

$$K_{10} = 0.02\frac{2000\times 12}{10}\frac{1}{2\times 32.2}\left(\frac{4}{3.14\times\left(\frac{10}{12}\right)^2}\right)^2 = 2.51$$

$$K_{8} = 0.02\frac{2000\times 12}{8}\frac{1}{2\times 32.2}\left(\frac{4}{3.14\times\left(\frac{8}{12}\right)^2}\right) = 7.65$$

다음 식으로부터 병렬관로를 대체할 등가 배관 계수 $K_e = 1.014$를 구할 수 있다.

$$\left(\frac{1}{K_e}\right)^{1/2} = \left(\frac{1}{K_{10}}\right)^{1/2} + \left(\frac{1}{K_8}\right)^{1/2} = \left(\frac{1}{2.51}\right)^{1/2} + \left(\frac{1}{7.65}\right)^{1/2}$$

부분손실을 생략하면 다음 식으로 두 저수지 사이의 수위 고도 변화 $\triangle WS$을 구할 수 있다.

$$\triangle WS = 40 = \left(K_{12} + K_e\right)Q^2$$

상기 식으로부터 $Q = 3.64 ft^3/s$가 된다. 식 2.38로부터 병렬관로 내 유량을 다음과 같이 구할 수 있다.

$$Q_{10} = \left[\frac{K_e Q^2}{K_{10}}\right]^{\frac{1}{2}} = \left[\frac{1.014\times 3.64^2}{2.51}\right]^{0.5} = 2.31 ft^3/s$$

$$Q_{8} = \left[\frac{K_e Q^2}{K_{8}}\right]^{\frac{1}{2}} = \left[\frac{1.014\times 3.64^2}{7.65}\right]^{0.5} = 1.33 ft^3/s$$

만일 마찰계수를 알 수 있으면 상기 문제에서 반복이 필요 없다. 즉, 유량이 크고, 배관의 조도가 거칠면 무디선도의 완전 거친 유동 영역으로부터 마찰계수 f를 구할 수 있다. 그러나 무디선도의 천이 난류 영역에서 마찰계수를 구하여야 한다면 약간의 반복법을 사용하여 마찰계수를 결정하여야 하며, 이 반복은 오직 마찰 요소가 올바른지 여부를 결정하는데 사용된다(Exam2_7.xls 파일 참조).

2.4.4. 3개 저수지 문제

저수지가 2개 이상인 관로유동을 해석하기 위해서는 항상 반복법을 사용하여야 하며 여기서는 이러한 문제에 대한 효율적인 해결 방법을 간략히 고찰한다.

예제 2.8

아래 그림은 3개 저수지로 구성된 관망으로 각 저수지는 3개의 관로로 연결되었으며 중간 접합부에서 수요량이 외부로 유출된다. 가장 높은 저수지의 수위는 100m, 중간 저수지의 수위는 85m, 가장 낮은 저수지의 수위는 60m일 때 각 관로의 유량을 결정하라.

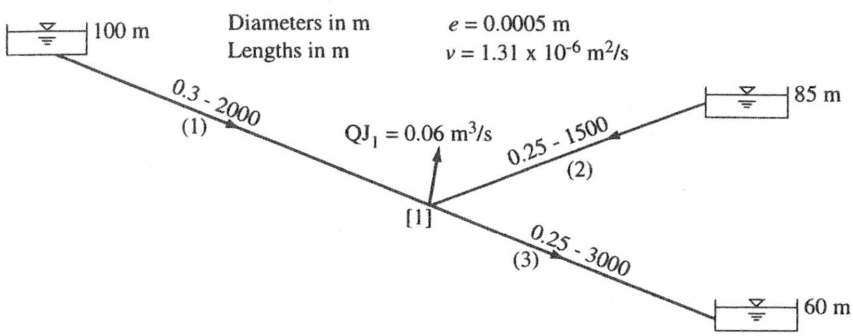

관로	K	n
1	1469	1.974
2	2432	1.927
3	5646	1.971

해답 높은 저수지로부터 낮은 저수지로 유동이 형성되는 것은 확실하지만 중간 저수지에 연결된 관로 내 유동방향은 불확실하므로 시행착오법으로 이 유동방향을 결정한다.

접합부의 수두를 H_J로 가정하면 이 관로의 손실수두식으로부터 관로 1과 2의 유출량을 결정할 수 있다.

$$100 - K_1 Q_1^{n_1} = H_J \qquad H_J - K_3 Q_3^{n_3} = 60$$

이제 절점 [1]의 수두를 중간 저수지의 수두와 동일하다고 가정하여 $H_J = 85m$로 설정하면 중간 관로 2에서는 유동이 형성되지 않는다. 표의 K와 n 수치를 대입하면

$$Q_1 = \left[\frac{(100-85)}{K_1}\right]^{\frac{1}{n_1}} = \left[\frac{15}{1469}\right]^{\frac{1}{1.974}} = 0.098 m^3/s$$

$$Q_3 = \left[\frac{(85-60)}{K_3}\right]^{\frac{1}{n_3}} = \left[\frac{25}{5646}\right]^{\frac{1}{1.971}} = 0.0639 m^3/s$$

외부 수요량 QJ_1과 조합된 이 수치는 접합부 J에서 연속식을 만족시키지 못하므로 접합부에서 연속식을 만족시키기 위해서 접합부의 유입량을 증가시켜야 한다. 따

라서 H_J를 $85m$ 이하로 설정하면 관로 2의 유동은 접합부로 향하게 되고 다음의 식에 의해 결정된다.

$$85 - K_2 Q_2^{n_2} = H_J$$

각 시행착오 단계에서 접합부 연속식의 유량 오차는 $Q_e = Q_1 + Q_2 - Q_3 - QJ_1$이 된다. 이제 시행착오법으로 수치 H_J를 설정한 후 3개의 손실수두식을 사용하여 토출량을 계산하고 최종적으로 유량오차 Q_e를 결정하며, 각 시행착오의 결과는 아래 표와 같다(Exam2_8xls 파일 참조).

H_J	$Q_1(m^3/s)$	$Q_2(m^3/s)$	$Q_3(m^3/s)$
85.0	0.0980	0.0	0.0639
80.0	0.1134	0.0403	0.0571
83.0	0.1045	0.0251	0.0613
83.5	0.1029	0.0216	0.0620
83.7	0.1023	0.0200	0.0622

접합부에 대한 수치 설정은 체계적으로 해답에 도달하게 해 주는 단계이다. 이 방법은 저수지 3개 보다 많은 유사한 문제에도 유익하게 적용할 수 있다.

제3장

매니폴드 유동

3.1 소개

모든 유체 매니폴드(manifold)는 상대적으로 큰 하나의 배관, 또는 여러 배관이 직렬 형상으로 구성되며 이를 배럴(barrel) 또는 메인배관(main)이라고 부른다. 각 메인배관에는 작은 직경의 배관 또는 많은 포트와 많은 접합부가 존재하여 유동이 이를 통해 메인배관으로부터 유출되거나 빈번하지는 않지만 메인배관으로 유입되도록 허락된다. 매니폴드의 특징은 많은 접합부 또는 포트가 존재한다는 것이며, 통상적으로 포트는 인접하지만 유동이 상호작용할 정도로 인접하지는 않는다. 매니폴드 내 모든 유동은 공간적으로 변화하는 유동이고, 본 장에서 해석하는 것과 같이 거의 항상 정상유동으로 분석된다.

비록 매니폴드 유동은 관망 유동 또는 부정류 거동 보다는 덜 빈번하게 연구될지라도 실용적으로 많이 적용되는 유동형식이다. 매니폴드 유동은 최근 트리클(trickle)과 스프린클러(sprinkler) 시스템에 관한 연구를 포함하여 농장 관개 시스템에도 많이 적용되며 빌딩 내 방재 스프린클러 시스템도 또 다른 적용분야이다. 다공 디퓨저 매니폴드를 통해 해양 수체 내부로 하수를 방출하는 해양방류시스템(marine outfall system)은 매니폴드에 의존한다. 항해 수로에서의 대형 수문의 충수와 배수 시스템은 근본적으로 매니폴드이다. 또한 차량 터널의 환기는 부분적으로 매니폴드 유동이론에 기초한다.

본장에서는 먼저 매니폴드 유동에 적용할 수 있는 여러 해석수준을 기술한다. 이 수준은 마찰의 고려 여부와 접합부의 손실의 고려 여부에 따라 다르다. 다음은 해양방류 디퓨저의 내부 수리학의 분석 예제를 고찰하고 짧은 전산 프로그램을 통해 이 분석예제가 어떻게 도움이 되는지를 증명한다.

3.2 매니폴드 유동 분석

본절에서는 매니폴드 내 유동해석을 3개 수준으로 고찰한다. 첫 번째 수준에서는 비현실적인 가정이지만 모든 에너지손실을 무시한다. 이는 매니폴드 유동을 소개하기 위한 좋은 사례이며, 공간적으로 변화하지 않는 배관 내 유동으로부터의 일부 유동 거동을 잇도록 허락한다. 두 번째와 세 번째 수준에서는 배럴 또는 메인배관 내 마찰 그리고 접합부 또는 포트에서의 에너지손실을 고려한다. 이 해석 종료부에서 여러 적용분야에서 배럴 마찰과 접합부 손실의 중요성에 대한 일부 결론을 끌어낸다.

3.2.1 비마찰

비마찰에 대한 소개로서 그림 3.1과 같이 수 개의 동일한 직경의 원형 유출 포트가 동일한 간격으로 배치된 단순한 매니폴드의 개략적인 선도를 간략하게 고찰한다. 메인배관의 하류측 종점은 사수부이다. 실제 유체 효과를 완전히 무시할 경우 왼쪽 저수지 수위는 전체 매니폴드에 걸친 수평 에너지구배선의 고도를 결정하며, 매니폴드에는 상대적으로 인접하게 배치된 5개의 단일 유출 포트가 설치된다. 단면은 오른쪽과 같으며 첫 번째 가정과 같이 포트 부근에서의 에너지손실을 실제로 무시할 수 있도록 유출 포트는 라운드처리 되며 메인배관으로부터 포트까지는 천이영역이 된다. 해석 편의를 위해 포트의 번호를 하류측으로부터 1번으로 시작하여 저수지 방향으로 진행한다. 여기에서 핵심 특징은 이 유동에 대한 수력구배선의 거동이다. 항상 그렇듯이 에너지구배선으로부터 속도수두 $V^2/2g$ 만큼 아래로 수력구배선이 위치할 수 있다. 여기에서 V는 메인배관에서의 평균 유속이다. 포트 숫자가 증가하면서 점진적으로 이 평균 유속이 증가하므로 메인배관 상류측 종점에서 수력구배선과 압력수두 p/γ는 에너지구배선으로부터 가장 밑에 위치한다. 통상적으로 수평 배관 내 압력은 유동방향으로 진행하면서 감소한다고 생각하지만 매니폴드 유동을 연구하면서 약간의 주의를 하면 이와 다른 결론에 도달하는 것을 바로 알 수 있다.

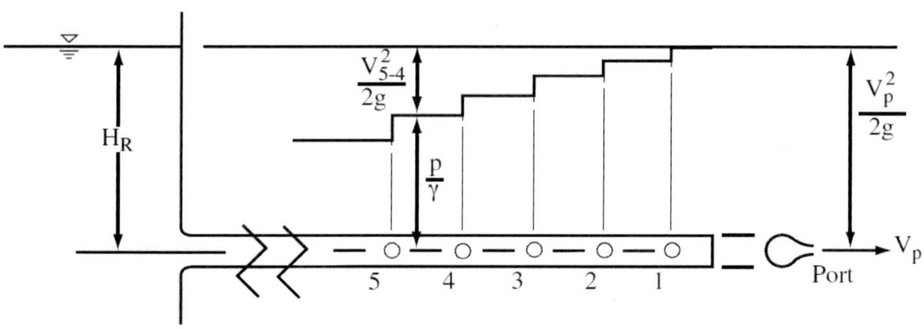

| 그림 3.1 | 배관마찰과 접합부 손실을 고려하지 않는 매니폴드

에너지손실이 없으면 각 포트의 유출속도는 $\sqrt{2gH_R}$이 된다. 만일 포트가 모두 동일하다면 각 포트로부터의 유출속도가 동일하다. 포트가 동일하면 포트와 포트 사이 에너지 수준의 차이와 접합부 에너지손실 오직 두 요소만이 포트의 유출속도에 영향을 미칠 수 있으며 다음 두 절에서는 이 두 요소를 고찰한다.

앞의 내용을 이해하면 포트의 유출에 영향을 미치는 두 요소를 알 수 있다. 즉, 일부 논문에서는 메인배관 내부 압력만이 인접한 포트로 유출되는 유체를 구동시킨다고 가정한다. 본서를 포함한 다른 논문에서는 메인배관과 포트의 유출구 사이 일과 에너지식을 적용한다. 즉, 이 방법은 메인배관과 유출구 내의 에너지구배선의 차이가 유동을 구동한다고 가정한다. 손실계수와 유출계수의 존재는 관점에 따라 다소 다른 역할을 하지만 두 방법이 서로 양립될 수 있도록 허락한다.

3.2.2 배럴 마찰

배럴 마찰을 고려하면 에너지구배선은 그림 3.2와 같이 배럴 내 유동방향에서 직선 분절의 순서로 구배진다. 포트 1부터 포트 5를 고찰하면서 배럴 내 속도수두는 마찰이 없을 때와 같이 증가하고, 또한 배럴에 걸친 수력구배선의 각 분절은 상부에 있는 에너지구배선에 수평인 구배를 갖는다. 포트 유출속도는 $V_{pi} = \sqrt{2gH_i}$ 가 되고 H_i는 포트 i의 중심선으로부터 포트 i의 상부 국부 에너지선까지의 수직 거리이다. 배럴 내 유속은 각 접합부에서의 연속법칙에 따라 각 분절에서 변화한다.

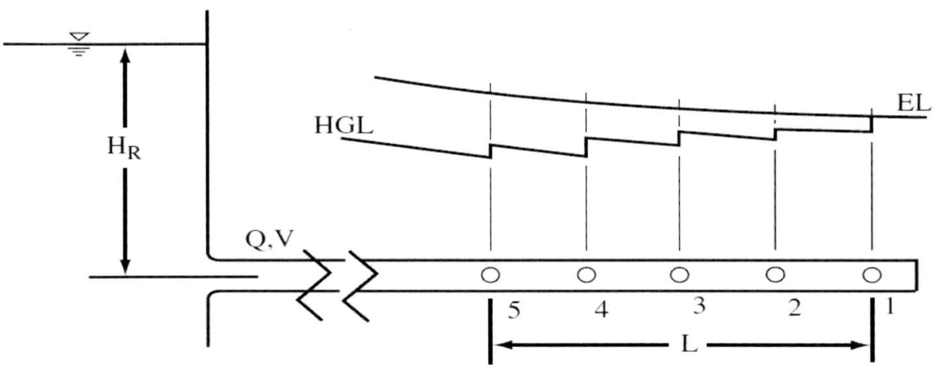

| 그림 3.2 | 접합부 손실을 무시하고 배럴마찰을 고려하는 5-포트 매니폴드

레이놀즈수가 충분히 커서 배럴 내 유동범위에 걸친 달시-바하 마찰계수 f가 일정하다고 가정하면 5개 포트가 동일한 간격으로 배치된 길이 L인 매니폴드 단면에서의 마찰손실수두를 다음과 같이 작성할 수 있다.

$$\sum h_L = f\frac{L/4}{D}\frac{V_{5-4}^2}{2g} + f\frac{L/4}{D}\frac{V_{4-3}^2}{2g} + f\frac{L/4}{D}\frac{V_{3-2}^2}{2g} + f\frac{L/4}{D}\frac{V_{2-1}^2}{2g} \tag{3.1}$$

포트의 직경에 따라 식 3.1로부터 다양한 결과를 전개할 수 있다. 예를 들어 전체 유출량이 Q_T이고, 5개 포트로부터 유출되는 유량이 동일하도록 즉, $Q_P = Q_T/5$가 되도록 각 포트의 직경을 선정한다고 가정하면 연속법칙에 따라 각 배럴 분절 내 유속은 다음과 같다.

$$V_{5-4} = 4V/5,\quad V_{4-3} = 3V/5,\quad V_{3-2} = 2V/5,\quad V_{2-1} = V/5$$

따라서 식 3.1은 다음과 같이 단순화된다.

$$\sum h_L = \frac{1}{4}\left[\left(\frac{4}{5}\right)^2 + \left(\frac{3}{5}\right)^2 + \left(\frac{2}{5}\right)^2 + \left(\frac{1}{5}\right)^2\right] f\frac{L}{D}\frac{V^2}{2g} = 0.3f\frac{L}{D}\frac{V^2}{2g} \tag{3.2}$$

여기서 V는 Q_T/A, A는 메인배관의 단면적이다. 만일 유출유량이 동일한 포트가 n개가 배치되면 각 포트의 유출유량은 $Q_P = Q_T/n$이 된다. 이제 수학적 추론을 사용하여 다음과 같이 n개 포트가 설치된 메인배관에서의 전체 마찰손실수두를 구할 수 있다.

$$\sum h_L = \frac{1}{n-1}\left[\frac{1}{n^2}\sum_{i=1}^{(n-1)} i^2\right] f\frac{L}{D}\frac{V^2}{2g} = \frac{1}{n-1}\left[\frac{1}{n^2}\frac{n}{6}(n-1)(2n-1)\right] f\frac{L}{D}\frac{V^2}{2g} \tag{3.3}$$

또는

$$\sum h_L = \left(\frac{1}{3} - \frac{1}{6n}\right) f\frac{L}{D}\frac{V^2}{2g} \tag{3.4}$$

그러나 불행한 사실은 상기 식을 완벽하게 적용하려면 반드시 각 포트의 직경은 다른 포트 개구부의 직경과 약간 달라야 한다는 것이다. 그러나 길이가 L인 배럴 내 균일한 간격의 n개 집단 포트에 걸친 손실수두를 대략적으로 추정하기 위해 식 3.4를 사용할 수 있다.

3.2.3 접합부 손실과 배럴 마찰

배럴이 동일한 수평면에 위치하고, 배럴 직경 보다 작은 횡배관(lateral pipe)이 상호작용하는 상황은 상대적으로 복잡하다. 그림 3.3은 메인배관과 횡배관에 대한 에너지구배선 EL과 수력구배선 HGL 그리고 부분적으로 번호를 매긴 일련의 변수를 도입하는 배럴–횡 배관을 보여준다. 여기서 아래첨자 1은 횡배관이 설치된 메인배관의 상류를 그리고 아래첨자 2는 메인배관의 하류를 정의하는 변수를 나타낸다. 그리고 아래첨자 3은 횡배관과 관련된 변수를 나타낸다.

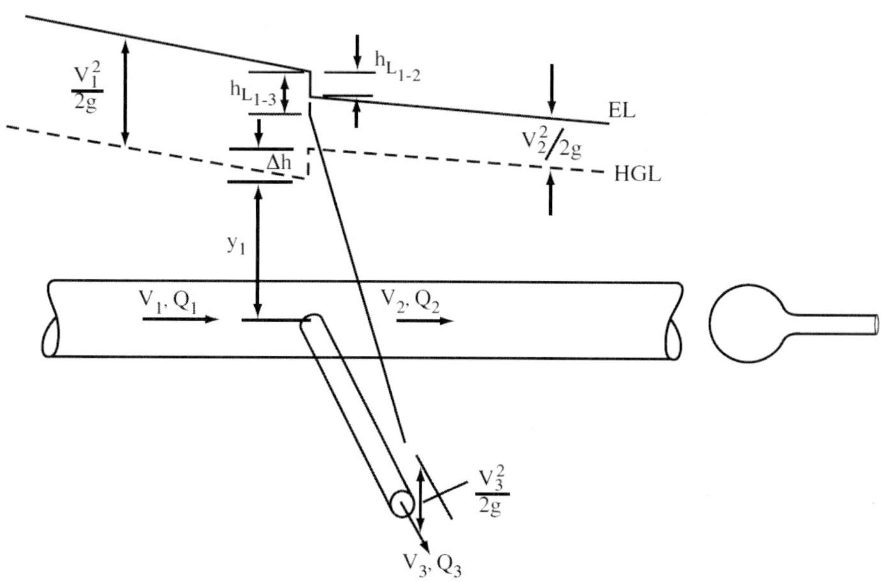

| 그림 3.3 | 배럴–횡배관 접합부 선도

연속적인 횡배관에 대한 유동이 상호작용하지 않도록 횡배관의 간격을 설정한 것으로 가정한다. 이제 에너지선에서는 메인배관에 설치된 접합부에서 손실 $h_{L_{1-2}}$이 발생하고, 횡배관 내부로의 유입되는 유동과 관련하여 접합부에서 손실 $h_{L_{1-3}}$이 발생한다. 수력구배선은 메인배관에 설치된 접합부를 통과하면서 발생하는 $\triangle h$을 경험한다. 이와 같이 정확한 지점에서 불연속 점프로서 에너지와 압력의 변화를 표현하는 것은 수리학에서 과학/예술인 사실을 명심하여야 한다. 비록 한 지점에서의 영향에 집중하거나 일괄처리(lump)할지라도 실제로 상기 모든 3개 요소는 크고 유한 유동 영역에 걸쳐 발생하는 현상을 나타낸다. 에너지구배선의 모든 부분은 유체의 마찰 영향으로 메인배관 내 유동방향으로 하향 구배를 갖는다. 횡배관으로부터의 유동은 하나의 제트로서 대기로 분출되는 것으로 추정한다.

그림 3.3으로부터 다음과 같이 메인배관에 걸쳐 압력수두가 상승하는 것을 알 수 있다.

$$\triangle h = \frac{V_1^2}{2g} - \frac{V_2^2}{2g} - h_{L_{1-2}} \tag{3.5}$$

상기 식을 횡배관이 설치된 메인배관의 상류측 속도수두로 나누면 다음과 같이 무차원의 압력수두상승계수를 얻는다.

$$\frac{\triangle h}{V_1^2/2g} = 1 - \left(\frac{V_2}{V_1}\right)^2 - \frac{h_{L_{1-2}}}{V_1^2/2g} \tag{3.6}$$

$$\frac{\triangle h}{V_1^2/2g} = 1 - \left(\frac{Q_2}{Q_1}\right)^2 - \frac{h_{L_{1-2}}}{V_1^2/2g} \tag{3.7}$$

접합부에 $Q_1 = Q_2 + Q_3$ 형태의 연속법칙을 적용하면 다음 식을 얻는다.

$$\frac{\triangle h}{V_1^2/2g} = 1 - \left(\frac{Q_2}{Q_1}\right)^2 - \frac{h_{L_{1-2}}}{V_1^2/2g} = 2\left(\frac{Q_3}{Q_1}\right) - \left(\frac{Q_3}{Q_1}\right)^2 - \frac{h_{L_{1-2}}}{V_1^2/2g} \tag{3.8}$$

상기 식의 마지막 항은 전문용어로 손실수두계수 $K_{L_{1-2}}$라고 부른다. 따라서 압력수두상승계수는 다음 식과 같이 오직 2개의 무차원 요소의 함수가 되는 것을 알 수 있으며 여기서 Φ_1은 함수이다.

$$\frac{\triangle h}{V_1^2/2g} = \Phi_1\left(\frac{Q_3}{Q_1}, \frac{h_{L_{1-2}}}{V_1^2/2g}\right) \tag{3.9}$$

$h_{L_{1-2}}$가 어떻게 거동하는지 가정하면 압력수두상승계수의 기능적 거동(functional behavior)을 작성할 수 있으며 그 결과는 그림 3.4와 같다. 이와 같은 사실의 탐구를 시작하기 위해 가능성 있는 $h_{L_{1-2}}$ 수치 범위를 구분하는 것은 어려워 보이지 않는다. 메인배관의 하류측 말

단부에서는 손실이 없으므로 단순하게 $(h_{L_{1-2}})_{min} = 0$으로 가정하는 것이 타당하다. 스펙트럼의 가장 높은 부분에서는 다음과 같은 사실을 알 수 있다. 접합부가 설치된 메인배관 내 유동은 배럴 내부에서는 급속하게 유량이 감소하고, 급확대부에서는 약간의 와동(eddy motion)의 증가와 다른 난류현상을 동반하는 유동 특성을 보여주므로 다음과 같이 예상할 수 있다.

$$(h_{L_{1-2}})_{max} = \frac{(V_1 - V_2)^2}{2g} \tag{3.10}$$

그림 3.4는 유량비 Q_3/Q_1에 따른 압력수두상승계수의 변화를 보여준다. 여기서 곡선 1은 최소 손실수두이고, 곡선 2는 식 3.10을 사용하여 구한 최대 손실수두를 나타낸다. 그림 3.4에서의 점선은 그림 3.5에서 취하였으며 횡배관-메인배관의 직경 비율인 D_3/D_1의 함수로서 대표적인 압력수두상승계수의 거동에 대한 실험 자료를 보여준다. 본 예제에서는 횡배관의 마찰계수 $f = 0.02$, $L_3/D_3 = 5$로 가정하였다.

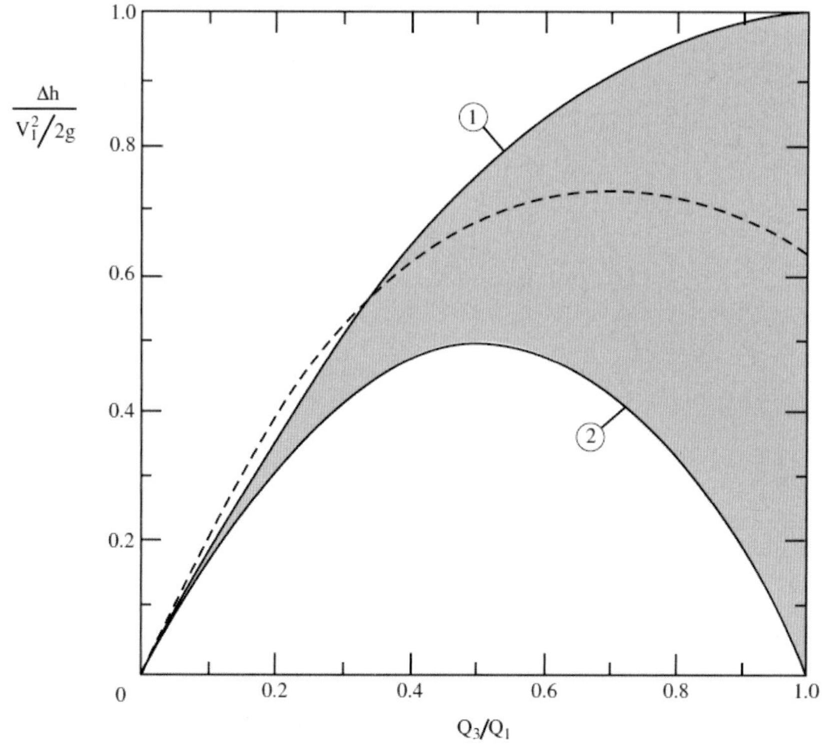

| 그림 3.4 | Q_3/Q_1 함수로서 예상되는 압력수두상승계수의 예상범위

그림 3.4로부터 압력수두상승계수의 실험 자료는 약 $D_3/D_1 < 1/3$ 이하에서는 예상된

포괄적인 거동범위 안에 들지 않고, 손실계수 $K_{L_{1-2}}$는 D_3/D_1 수치가 작으면 (-)가 된다는 주목할 만한 사실을 알 수 있다. 왜 이렇게 될까? 이는 실험 오차에 기인하는 것이 아니라 실제로 발생하는 현상으로서 매니폴드 유동의 또 다른 특성이며, 이에 대한 원인은 자세하게 논의되었다.

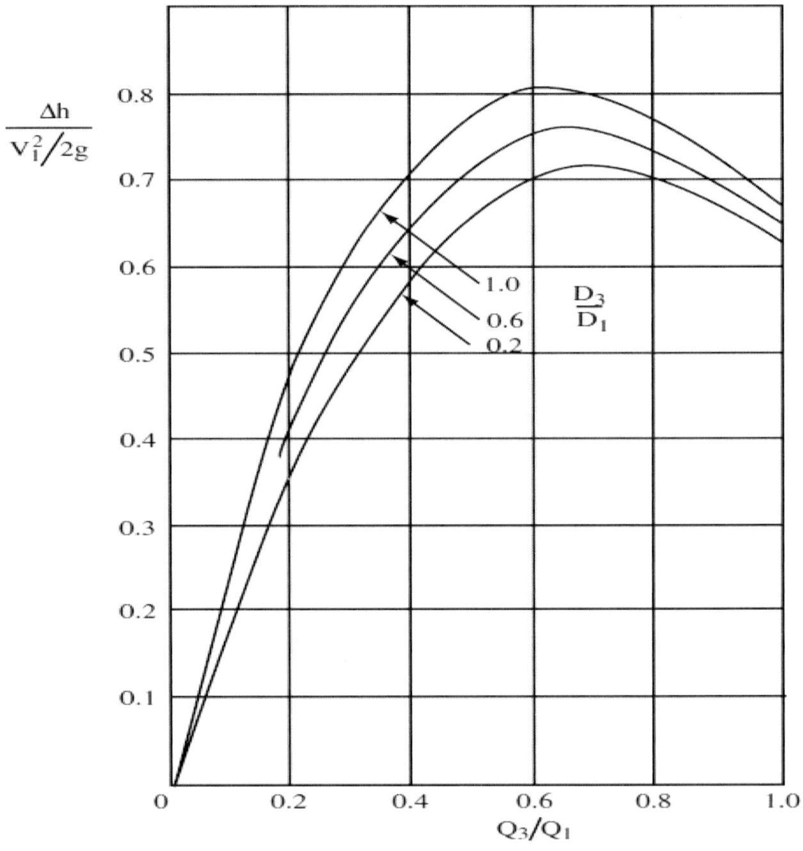

| 그림 3.5 | 압력상승계수에 대한 전형적인 실험 자료

전문가는 상류측 유량 중 적은 유량이 횡배관으로 유입되는 경우 유동은 반드시 그림 3.6과 유사한 형태가 되어야 한다고 결론지었다. 배관 벽 인근 유체는 중심에 있는 유체보다 더욱 완만하게 이동하므로 초기에 횡배관은 유체의 단위 중량당 평균 동적 에너지보다 적은 동적 에너지를 소유한다. 결과적으로 단면 2로 유동시키기 위해 남은 평균 에너지가 약간 상승되었던 것으로 보인다. 1차원 유동의 수력 표현에서 이 영향은 비현실적으로 보일지라도 작은 (−) 손실계수로 나타난다. 추가적인 연구에서는 이러한 상황에서 전체 에너지 플럭스의 손실이 아직도 발생하는 것으로 증명되었다.

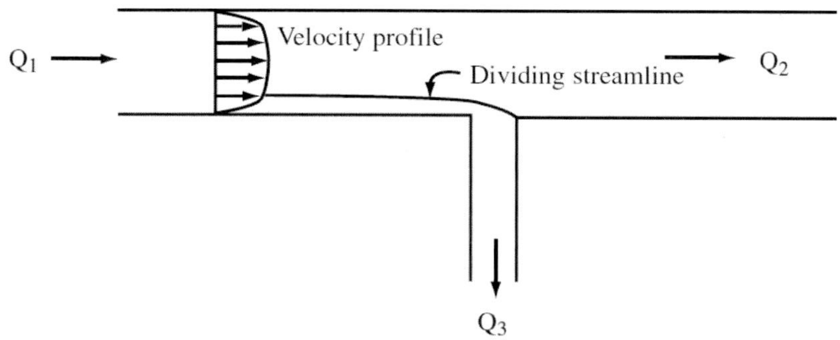

| 그림 3.6 | 횡배관 접합부에서 유동

횡배관 내 유동 거동을 반드시 정량화하여야 하며 이를 위한 오래된 관습은 횡배관을 오리피스로 취급하고 편의를 위해 횡배관을 통과하는 유량은 횡배관 유입부의 직 상류측에 존재하는 압력수두 y_1에 의해 구동되는 것으로 가정하는 것부터 시작한다. 따라서 다음과 같이 작성할 수 있다.

$$Q_3 = CA_3\sqrt{2gy_1} \quad \text{또는} \quad y_1 = \frac{1}{C^2}\frac{V_3^2}{2g} \tag{3.11}$$

여기서 $A_3 = \pi D_3^2/4$는 직경 D_3 횡배관의 단면적, 속도는 $V_3 = Q_3/A_3$ 그리고 C는 오리피스 계수로서 횡배관의 기하학적 형상에 따라 결정되는 여러 변수에 따라 결정된다.

실험으로 계수 $K_{L_{1-3}}$를 구할 수 있으므로 메인배관으로부터 횡배관에 이르기까지 손실수두계수와 오리피스 계수 C의 상관관계를 구하기 위해

$$K_{L_{1-3}} = \frac{h_{L_{1-3}}}{V_1^2/2g} \tag{3.12}$$

횡배관의 유동은 만관이고, 길이는 L_3, 마찰계수가 일정한 것으로 가정하면 그림 3.3으로부터 다음 식을 유도할 수 있다.

$$y_1 + \frac{V_1^2}{2g} = h_{L_{1-3}} + h_{f_3} + \frac{V_3^2}{2g} \tag{3.13}$$

h_{f_3}는 횡배관 마찰손실수두이고 식 3.11을 이용하여 상기 식을 다음과 같이 표현할 수 있다.

$$\frac{1}{C^2}\frac{V_3^2}{2g} + \frac{V_1^2}{2g} = K_{L_{1-3}}\frac{V_2^2}{2g} + f_3\frac{L_3}{D_3}\frac{V_3^2}{2g} + \frac{V_3^2}{2g} \tag{3.14}$$

상기 식을 횡배관 내 속도수두로 나누어 다시 정리하면

$$\frac{1}{C^2}=\left(K_{L_{1-3}}-1\right)\left(\frac{V_1}{V_3}\right)^2+\left(1+f_3\frac{L_3}{D_3}\right) \tag{3.15}$$

또는

$$\frac{1}{C^2}=\left(K_{L_{1-3}}-1\right)\left(\frac{Q_1}{Q_3}\right)^2\left(\frac{D_3}{D_1}\right)^4+\left(1+f_3\frac{L_3}{D_3}\right) \tag{3.16}$$

상기 식을 다음과 같이 간단히 표현할 수 있다.

$$C=\Phi_2\left(\frac{Q_3}{Q_1},\ K_{L_{1-3}}\right) \tag{3.17}$$

여기서 Φ_2는 식 3.16에 표현된 함수를 간략하게 표기하는 기호이다.

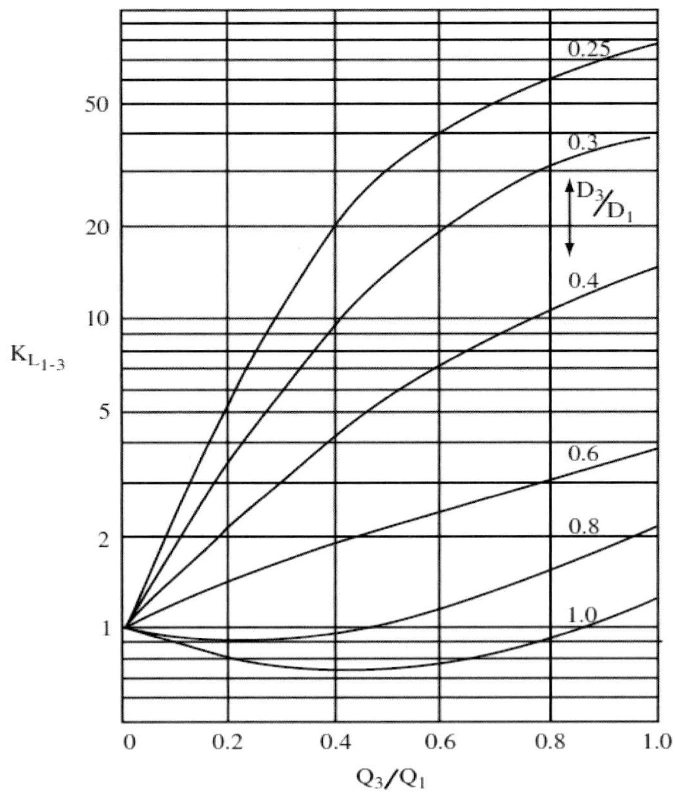

| 그림 3.7 | D_3/D_1과 Q_3/Q_1의 함수로서 손실계수 K_{L1-3}

$K_{L_{1-3}}$의 거동을 결정하기 위해 적정한 실험을 수행하면 통상적으로 그림 3.7과 유사한 관계를 구할 수 있다. 그리고 f_3와 L_3/D_3를 규정하면 $C-Q_3/Q_1$ 선도를 작성할 수 있다. 예를 들어 그림 3.7로부터 $f_3=0.02$ 그리고 $L_3/D_3=5$로 가정하면 그림 3.8을 작도할 수

있다. 횡배관 손실계수 $K_{L_{1-3}}$는 조건에 따라 상당히 커질 수 있지만 통상적으로 메인배관 직경의 1/3보다 적은 횡배관은 통상적으로 그 접합부의 상류측 유량의 1/3 또는 이 보다 적은 유량을 수송하므로 실제 상황에서는 큰 $K_{L_{1-3}}$ 수치를 직면하는 경우는 매우 드물다.

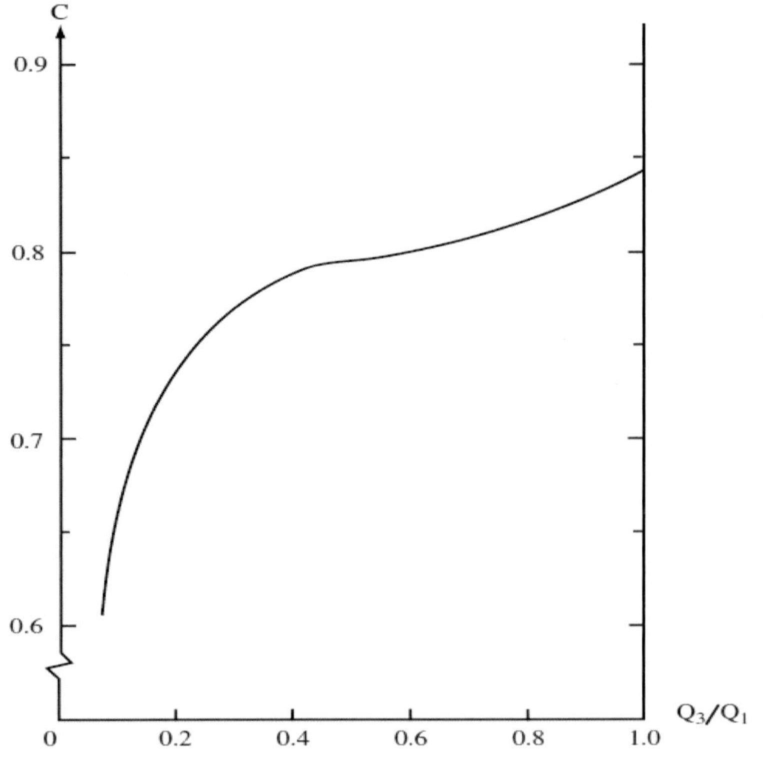

| 그림 3.8 | 오리피스 계수 C 거동의 한 사례

예제 3.1

다음 그림과 같이 3-포트 매니폴드의 $D_3/D_1 = D_3/D_m = 0.4$이고, 메인배관과 모든 횡배관 내 마찰계수 $f = 0.02$, 그리고 각 횡배관의 $L_3/D_3 = 5$이다. 그림 3.5, 3.7, 3.8에서 기술한 것과 같이 메인배관과 횡배관 내 마찰손실 그리고 메인배관과 횡배관의 접합부 손실을 고려하여 포트의 유출량 Q_a, Q_b, Q_c를 계산하라. 메인배관의 하류측 말단부는 맹판으로 폐쇄되었다.

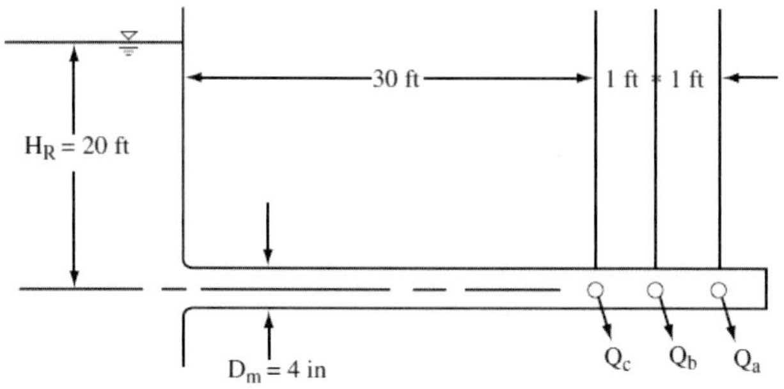

이 문제는 접합부 손실을 무시한 문제보다 더욱 어렵지만, 다른 유사한 문제에서 접합부 손실의 포함 여부를 결정하기 위해 도움을 준다.

일련의 선형과 비선형의 동시 공식으로 이와 같은 문제를 공식화할 수 있지만 여기에서는 이전에 사용되었던 통상적인 방법을 따른다. 전형적인 해결 과정은 매니폴드의 하류측 말단부에서 에너지구배선 고도를 독단적으로 선정하고 그곳에서 연산을 시작한다. 물론 초기 고도는 결코 올바른 최종 고도와 일치할 수는 없지만 연산과정에서 이를 조정하는 것은 쉽다.

포트 a

포트 a 하류측 메인배관 내 속도수두는 0이므로 $EL_a{}' = HGL_a{}' = 10.0ft$로 선정하여 시작한다.

$$y_1 + \Delta h = HGL_a{}' = EL_a{}' = 10.0ft \tag{1}$$

포트 a로부터의 유출량은 다음 오리피스 유출량식을 만족시켜야 한다.

$$Q_a = CA\sqrt{2gh} = C\frac{\pi D_a^2}{4}\sqrt{2gy_1} \tag{2}$$

상기 식으로부터 포트 a의 유출량과 관련된 수두 y_1(그림 3.3에서 포트 a를 통과하기 직전 HGL)을 구할 수 있다.

$$y_1 = \frac{1}{2g}\left(\frac{Q_a}{C}\frac{4}{\pi D_a^2}\right)^2 \tag{3}$$

포트 a의 유량과 포트 a의 상류측 메인배관의 유량 비율은 $Q_a/Q_m = 1.0$이고, 문제에서 주어진 자료 $D_a/D_m = 0.4$와 그림 3.5로부터(그림에서는 $Q_a/Q_m = Q_3/Q_1$ 그리고 $D_a/D_m = D_3/D_1$으로 표현되었음) 포트 a를 통과하면서 발생하는 손실수두 Δh를 계산할 수 있다.

$$\frac{\Delta h}{(V_m^2/2g)} = 0.63 \quad \Rightarrow \quad \Delta h = 0.63\frac{V_m^2}{2g} \tag{4}$$

또한 $Q_a/Q_m=1.0$와 $D_a/D_m=0.4$를 이용하여 그림 3.8에서 $C=0.84$를 구할 수 있다. 따라서 (3)과 식 (4)를 식 (1)에 대입하면 식 (5)와 같고, $Q_a=Q_m$이므로 식 (5)에서 두 번째 항의 Q_m을 Q_a로 대체할 수 있다.

$$\left(\frac{Q_a}{C}\frac{4}{\pi D_a^2}\right)\frac{1}{2g}+0.63\left(\frac{4Q_a}{\pi D_m^2}\right)\frac{1}{2g}=10.0 \tag{5}$$

상기 식에서 유일한 미지수 Q_a를 다음 식으로 표현할 수 있고, 주어진 자료를 대입하면 $Q_a=0.296ft^3/s$를 구할 수 있다.

$$Q_a=\sqrt{\frac{2\times g\times HGL_a{}'}{\left(\frac{1}{C}\frac{4}{\pi D_a^2}\right)^2+0.63\left(\frac{4}{\pi D_m^2}\right)^2}} \tag{6}$$

$$Q_a=\sqrt{\frac{2\times 32.2\times 10}{\left(\frac{1}{0.84}\frac{4}{3.14\times 0.133^2}\right)^2+0.63\left(\frac{4}{3.14\times 0.333^2}\right)^2}}=0.296$$

다음과 같이 메인배관 내 유속 V_m과 포트 a를 통과하면서 발생하는 손실수두 $\triangle h$를 구할 수 있다.

$$V_m=\frac{Q_m}{A_m}=\frac{0.296\times 4}{\pi\times 0.333^2}=3.39ft/s$$

$$\frac{V_m^2}{2g}=\frac{3.39^2}{2\times 32.2}=0.179ft$$

$$\triangle h=0.63\frac{V_m^2}{2g}=0.63\times 0.179=0.113ft$$

이제 포트 a 직상류에서의 HGL_a과 EL_a를 다음과 같이 구할 수 있다.

$$HGL_a=10-\triangle h=10-0.113=9.887ft$$

$$EL_a=HGL_a+\frac{V_1^2}{2g}=9.887+0.179=10.066ft$$

포트 b

메인배관에서의 유량 $Q_m=Q_a=0.297ft^3/s$을 구하였으므로 달시-바하식으로부터 다음과 같이 포트 a와 b 사이 메인배관의 마찰손실을 구할 수 있다.

$$h_{La-b}=f\frac{L}{D}\frac{V_m^2}{2g}=0.02\frac{1}{0.333}0.179=0.011ft$$

이제 포트 a와 b 사이의 메인배관에서 발생하는 손실수두 h_{La-b}를 고려하면 다음과 같이 포트 b 직하류에서의 HGL_b'과 EL_b'를 구할 수 있다.

$$HGL_b' = HGL_a + h_{La-b} = 9.887 + 0.011 = 9.898ft$$

$$EL_b' = EL_a + h_{La-b} = 10.066 + 0.011 = 10.077ft$$

포트 b에서의 유량을 예측하는 선행 경험이 없기 때문에 논리적인 초기 추정 유량비를 $Q_b/Q_m = 0.5(Q_m = 2Q_b)$로 선정하고, 식 (3) 그리고 그림 3.5와 그림 3.8로부터 다음을 구한다.

$$y_1 = \left(\frac{Q_b}{C\pi D_b^2}\right)^2 \frac{1}{2g},\quad C = 0.795,\quad \triangle h = 0.68\frac{V_m^2}{2g}$$

y_1식과 $\triangle h$식을 식 (1)에 대입하면 다음과 같다.

$$\left(\frac{Q_b}{C}\frac{4}{\pi D_b^2}\right)\frac{1}{2g} + 0.68\left(\frac{4\times 2Q_b}{\pi D_m^2}\right)\frac{1}{2g} = 9.898$$

상기 식에서 유일한 미지수 Q_b를 다음 식으로 표현할 수 있고, 주어진 자료를 대입하면 $Q_b = 0.274ft^3/s$를 구할 수 있다.

$$Q_b = \sqrt{\frac{2\times g\times HGL_b'}{\left(\frac{1}{C}\frac{4}{\pi D_b^2}\right)^2 + 0.68\left(\frac{4\times 2}{\pi D_m^2}\right)^2}}$$

$$= \sqrt{\frac{2\times 32.2\times 9.898}{\left(\frac{1}{0.795}\frac{4}{3.14\times 0.133^2}\right)^2 + 0.68\left(\frac{4}{3.14\times 0.333^2}\right)^2}} = 0.273ft^3/s$$

메인배관 내 유량과 포트 b의 유량비는 앞에서 가정한 수치 0.5와 다르다.

$$Q_m = Q_a + Q_b = 0.296 + 0.273 = 0.569ft^3/s$$

$$\frac{Qb}{Q_m} = \frac{0.273}{0.569} = 0.48$$

이 문제를 개선하기 위해 $Q_b/Q_m = 0.48(Q_m = 2.08Q_b)$로 선정하고, 그림 3.5와 그림 3.8로부터 다음을 구한 후 상기 과정을 반복한다.

$$C = 0.795,\quad \triangle h = 0.67\frac{V_1^2}{2g}$$

$$Q_b = \sqrt{\frac{2\times g\times HGL_b'}{\left(\frac{1}{C}\frac{4}{\pi D_b^2}\right)^2 + 0.67\left(\frac{4\times 2.079}{\pi D_m^2}\right)^2}}$$

$$= \sqrt{\frac{2\times 32.2\times 9.898}{\left(\frac{1}{0.795}\frac{4}{3.14\times 0.1333^2}\right)^2 + 0.67\left(\frac{4\times 2.08}{3.14\times 0.333^2}\right)^2}} = 0.272ft^3/s$$

새롭게 구한 결과는 $Q_b = 0.272 ft^3/s$가 되고, 메인배관 내 유량과 포트 b의 유량비 $Q_b/Q_m = 0.272/0.569 = 0.481$이 되어 가정한 수치와 일치하므로 다음과 같이 매인배관 내 유속 V_m과 $\triangle h$를 구할 수 있다.

$$V_m = \frac{Q_m}{A_m} = \frac{0.57 \times 4}{\pi \times 0.33^2} = 6.53 ft/s$$

$$\frac{V_m^2}{2g} = \frac{6.53^2}{2 \times 32.2} = 0.661 ft$$

$$\triangle h = 0.67 \frac{V_m^2}{2g} = 0.67 \times 0.661 = 0.443 ft$$

다음과 같이 포트 b 직상류에서의 HGL_b과 EL_b를 구할 수 있다.

$$HGL_b = HGL_b' - \triangle h_L = 9.898 - 0.443 = 9.455 ft$$

$$EL_b = HGL_b' + \frac{V_m^2}{2g} = 9.455 + 0.661 = 10.116$$

포트 c

메인배관에서의 유량 $Q_m = 0.569 ft^3/s$을 구하였으므로 달시-바하식으로부터 다음과 같이 포트 b와 c 사이 메인배관의 마찰손실을 구할 수 있다.

$$h_{Lb-c} = f \frac{L}{D} \frac{V_m^2}{2g} = 0.02 \frac{1}{0.33} 0.662 = 0.04 ft$$

포트 b와 c 사이 메인배관 내 마찰손실 $h_{Lb-c} = 0.04 ft$이므로 포트 c 직하류에서의 HGL_c'과 EL_c'를 구할 수 있다.

$$HGL_c' = HGL_b + h_{Lb-c} = 9.455 + 0.04 = 9.493 ft$$

$$EL_c' = EL_b + h_{Lb-c} = 10.116 + 0.04 = 10.156 ft$$

포트 c에서 초기 유량비를 알 수 없으므로 $Q_c/Q = 0.333$으로 추정할 수 있지만 포트 b에서의 경험으로부터 이 비율은 너무 높은 것으로 유추할 수 있으므로 $Q_c/Q_m = 0.31$로 추정하면 $Q_m = 3.23 Q_c$가 된다. 그림 3.5로부터 $\triangle h/(V_m^2/2g) = 0.545$, 그림 3.8로부터 $C = 0.770$를 얻을 수 있다. 이제 이 자료를 식 (6)에 대입하면 포트 c의 유출유량을 구할 수 있다.

$$Q_c = \sqrt{\frac{2\times g\times HGL_c'}{\left(\frac{1}{C}\frac{4}{\pi D_2^2}\right)^2 + 0.545\left(\frac{4\times 3.23}{\pi D_m^2}\right)^2}}$$

$$= \sqrt{\frac{2\times 32.2\times 9.495}{\left(\frac{1}{0.770}\frac{4}{3.14\times 0.1333^2}\right)^2 + 0.545\left(\frac{4\times 3.23}{3.14\times 0.333^2}\right)^2}} = 0.254ft^3/s$$

다행스럽게도 메인배관에서의 유량과 유량비는 다음과 같이 앞에서의 추정치와 일치한다.

$$Q_m = 0.568 + 0.254 = 0.822ft^3/s$$

$$\frac{Q_c}{Q_m} = \frac{0.254}{0.822} = 0.31$$

만일 유량비가 일치하지 않으면 유량비와 포트 c에서 새로운 유량을 계산하기 전에 반드시 유량비에 따라 결정되는 계수 그리고 계산결과와의 일치여부를 확인하는 연산을 반복하여야 한다. 이제는 시작 추정치와 일치하는 정확한 해를 얻기 위해서는 정확한 계수의 한계를 설정하여야 하며 두 요소가 이 정확도에 영향을 미친다. 이 두 요소는 계수를 그래프로 나타내기 위해 실행하였던 당초 실험의 품질 그리고 이러한 그래프를 읽는 우리의 제한된 능력이다. 결과적으로 Miller(1984)는 2% 이내의 일치가 타당한 목표라고 제안하였다. 본 예제에서 일부 연산은 이 한계를 초과하지만 이러한 방법으로 나타낸 결과는 연산을 더욱 쉽게 만든다.

마지막으로 포트 c 직상류에서의 연산이 남았다. 이제 포트 c의 직상류 유량 $Q_m = 0.822ft^3/s$을 사용하여 다음과 같이 메인배관 내 속도수두, 포트 c 직상류에서의 HGL_c, EL_c, y_1을 구할 수 있다.

$$V_m = \frac{Q_m}{A_m} = \frac{0.822\times 4}{3.14\times 0.333^2} = 9.44ft/s,$$

$$\frac{V_m^2}{2g} = \frac{9.44^2}{2\times 32.2} = 1.384ft$$

$$\Delta h = 0.545\frac{V_m^2}{2g} = 0.545\times 1.384 = 0.754ft$$

$$HGL_c = HGL_c' - \Delta h_L = 9.495 - 0.754 = 8.741ft$$

$$EL_c = HGL_c' + \frac{V_m^2}{2g} = 8.741 + 1.384 = 10.124$$

또는 그림 3.3으로부터 포트 c 직상류에서의 HGL_c는 y_1과 동일하므로 식 (3)을 사용하여 HGL_c를 구할 수 있다.

$$y_1 = \frac{1}{2g}\left(\frac{Q_c}{C}\frac{4}{\pi D_c^2}\right)^2 = \frac{1}{2\times 32.2}\left(\frac{0.255\times 4}{0.770\times 3.14\times 0.1333^2}\right)^2 = 8.74ft$$

포트 c 직하류에서 $EL_c' = 10.156ft$이므로 포트 c에서 (-) 손실수두가 발생하는 현상을 관측할 수 있고, 이 영향은 작지만 오류는 아니다. 계속해서 다음과 같이 저수지로 향하는 30ft 내 배관에서 발생하는 마찰손실수두의 영향을 고려하면 저수지에서의 에너지구배선을 구할 수 있다.

$$h_{Lc-res} = f\frac{L}{D}\frac{V_m^2}{2g} = 0.02\left(\frac{30}{0.333}\right)1.384 = 2.493ft$$

$$EL_{res} = 10.124 + 2.493 = 12.618ft$$

수치 $EL_{res} = 12.618ft$는 저수지에서 명확하게 명시된 $H_R = 20ft$와 일치하지 않지만 지금까지의 과업은 헛되지 않았다. f를 일정한 상수로 가정하면 유속과 유량은 전체 수두의 제곱근에 비례한다. 추정 유량을 실제 유량으로 조정하기 위해 실제 전체 수두 20ft와 계산으로 구한 수두 12.618ft 비의 제곱근으로 앞에서 구한 유량을 곱하면 각 포트로부터 유출량을 구할 수 있다.

$$Q_{true} = Q_{est}\left[\frac{H_{true}}{H_{est}}\right]^{1/2}$$

$$Q_a = 0.296\left[\frac{20.0}{12.618}\right]^{1/2} = 0.372ft^3/s$$

$$Q_b = 0.272\left[\frac{20.0}{12.618}\right]^{1/2} = 0.343ft^3/s$$

$$Q_c = 0.254\left[\frac{20.0}{12.618}\right]^{1/2} = 0.319ft^3/s$$

이제 유량을 알기 때문에 검증차원에서 각 지점에서의 EL과 HGL의 실제 고도를 직접 계산할 수 있다.

전술한 수계산은 접합부 손실을 포함할 때 나타나는 복잡성과 유사하다. 최근 이 해결방법에 대한 대안은 선정된 일련의 미지수를 구하기 위해 문제를 동시에 해결할 수 있는 일련의 식으로 공식화하는 것이다. 이러한 방법으로 문제를 해결하기 위한 MathCAD와 TK_Solver 모두를 파일명 PRB3_1.MCD와 PRB3_1.TK로 CD에 수록하였다. 본 예제에서는 3개 포트의 직하류에서의 수력구배선 $(y_1 + \Delta h)$를 HGL_a, HGL_b, HGL_c로 표기하였다. 유사한 방법으로 그림 3.8로부터 C_S와 그림 3.5로부터 계수 K는 아래첨자 a, b, c로 주어진다. 다음 3개 식은 3개 포트에서 y_1과 Δh를 더한 결과이다.

$$\frac{(Q_a/C_a)^2}{2gA_a^2}+\frac{K_aQ_a^2}{2gA_m^2}=HGL_a$$

$$\frac{(Q_b/C_b)^2}{2gA_a^2}+\frac{K_b(Q_a+Q_b)^2}{2gA_m^2}=HGL_b$$

$$\frac{(Q_c/C_c)^2}{2gA_a^2}+\frac{K_c(Q_a+Q_b+Q_c)^2}{2gA_m^2}=HGL_c$$

여기서 $A_a=\pi D_3^2/4$는 동일한 직경의 포트 면적이고, $A_m=\pi D_m^2/4$는 배럴 면적이다. 다음과 같이 메인배관에서 3개 에너지식을 작성할 수 있다.

$$HGL_b=HGL_a+\frac{(fL_S/D_m-K_a)\,Q_a^2}{2gA_m^2}$$

$$HGL_c=HGL_b+\frac{(fL_S/D_m-K_b)(Q_a+Q_b)^2}{2gA_m^2}$$

$$H_R=HGL_c+\frac{(1+fL_S/D_m-K_c)(Q_a+Q_b+Q_c)^2}{2gA_m^2}$$

여기서 $L_S=1ft$는 포드 사이 간격, $L=30ft$는 상류 메인배관의 길이 그리고 $H_R=20ft$는 저수지 수위의 고도이다. 상기 6개 식을 동시에 해결하여 6개의 미지수 Q_a, Q_b, Q_c, HGL_a, HGL_b, HGL_c를 구할 수 있다. 만일 수계산에서 결정된 계수를 사용하고 비선형 공식시스템을 해결할 수 있는 임의 소프트웨어를 사용하면 다음 결과를 얻을 수 있다.

$$Q_{a,}=0.372ft^3/s \quad Q_b=0.343ft^3/s,\ \ Q_c=0.319ft^3/s$$

$$HGL_a=15.844ft,\ \ HGL_b=15.683ft,\ \ HGL_c=15.043ft$$

만일 반드시 그림 3.5와 3.8로부터 C_S와 K를 구하여야 한다면 시행착오법으로 계수 수치를 구하고, 계수를 조정 및 개선하여 문제를 다시 해결할 수 있다. 그러나 개선된 연산법은 “list function”을 사용하여 그림의 곡선을 표현하는 표로부터 얻은 수치로부터 계수를 구한다. 한다. 만일 Colebrook-White식(메인배관의 각 유동 분절에서 마찰계수 f를 결정하기 위해 하나의 Colebrook-White식을 작성하며, 여기에서는 3개의 식을 작성한다)을 해결하는 함수 서브프로그램을 공식시스템에 추가하면 사용자는 f 수치를 명시하는 대신 단순히 배관 재료(실제로 그 재료의 등가 모래 조도 계수 e)를 명시하면 된다. Talozi(1998)는 이와 같은 종류의 연산 방법을 사용하여 매니폴드 유동을 해석하였다.

상기 연산을 검토하면 다음과 같은 결론에 도달할 수 있다.

1. 국부 유량비 Q_3/Q_1이 변하면서 각 접합부에서의 유동을 기술하는 실험적으로 결정된 계수도 변화한다. 횡배관 유출계수 C와 무차원 압력수두상승계수를 잘 알지 못하면 하나의 포트로부터 유량을 정확하게 결정할 수 없다.
2. 많은 포트가 설치된 실제 매니폴드 유동에서는 최종 수 개의 포트를 제외하고 이론적으로 (−) 손실수두현상이 발생한다. 그러나 하나의 포트에 걸친 실제 에너지 변화량은 거의 항상 매우 작게 된다. 그리고 메인배관 상 하나의 포트에 걸친 이 에너지 변화(gain)를 무시하면 보수적인 설계 과정이 된다.
3. 본장의 마지막 문제에서는 포트의 직경이 동일한 경우 접합부 손실을 무시하면 메인배관에서 EL이 증가하면서 포트 유출량이 증가하는 경향을 보여주는 것을 증명한다. 그러나 예제 3.1은 접합부 손실을 고려하면 메인배관의 상류측으로 이동하면서 EL이 증가하면 포트 유출량이 감소하는 것을 보여준다. 상류측 방향에서 압력수두가 감소하는 것은 물론 이와 같은 경향은 수년전에 관측되었으며 그 당시 포트의 유출량을 결정하는 것은 에너지구배선의 위치가 아니라 압력수두인 것으로 결론지었다. 따라서 매니폴드 거동에서 압력수두의 중요성을 강조하는 이전 논문을 주의하여 검토하여야 한다.

3.3 수리 설계 절차

하수처리운영의 일부분으로서 해양방류 디퓨저(submarine diffuser) 또는 점적 관수(drip irrigation) 시스템과 같은 적용분야에 따라 일부 설계 절차 요소가 약간 변화하며 용도에 따라 일부 요소도 변화한다. 예를 들어 통상적으로 해양방류 디퓨저는 하수의 구배보다는 밀도가 다른 물에서의 구배에 따라 부설되므로 설계시 반드시 각 포트에서의 외부 차압을 고려하여야 한다. 그리고 해양방류 디퓨저 포트의 물리적 형상인 규격과 상세한 내용은 점적 관수 이미터(drip irrigation emitter) 포트와 상당히 다를 수 있지만 최근에는 포트의 직경이 더 작아지는 반면 더욱 많은 숫자의 포트가 설치되는 경향이 있다. 또한 건설의 편의를 위해 매니폴드 전체가 아니라 매니폴드의 중요한 분절에서 동일한 간격과 직경의 포트가 사용된다. 매니폴드의 설계목표는 다음과 같다.

1. 의도한 방법으로 매니폴드가 동작하는 것을 보장하기 위해 매니폴드는 반드시 만관이 되어야 하며 이는 통상적으로 단순한 매니폴드의 경우 개별 포트 단면적의 합은 메인배관 단면적의 약 90% 보다 적어야 하는 요구조건에 의해 만족된다. 단차가 있는 대형 매니폴드의 경우 특정 단면으로부터의 하류측 포트 면적의 합과 그 단면 메인배관의 단면적에 대한 비율은 통상적으로 1/2～2/3으로 제한된다.

2. 설계시 여러 이유로 포트와 메인배관 모두는 단순하여야 한다. 설계가 단순하면 수력손실이 적고, 따라서 에너지가 감소하여 운영비용이 감소하고, 만일 접합부 손실을 무시할 수 있으면 수리해석이 더욱 단순하게 되며 유지관리비용도 감소한다.
3. 정확하게 달성할 수는 없지만 주된 설계 목표는 포트의 균등한 또는 상대적으로 균등한 유량분배이다.
4. 각 용도에 따라 특히, 매니폴드 내 고형물이 수송될 가능성이 있는 경우 메인배관 내 수용할 수 있는 속도 범위를 조심스럽게 검토하여야 한다. 수송 유체의 속도는 반드시 고형물의 침전을 방지하기에 충분히 높아야 하는 동시에 마찰로 인한 문제가 발생하지 않도록 충분히 낮아야 한다. 만일 유체 내 고형물이 포함되면 수용할 수 있는 유속범위는 2~15ft/s(0.5~5.0m/s) 이지만 통상적으로 5ft/s(1.5m/s)이하이다.

Rawn(1960), Vigander(1970) 그리고 Grace(1978) 등과 같은 여러 조사자와 저자가 앞으로 기술할 매니폴드 설계에 대한 연산절차를 전개하였다. 그러나 이들의 문헌을 살펴보면 N.H. Brooks가 다른 모든 과업에 연속적으로 영향을 미친 것을 보여준다. 통상적으로 그림 3.9와 같은 Grace(1978)의 표현법을 따른다. 연산절차는 직접적으로 전산기 코드로 전환될 수 있도록 구성된다.

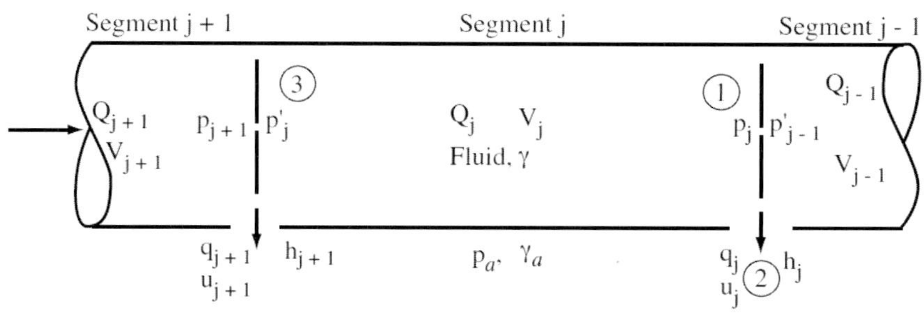

| 그림 3.9 | 매니폴트의 2개 포트 분절

매니폴드 포트와 배럴 분절은 하류측 말단부로부터 시작하여 상류측 공급수두 또는 저수지 방향으로 번호가 매겨지며, 또한 각 포트는 j로 표기된 포트의 메인배관 상류의 번호와 함께 매겨진다. 또한 j 포트의 위치를 나타내기 위해 다른 변수의 아래첨자로 사용된다. 다른 변수는 배럴 분절 내 유량 Q, 배럴 분절 내 평균 속도 V, 배럴 분절의 단면적 A, 배럴 분절의 직경 D, 포트의 유출량 q, 포프 내 평균 속도 u, 포트 단면적 a 그리고 포트 직경 d이다.

여러 다른 설계 환경을 고려하기 위해 본 설계에서는 매니폴드 또는 디퓨저가 비중량

γ_a가 일정한 외부 수체(ambient body)에 잠겨 비중량(통상적으로 유체는 물이지만, 설계 절차는 유일하게 물로만 제한되지 않는다) γ가 일정한 유체를 수송하는 경우를 고려한다. 외부 수체의 수표면은 $h=0$인 기준선의 역할을 한다. 이제 포트가 수체에 잠기면 포트의 고도는 $-h$가 되며 만일 매니폴드가 구배지면 포트마다 다르게 된다. 포트 외부 압력은 $p_a=\gamma_a h$가 된다. 만일 외부 유체가 공기이면 $\gamma_a=0$으로 설정한다. 매니폴드 내 유동을 수리모델링하면 포트에 걸친 압력에서 불연속 점프가 발생하는 것을 보여준다. 즉, 포트 j의 직상류측 배럴 내부압력은 p_j이고, 다음 포트의 직하류측 배럴 압력은 p'_j이다. 유동은 포트로부터 수평으로 유출되고 포트 중심선의 고도는 배럴의 중심선의 고도와 동일한 것으로 가정한다.

매니폴드 연산은 하류측 말단부에서 시작한다. 매니폴드에 걸친 전체 유량을 포트의 숫자로 나누어 포트 평균 유출량 q_p를 추정한다. 만일 매니폴드 내 유체가 침전 가능한 물질을 수송하면 사수부에서 발생할 수 있는 수로매몰(siltation)을 방지하기 위해 하류측 말단부에 큰 포트(대략 $4q_p$의 유량)의 설치를 권장한다. 이 포트를 통한 유출량은 오리피스식에 의해 지배되지만 이 포트에서의 전체 수두는 알 수 없다. 선정된 포트 유출량과 함께 단순하게 일관된 전체 수두수치를 선정하면 이 수치는 나중에 서로 상관된다.

하나의 포트, 예를 들어 j 포트에서 연산은 기본적으로 모든 포트에서의 연산과 동일하다. 메인배관 내부 한 지점 1과 포트 유출 스트림 지점 2에서 에너지식을 작성한다.

$$-h_j+\frac{V_j^2}{2g}+\frac{p_j}{\gamma}=-h_j+\frac{u_j^2}{2g}+\frac{p_{aj}}{\gamma}+k_L\frac{u_j^2}{2g} \tag{3.18}$$

여기서 k_L은 포트 손실수두계수이다. 포트 j에서 에너지 인수 E를 다음과 같이 정의하면

$$E_j=\frac{p_j-p_{aj}}{\gamma}+\frac{V_j^2}{2g} \tag{3.19}$$

식 3.15로부터 포트를 통한 유체 유출 속도를 다음과 같이 구할 수 있다.

$$u_j=\left(\frac{1}{1+k_L}\right)^{1/2}(2gE)^{1/2} \tag{3.20}$$

이 포트를 통한 유량은 포트의 유출 속도와 이 포트를 통한 제트의 유동 단면적의 곱과 동일하다.

$$q_j=u_jC_Ca_j \tag{3.21}$$

또는

$$q_j=C_Da_j(2gE_j)^{1/2} \tag{3.22}$$

여기서 포트 손실수두 K_L과 국부 축소 손실계수 C_C의 영향을 조합하는 유출계수 C_D는 다음과 같다.

$$C_D = \frac{C_C}{(1+k_L)^2} \tag{3.23}$$

개별 포트 형상은 변하지 않지만 국부 축소 손실계수 C_C는 변화한다. 전체 수두에 대한 국부 속도수두의 비율 또는 이의 대용인 E_j을 사용할 경우 이들의 상관관계를 다음과 같이 축소할 수 있다.

$$C_{Dj} = C_D\left(\frac{V_j^2/2g}{E_j}\right) \tag{3.24}$$

반드시 초기에 이 함수를 실험으로 결정하여야 하고, 전산기 프로그램 서부루틴에서 보간할 수 있는 수치 곡선 적합 또는 자료 쌍으로서 그래프 또는 표와 같은 여러 방법으로 이 실험 결과를 요약할 수 있다. 예를 들어 Grace(1978)는 호놀룰루 도시의 해양 방류에서 디퓨저 매니폴드 부분인 벨-마우스 포트를 통한 유동을 기술하는 자료를 적합시키는 실험식을 다음과 같이 인용하였으며 이 식은 $d_j/D_j < 0.1$일 때 유용하다. 그리고 Rawn(1960)은 벨-마우스(bell-mouth)와 날카로운-모서리 포트에 대한 도해적 곡선을 제시하였다.

$$C_D = 0.975\left(1-\frac{V_j^2/2g}{E_j}\right)^{3/8} \tag{3.25}$$

메인배관의 점 1과 점 3 사이에 다음과 같은 에너지식을 작성할 수 있다.

$$-h_{j+1} + \frac{V_j^2}{2g} + \frac{p'_j}{\gamma} = -h_j + \frac{V_j^2}{2g} + \frac{p_j}{\gamma} + h_{Lj} \tag{3.26}$$

상기 식에서 배럴 내 유속은 동일하므로 속도수두 항은 삭제되고, 고도 항 h_j와 h_{j+1}은 사전에 알고 있거나 또는 0이 되고, 연산으로 포트 j에서의 압력항을 구할 수 있고, 달시-바하식을 이용하여 마지막 항 배럴에서의 마찰손실항을 계산할 수 있으므로 포트 $j+1$ 하류에서 압력수두항 p_j/γ을 계산할 수 있다. 이제 메인배관의 포트에서 발생하는 손실수두가 없는 것으로 가정하여도 정확도를 수용할 수 있는 것으로 가정하면 다음 식에 도달한다.

$$\frac{V_{j+1}^2}{2g} + \frac{p_{j+1}}{\gamma} = \frac{V_j^2}{2g} + \frac{p'_j}{\gamma} \tag{3.27}$$

상기 마지막 가정은 하류측 말단부로부터 처음 2개 또는 3개 포트에서는 의심스러울 수 있지만 이후부터는 매우 양호하고 약간은 보수적인 가정이 된다. 상기 식의 우변은 전체적으로 기저이다. p_{aj+1}를 결정할 수 있으므로 E_{j+1}은 기저가 되지만 식 3.27의 좌변의 두 항은 아직까지는 개별적으로 기저가 아니다. 결과적으로 식 3.24는 포트 $j+1$에서의 C_D를 구하기 위해 반드시 상류측 유속을 알아야 하는 것을 보여주므로 다음 절차를 진행한다. 만일 q_{j+1}를 알면 다음 식이 성립되고 이 식으로부터 V_{j+1}를 직접 구할 수 있다.

$$Q_{j+1} = Q_j + q_{j+1} \tag{3.28}$$

그러나 식 3.22로부터 q_j를 구하기 위해 $C_{D_{j+1}}$ 수치를 구할 필요가 있다. 다음과 같이 q_{j+1}의 최초 추정치로 해를 구하기 위한 방법을 반복한다.

$$q_{j+1} = C_{D_j} a_{j+1} (2gE_{j+1})^{1/2} \tag{3.29}$$

여기서 C_{D_j}는 $(V_{j+1}^2/2g)/E_{j+1}$ 대신 $(V_j^2/2g)/E_{j+1}$에 기초한다. 식 3.28로부터 Q_{j+1}를 구하고, Q_{j+1}로부터 V_{j+1}를 구하고, V_{j+1}에 기초하여 개선된 $C_{D_{j+1}}$수치를 구한다. 상기 연산은 거의 항상 1~2회의 반복으로 수렴하여 포트 $j+1$에서 정확한 C_D 수치를 제시하므로 이와 같은 연산 루틴을 각 포트에 적용한다.

매니폴드에 설치된 전체 포트에 대해 상기 연산과정을 반복 적용하면 최종적으로 매니폴드의 상류측 말단부에서의 전체수두를 구할 수 있다. 연산결과와 같이 매니폴드가 동작하기 위해서는 반드시 이보다 큰 수두가 매니폴드에 공급되어야 한다. 통상적인 매니폴드 설계 목표는 매니폴드의 전체수두를 저수지 수두 또는 펌프장으로부터의 수두와 일치시키는 것이고, 연산된 전체수두는 목표 수두와는 거의 일치하지 않는다. 이와 같은 차이를 다시 완화시키기 위해 사용할 수 있는 두 방법은 예제 3.1에서 증명한 것과 같이 전체 연산 절차에서 유량 또는 속도는 수두의 제곱근에 비례하고, 모든 유량은 비례적으로 축척이 가능하다는 사실을 알고 있으므로 다음 식을 적용할 수 있다.

$$Q_{true} = Q_{est} \left[\frac{H_{true}}{H_{est}} \right]^{1/2} \tag{3.30}$$

여기서 H_{true}는 원하는 목표 수두, Q_{est}와 H_{est}는 추정된 유량과 수두로서 연산 결과이고, Q_{true}는 원하는 수두를 제공하는 유량이다. 단순하지만 아직도 유효한 두 번째 방법은 이전 시도에서 놓친 목표 수두 크기에 비례하여 포트 1에서의 당초 수두를 단순히 낮추거나 높인 후 전산기 프로그램과 함께 문제로 되돌아가는 것이다. 목표 수두가 수용할 수 있는 정확도에 도달할 때까지 이와 같은 조정을 계속한다.

여러 개인과 집단은 이와 같은 연산 절차를 수행하는 전산기 프로그램을 개발하여 왔으며 Grace(1978)는 이와 같은 전형적인 연구의 결과물인 일련의 그래프를 제시한다. 즉, 이 그래프는 양호한 설계로 얻을 수 있는 각 포트 유량의 변화는 상대적으로 작은 것을 보여준다. CD에 수록된 매니폴드 파일에서 다른 프로그램과 함께 상대적으로 단순하고 전형적인 매니폴드 프로그램의 버전이 작성되었다. 프로그램 내용을 연구하면 연산 절차의 상세한 수행 절차를 이해할 수 있다. 현재 프로그램은 매니폴드에 따른 포트에서의 손실수두를 무시하는 것을 포함하여 본절의 방법론을 따른다. 따라서 만일 포트에서의 손실수두를 포함시켜야 한다면 프로그램을 수정할 필요가 있다.

제 4 장

관망해석

4.1 소개

본 장에서는 관망시스템의 정상유동해석에 대해서 기술한다. 관망의 제반 물리적 특성은 기저(known)이므로 관망해석은 각 관로에서의 유량과 각 절점에서의 압력을 결정하기 위한 시도라고 정의할 수 있다. 따라서 본 장에서는 저수지, 펌프, 감압밸브와 다른 부속설비가 설치된 모든 배관의 직경, 길이 그리고 조도는 기저가 되며 이러한 부속설비가 수력시스템에 어떻게 영향을 미치는지 명시된다. 그러나 관망설계는 배관 직경, 펌프용량, 저수지 수위 등을 현명하게 선정하기 위한 시도라 할 수 있다. 따라서 관망설계는 구하고자 하는 미지의 변수에 의해 관망해석과 다르게 된다. 관망설계는 관망해석을 수행하는 것 보다 좀 더 도전적이라 말할 수 있으며 통상적으로 관망설계는 관망해석보다 대규모의 공식시스템을 동시에 해결할 필요가 있다. 알고 있는 물리적 특성으로 구성된 대규모 관망을 해석하기 위해 필요한 이론을 철저히 이해하여야 관망설계를 이해할 수 있다. 관망설계는 제5장에서 주로 기술하며 본 장에서는 직접적인 기술은 피한다.

매우 작은 도시의 상수도 급수 관망에서도 관망은 상당히 커지게 되며 이 경우 관망 해석은 기술자가 상당히 복잡한 수학 문제를 해결하는 과정이 될 수 있다. 전체 일련의 식 중 상당 부분은 비선형 공식으로 구성되며, 이러한 공식을 동시에 해결하여야 한다. 전산기가 기술분야에서 본격적으로 사용되기 전에는 관망해석은 거의 불가능하였고 결과적으로 많은 현존하는 급수관망시스템은 다양한 수요량의 조합에 대응하여 관망에서 형성되는 압력과 유량을 철저하고 상세하게 해석하지 않고 기술자의 자의적 판단에 주로 의존하여 시간과 함께 발전하여 왔다. 전산기는 이와 같은 대규모 관망시스템을 용이하게 해석할 수 있도록 하였으며, 최근에는 많은 지방자치단체와 용수공급자는 전산해석 결과를 통해 관망시스템을 상세히 분석할 수 있다. 따라서 전산해석 결과를 이해하는 것은 매우 중요하다. 기술자의 전산해석 결과에 대한 이해를 돕기 위해 관망의 각 배관에서의 유량과 각 절점에서의 압력을 서로 관련시키는 공식을 구체화시키는 기본 원리부터 살펴보기로 한다.

관망해석에 있어 (1)질량보존법칙, 또는 연속법칙, (2)일-에너지법칙, 그리고 (3)유체마찰과 에너지손실의 관계와 같은 유체기계의 기본 원리가 매우 중요하며 제1장에서 이 기본 원리에 대해 기술하였다. 본장에서의 과업은 이러한 개념을 효과적으로 채택하여 대규모 수력시스템을 공식으로 정확하게 기술하고, 이러한 공식을 효율적으로 동시에 해결하는 것이다. 하디 크로스(Hardy Cross)식은 관망의 정상유동을 해결하기 위해 사용된 가장 오래된 식으로 이 식 자체는 1936년 구조공학의 모멘트 분산(moment distribution) 해석에 사용되었다. 1960년 후반 전산기가 사용되기 전까지 이 방법은 계산기를 사용하여 해결하기 적합하기 때문에 많이 사용되었고 그 후, 대부분 초기 전산기 소프트웨어의 기본 알고리즘으로 사용 되었으나 펌프 및 다른 장치가 설치된 대규모 관망시스템에서 수렴 문제가 발생하여 이 식은 더 이상 사용되지 않는다. 지난 40년 동안 뉴튼법이 비선형식을 더욱 우수하게 해결하는 것으로 증명되었고 이제는 2500개 이상의 배관으로 구성된 관망도 전산기를 이용하여 성공적으로 해석할 수 있다.

4.1.1 적정 관망시스템 정의

관망시스템 고찰의 첫 번째 단계는 관망 정의시 중요한 특징을 결정하고 그 특징을 유지하는 것이다. 대규모 배수관망시스템의 해석시 통상적으로 모든 배관이 포함되는 것이 아니고 개략화(skeletonization) 개념을 사용한다. 이 개략화는 다음과 같은 여러 형식을 취할 수 있다.

1. 가정으로 연결되는 연결점 모두를 별개의 절점 또는 접합점으로 간주하지 않고 대신 1개의 도로 블록 또는 세분화된 블록에서 분산된 모든 수요를 하나의 절점(node)으로 일괄 처리할 수 있다.
2. 공급원으로부터 수요지역까지 공급되는 물을 수송하는 배관만을 포함시킨다. 즉, 주 송수 시스템(transmission system)만을 고려한다.
3. 오직 수 개의 배관과 이에 부속된 장치만을 고려한다. 이러한 구성 요소는 관망시스템의 적정 운영에 중요한 역할을 수행하는 것으로 간주한다.

관망시스템 고찰시 상기 개략화 형식 중 하나 또는 모두를 포함할 수 있다. 즉, 초기 사전 연구시 개략화 형식 (3)으로 시작하고, 후속적으로 증명차원 또는 구성요소의 조정차원에서 더욱 완벽하게 해석하기 위해 개략화 형식 (1)로 진행할 수 있다. 이러한 해석결과를 얻은 후 도시 블록, 대규모 수용가 또는 공장과 같은 주 수요자의 지역 내 관망을 집중적으로 연구하는 것이 바람직하다. 따라서 통상적으로 개략화된 전체 분배 시스템(delivery system), 큰 빌딩 또는 골프장 내 급배수 관망시스템을 더욱 상세하게 해석할 수 있다. 빌딩 내 관망시스템을 해석하면 대규모 관망시스템이 공급하는 빌딩 외부 압력을 어느 정도 신뢰성을 갖고 명시할 수 있다. 생략하여야 할 배관을 결정하는 명확한 법칙은 없지만 이와 같은 결정은 최고 기술자의 판단에 의존하며 때로는 이러한 결정을 “예술(art)"이라 부른다. 다른 개략화 수준의 해석으로부터 얻는 직관력은 다음 해석 단계에서 포함시켜야 할 배관을 알려준다. 사람의 이해력으로 불가능한 수 천개 이상의 배관으로 구성된 관망시스템의 성능을 개선하고 비용을 저감하기 위해 변경시켜야 할 요소를 결정할 때 전산기를 이용하면 상세하게 구체화할 수 있다.

관망 문제를 정의할 때 또 다른 중요한 부분은 어떤 수요량을 명시할지를 결정하는 것이다. 현존하는 관망시스템의 수요는 물 사용량 또는 요금 고지서로부터 구할 수 있다. 현존하는 관망시스템에서도 1일 또는 격일 동안 수요의 변화를 완벽하게 기술하기에는 자료가 충분하지 않다. 1일 최대수요시간부터 최소수요시간(새벽 2~3시)까지의 관망시스템 수요 범위 동안 해석이 필요하다. 평균 수요량 이상의 기간 동안 탱크는 부분적으로 고갈되지만 수요량이 적을 때 이 체적 손실은 보충되어야 한다. 통상적으로 50년 수명을 고려하여 용수공급시스템을 설계하므로 적정한 미래 성장과 증가를 고려하여 전체 수요량을 명시하여야 한다. 신규 관망시스템 설계에서는 유사한 도시와 비교하여 수요량을 예측하여야 한다. 명시된 시간에서 알고 있는 수요량을 공급하도록 관망시스템을 설계하여야 한다면 적정 수요량을 결정하기 위한 문제는 발생하지 않는다. 따라서 관망해석시 가장 적정한 관망시스템 문제를 정의하기 위해서는 올바른 판단에 근거한 기술자 경험이 필요하다.

관망해석을 실시하여 하나 이상의 적정한 해결책을 얻은 후 다음 단계에서는 수학적으로 관망시스템 해결책의 적정성을 증명하고 현장에서 측정하여 실제 관망시스템의 일치여부를 증명하여야 한다. 이러한 절차를 관망 증명이라 한다. 만일 상당한 불일치가 발생하면 원인을 규명하여야 하며, 이 원인은 ①실제 관망시스템에서 일부 밸브가 폐쇄 또는 일부 교축되어 있지는 않은지, ②실제 관망시스템 내 상당한 누수가 발생하는 지, ③개략화 과정에서 실제로 많은 유량을 수송하는 배관을 배제하지 않았는지 등이 될 수 있다. 실제 관망시스템의 결과와 해석결과가 일치될 때까지 상기 외 기타 가능성에 대해서 조사하여야 한다.

다양한 수요량 수준에서 관망문제에 대한 해답을 구한 후 비이상적인(non−ideal)이거나 단순히 불충분한 성능을 확인할 수 있으며 불충분한 성능 중 일부는 다음과 같다.

1. 특정 절점에서 압력이 너무 낮다
2. 특정 절점에서 압력이 너무 높다(물이 펌핑되는 경우 동력이 필요 이상으로 소모되기 때문에 압력이 과도하게 높으면 비용의 낭비는 물론 배관이 빈번하게 파괴되고, 설비 대체가 필요하게 된다)
3. 유량이 충분하지 않거나 압력이 너무 낮아 소방용수와 같은 비상 수요량을 만족시킬 수 없다.
4. 펌프가 최고 효율점 근방에서 운영되지 않는다.
5. 일부 물 저장설비에서는 거의 만수위를 유지하거나 월류하는 반면 다른 물 저장설비에서는 항상 거의 고갈된 상태가 된다. 이 경우 탱크의 규격이 과소하게 또는 과대하게 설정되었는지 그리고 최상의 고도에 위치하는지 검토하여야 한다. 물 저장설비가 설계용량 근처에서 성능을 발휘하지 않으면 비용/편익 비가 너무 크게 된다.
6. 감압밸브 또는 배압밸브(back pressure valve)가 동작하지 않거나 개방되어 있다(이 경우

이러한 밸브가 필요하지 않을 수 있으며 이와 관련된 배관을 제거 또는 추가하여야 한다).
7. 고비용의 공급원으로부터의 과도한 공급 등

상기와 같은 비효율적인 요소를 확인하면 다음은 이러한 비효율적인 요소를 극복하여 관망시스템의 성능을 개선하기 위한 최상의 그리고 가장 경제적인 수단을 결정하여야 한다. 이러한 결정을 내리기 위해서 올바른 전문기술자의 판단이 필요하지만 관련된 정보 없이는 올바른 판단을 할 수 없으므로 기술자는 반드시 관망시스템을 이해하여야 한다. 제5장에서는 이러한 평가과정을 구체적으로 도울 수 있는 민감도 해석(sensitivity analysis)에 대해서 기술한다.

이제부터 관망 내부 각 배관에서의 손실수두를 지수식 $h_f = KQ^n$으로 나타내기로 한다. 따라서 제1장에서와 같이 달시-바하식, 하젠-윌리엄식 또는 만닝식의 사용여부와 관계없이 손실수두를 오직 K와 n의 수치만이 변화하는 유량의 함수로 나타낼 수 있다.

4.1.2 관망 요소의 기본 관계

모든 관망해석에서 사용되는 2개의 기본 원리는 (1)질량보전법칙 또는 연속법칙, (2)배관 내 유량과 손실수두의 관계를 정의하는 달시-바하 또는 하젠-윌리엄식을 포함한 일과 에너지법칙이다. 연속법칙으로부터 전개된 식은 접합부 연속식이라 불리며 일과 에너지법칙에 근거한 식을 에너지루프식이라 부른다. 비 잉여 공식시스템을 구성하는 이러한 식의 숫자는 분지관과 루프관망에서 발생하는 종속 루프의 숫자와 절점 숫자 사이의 기본적인 관계에 직접적으로 관련된다. 이러한 관계를 정의함에 있어 NP는 관망 내 배관의 숫자를, NJ는 관망에서 접합부의 숫자를, NL은 독립식이 작성될 수 있는 루프의 숫자를 나타낸다. 공급원은 에너지구배선의 고도 또는 수력구배선을 형성하는 하나의 점이다. 접합부 또는 절점은 2개 이상의 배관이 연결되는 점이며 사수부(dead end) 배관의 종점에 존재하는 절점은 오직 하나의 배관이 하나의 절점에 연결된 특이한 경우이다. 이와 같은 접합부 정의에 따라 공급원(supply source)은 절점 또는 접합부로 간주하지 않는다. 분지관망에서는 루프가 존재하지 않으므로 $NL=0$이 된다. 분지관망시스템에서 접합부로 간주되지 않는 저수지가 하나의 배관 말단부에 존재하지 않으면 절점의 숫자는 항상 배관의 숫자보다 1이 크므로 $NP=NJ-1$이 되고 저수지가 존재하면 $NP=NJ$가 된다. 그림 4.1a와 4.1b는 소규모 분지관망과 소규모 루프관망을 보여준다.

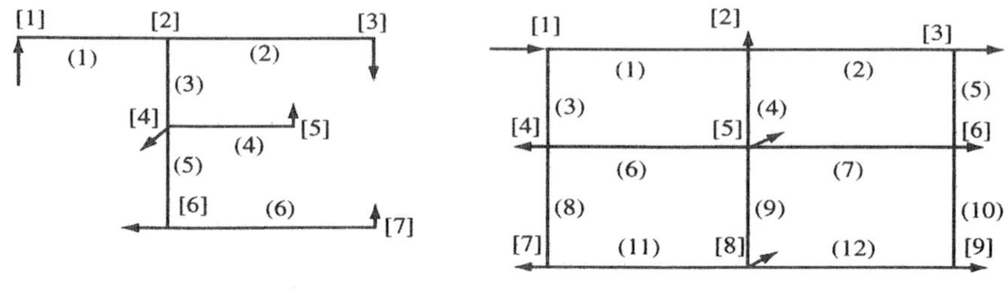

(a) (b)

| 그림 4.1 | (a) 6-배관, 7-절점으로 구성된 분지관, (b) 12-배관, 9-절점으로 구성된 루프관망

그림 4.1a의 분지관망시스템에서 절점의 숫자는 배관의 숫자보다 큰 반면 그림 4.1b의 루프 시스템에서 배관 숫자가 절점 숫자보다 크다. 공급원이 2개 이상인 루프관망에서는 독립적인 에너지루프식을 작성할 수 있는 루프 숫자는 다음과 같다.

$$NL = NP - NJ \tag{4.1}$$

만일 루프관망이 2개 보다 적은 공급원으로 구성되면 독립적인 루프 숫자는 다음과 같다.

$$NL = NP - (NJ - 1) = NP - NJ + 1 \tag{4.2}$$

만일 관망이 2개 이하의 공급원으로 구성되고, 관망의 다른 모든 절점에서의 수요량을 더하여 유일한 공급원의 유량을 결정할 수 있으면 이 공급원의 수요량은 (−)가 되며 이 공급원을 절점이라 부른다. 그림 4.1b의 소규모 루프관망이 여기에 해당되며 따라서 $NP = 12$, $NJ = 9$ 그리고 $NL = 12 - (9 - 1) = 4$가 된다.

분지관망시스템의 공급원은 최대 하나가 되기 때문에 식 4.2을 분지관망의 루프에 적용할 수 있으며 그 결과는 $NL = 6 - 7 + 1 = 0$이 되어 루프가 형성되지 않는 것을 알 수 있다. 실제로 모든 관망시스템은 최소 하나의 공급원을 갖아야 하지만 때로는 이 공급원의 유량은 기저가 되어 공급원은 (−) 수요량(즉, 유량은 이 접합부로 유입된다)으로 대체되어 공급원이 나타나지 않을 수 있다. 이러한 절차를 수행하면 각 절점에서 에너지구배선의 고도(HGL 또는 압력)를 명시하여 다른 절점에서의 HGL 고도를 결정하여야 한다. 하나의 공급원에서 시작하여 다른 공급원에서 끝나는 에너지루프를 가상루프(pseudo loop)라 부른다. 즉, 가상루프는 시작 절점에서 끝나지 않는다. NL에 포함된 가상루프의 숫자는 공급원 숫자보다 1이 작다. 가상루프 형성에 있어 모든 공급원은 가상루프의 종점에 위치하여야 한다. 통상적으로 일련의 독립식을 전개하기 위해 필요 이상의 루프를 형성하는 것이 가능하다. 통상적으로 새로운 루프가 형성되면 이 루프 내 하나의 배관은 임의 선행루프(prior loop)의 일부가 아닌 것을 확인하여 잉여루프를 방지할 수 있다. 감압밸브와 같은 특별한 장치의 경우 이러한 경험식은 약간 변경되어야 하며 후에 기술한다.

4.2 관망 정상유동해석을 위한 공식시스템

관망 해석 문제를 해결하기 위해 3개 공식시스템을 전개할 수 있으며 이러한 공식시스템은 해석시 주된 미지수로 간주되는 변수의 이름을 따른다. 즉, 공식시스템을 Q-공식(미지수가 관망 내 배관에서 유량인 경우), H-공식(미지수가 절점에서의 HGL 고도, 또한 단순히 수두 H인 경우), 그리고 ΔQ-공식(미지수가 수정유량 ΔQ인 경우)으로 부를 수 있으며 이 3개의 공식시스템을 상세히 검토한다.

4.2.1 Q-공식시스템

관망의 배관 내 유량 해석은 연속법칙 그리고 일과 에너지법칙에 근거한다. 연속법칙을 만족시키기 위해 접합부로 유입되는 체적유량은 유출되는 체적유량과 동일하여야 한다. 따라서 NJ 각 접합부에서 아래와 같은 형태의 공식을 얻을 수 있다.

$$QJ_j - \Sigma Q_i = 0 \tag{4.3}$$

여기서 QJ_j는 각 접합부 j에서 수요량, Q_i는 접합부 j에 연결된 배관 내부에서의 유량이다. 이러한 접합부 연속식은 Q-공식의 첫 번째 식이고 두 번째로 만족시켜야 할 식은 일과 에너지식이다. 일과 에너지식은 실제루프와 가상루프에서 발생하는 손실수두를 합하여 얻을 수 있으며 독립식이 된다. 이러한 식이 NL개가 존재하고 이 식은 루프가 실제루프 또는 가상루프 여부에 따라 식 4.4 또는 4.5의 형태가 되면 이 식은 Q-공식의 두 번째 식이 된다.

$$\Sigma h_{fi} = 0 \tag{4.4a}$$

$$\Sigma h_{fi} = \Delta WS \tag{4.5a}$$

손실수두를 지수 형태로 표현하면 상기 식은 다음 형태가 된다.

$$\Sigma K_i Q_i^n = 0 \tag{4.4b}$$

$$\Sigma K_i Q_i^n = \Delta WS \tag{4.5b}$$

여기서 Σ은 루프를 형성하는 배관을 포함한다. 에너지루프식을 작성하였을 때 유동방향이 추정된 방향과 반대가 되면 즉, Q_i가 (−)가 되면 두 방법을 사용하여 이를 나타낼 수 있다. 첫 번째 방법은 이러한 항의 전면의 부호를 변경시켜 유동방향을 수정하는 것이고 두 번째 방법은 이러한 식을 프로그램으로 해결할 때 선호하는 방법으로 식을 다음과 같이 다시 작성한다.

$$\Sigma K_i Q_i |Q_i|^{n-1} = 0 \tag{4.4c}$$

$$\Sigma K_i Q_i |Q_i|^{n-1} = \Delta WS \tag{4.5c}$$

Q-공식시스템의 예를 들기 위해 그림 4.2의 5-배관으로 구성된 관망을 고려한다. 이 관망에서는 공급원이 없기 때문에 식 4.2로부터 $NL = 5-4+1=2$ 개의 독립루프식과 $NJ=4$개의 연속식을 전개할 수 있으나 이 연속식 중 오직 3개만이 독립 연속식이 된다. 이러한 연속식을 절점 1, 2, 3에 적용하면 다음과 같다.

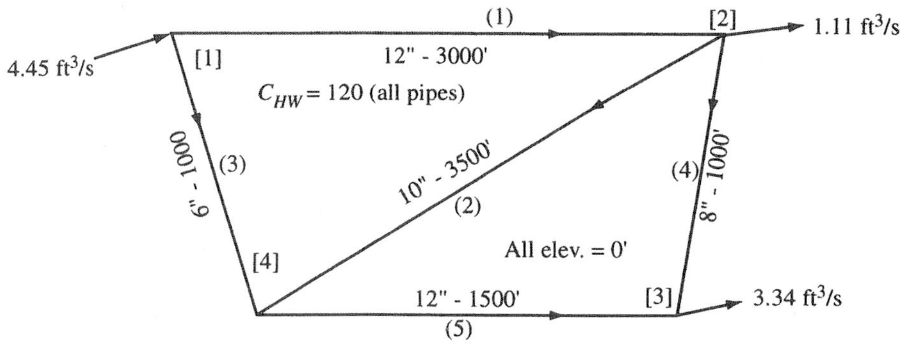

| 그림 4.2 | 소규모 관망

$$F_1 = Q_1 + Q_3 - 4.45 = 0 \tag{4.6}$$

$$F_2 = -Q_1 + Q_2 + Q_4 + 1.11 = 0$$

$$F_3 = -Q_4 - Q_5 + 3.34 = 0$$

상기 식에서 F_i의 i는 $F_i = 0$의 형태로 정리되는 임의 식이다. 이러한 형태는 해당하는 절점 또는 배관을 정확히 명시하는 동시에 수학식과 수치 전개시 유용하다. 절점 4에서 연속식은 $-Q_3 - Q_2 + Q_5 = 0$ 이지만 이 식은 부호를 제외하고 식 4.6의 3개 식의 합이기 때문에 식 4.6의 3개의 절점식과의 독립식이 아니다. 이제 하젠-윌리엄식의 지수식을 사용하여 각 배관 내 손실수두를 정의한다. 식 2.18로부터 다음과 같이 계수를 구할 수 있다.

$$K_1 \equiv 2.004,\ K_2 = 5.6803,\ K_3 = 1.852,\ \ K_4 = 4.8112,\ K_5 = 1.0018 \tag{4.7}$$

다음과 같이 2개의 에너지루프식을 작성할 수 있다.

$$F_1 = K_1 Q_1^{1.852} + K_2 Q_2^{1.852} - K_3 Q_3^{1.852} = 0 \tag{4.8}$$

$$F_2 = K_4 Q_4^{1.852} - K_5 Q_5^{1.852} - K_2 Q_2^{1.852} = 0$$

상기 수치를 대입하면

$$F_1 = 2.004 Q_1^{1.852} + 5.6803 Q_2^{1.852} - 19.5303 Q_3^{1.852} = 0 \tag{4.9}$$

$$F_2 = 4.8112 Q_4^{1.852} - 1.0018 Q_5^{1.852} - 5.6803 Q_2^{1.852} = 0$$

유동방향이 확실하지 않을 때는 상기 식을 다음과 같이 작성할 수 있다.

$$F_1 = 2.004Q_1|Q_1|^{0.852} + 5.6803Q_2|Q_2|^{0.852} - 19.5303Q_3|Q_3|^{0.852} = 0 \quad (4.10)$$

$$F_2 = 4.8112Q_4|Q_4|^{0.852} - 1.0018Q_5|Q_5|^{0.852} - 5.6803Q_2|Q_2|^{0.852} = 0$$

절점 1과 2로부터 반시계 방향으로 출발하여 루프 Ⅰ과 Ⅱ를 횡단하여 상기 2개의 일과 에너지식을 구할 수 있다. 만일 예측한 유동방향이 이 횡당방향과 반대이면 손실수두항에 (−) 부호를 붙인다. 식 4.6 및 4.10과 같이 나타나는 동시 공식은 일련의 주요 미지 변수인 배관 내 유량 Q로 구성되기 때문에 Q−공식이라 한다. Q 값을 구하면 각 배관 내 손실수두를 구할 수 있고, 따라서 알고 있는 HGL 고도에서 시작하여 지수식을 반복 적용하여 다른 절점에서 HGL 고도를 구할 수 있다.

분지관망의 경우 항상 절점이 배관보다 하나가 많기 때문에 Q−공식은 식 4.2로부터 $NL = 0$이 되므로 오직 접합부 연속식으로만 구성되며 전자계산기를 이용하여 각 배관 내 유량을 결정할 수 있다. 유량을 구한 후 각 배관에서의 손실수두식으로부터 수두를 계산할 수 있으며 루프로 형성된 관망시스템을 해결하는 방법은 후에 기술한다.

예제 4.1

아래와 같은 분지관망에서 지수식을 위한 계수 K와 지수 n이 표와 같을 때 각 배관 내 유량과 각 절점에서 압력을 구하라. 절점 [1]에서 HGL 고도는 100ft 이다.

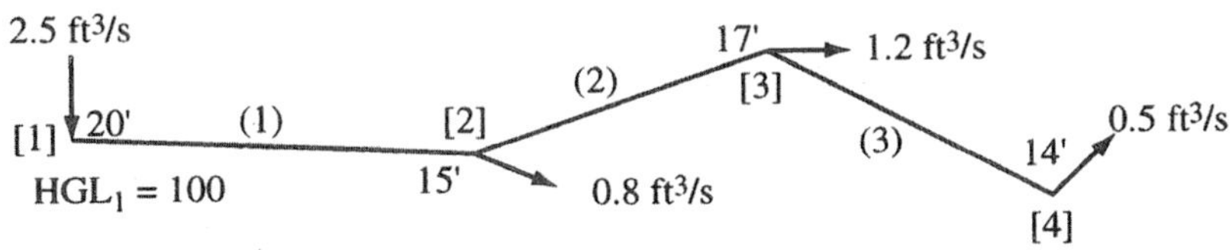

Pipe	K	n
1	3.772	1.944
2	5.730	1.926
3	16.290	1.889

해답 상기 관망에서 Q−공식을 해결하기 위한 통상적인 방법은 절점 1~4에서 다음의 연속방정식을 작성한다. 연속방정식을 절점에 적용할 때 절점으로 유입되는 유량을 (+)로 유출되는 유량을 (−)로 또는 그 반대로 표현할 수 있으나 적용하는 관망에서는 이러한 법칙의 일관성을 유지하여야 한다. 여기에서는 유입 유량을 (+)로 유출 유량을 (−)로 표현한다.

$$
\begin{aligned}
F_1 &= Q_1 - Q_2 \qquad\quad - 0.8 = 0 \\
F_2 &= \qquad\quad Q_2 - Q_3 - 1.2 = 0 \\
F_3 &= \qquad\qquad\quad\; Q_3 - 0.5 = 0
\end{aligned}
$$

상기 3개의 연립식을 아래와 같이 계수 행렬, 미지수의 벡터, 그리고 기저 벡터로 구성된 행렬식으로 작성할 수 있다.

$$
\begin{bmatrix} 1 & -1 & 0 \\ 0 & 1 & -1 \\ 0 & 0 & 1 \end{bmatrix} \begin{pmatrix} Q_1 \\ Q_2 \\ Q_3 \end{pmatrix} = \begin{pmatrix} 0.8 \\ 1.2 \\ 0.5 \end{pmatrix}
$$

가우스 소거법 적용

상기 선형행렬식을 해결하기 위해서는 통상적으로 계수행렬의 대각선 요소를 1, 그리고 나머지(비대각) 요소를 0으로 만들기 위해 가우스 소거법을 사용한다.

$$
\begin{bmatrix} 1 & -1 & 0 \\ 0 & 1 & -1 \\ 0 & 0 & 1 \end{bmatrix} = \begin{pmatrix} 0.8 \\ 1.2 \\ 0.5 \end{pmatrix} \qquad \begin{matrix} (1) \\ (2) \\ (3) \end{matrix}
$$

상기 계수행렬의 첫 번째 행과 첫 번째 열의 요소 [1,1]은 1이고 나머지 열의 요소는 0이다. 이제 두 번째 행과 두 번째 열의 요소 [2,2]를 1로 만들고 나머지 열의 요소를 0으로 만들기 위해서 단순하게 식 (1)과 (2)를 더하면 다음 결과를 얻을 수 있다.

$$
\begin{bmatrix} 1 & 0 & -1 \\ 0 & 1 & -1 \\ 0 & 0 & 1 \end{bmatrix} = \begin{pmatrix} 2 \\ 1.2 \\ 0.5 \end{pmatrix} \qquad \begin{matrix} (1) \\ (2) \\ (3) \end{matrix}
$$

이제 상기 행렬의 세 번째 행과 세 번째 열의 요소 [3,3]만을 1로, 그리고 나머지 요소를 0으로 만들기 위해서 식 (1)과 (3)을 더하고 식 (2)와 (3)을 더하면 된다.

$$
\begin{bmatrix} 1 & 0 & 0 \\ 0 & 1 & 0 \\ 0 & 0 & 1 \end{bmatrix} = \begin{pmatrix} 2.5 \\ 1.7 \\ 0.5 \end{pmatrix} \qquad \begin{matrix} (1) \\ (2) \\ (3) \end{matrix}
$$

이제 다음과 같이 해답을 구할 수 있다.

$$
\begin{pmatrix} Q_1 \\ Q_2 \\ Q_3 \end{pmatrix} = \begin{pmatrix} 2.5 \\ 1.7 \\ 0.5 \end{pmatrix}
$$

엑셀 행렬식 해결 기능 적용

상기 행렬식은 매우 단순하므로 상기와 같이 가우스소거법을 쉽게 적용할 수 있지만 연립식의 숫자가 증가하고, 식이 비선형항으로 구성될 경우에는 수계산의 한계에 도달하게 된다. 다행스럽게도 최신 엑셀 버전에서는 이러한 문제를 해결하기 위한 기능을 제공하며 엑셀을 사용하여도 동일한 결과를 얻을 수 있다. 본서의 많은 부분에서 이 기능을 활용하여야 하므로 이 기능의 사용법을 부록 D.2에서 상세하게 기술하였으므로 독자는 이 기능을 철저하게 숙지할 것을 권장한다(Exam4_1.xls 파일 참조).

단순한 해결 방법

분지관망에서 유량을 구하는 가장 간단한 방법은 분지관의 하류측 말단부부터 시작하여 상류측으로 진행하면서 각 절점에서의 수요량을 더하면 각 관로에서의 유량을 쉽게 구할 수 있다.

유량을 구한 후 알고 있는 HGL 지점부터(상기 예제에서는 절점 1) 시작하여 이 절점과 연결되는 배관 내 손실수두를 계산하여 이 배관의 다른 절점에서의 HGL의 고도 H를 결정할 수 있다. 모든 절점에서의 수두를 결정할 때까지 알고 있는 H 값으로부터 마찰손실수두 h_f를 감한다. 수두 H로부터 절점 고도 z를 감하고 비중량을 곱하여 압력 $p=\gamma(H-z)$을 결정한다. 상기 관망의 연산결과는 다음과 같다.

Pipe	$Q(ft^3/s)$	$h_f=KQ^n(ft)$
1	2.5	22.395
2	1.7	15.922
3	0.5	4.398

절점	$H_{down}=H_{up}-h_f(ft)$	압력(lb/in^2)
1	100	43.3
2	100−22.395=77.61	33.6
3	77.61−15.922=61.69	26.7
4	61.69−4.398=57.29	24.8

수두 $1ft=0.433lb/in^2$, $1lb/in^2=2.31ft$

예제 4.2

매개변수 K_i와 n_i를 사용하여 다음 관망의 Q-공식을 작성하라. 단, 이 식에서 i는 배관 번호이다.

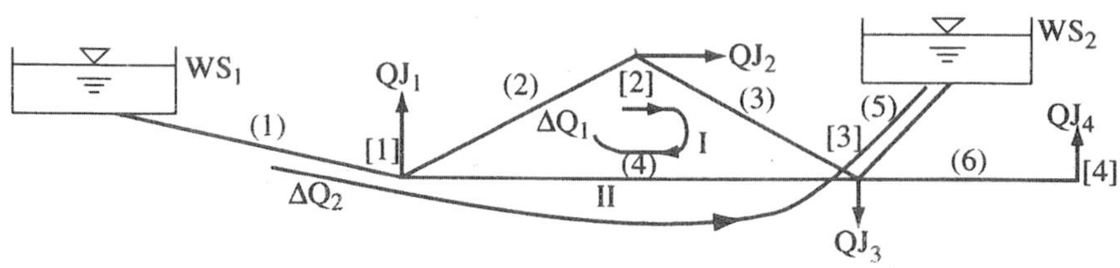

해답 다음과 같이 4개 절점 $NJ=4$에서 접합부 연속식을 구할 수 있다.

$$F_1 = Q_1 - Q_2 - Q_4 - QJ_1 = 0$$

$$F_2 = Q_2 - Q_3 - QJ_2 = 0$$

$$F_3 = Q_3 + Q_4 + Q_5 - Q_6 - QJ_3 = 0$$

$$F_4 = Q_6 - QJ_4 = 0$$

공급원이 2개이므로 식 4.1로부터 $NL=6-4=2$개의 에너지루프식을 다음과 같이 작성할 수 있다. 이 루프 중 하나는 실제루프이고 다른 하나는 공급원보다 1개가 적은 가상루프이다.

$$F_5 = K_2 Q_2^{n_2} + K_3 Q_3^{n_3} - K_4 Q_4^{n_4} = 0$$

$$F_6 = K_1 Q_1^{n_1} + K_4 Q_4^{n_4} - K_5 Q_5^{n_5} - WS_1 + WS_2 = 0$$

F_4는 $Q_6 = QJ_4$가 되므로 이 말단부를 관망에서 제거할 수 있으며 절점 3에서 수요는 $QJ_3 + QJ_4$로 대체된다. 이러한 절차로 진행하면 $NP=5$, $NJ=3$으로 감소시킬 수 있어 식 F_4는 필요 없게 되므로 제거할 수 있다. 이러한 일련의 식을 풀어 절점 3에서 HGL 고도와 H를 결정한 후 H_3로부터 h_{f6}를 감하여 H_4를 구할 수 있다.

4.2.2 H-공식시스템

관망 전체의 에너지구배선 또는 수력구배선을 초기 주요 미지수로 간주할 경우 H-공식시스템을 전개하여 풀어야 한다. 각 접합부(또는 공급원이 1개 이하인 경우 $NJ-1$ 접합부에서)에서 하나의 H-공식 작성된다. 루프로 형성된 관망에서 접합부 숫자가 배관 숫자보다 적으므로 H-공식의 숫자는 Q-공식 숫자보다 적게 된다. 이와 같은 경우 접합부 연속식은 Q-공식에서는 선형이 되는 반면 H-공식에서는 비선형이 된다.

H-공식시스템을 전개하기 위해 유량을 다음과 같은 지수식형태로 표현하여야 한다.

$$Q_{ij} = \left(\frac{hf_{ij}}{K_{ij}}\right)^{1/n_{ij}} = \left[\frac{(H_i - H_J)}{K_{ij}}\right]^{1/n_{ij}} \tag{4.11a}$$

여기서 마찰손실수두를 상류절점과 하류절점 사이 HGL 수치 차이로 대체할 수 있다. 이 식에서 이중 아래첨자를 사용하였으며 첫 번째 아래첨자는 배관 상류 절점을 나타내고 두 번째 아래첨자는 하류 절점을 나타낸다. 따라서 Q_{ij}와 H_{ij}는 절점 i로부터 j까지의 배관에서 유량과 수두를 나타낸다. 식 4.11a를 다음과 같이 다시 표현할 수 있다.

$$Q_k = \left(\frac{hf_k}{K_k}\right)^{1/n_k} = \left[\frac{(H_i - H_J)}{K_k}\right]^{1/n_k} \tag{4.11b}$$

상기 식에서 k는 배관 번호이다. 식 4.11을 접합부 연속식 4.3에 대입하면

$$QJ_j - \sum\left\{\left[\frac{H_i - H_j}{K_{ij}}\right]^{1/n_{ij}}\right\}_{in} + \sum\left\{\left[\frac{H_j - H_i}{K_{ij}}\right]^{1/n_{ij}}\right\}_{out} = 0 \tag{4.12a}$$

상기 식에서 $\sum$은 접합부 j로 유입 및 유출되는 모든 배관에 관한 것이다. 만일 부호를 자동으로 선정하려면 식 4.12a를 다음과 같이 작성한다.

$$QJ_j - \sum\left\{\left[\frac{H_i - H_j}{K_{ij}}\right]\left|\frac{H_i - H_j}{K_{ij}}\right|^{\frac{1}{n_{ij}}-1}\right\}_{in} + \sum\left\{\left[\frac{H_j - H_i}{K_{ij}}\right]\left|\frac{H_j - H_i}{K_{ij}}\right|^{\frac{1}{n_{ij}}-1}\right\}_{out} = 0 \tag{4.12b}$$

절점에서 HGL-고도를 미지수로 하는 H-공식을 적용하기 위해 그림 4.3의 3개의 접합부와 3개 배관으로 구성된 하나의 루프관망을 고려한다. 그림 4.2의 관망과 같이 이 관망에서는 공급원이 하나이므로 독립적인 연속식을 작성할 수 있는 절점 수는 $NJ-1=3-1=2$개가 되므로 3개 접합부 중 한 접합부에서의 수두가 반드시 명시되어야 한다. 이 경우 저수지로부터 관망으로 연결하는 배관 내 손실수두를 먼저 결정하고 이 수치를 저수지 수위로부터 감하여 절점 [1]에서 H_1를 결정한다.

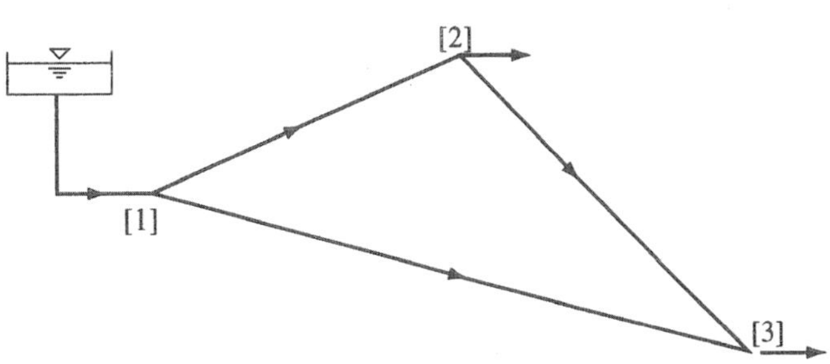

| 그림 4.3 | 3-배관과 3-절점으로 구성된 관망

접합부 1과 2에서의 2개의 연속식을 다음과 같이 작성할 수 있다.

$$Q_{12} + Q_{13} = QJ_1 = QJ_2 + QJ_3 \tag{4.13}$$

$$-Q_{12} + Q_{23} = -QJ_2 \quad \text{또는} \quad Q_{21} + Q_{23} = -QJ_2$$

두 번째 식에서 절점 1과 2사이의 배관 내 유동방향은 절점 [2]에서 [1]로 향하며, 아래첨자로 표기된 Q_{21}은 이러한 유동방향을 감안하기 때문에 유량 Q_{21} 앞에 (−) 부호가 붙지 않는다. 이에 대한 대안으로 접합부 2와 3에서 식을 작성할 수 있다. 이러한 연속식을 식 4.11에 대입하면 다음과 같이 H_2와 H_3를 결정하기 위한 2개의 식을 얻을 수 있다.

$$\left[\frac{(H_1 - H_2)}{K_{12}}\right]^{1/n_{12}} + \left[\frac{(H_1 - H_3)}{K_{13}}\right]^{1/n_{13}} = QJ_2 + QJ_3 \tag{4.14}$$

$$-\left[\frac{(H_1 - H_2)}{K_{12}}\right]^{1/n_{12}} + \left[\frac{(H_2 - H_3)}{K_{23}}\right]^{1/n_{23}} = -QJ_2$$

음의 수치를 지수승하면 유동방향을 나타낼 수 없으므로 아래첨자 표기가 유동방향과 반대되는 모든 항의 앞에는 (−) 부호를 붙여야 한다. HGL 고도가 주된 미지수이기 때문에 이 공식시스템을 H−공식이라 부른다. 수두 H를 구한 후 식 4.11에 이 수치를 대입하여 각 배관 내 유량을 구할 수 있다.

예제 4.3

예제 4.2 관망의 H−공식시스템을 작성하라.

해답 예제 4.2의 관망을 참조하면 H−공식 작성시 오직 접합부 연속식만을 사용하고 각 Q_i를 상류측 절점을 아래첨자 u, 하류측 절점을 아래첨자 d를 사용하는 $[(H_{ui} - H_{di})/K_i]^{1/n_i}$로 대체하면 H−공식시스템은 다음과 같으며 여기서 유입유량에 대해 (+), 유출유량에 대해 (−) 기호를 사용한다.

$$F_1 = \left[\frac{(WS_1 - H_1)}{K_1}\right]^{\frac{1}{n_1}} - \left[\frac{(H_1 - H_2)}{K_2}\right]^{\frac{1}{n_2}} - \left[\frac{(H_1 - H_3)}{K_4}\right]^{\frac{1}{n_4}} - QJ_1 = 0$$

$$F_2 = \left[\frac{(H_1 - H_2)}{K_2}\right]^{\frac{1}{n_2}} - \left[\frac{(H_2 - H_3)}{K_3}\right]^{\frac{1}{n_3}} - QJ_2 = 0$$

$$F_3 = \left[\frac{(H_2 - H_3)}{K_3}\right]^{\frac{1}{n_3}} + \left[\frac{(H_1 - H_3)}{K_4}\right]^{\frac{1}{n_4}} + \left[\frac{(WS_2 - H_3)}{K_5}\right]^{\frac{1}{n_5}} - \left[\frac{(H_3 - H_4)}{K_6}\right]^{\frac{1}{n_6}} - QJ_3 = 0$$

$$F_4 = \left[\frac{(H_3 - H_4)}{K_6}\right]^{\frac{1}{n_6}} - QJ_4 = 0$$

4.2.3 ΔQ–공식시스템

통상적으로 관망의 ΔQ–공식 숫자는 H-공식 숫자의 절반 정도이다. 그러나 ΔQ–공식은 많은 비선형 항으로 구성되기 때문에 반드시 수량이 감소된 ΔQ–공식이 좋은 것만은 아니다. ΔQ공식에서는 루프 수정유량 ΔQ가 주된 미지수이다. 이 수정유량 ΔQ는 관망 내 NL 루프에서 작성된 에너지식으로부터 결정되므로 NL개의 수정유량식을 전개하여야 한다. 이 식을 얻기 위해 관망 각 배관 내 유량 Q_i을 Q_{oi}으로 표기된 초기유량으로 대체하고 배관 i를 통해 순환하는 모든 미지의 초기 수정유량을 더한다.

$$Q_i = Q_{oi} + \sum \Delta Q_k \tag{4.15}$$

상기 식에서 $\sum$은 배관 i를 통과하는 모든 수정유량을 포함한다. 초기 유량 Q_{oi}는 반드시 모든 접합부에서의 연속식을 만족시켜야 한다. 접합부 연속식을 만족시키기 위한 각 배관 내 초기 유량을 설정하는 것은 어렵지 않다. 그러나 통상적으로 이 초기 유량은 관망 루프 주변에 작성된 에너지식을 만족시키지 않는다.

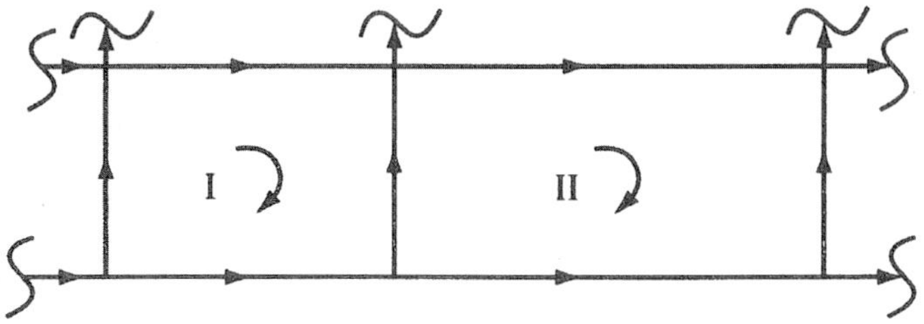

| 그림 4.4 | 2개의 루프로 구성된 관망

식 4.15는 접합부에서 연속법칙을 위배하지 않고 관망의 루프 내 각 배관에서 초기 가정된 유량에 조정량을 더할 수 있다는 사실에 기초한 것이다. 루프 주변을 유동하여 접합부에 유입하는 임의의 ΔQ는 반드시 그 접합부로부터 유출되어야 한다(그림 4.4 참조). 이러한 사실에 기초하여 각 초기유량 Q_{oi}에 수정루프유량 $\sum \Delta Q_k$을 더한 유량을 사용하는 관망

NL 루프 주변의 NL 에너지루프식을 전개한다. 접합부 연속식은 초기 유량 Q_{oi}에 의해 만족되지만 공식시스템의 일부는 아니다. 루프 주변을 순환하는 수정유량은 시계방향 또는 반시계방향에 따라 부호를 설정할 수 있다. 이러한 절차는 임의 루프 내에서 일관성이 있어야 하며 필요하면 이러한 부호설정에 대한 협약은 변경될 수 있다. 수정유량이 배관 유동과 동일한 방향일 경우 수정유량을 더하고, 반대 방향일 경우 초기 유량에서 수정유량을 감하여야 한다. $\triangle Q$-공식을 구하는 방법을 요약하기 위해 에너지루프식 4.4b와 4.5b의 Q를 다음 식으로 대체한다.

$$Q_i = Q_{oi} \pm \sum Q_k \tag{4.16}$$

상기 식에서 $\sum$는 배관 i를 통과하는 모든 수정유량을 포함하고, 순수 수정유량과 배관 유량이 동일한 방향일 경우 $\sum$ 앞에 (+) 부호를, 반대방향일 경우에는 (−) 부호를 사용한다. 따라서 식 4.4b와 4.5b는 다음과 같이 된다.

$$\sum K_i \{ Q_{oi} \pm \sum \triangle Q_k \}^{n_i} = 0 \quad \text{(실제루프)} \tag{4.17a}$$

$$\sum K_i \{ Q_{oi} \pm \sum \triangle Q_k \}^{n_i} = \triangle WS \quad \text{(가상루프)} \tag{4.18a}$$

부호를 자동으로 설정하려면 상기 식을 다음과 같이 재작성할 수 있다.

$$\sum K_i \{ Q_{oi} \pm \sum \triangle Q_k \} | Q_{oi} \pm \sum \triangle Q_k |^{n_i - 1} = 0 \quad \text{(실제루프)} \tag{4.17b}$$

$$\sum K_i \{ Q_{oi} \pm \sum \triangle Q_k \} | Q_{oi} \pm \sum \triangle Q_k |^{n_i - 1} = \triangle WS \quad \text{(가상루프)} \tag{4.18a}$$

$\triangle Q$-공식시스템의 전개를 입증하기 위해 그림 4.5의 관망을 고려하자. 만일 Q-공식을 사용하면 5개 접합부 연속식(공급원은 제외)과 2개의 루프식, 전체 7개의 식을 전개할 수 있다. 만일 H-공식을 사용하면 수두가 미지수인 5개의 절점에서 HGL-고도를 구하기 위한 5개의 식을 전개할 수 있으며 이때 하나의 절점에서 수두는 반드시 기저가 되어야 한다. 그러나 이 관망 내 실제루프는 오직 2개이므로 다음과 같이 2개의 $\triangle Q$-공식을 작성하면 된다.

$$\begin{aligned} F_1 = {} & K_1 (Q_{o1} + \triangle Q_1)^{n_1} + K_2 (Q_{o2} + \triangle Q_1 - \triangle Q_2)^{n_2} \\ & - K_3 (Q_{o3} - \triangle Q_1)^{n_3} - K_4 (Q_{o4} - \triangle Q_1)^{n_4} = 0 \\ F_2 = {} & - K_5 (Qo5 - \triangle Q_2)^{n_5} + K_6 (Q_{o6} + \triangle Q_2)^{n_6} \\ & + K_7 (Q_{o7} + \triangle Q_2)^{n_7} - K_2 (Q_{o2} + \triangle Q_1 - \triangle Q_2)^{n_2} = 0 \end{aligned} \tag{4.19}$$

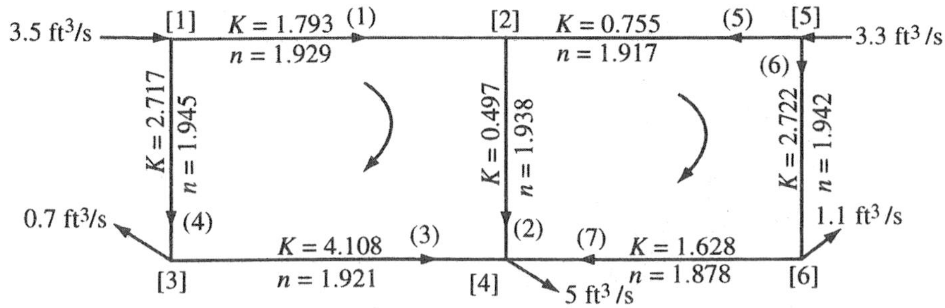

| 그림 4.5 | 7-배관으로 구성된 관망

다음 단계는 모든 접합부 연속식을 만족시킬 각 배관 내 초기유량을 추정하는 것으로 사용 가능한 초기유량은 다음과 같다.

$$Q_{o1} = 1.75ft^3/s\,,\ \ Q_{o2} = 3.55ft^3/s\,,\ \ Q_{o3} = 1.05ft^3/s\,,\ \ Q_{o4} = 1.75ft^3/s\,,$$

$$Q_{o5} = 1.8ft^3/s\,,\ \ Q_{o6} = 1.5ft^3/s\,,\ \ Q_{o7} = 0.4ft^3/s$$

이러한 초기 유량과 관망의 기저를 식 4.19에 대입하면 다음 두 식을 얻을 수 있으며, 이 식으로부터 미지수 $\triangle Q_1$과 $\triangle Q_2$를 구하면 초기 유량에 이 루프 수정유량을 더하여 각 배관 내 유량을 쉽게 결정할 수 있다. 이 유량으로부터 각 관로 내 손실수두를 결정하여 각 절점에서의 수두를 작성할 수 있다.

$$F_1 = 1.793(1.75 + \triangle Q_1)^{1.929} + 0.497(3.55 + \triangle Q_1 - \triangle Q_2)^{1.938} \tag{4.20}$$

$$- 4.108(1.05 - \triangle Q_1)^{1.921} - 2.717(1.75 - \triangle Q_1)^{1.945} = 0$$

$$F_2 = - 0.755(1.8 - \triangle Q_2)^{1.917} + 2.722(1.5 + \triangle Q_2)^{1.942}$$

$$+ 1.628(0.4 + \triangle Q_2)^{1.878} - 0.497(3.55 + \triangle Q_1 - \triangle Q_2)^{1.938} = 0$$

상기 공식시스템은 비선형성이므로 해답을 구할 때 어려움이 발생하며 이러한 어려움을 해결하기 위해서는 뉴튼법을 적용하여야 한다. 뉴튼법 적용방법에 대해서는 4.4.1절에서 자세히 기술한다.

예제 4.4

예제 4.2의 관망에 대해 $\triangle Q$–공식시스템을 기술하라.

해답 $\triangle Q$–공식은 에너지루프식에 근거하므로 예제 4.3의 F_5와 F_6 식을 취하고 각 유량 Q_i를 $Q_{oi} \pm \sum \triangle Q_k$로 대체하여 다음과 같이 $\triangle Q$–공식을 구할 수 있다.

$$F_5 = K_2(Q_{o2} + \triangle Q_1)^{n_2} + K_3(Q_{o3} + \triangle Q_1)^{n_3} - K_4(Q_{o4} - \triangle Q_1 + \triangle Q_2)^{n_4} = 0$$

$$F_6 = K_1(Q_{o1} + \triangle Q_2)^{n_1} + K_4(Q_{o4} - \triangle Q_1 + \triangle Q_2)^{n_4} - K_5(Q_{o5} - \triangle Q_2)^{n_5} - WS_1 + WS_2 = 0$$

$\triangle Q$-공식을 작성하면서 처음에는 모든 접합부에서 연속식을 만족시키는 Q_{oi} 수치를 추정하여야 하며 여기에서는 4개의 수요량을 모두 1.0으로 설정한다. 이에 따라 연속식을 만족시키기 위해 나머지 초기유량을 다음과 같이 설정할 수 있다.

$$Q_{o1} = 3,\ Q_{o2} = 1,\ \ Q_{o3} = 1,\ Q_{o4} = 1,\ Q_{o5} = 1\text{과 } Q_{o6} = 0$$

4.3 감압밸브와 배압밸브

감압밸브 PRV(Pressure Reducing Valve)는 이 밸브의 상류측 압력과 관계없이 하류측 압력을 일정하게 유지하도록 설계된다. 그러나 다음 두 예외에서는 하류측 압력을 일정하게 유지할 수 없다. (1)상류측 압력이 밸브 설정압력보다 낮거나, (2)하류측 압력이 밸브 설정압력을 초과하여 상류측으로 유동이 형성될 경우(감압밸브가 없을 경우). 첫 번째 예외가 발생하면 밸브에서 부분손실을 발생하는 것 이외 유동 조건에 아무런 영향을 미치지 않는다. 통상적으로 이 영향은 관로 내 마찰손실보다 상당히 큰 손실수두가 발생하는 글로브밸브와 유사하다. 두 번째 예외가 발생하면 PRV는 관로 내 역류를 방지하기 위한 역지밸브 역할을 하지만 밸브 하류측 압력이 밸브설정 압력을 순간적으로 초과하는 것은 허락한다. 이러한 방법으로 배수관망시스템에서 수요량 변화에 대응하여 상류측으로부터 공급되는 압력을 제어하여 감압밸브 하류측에서 압력의 과도한 상승 또는 하강을 제어하기 위해 PRV를 사용할 수 있다. PRV 하류측 압력이 과도하게 상승할 때는 PRV 하류측에서 많은 유량을 사용하는 수요자를 고려하여 설정된 압력으로 감소할 때까지 PRV는 역지밸브의 역할을 한다.

배압밸브 BPV(Back Pressure Valve)는 밸브 하류측 압력과 관계없이 상류측 압력을 일정하게 유지하도록 설계된다. PRV와 같이 BPV도 정상적인 운영모드에 예외가 있다. 만일 상류측 압력이 설정압력보다 작게 되면 BPV는 에너지 발생 기구가 아니기 때문에 설정압력을 유지할 수 없게 되어 관로 내 대부분 유동을 정지시킬 수 있다. 만일 유동방향이 반전되면 BPV는 완전히 개방되고 부분손실기구로의 역할을 한다. 관망의 높은 부분에서 압력이 과도하게 낮게 되는 것을 방지하기 위해 BPV를 사용할 수 있다. 관망의 높은 부분에서 충분한 압력을 유지하기 위해 펌프가 필요하지만 관망의 낮은 부분에서는 펌프가 필요 없는 경우가 발생한다. BPV가 없으면 유체는 관망의 고도가 낮은 부분에 설치된 압력완화밸브(pressure relief valve)를 통해 유출되고 또한 이 관망부근에서는 과도하게 큰 압력이 발생할 수 있다.

PRV 또는 BPV를 포함하는 관망의 거동을 기술하는 식은 이 밸브가 관망 전체에 걸쳐 유량과 압력에 미치는 영향을 설명할 수 있는 새로운 특징을 포함하여야 한다. 더욱이 이 밸브가 설치된 관망해석시 올바른 운영 조건을(즉, PRV와 BPV가 정상적인 모드로 운영되는지 또는 예외 모드로 운영되는지) 결정할 수 있어야 한다. 본 절에서는 관망해석시 이러한 장치를 추가하는 방법을 기술한다.

4.2절에서 기술한 3개 공식시스템의 작성은 배관의 말단부 사이 배관 내 유량의 크기와 손실수두 또는 수두의 크기 사이에 상관관계가 존재하는 것으로 가정하였으나 PRV 또는 BPV가 배관 내 존재하면 이와 같은 상관관계는 더 이상 성립되지 않는다. 따라서 통상적인 에너지루프식에서는 PRV가 설치된 배관이 나타나지 않아야 하지만 PRV의 운영모드에서는 PRV 하류측 말단부에서 일정한 수두가 유지되어야 하므로 PRV는 저수지와 같은 거동을 한다. 더욱이 운영 모드와 관계없이 PRV가 설치된 배관의 상류측 절점에서의 유량은 이 배관의 하류측 절점에서의 유량과 동일하여야 한다. 하나 이상의 PRV를 포함하는 관망을 기술하기 위한 적정한 공식시스템을 전개하는 세부내용은 구하고자 하는 Q−공식, H−공식 또는 ΔQ−공식시스템에 따라 다르고 이들 각 식을 다음 절에서 기술한다.

4.3.1 PRV/BPV가 설치된 관망의 Q−공식

PRV가 설치된 관망에 대한 Q−공식 전개 절차는 다음과 같다. (1)PRV를 무시하고 통상적인 방법으로 접합부 연속식을 작성한다. (2)각 PRV를 관로의 고도와 PRV에 작용하는 압력수두의 합인 HGL 고도와 동일한 수위를 갖는 인위적인 저수지로 대체한다. (3)최종적으로 이 수정된 관망의 루프에너지식을 작성한다. 이에 따른 결과식은 정상적인 밸브운영 모드를 표현한다.

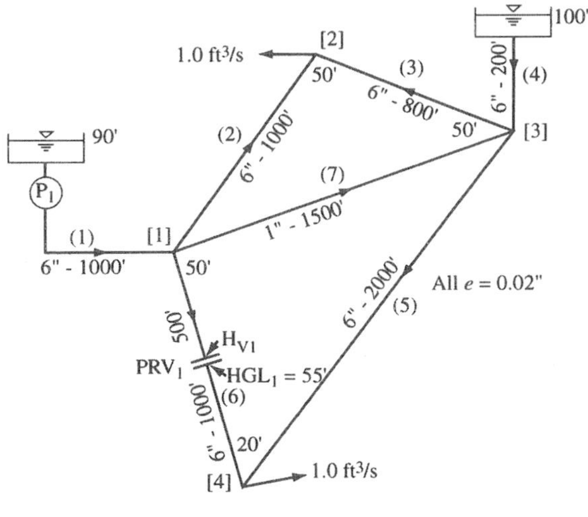

펌프운전점	1	2	3
$Q(ft^3/s)$	1.0	1.5	2.0
$H(ft)$	60	55	48

| 그림 4.6 | 7-배관으로 구성된 관망

PRV가 설치된 관망에 대한 Q-공식을 전개하기 위해 그림 4.6의 관망을 참조한다. 이 관망은 절점 [1] 하류측으로부터 500ft 떨어진 지점에 PRV가 설치되고 총 7개 배관으로 구성되었다. PRV는 방향성 기구이므로 항상 PRV가 설치된 배관의 상류측과 하류측을 명시하여야 한다. 이에 대한 Q-공식시스템은 4개의 접합부 연속식과 3개의 에너지루프식으로 구성된다. 이 관망에서는 2개의 공급원이 존재하므로 통상적인 절차에 따라 다음과 같이 4개의 접합부에 독립적인 연속식을 작성할 수 있다.

$$F_1 = -Q_1 + Q_2 + Q_6 + Q_7 = 0 \tag{4.21}$$

$$F_2 = 1.0 - Q_2 - Q_3 = 0$$

$$F_3 = Q_3 - Q_4 + Q_5 - Q_7 = 0$$

$$F_4 = 1.0 - Q_5 - Q_6 = 0$$

이 연속식은 관망 내 PRV의 존재에 의해 영향을 받지 않는다. 다음은 그림 4.7과 같이 PRV를 포함하는 배관의 상류측 부분을 제거하고 PRV의 설정압력과 동등한 HGL 수위의 저수지로 대체하여 관망을 수정한다.

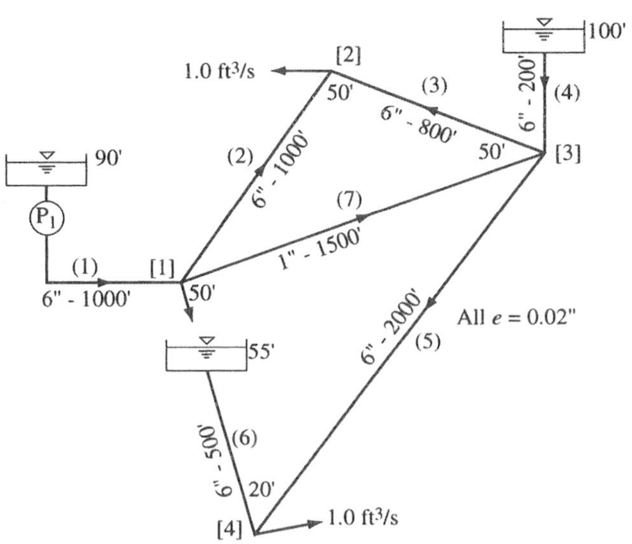

| 그림 4.7 | 수정된 7-배관으로 구성된 관망

이 수정된 관망에는 실제루프 1개, 가상루프 2개가 존재한다. 실제루프는 배관 2, 3, 7을 횡단하며, 첫 번째 가상루프는 배관 4, 7, 1로 2개의 공급원인 저수지로 연결되며 이 루프는 우측 상단 저수지에서 시작하여 공급펌프가 있는 다른 저수지에서 종료한다. 두 번째 가상루프는 PRV에 의해 생성된 인위적인 저수지로부터 다른 공급원 중(또는 관망 내 2개 이상의 PRV가 존재하면 다른 인위적인 저수지) 하나로 연장되어야 하며 가상루프의 가장 짧은 경로는 배관 4, 5, 6을 횡단한다. 배관 6에서의 손실수두를 작성할 때 PRV 하류측 배관만을 사용하며 지수식에서 이와 같이 수정된 손실계수 $K^{'}$을 사용한다. 새로운 계수 $K^{'}$은 아래 식과 같이 PRV를 포함하였던 당초 배관의 K와 PRV 하류측 배관길이와 당초 배관길이의 비를 곱하여 구할 수 있다.

$$K^{'} = K(L_d/L) \tag{4.22}$$

본 예제에서는 $K_6^{'} = K_6(500/1000) = 0.5K_6$가 되며 에너지식은 다음과 같다.

$$F_5 = K_2 Q_2^{n_2} - K_3 Q_3^{n_3} - K_7 Q_7^{n_7} = 0(\text{실제루프}) \tag{4.23}$$

$$F_6 = K_4 Q_4^{n_4} - K_7 Q_7^{n_7} - K_1 Q_1^{n_1} + h_{P1} - 100 + 90 = 0(\text{가상루프})$$

$$F_7 = K_4 Q_4^{n_4} + K_5 Q_5^{n_5} - K_6^{'} Q_6^{n_6} + 55 - 100 = 0(\text{가상루프})$$

펌프에 의해 형성된 수두 h_{P1}은 다음 식과 같이 펌프곡선의 3점을 통과하는 2차식으로 정의할 수 있다.

$$h_{P1} = AQ_1^2 + BQ_1 + C \tag{4.24}$$

이제 7개의 유량 미지수 Q_1, Q_2, · · · Q_7를 포함하는 7개의 독립식을 얻는다. 이 예제에서는 배관 6에 설치된 PRV에 의해 소실되었던 실제루프는 가상루프로 대체되었다.

전산 프로그램 NETWK를 사용하여 이 관망의 해답을 구하기 위해 그림 4.8의 입력자료를 준비하여야 한다(CD에 첨부된 NETWK 사용자 매뉴얼의 입력자료 부분 참조). 프로그램 NETWK 수행결과는 그림 4.9와 같고, 이 프로그램의 해석결과를 고찰하면 다음과 같으므로 PRV는 정상적인 운영 모드에 있는 것을 알 수 있다. 본 관망에 대해 엑셀로 해석한 결과는 FIG4_7.xls 파일을 참조하고 상세한 해석절차는 예제 4.12를 참조한다.

$$Q_6 = 0.03ft^3/s, \ \text{PRV의 } HGL = 55ft, \ HGL_4 = 54.77ft$$

NETWK 프로그램에서는 PRV 하류측 압력이 설정압력보다 높으면 PRV는 역지밸브의 역할을 하여 배관 6의 유동을 정지시킨다. 반대로 PRV 하류측 압력이 설정압력보다 낮으면 PRV가 완전 개방되어 부차적 손실을 발생시키는 밸브로 대체된 것으로 나타난다. 따라서 프로그램에서는 배관 6의 유량이 (−) 이면 PRV는 역지밸브의 역할을 하여 역류를 방지한다는 것으로 나타난다. 만일 이러한 상황이 발생하면 그림 4.7의 관망에서 배관 6을 제거하여 7개의 배관이 아닌 6개의 배관으로 구성된 관망으로 변경하고 처음 식에서 배관 6을 생략한 식을 사용하여 이와 같이 수정된 관망 내 유동을 기술한다. 절점 1에서의 HGL 고도가 PRV 설정 HGL 보다 낮게 되면 PRV는 설정된 압력을 유지할 수 없으므로 PRV를 부차적 손실 기구로 대체하는 식을 사용하여 관망 문제를 해결하여야 한다. 이러한 운영모드에서는 식 4.23의 F_7 식을 배관 5, 6, 7을 통과하는 실제루프식으로 대체하고 배관 6은 완전 개방된 PRV를 나타내는 부차적 손실기구를 포함하게 된다.

이제 BPV를 포함하는 관망의 Q−공식시스템을 작성하기 위한 절차는 명백해진다. PRV를 포함한 관망에서와 같이 BPV의 존재를 무시하고 접합부에서 연속식을 작성할 수 있으며 접합부 연속식은 BPV의 존재에 의해 영향을 받지 않는다. 이제 각 BPV의 상류측 접속부를 인위적인 저수지로 대체하고 하류측 배관을 제거한 후 이와 같이 수정된 관망에 대해 에너지식을 작성한다.

Example of a network containing a PRV

```
/*                        6  1  4  1000          RESER
PIPES                     7  1  3  1500  1       4  100
1  0  1  1000  6  0.02    NODES                  PUMPS
2  1  2                   1  0  50               1 1 60 1.5 55 2 48 90
3  3  2   800             2  1                   VALVE
4  0  3   200             3  0                   6  500  55
5  3  4  2000             4  1  20               RUN
```

| 그림 4.8 | 그림 4.6과 4.7의 관망에 대한 입력자료

```
LOSSES DUE TO FLUID FRICTION IN ALL PIPES
POWER LOSS = 11.51 H.P = 8.585 KWATTS
ENERGY LOSS = 206.0 KHRS/DAY

PUMPS:
PIPE    HEAD    Q       HORSEPOWER         KILOWATT
KWATT-HRS/DAY
1       59.1    1.11    7.43               5.54          133.0
ELEVATION OF HGL UPSTREAM AND DOWNSTREAM OF PRVS:

PIPE    UPSTREAM HGL    DOWNSTREAM HGL
```

6 121.79 55.00
UNITS OF SOLUTION ARE:
DIAMETER, INCH
LENGTH, FEET
HEAD, FEET
ELEVATION FEET
PRESSURE lb/in^2
DISCHARGE, ft^3/s
DARCY-WEISBACH FORMULA USED FOR COMPUTING HEAD LOSSES

PIPE NO.	NODES		L ft	DIA. in	$e \times 10^3$ in	Q ft^3/s	VEL. ft/s	HEAD LOSS ft	HLOSS/1000
	FROM	TO							
1	0	1	1000	6.0	20.0	1.1105	5.65	27.38	27.33
2	1	2	1000	6.0	20.0	1.0695	5.43	25.37	25.37
*3	2	3	800	6.0	20.0	−0.0695	0.34	0.100	0.13
4	0	3	200	6.0	20.0	0.8895	4.54	3.52	17.62
5	3	4	2000	6.0	20.0	0.9662	4.91	41.49	20.75
6	1	4	1000	6.0	20.0	0.0338	0.18	0.020	0.02
7	1	3	1500	1.0	20.0	0.0031	1.31	25.26	16.84

배관 자료

AVE. VEL. =3.19ft/s, AVE. HL/1000=15.46, MAX. VEL.=5.65ft/s, MIN. VEL.=0.18ft/s
*Flow direction is reversed from input data.

NODE	DEMAND		ELEV.	HEAD	PRESSURE	HGL ELEV.
	ft^3/s	gal/min	ft	ft	lb/in^2	ft
1	0.00	0.0	50.	71.74	31.09	121.74
2	1.00	448.8	50.	46.37	20.9	96.37
3	0.00	0.0	50.	46.27	20.05	96.27
4	1.00	448.8	20.	34.77	15.07	54.77

절점 자료

AVE. HEAD =49.95ft., AVE. HGL = 92.45ft.
MAX. HEAD =71.81ft., MIN. HEAD =34.98ft.

| 그림 4.9 | 그림 4.7에 대한 프로그램 NETWK 수행결과 표

그림 4.10과 같이 1개의 공급펌프와 2개의 저수지(또는 탱크)로부터 공급되는 9-배관과 6-절점으로 구성된 관망에 대한 Q-공식시스템 작성 절차를 기술한다.

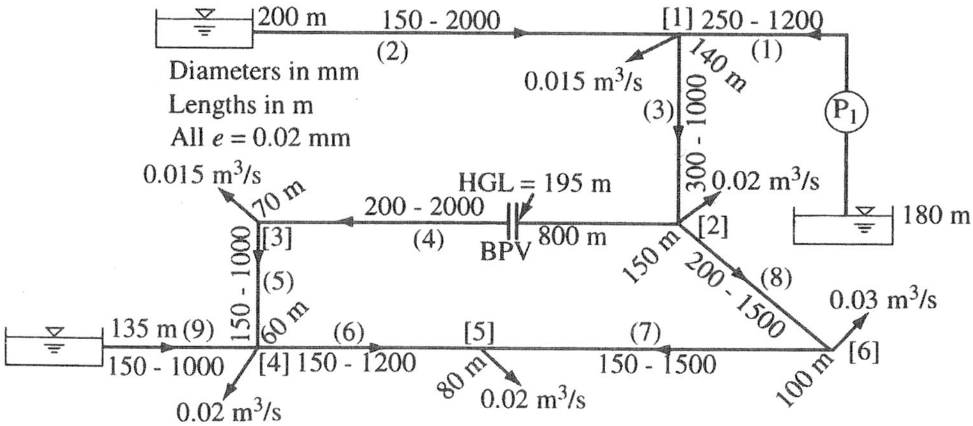

| 그림 4.10 | 9-배관, 6-절점으로 구성된 관망

상기 관망에서 BPV 또는 다른 기구가 없으면 배관 9의 말단부에 위치한 하부 저수지에서 월류가 발생한다. 상기 관망에서 6개 접합부에서의 연속식은 다음과 같다.

$$\begin{aligned} F_1 &= 0.015 - Q_1 - Q_2 + Q_3 = 0 \\ F_2 &= 0.020 - Q_3 + Q_4 + Q_8 = 0 \\ F_3 &= 0.015 - Q_4 + Q_5 = 0 \\ F_4 &= 0.020 - Q_5 + Q_6 - Q_9 = 0 \\ F_5 &= 0.020 - Q_6 - Q_7 = 0 \\ F_6 &= 0.030 - Q_8 + Q_7 = 0 \end{aligned} \tag{4.25}$$

에너지식을 작성하기 위한 루프를 형성하기 전에 그림 4.11과 같이 BPV의 설정압력을 고려한 HGL과 동일한 수위를 갖는 인위적인 저수지로 BPV를 대체하고 BPV 하류측 배관을 제거한다. NL=NP−NJ=9−6=3이 되므로 3개의 루프가 필요하다. 이 루프는 모두 가상루프로서 루프 1은 배관 1, 2로 구성되고, 루프 2는 배관 1, 3, 4(BPV가 설치된 상류측 부분)로 구성되고, 루프 3은 배관 9, 6, 7, 8, 4(BPV가 설치된 상류측 부분)로 구성된다. BPV는 밸브 상류측에서의 압력으로 설정되기 때문에 배관 9, 5, 4(BPV가 설치된 하류측 부분)로 구성되는 루프를 작성하는 것은 올바르지 않다. 따라서 시스템 내 에너지식은 다음과 같다.

$$\begin{aligned} F_7 &= K_1 Q_1^{n_1} - K_2 Q_2^{n_2} - h_{P1} - 180 + 200 = 0 \\ F_8 &= K_1 Q_1^{n_1} + K_3 Q_3^{n_3} + K_4' Q_4^{n_4} - h_{P1} - 180 + 195 = 0 \\ F_9 &= K_9 Q_9^{n_9} + K_6 Q_6^{n_6} - K_7 Q_7^{n_7} - K_8 Q_8^{n_8} + K_4' Q_4^{n_4} - 135 + 195 = 0 \end{aligned} \tag{4.26}$$

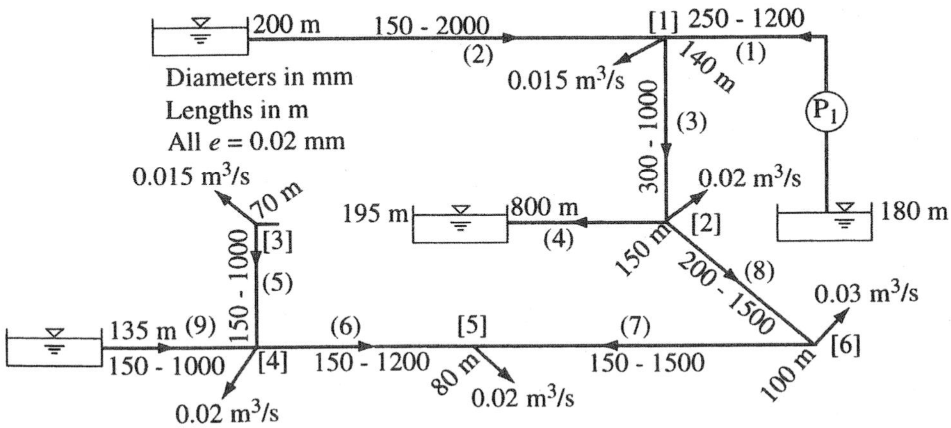

| 그림 4.11 | 9-배관, 6-절점으로 구성된 수정된 관망

```
Network Containing BPV

/*
$SPECIFIC NFLOW=3, NPGPM=3, NUNIT=4 $END
PIPES
1  0  1  1200  250  0.02
2  1  2  2000  150
3  1  2  1000  300
4  2  3  2000
5  3  4  1000  150
6  4  5  1200
7  6  5  1500
8  2  6  1500  200
9  0  4  1000  150
NODES
1  .015  140
2  .02   140
3  .015   70
4  .02    60
5  .02    80
6  .03   100
RESER
2  200
9  135
PUMPS
1  .1  35  .15  32  .2  28  180
BPVALVE
4  1200  195
RUN
```

| 그림 4.12 | 9-배관, 6-절점 관망을 위한 프로그램 NETWK 입력자료

그림 4.12와 그림 4.13은 이 문제를 해결하기 위한 프로그램 NETWK의 입력파일과 해석 결과를 보여준다. 이 해석 결과로부터 BPV 상류측 절점 [2]에서 HGL=195m이지만 절점 [3]에서 HGL=127.78m이므로 BPV에서 67.22m의 손실수두가 발생하는 것을 알 수 있다. 그림 4.13의 배관 자료표에서 손실수두를 고려하여 절점 자료의 HGL 고도를 증명하는 것은 가치 있는 일이며, 관망에서 BPV가 정상적으로 작동할 때 BPV가 압력과 유량에 미치는 영향을 이해할 수 있다. 배관 4를 통한 유동방향이 반전되면 BPV 하류측 압력은 실제 BPV 설정압력보다 커서 밸브는 완전 개방된다. 이와 같은 상황이 발생하면 BPV를 부차적 손실

기구로 대체하고 이 수정된 관망 문제를 고찰하여야 한다. BPV 직상류측 절점 2에서의 HGL이 BPV의 설정된 HGL=195m 보다 적게 되면 BPV는 완전 폐쇄된다.

LOSSES DUE TO FLUID FRICTION IN ALL PIPES
POWER LOSS = 65.18 H.P = 48.63 KWATTS.
ENERGY LOSS = 1167.0 KWHRS/DAY

PUMPS :

PIPE	HEAD	Q	HORSEPOWER	KILOWATT	KWATT-HRS/DAY
1	34.88	0.102	46.9	35.0	839.8

HGL DOWNSTREAM AND UPSTREAM FROM BPV
4 129.12 195.00

PIPE NO.	NODES		L	DIA.	$e\times10^3$	Q	VEL.	HEAD LOSS	HLOSS/1000
	FROM	TO	m	mm	mm	m^3/s	m/s	m	
1	0	1	1200	250	20.0	0.1022	2.09	15.57	12.98
2	0	1	2000	150	20.0	0.0035	0.21	0.68	0.34
3	1	2	1000	300	20.0	0.0907	1.29	4.26	4.26
4	2	3	2000	300	20.0	0.0032	0.08	0.06	0.03
5	4	3	1000	150	20.0	−0.0118	0.52	2.99	2.99
6	5	4	1200	150	20.0	−0.0175	0.86	3.67	3.06
7	6	5	1500	150	20.0	0.0375	2.00	37.29	24.86
8	2	6	1500	200	20.0	0.0685	2.08	26.99	17.99
9	0	4	1000	150	20.0	0.0143	0.79	4.23	4.23

배관 자료

AVE. VEL. =1.10m/s, AVE. HL/1000=7.47, MAX. VEL.=2.09m/s, MIN. VEL.=0.08m/s

NODE	DEMAND		ELEV.	HEAD	PRESSURE	HGL ELEV.
	m^3/s	ft^3/s	m	m	kPa	m
1	0.015	0.53	140.0	59.32	581.30	199.32
2	0.020	0.71	140.0	55.06	539.57	195.06
3	0.015	0.53	70.0	57.78	566.21	127.78
4	0.020	0.71	60.0	70.77	693.56	130.77
5	0.020	0.71	80.0	54.44	533.55	134.44
6	0.030	1.06	100.0	68.07	667.08	168.07

절점 자료

AVE. HEAD =61.79m, AVE. HGL = 160.13m
MAX. HEAD =70.97m, MIN. HEAD = 55.02m

| 그림 4.13 | 9-배관, 6-절점 관망을 위한 프로그램 NETWK 수행결과

이제 관망에서 BPV를 포함하는 배관을 제거한 후 이와 같이 수정된 관망에 대한 식을 이용하여 문제를 해결할 수 있다. 이때에도 BPV가 설정 압력을 유지할 수 없으면 BPV가 설치된 배관을 통한 유동은 정지한다(FIG4_11.xls 파일 참조).

4.3.2 PRV/BPV가 설치된 관망의 H-공식

본 절에서는 PRV와 BPV가 설치된 관망의 H-공식 작성 절차를 기술한다. 첫 번째 절차에서는 관망의 정상적인 운영조건에서 HGL은 BPV 및 PRV와 같이 관망에 설치된 설비에 의해 결정되므로 저수지 수위와 동일하게 설정된 설비의 압력을 고려한 HGL 수치를 검토한다. 두 번째 절차에서는 변수를 H_{vi}로 지정하며 여기서 i는 설비의 번호로서 예를 들어 첫 번째 PRV 또는 BPV에 대해서는 $i=1$, 두 번째는 $i=2$ 로 표기된다. PRV의 경우 H_{vi} 수치는 PRV 직하류측에서의 HGL 고도이며, BPV의 경우 H_{vi} 수치는 BPV 직상류측에서의 HGL 고도이다. 세 번째 절차에서는 상류측과 하류측 사이의 HGL 차이를 이용하여 통상적인 방법으로 접합부 연속식을 전개한다. 모든 식에서 수두를 유량의 역수인 $Q_k = [(H_i - H_j)/K_k]^{1/n_k}$ 형태로 나타낸다. 최종적으로 각 PRV 및 BPV와 관련된 미지수가 추가로 도입되므로 각 설비에 대한 추가적인 연속식이 필요하다. 설비를 포함하는 배관의 상류측과 하류측 배관 길이에 비례한 손실수두를 표기하여 이 추가 식을 얻을 수 있으며 PRV에 대한 식은 다음과 같다.

$$(HGL - H_d)L_u - (H_u - H_{vi})L_d = 0 \tag{4.27}$$

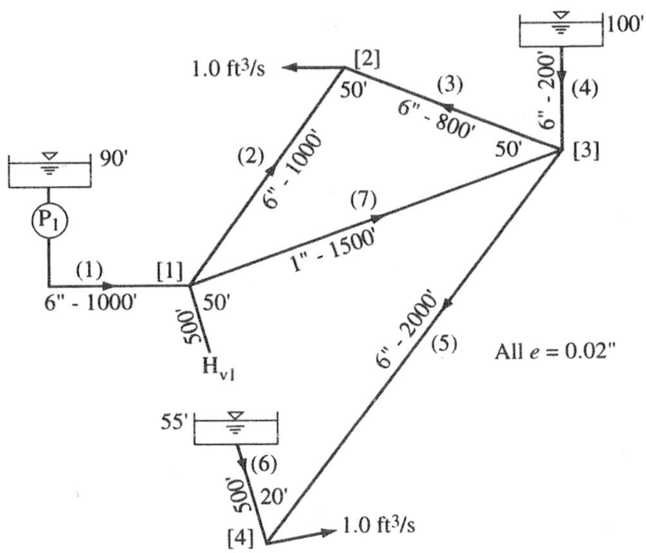

| 그림 4.14 | BPV를 포함하는 9-배관, 6-절점으로 구성된 관망(수정후)

상기 식에서 L_u와 L_d는 설비로부터의 상류측과 하류측 배관길이를 나타내며, H_u와 H_d는 설비를 포함하는 배관의 상류측과 하류측 절점에서 HGL 고도를 나타낸다. H–공식 작성법을 실증하기 위해 그림 4.6의 관망을 그림 4.14와 같이 수정한다.

상기 관망의 최종 H–공식은 다음과 같다.

$$-\left\{\frac{(90+h_{p1}-H_1)}{K_1}\right\}^{\frac{1}{n_1}}+\left\{\frac{(H_1-H_2)}{K_2}\right\}^{\frac{1}{n_2}}+\left\{\frac{(H_1-H_{v1})}{K_6''}\right\}^{\frac{1}{n_6}}+\left\{\frac{(H_1-H_3)}{K_7}\right\}^{\frac{1}{n_7}}=0$$

$$1.0-\left\{\frac{(H_1-H_2)}{K_2}\right\}^{\frac{1}{n_2}}-\left\{\frac{(H_3-H_2)}{K_3}\right\}^{\frac{1}{n_3}}=0 \qquad (4.28)$$

$$\left\{\frac{(H_3-H_2)}{K_3}\right\}^{\frac{1}{n_3}}-\left\{\frac{(100-H_3)}{K_4}\right\}^{\frac{1}{n_4}}+\left\{\frac{(H_3-H_4)}{K_5}\right\}^{\frac{1}{n_5}}-\left\{\frac{(H_1-H_3)}{K_7}\right\}^{\frac{1}{n_7}}=0$$

$$1.0-\left\{\frac{(H_3-H_4)}{K_5}\right\}^{\frac{1}{n_5}}-\left\{\frac{(HGL_1-H_4)}{K_6'}\right\}^{\frac{1}{n_6}}=0$$

$$(HGL_1-H_4)L_u-(H_1-H_{v1})L_d=(HGL_1-H_4)-(H_1-H_{v1})=0$$

상기 식에서 K_6''과 K_6'는 배관 6의 상류측과 하류측의 계수이다. BPV를 포함하는 그림 4.10의 관망은 이제 그림 4.15와 같이 작성되며 이 관망의 H–공식시스템은 식 4.29와 같다.

$$F_1=0.015-\left\{\frac{(180+h_{p1}-H_1)}{K_1}\right\}^{\frac{1}{n_1}}-\left\{\frac{(200-H_1)}{K_2}\right\}^{\frac{1}{n_2}}+\left\{\frac{(H_1-H_2)}{K_3}\right\}^{\frac{1}{n_3}}=0$$

$$F_2=0.02-\left\{\frac{(H_1-H_2)}{K_3}\right\}^{\frac{1}{n_3}}+\left\{\frac{(H_2-HGL_1)}{K_4''}\right\}^{\frac{1}{n_4}}+\left\{\frac{(H_2-H_6)}{K_8}\right\}^{\frac{1}{n_8}}=0$$

$$F_3=0.015-\left\{\frac{(H_{v1}-H_3)}{K_4'}\right\}^{\frac{1}{n_4}}+\left\{\frac{(H_3-H_4)}{K_5}\right\}^{\frac{1}{n_5}}=0$$

$$F_4=0.02-\left\{\frac{(H_3-H_4)}{K_5}\right\}^{\frac{1}{n_5}}+\left\{\frac{(H_4-H_5)}{K_6}\right\}^{\frac{1}{n_6}}-\left\{\frac{(135-H_4)}{K_9}\right\}^{\frac{1}{n_9}}=0 \qquad (4.29)$$

$$F_5=0.02-\left\{\frac{(H_4-H_5)}{K_6}\right\}^{\frac{1}{n_6}}-\left\{\frac{(H_6-H_5)}{K_7}\right\}^{\frac{1}{n_7}}=0$$

$$F_6=0.03-\left\{\frac{(H_2-H_6)}{K_8}\right\}^{\frac{1}{n_8}}+\left\{\frac{(H_6-H_5)}{K_7}\right\}^{\frac{1}{n_7}}=0$$

$$F_7=1200(H_2-HGL_1)-800(H_{v1}-H_3)=0$$

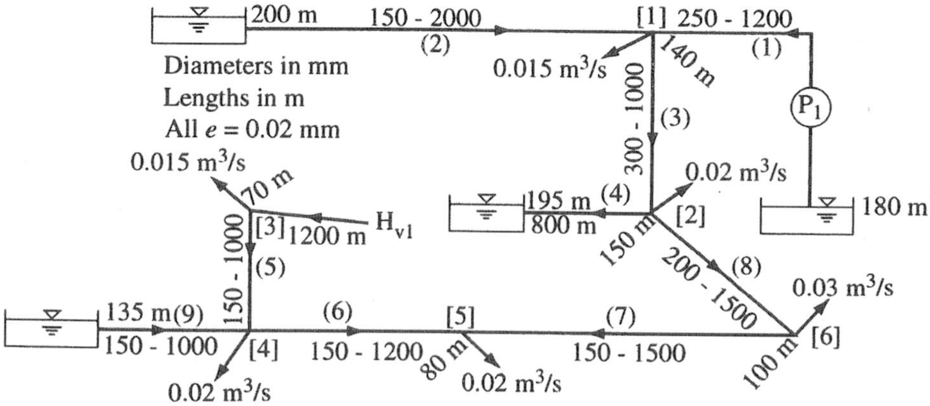

| 그림 4.15 | 7-배관으로 구성된 관망(수정 후)

4.3.3 PRV/BPV가 설치된 관망의 ΔQ-공식

본 절을 시작하면서 ΔQ-공식 작성시 사용한 기본개념을 재검토한다. 초기 유량 Q_{oi}가 접합부의 연공식을 만족시키면 이 접합부로 유입 및 유출되는 유량은 동일하다는 원리를 위반하지 않으면 수정유량 ΔQ는 크기와 상관없이 루프 주변으로 유동할 수 있다. 이 수정유량을 주된 미지수로 간주할 수 있으며 공식시스템의 결과식은 루프에너지식을 만족시키는 유량을 제시한다. 따라서 Q-공식 루프 내 유량 Q_i를 $Q_{oi} \pm \sum \Delta Q_k$로 대체한다. 임의 ΔQ_k 수치에서도 접합부 연속식을 유효하게 유지하기 위해서 이 수정유량은 PRV 또는 BPV를 인위적인 저수지로 변환시키기 전에 형성된 루프 주변으로 순환하여야 한다. 따라서 이러한 방법으로 2개의 일련의 식을 고려할 필요가 있다. 첫 번째 일련의 식은 ΔQ가 순환하는 일련의 루프이고, 두 번째는 에너지식 작성에 사용되는 루프식이다. 이 일련의 두 식을 수정유량 ΔQ 루프식과 에너지루프식이라 부른다. 먼저 PRV 또는 BPV의 존재를 무시하고 ΔQ 루프을 형성한다. 나중에 이 장치를 인위적인 저수지로 대체하고, 이 수정된 관망에 대한 에너지식을 작성한다. 따라서 관망에 존재하는 PRV 또는 BPV의 숫자에 의해 일련의 에너지루프는 항상 일련의 ΔQ루프보다 더 많은 가상루프를 포함하게 된다. 이러한 별개의 2개 루프를 구별하기 위해 그림에서 수정유량루프를 ΔQ로 나타내고, 에너지루프를 로마 숫자로 나타낸다.

ΔQ-공식 작성을 예증하기 위해 그림 4.14와 같이 PRV가 설치된 관망에 대한 수정유량루프와 에너지루프 모두를 나타내면 그림 4.16과 같이 나타낸다. ΔQ 루프는 에너지루프와 다르다는 것을 강조하기 위해 배관 4, 3, 2, 1을 통과하도록 ΔQ_3를 선정한다. 이 수정유량의 더욱 효율적인 경로는 배관 4, 7, 1을 통과하는 것이고, 루프 내 배관의 숫자가 하나

가 적어지면서 에너지루프 II와 일치한다.

ΔQ-공식을 구하기 위해 Q-공식에서 작성한 에너지식의 각 Q_i를 $Q_{oi} \pm \sum \Delta Q_k$로 대체한다. 이때 ΔQ는 ΔQ 루프에 의해 정의된 것과 같이 배관 i를 통해 순환하여야 하며, $\sum$ 내부 각 항의 앞에 있는 부호는 ΔQ가 추정한 유량 Q_{oi}의 방향에 따라 결정된다. 방향이 일치하면 부호는 (+), 반대일 경우 (−)가 된다. 그림 4.16 관망의 ΔQ-공식은 다음과 같다.

$$
\begin{aligned}
F_1 &= K_2(Q_{o2} + \Delta Q_1 - \Delta Q_3)^{n_2} - K_3(Q_{o3} - \Delta Q_1 + \Delta Q_3)^{n_3} \\
&\qquad - K_7(Q_{o7} - \Delta Q_1 + \Delta Q_2)^{n_7} = 0 \\
F_2 &= K_4(Q_{o4} + \Delta Q_3)^{n_4} - K_7(Q_{o7} - \Delta Q_1 + \Delta Q_2)^{n_7} \\
&\qquad - K_1(Q_{o1} - \Delta Q_3)^{n_1} + h_{P1} - 10 = 0 \\
F_3 &= K_4(Q_{o4} + \Delta Q_3)^{n_4} + K_5(Q_{o5} + \Delta Q_2)^{n_5} - K_6'(Q_{o6} - \Delta Q_2)^{n_6} - 45 = 0
\end{aligned}
\tag{4.30}
$$

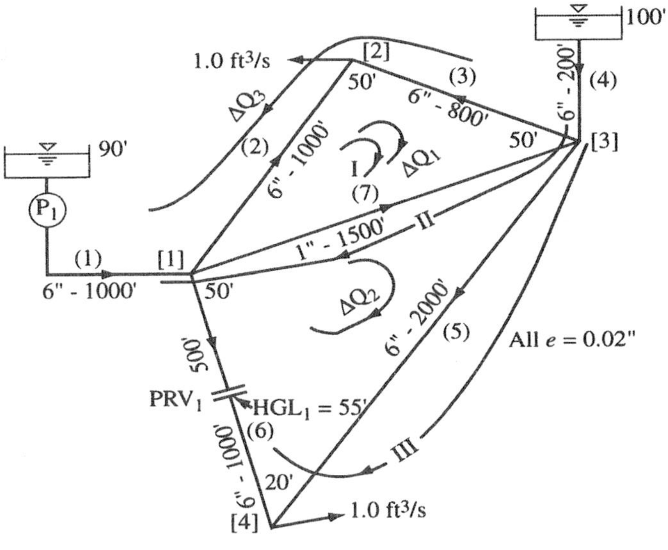

| 그림 4.16 | 7-배관으로 구성된 관망(수정 후) ΔQ-공식을 사용하기 위한 그림 4.6 관망(수정 후)

상기 식은 각 Q_{oi}를 추정치로 대체할 때까지는 미완성이지만 추정치로 대체하면 3개의 미지수 ΔQ_1, ΔQ_2, ΔQ_3 만이 남는다. 각 접합부 연속식을 만족시키기 위해 초기 유량을 $Q_{o1} = 1.0$, $Q_{o2} = 1.0$, $Q_{o3} = 0$, $Q_{o4} = 1.0$, $Q_{o5} = 1.0$, $Q_{o6} = 0$, $Q_{o7} = 0$으로 설정한다. 최종적으로 펌프의 수두곡선을 유량함수의 2차식(필요시 선형 또는 고차식)으로 작성하면 다음과 같다.

$$h_{p1} = A(Q_{o1} - \Delta Q_3)^2 + B(Q_{o1} - \Delta Q_3) + C$$

이제 두 번째 ΔQ-공식 작성 예증으로서 하나의 BPV를 포함하는 그림 4.10의 관망을 다시 한번 살펴보자. 이 관망에 대해 그림 4.17과 같은 2개의 일련의 루프(△Q루프, 에너지루프)를 가시화할 수 있다.

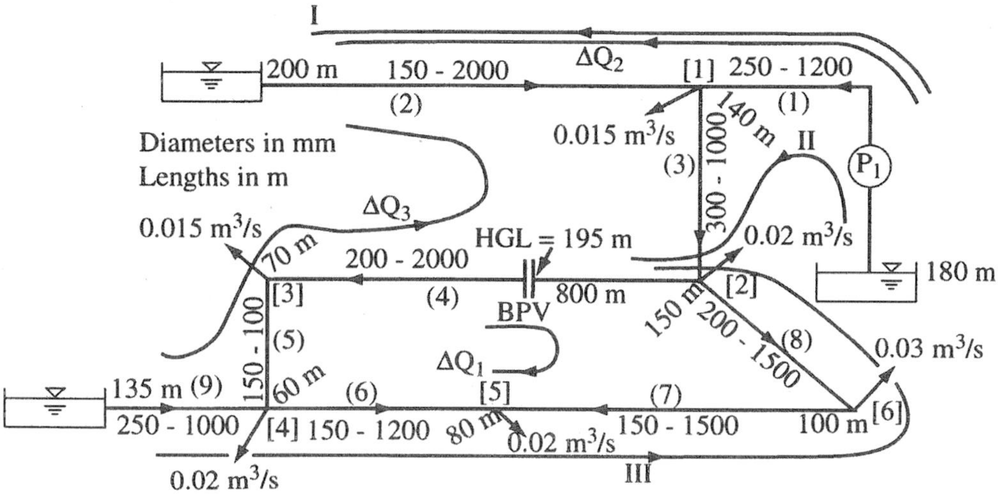

| 그림 4.17 | 그림 4.10 관망의 △Q-공식시스템(수정 후)

△Q 루프는 관망에 있는 BPV의 존재를 무시하지만 에너지루프에서는 BPV를 인위적인 저수지로 대체하여 관망을 수정하여야 한다. 이와 같이 수정된 관망에 대한 △Q-공식은 다음과 같다.

$$
\begin{aligned}
F_1 &= K_1(Q_{o1} + \triangle Q_2)^{n_1} - h_{p1} - K_2(Q_{o2} - \triangle Q_2 - \triangle Q_3)^{n_2} + 20 = 0 \qquad (4.31)\\
F_2 &= K_1(Q_{o1} + \triangle Q_2)^{n_1} - h_{p1} + K_3(Q_{o3} - \triangle Q_3)^{n_3}\\
&\qquad - K_4'(Q_{o4} - \triangle Q_1 - \triangle Q_3)^{n_4} + 15 = 0\\
F_3 &= K_9(Q_{o9} + \triangle Q_3)^{n_9} + K_6(Q_{o6} - \triangle Q_1)^{n_6} - K_7(Q_{o7} + \triangle Q_1)^{n_7}\\
&\qquad - K_8(Q_{o8} + \triangle Q_1)^{n_8} + K_4'(Q_{o4} - \triangle Q_1 - \triangle Q_3)^{n_4} + 60 = 0
\end{aligned}
$$

상기 식에서 $h_{p1} = A(Q_{o1} + \triangle Q_2)^2 + B(Q_{o1} + \triangle Q_2) + C$이다. 접합부 연속식을 만족시키는 초기 유량을 다음과 같이 설정하고 이 수치를 식 4.31에 대입하면 최종 △Q-공식을 얻을 수 있다.

$$Q_{o1} = 0.1,\ Q_{o2} = 0,\ Q_{o3} = 0.085,\ Q_{o4} = 0.015,$$

$$Q_{o5} = 0,\ Q_{o6} = 0,\ Q_{o7} = 0.02,\ Q_{o8} = 0.05,\ Q_{o9} = 0.02$$

관망에서 커다란 고도차이가 발생하면 관망의 낮은 부분에서 형성되는 과도한 압력을 방지하기 위해 배관에 PRV를 설치한다. 이와 같은 PRV는 관망의 낮은 고도에 위치한 배관에 작용하는 압력을 관망의 다른 배관에 작용하는 압력과는 독립적으로 만들며 이와 같은

PRV 하류측 배관을 분리압력영역이라 한다. 분리압력영역이 발생하면 통상적으로 낮은 고도에 있는 하부관망(sub−network)부터 해석을 시작하는 것이 좋다. 분리된 낮은 곳의 하부관망으로부터의 해답을 구하여 다음 높은 관망 절점에서 해답을 구할 수 있다.

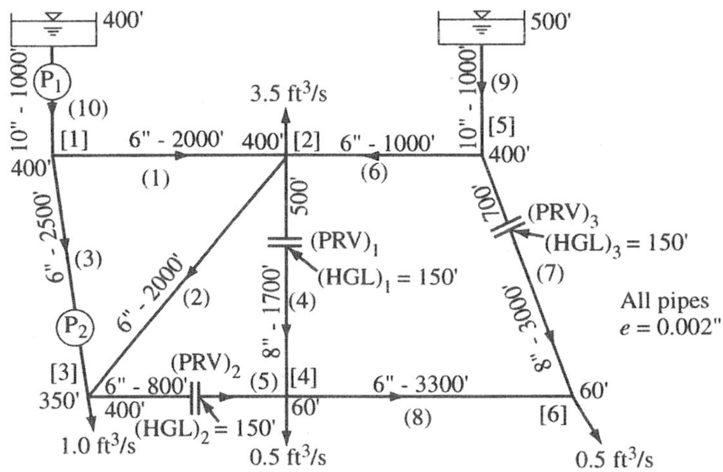

펌프 1		펌프 2	
$Q(ft^3/s)$	$H(ft)$	$Q(ft^3/s)$	$H(ft)$
1.5	110	1.5	15.0
2.5	104	2.0	12.0
3.5	92	3.0	7.5

| 그림 4.18 | 2개의 압력영역을 갖는 관망

상기 사례를 설명하기 위해 그림 4.18과 같이 10개 배관, 6개 절점으로 구성되고 배관 4, 5, 7은 각각 하나의 PRV를 포함하는 관망의 예를 들기로 한다. 이 관망에서 3개 PRV는 절점 4와 6에서의 압력을 나머지 관망의 압력과는 독립적으로 만든다. 따라서 최선의 관망 해석방법은 PRV의 하류측 배관 4, 5, 7, 8로 구성된 하부관망을 분리하여 고찰하는 것이다. 이 하부관망에서 3개의 PRV를 일정수두를 유지하는 저수지로 모델링한다. 하부관망의 해석결과로 구한 Q_4, Q_5, Q_7 수치를 절점 4와 6의 수요량에 더하여 절점 3, 2, 5에서의 수요량을 결정한 후 나머지 관망을 해석한다(예제 4.5의 사례 4 참조).

통상적으로 육안으로 관망을 고찰하면 PRV가 관망의 일부분을 "압력분리영역"으로 분리시킬지 여부를 결정할 수 있으나 전산 프로그램에서 이와 같은 상황을 결정하기 위해서는 단순한 시험이 필요하다. 이와 같은 시험은 PRV에 의해 생성된 인위적인 저수지와 다른 저수지 그리고 펌프 사이에는 배관이 연결되지 않는다는 사실에 근거한다. 그림 4.18의 관망을 그림 4.19와 같이 수정하여 연결부가 없는 관망을 작성할 수 있다. 결과적으로 내부 루프-찾기 알고리즘을 포함한 전산 프로그램이 인위적인 저수지 또는 공급펌프 사이의 가상루프를 발견하지 못하면 PRV는 하부관망을 당초 관망으로부터 "분리압력영역"으로 분리시킨다. 이와 같은 과정에서 하나의 문제점은 모든 공급원을 연결하는 경로를 찾는 것이 불가능하기 때문에 관망입력자료에 오류가 발생하거나 또는 관망이 잘못 정의되어도 시험을 만족시킬 수 있다는 것이다. 따라서 "분리압력영역"이 존재하는 것을 확인해 줄 수 있는 "분리시험"과 같은 독립된 증명절차를 갖추고, 이와 같은 입력오류가 발견되면 프로그램을 종료시켜야 한다.

이 "분리시험"은 후에 기술되는 형태를 취할 수 있으며 "분리시험"의 목적은 통상적인 방법으로 결정한 $NJ+NL$의 합이 관망 내 배관의 숫자와 동등한지 또는 초과하는지를 결정하는 것이다.

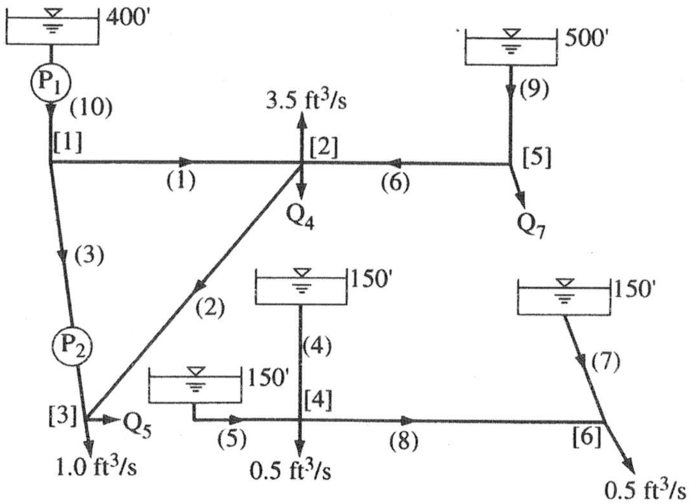

| 그림 4.19 | PRV에 의해 2개의 압력영역으로 분리

상기 내용을 예증하기 위해 그림 4.19와 같이 2개의 분리압력영역을 갖는 관망을 분석한다. 이 관망 전체를 살펴보면 $NP=10$, $NJ=6$이므로 $NL=10-6=4$가 되어야 하지만 실제는 실제루프 1개와 가상 루프 $N_{res}-1=4-1=3$개가 존재하므로 불균등이 발생한다. 그러나 관망을 2개의 분리 관망으로 보면 이러한 숫자는 올바른 것으로 보인다. 즉, 그림 4.19의 상부 관망에서는 $NP=6$, $NJ=4$이므로 $NL=2$(실제루프 1개, 가상루프 $N_{res}-1=1$개)가 된다. 하부 관망에서는 $NP=4$, $NJ=2$이므로 $NL=2$(실제루프가 없으므로 가상루프)가 된다.

PRV가 관망의 일부분을 분리압력영역으로 분리시킬지를 결정하기 위한 “분리시험”은 다음과 같다.

1. PRV를 포함하는 배관이 상류 접합부로부터 분리된 후 존재하는 실제루프를 찾는다.
2. 가상루프 $NL_s(NL_s = N_{res} + N_{pump} - 1)$를 계산한다.
3. 1단계와 2단계에서 구한 루프숫자를 더하여 NL를 결정한 후 $NP = NJ + NL$로부터 NP를 결정한다.
4. 이 연산된 NP가 관망 내 배관의 숫자를 초과하면 PRV는 관망의 일부분을 분리시키는 것을 의미한다. $NP = NJ + NL$로 계산하여 구한 NP 숫자와 관망 내 실제 배관의 숫자와의 차이는 관망 내 존재하는 분리압력영역의 숫자를 의미한다. 영역의 전체 숫자는 이와 같은 분리압력영역의 숫자보다 1이 많다. 즉, 그림 4.19에서 하나의 관망으로 해석시 $NJ + NL = 11$이고, 2개의 관망으로 해석시 $NJ + NL = (4+2) + (2+2) = 10$이므로 분리압력영역은 1이 되고 영역의 전체 숫자는 2가 된다.

4.4 관망 공식 해결

4.4.1 대규모 공식시스템을 위한 뉴튼법

4.2절과 4.3절에서 관망에서의 유량, 압력 그리고 다른 변수와의 관계를 기술하기 위한 대수학 공식시스템 작성법에 대해 탐구하였다. 이러한 공식시스템에서 여러 식은 비선형이므로 이를 해결하기 위해 개선된 방법이 필요하다. 여기에서는 많은 방법 중 하나인 뉴튼법을 사용한다. 본절에서는 뉴튼법을 Q−공식, H−공식, ΔQ−공식에 적용하는 방법을 기술한다. 일관된 방법으로 미지의 유량(Q−공식을 사용할 때), 미지의 수두(H−공식을 사용할 때), 그리고 미지의 수정유량(ΔQ−공식을 사용할 때)을 취급하기 위해 본 절에서 주된 미지의 변수를 벡터 $\{x\}$라 부른다. 공식시스템을 해결하기 위한 뉴튼 반복식을 다음과 같이 작성할 수 있다.

$$\{x\}^{(m+1)} = \{x\}^{m} - [D]^{-1}\{F\}^{(m)} \tag{4.32a}$$

여기서 $\{x\}$는 전체 미지수 x의 열벡터, $\{F\}$는 전체 공식의 열벡터, 그리고 $[D]^{-1}$은 자코비언행렬 $[D]$의 역행렬이다. 자코비언은 수학의 여러 분야에서 적용되고 있으며 다음과 같은 도함수의 행렬로 나타낼 수 있다.

$$[D]=\begin{bmatrix} \frac{\partial F_1}{\partial x_1} & \frac{\partial F_1}{\partial x_2} & \cdot & \cdot & \frac{\partial F_1}{\partial x_n} \\ \frac{\partial F_2}{\partial x_1} & \frac{\partial F_2}{\partial x_2} & \cdot & \cdot & \frac{\partial F_2}{\partial x_n} \\ \cdot & \cdot & \cdot & \cdot & \cdot \\ \cdot & \cdot & \cdot & \cdot & \cdot \\ \frac{\partial F_n}{\partial x_1} & \frac{\partial F_n}{\partial x_2} & \cdot & \cdot & \frac{\partial F_n}{\partial x_n} \end{bmatrix} \tag{4.33}$$

유사하게 $\{x\}$와 $\{F\}$를 다음과 같이 나타낼 수 있다.

$$\{x\}=\begin{vmatrix} x_1 \\ x_2 \\ \cdot \\ \cdot \\ x_n \end{vmatrix} \quad \{F\}=\begin{vmatrix} F_1 \\ F_2 \\ \cdot \\ \cdot \\ F_n \end{vmatrix} \tag{4.34}$$

$[D]^{-1}\{F\}$는 선형 공식시스템의 해를 나타내므로 뉴튼법을 사용하여 선형 공식시스템을 반복법으로 풀어 비선형 공식시스템을 해결할 수 있다는 것을 식 4.32a가 보여주고 있다.

$$[D]\{z\}=\{F\} \tag{4.32b}$$

식 4.32a의 현재 추정치의 미지 벡터 $\{x\}$에서 식 4.32b인 선형 공식시스템의 해 벡터 $\{z\}$를 빼면 다음 반복에서의 해 벡터가 된다. 실제로 뉴튼법은 반복법으로 공식시스템을 해결하는 것이다.

$$\{x\}^{(m+1)}=\{x\}^{(m)}-\{z\} \tag{4.32c}$$

상기 식에서 $\{z\}$는 $[D]\{z\}=\{F\}$를 해결함으로써 구할 수 있는 해 벡터이다. 만일 오직 선형식만이 포함되면 1회 반복으로 엄밀해를 구할 수 있다. 식 4.32의 전개는 먼저 실제해와 근접한 초기 추정치인 $\{x\}$에서 각자의 식 F_i를 평가하기 위해 다음과 같은 다차원 테일러급수 확장을 사용한다.

$$\begin{aligned} F_1^{(m+1)} &= F_1^{(m)}+\frac{\partial F_1}{\partial x_1}\triangle x_1+\frac{\partial F_1}{\partial x_2}\triangle x_2+\cdot\cdot\cdot+\frac{\partial F_1}{\partial x_n}\triangle x_n+O(\triangle x^2)=0 \\ F_2^{(m+1)} &= F_2^{(m)}+\frac{\partial F_2}{\partial x_1}\triangle x_1+\frac{\partial F_2}{\partial x_2}\triangle x_2+\cdot\cdot\cdot+\frac{\partial F_2}{\partial x_n}\triangle x_n+O(\triangle x^2)=0 \\ &\cdot \\ &\cdot \\ F_n^{(m+1)} &= F_n^{(m)}+\frac{\partial F_n}{\partial x_1}\triangle x_1+\frac{\partial F_n}{\partial x_2}\triangle x_2+\cdot\cdot\cdot+\frac{\partial F_n}{\partial x_n}\triangle x_n+O(\triangle x^2)=0 \end{aligned} \tag{4.35}$$

행렬 표기를 사용하여 $\triangle x_i=x_i^{(m+1)}-x_i^{(m)}$으로 대체하면 다음과 같이 되며, 다음 식과 같이 $\{F\}^{(m)}+[D]^{(m)}(\{x\}^{(m+1)}-\{x\}^{(m)})=\{0\}$ 으로 간략히 나타낼 수 있고 이 식으로부터 $\{x\}^{(m+1)}$를 구하여 식 4.32를 해결한다.

$$\begin{pmatrix} F_1 \\ F_2 \\ \cdot \\ \cdot \\ F_n \end{pmatrix}^{(m)} + \begin{bmatrix} \dfrac{\partial F_1}{\partial x_1} & \dfrac{\partial F_1}{\partial x_2} & \cdot & \cdot & \dfrac{\partial F_1}{\partial x_n} \\ \dfrac{\partial F_2}{\partial x_1} & \dfrac{\partial F_2}{\partial x_2} & \cdot & \cdot & \dfrac{\partial F_2}{\partial x_n} \\ \cdot & \cdot & \cdot & \cdot & \cdot \\ \cdot & \cdot & \cdot & \cdot & \cdot \\ \dfrac{\partial F_n}{\partial x_1} & \dfrac{\partial F_n}{\partial x_2} & \cdot & \cdot & \dfrac{\partial F_2}{\partial x_n} \end{bmatrix} \begin{pmatrix} x_1^{(m+1)}-x_1^{(m)} \\ x_2^{(m+1)}-x_2^{(m)} \\ \cdot \\ \cdot \\ x_n^{(m+1)}-x_n^{(m)} \end{pmatrix} = 0 \tag{4.36}$$

이제 실제로 뉴튼법을 어떻게 적용하는지를 자세히 살펴보기로 한다. 먼저 3개 저수지를 갖는 관망을 해결하기 위해 수계산(manual calculation)으로 대략적인 Q−공식, H−공식, $\triangle Q$−공식시스템을 작성하여 계산한다. Q−공식의 해를 구하기 위해 사용할 수 있는 전산 프로그램을 살펴보면 그림 4.21의 프로그램 No 4.2는 단순하지만 더욱 전문화된 것이고, 그림 4.22의 프로그램 No 4.3은 약간 프로그램이 길지만 더욱 광범위하게 사용할 수 있다. 최종적으로 그림 4.23의 프로그램 No 4.4는 서브루틴을 포함하며 모든 공식시스템을 해결할 수 있다.

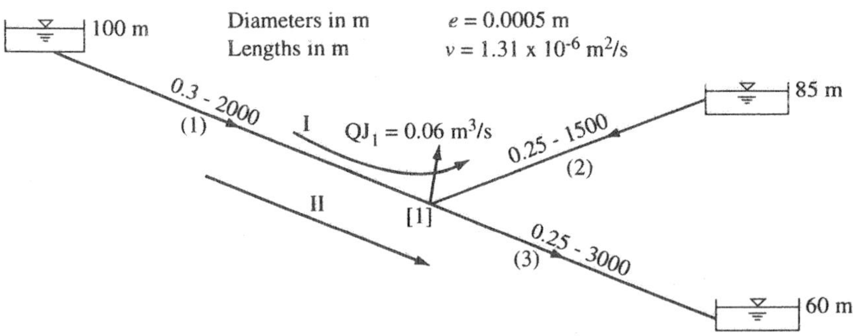

배관	1	2	3
K	1469	2432	5646
n	1.974	1.927	1.971

| 그림 4.20 | 3개 저수지 구성된 관망 문제

그림 4.20은 배관 공동 접합부에 외부 수요량이 있는 3개의 배관으로 구성된 관망을 보여준다. 가장 높은 저수지의 수위는 100m, 중간 저수지의 수위는 85m, 가장 낮은 저수지의 수위는 60m이다. 이 자료를 사용하여 3개의 공식시스템을 해결한다.

뉴튼법을 이용한 Q-공식 해결

관망의 각 절점에서 다음과 같이 Q-공식을 작성할 수 있다.

$$\begin{aligned} F_1 &= Q_1 + Q_2 - Q_3 - QJ_1 = 0 \\ &= Q_1 + Q_2 - Q_3 - 0.06 = 0 \end{aligned} \tag{4.37}$$

$$\begin{aligned} F_2 &= K_1 Q_1^{n_1} - K_2 Q_2^{n_2} - WS_1 + WS_2 = 0 \\ &= 1469\,Q_1^{1.974} - 2432\,Q_2^{1.927} - 15 = 0 \end{aligned}$$

$$\begin{aligned} F_3 &= K_1 Q_1^{n_1} + K_3 Q_3^{n_3} - WS_1 + WS_3 = 0 \\ &= 1469\,Q_1^{1.974} + 5646\,Q_3^{1.971} - 40 = 0 \end{aligned}$$

접합부 연속식 F_1을 만족시키기 위해 뉴튼법 초기 추정치를 다음과 같이 설정하며 여기서 위첨자 (0)은 Q-공식을 해결하기 위해 사용하는 뉴튼법의 반복 횟수를 나타내며, 아래첨자는 Q-공식에 대한 초기 유량 수치를 나타낸다. Q-공식에 사용되는 초기 유량수치는 반드시 접합부 연속식을 만족시킬 필요는 없다. 그러나 이 경우 반복과정이 다소 길어지게 된다.

$$Q_1^{(0)} = Q_{o1} = 0.1m^3/s,\ \ Q_2^{(0)} = Q_{o2} = 0.05m^3/s,\ \ Q_3^{(0)} = Q_{o3} = 0.09m^3/s$$

이제 뉴튼법 $[D]\{z\} = \{F\}$와 $\{Q\}^{(m+1)} = \{Q\}^{(m)} - \{z\}$ 식을 사용하여 Q-공식의 해를 구한다. 자코비언행렬식 4.33에 따라 식 4.37을 미분하면 다음과 같다.

$$[D] = \begin{bmatrix} 1 & 1 & -1 \\ n_1 K_1 Q_1^{n_1-1} & -n_2 K_2 Q_2^{n_2-1} & 0 \\ n_1 K_1 Q_1^{n_1-1} & 0 & n_3 K_3 Q_3^{n_3-1} \end{bmatrix} \tag{4.38a}$$

주어진 자료를 상기 식에 대입하면

$$[D] = \begin{bmatrix} 1 & 1 & -1 \\ 2900\,Q_1^{0.974} & -4686\,Q_2^{0.927} & 0 \\ 2900\,Q_1^{0.974} & 0 & 11128\,Q_3^{0.971} \end{bmatrix} \tag{4.38b}$$

식 4.37에 $Q_1 = 0.1$, $Q_2 = 0.05$, $Q_3 = 0.09$을 대입하면 $F_1 = 0.0$, $F_2 = -6.97$, $F_3 = 24.64$가 되므로 첫 번째 연산 주기에서 가우스소거법을 사용하여 다음 일련의 식을 해결하여 $\{z\}$를 구한다.

$$\begin{bmatrix} 1.00 & 1.00 & -1.00 \\ 307.89 & -291.57 & 0.00 \\ 307.89 & 0.00 & 1073.96 \end{bmatrix} \begin{pmatrix} z_1 \\ z_2 \\ z_3 \end{pmatrix} = \begin{pmatrix} 0.00 \\ -6.97 \\ 24.64 \end{pmatrix} \tag{4.39a}$$

상기 식에서 $\{z\}$를 구하고 $\{Q\}^{(m+1)} = \{Q\}^{(m)} - \{z\}$ 식을 이용해 새로운 $\{Q\}$를 구하면

다음과 같다.

$$\{z\}=\begin{pmatrix}-0.0004\\0.0235\\0.0231\end{pmatrix}\qquad\{Q\}=\begin{pmatrix}0.1004\\0.0265\\0.0669\end{pmatrix}\tag{4.40a}$$

이제 유량 추정치 대신 새로운 $\{Q\}$를 식 4.38b에 대입하여 상기 절차를 반복한다.

$$\begin{bmatrix}1.00 & 1.00 & -1.00\\309.09 & -161.86 & 0.00\\309.09 & 0.00 & 805.20\end{bmatrix}\begin{pmatrix}z_1\\z_2\\z_3\end{pmatrix}=\begin{pmatrix}0.00\\-1.506\\3.051\end{pmatrix}\tag{4.39b}$$

$$\{z\}=\begin{pmatrix}-0.0017\\0.0061\\0.0044\end{pmatrix}\qquad\{Q\}=\begin{pmatrix}0.1021\\0.0204\\0.0625\end{pmatrix}\tag{4.40b}$$

한 번 더 반복하면 다음 결과를 얻을 수 있으며 $\{z\}$가 충분히 작기 때문에 Q는 정확한 것으로 판단할 수 있다.

$$\begin{bmatrix}1.00 & 1.00 & -1.00\\314.19 & -127.01 & 0.00\\314.19 & 0.00 & 753.42\end{bmatrix}\begin{pmatrix}z_1\\z_2\\z_3\end{pmatrix}=\begin{pmatrix}0.00\\-0.095\\0.151\end{pmatrix}\tag{4.39c}$$

$$\{z\}=\begin{pmatrix}-0.0001\\0.0004\\0.0003\end{pmatrix}\qquad\{Q\}=\begin{pmatrix}0.1022\\0.0200\\0.0622\end{pmatrix}\tag{4.40c}$$

포트란 알고리즘의 실행 과정 설명

상기 해결 과정은 뉴튼법을 이용한 포트란 프로그램 4.2(그림 4.21)의 알고리즘을 수행한 결과이다. 이 알고리즘이 수행되는 과정을 좀 더 상세히 살펴보기 위해 엑셀로 실행하면 다음과 같다. 식 4.39a로부터 다음 행렬을 얻는다.

$$\underset{[D]}{\begin{bmatrix}1.00 & 1.00 & -1.00\\307.87 & -291.60 & 0.00\\307.87 & 0.00 & 1073.98\end{bmatrix}}\underset{\{z\}}{\begin{pmatrix}z_1\\z_2\\z_3\end{pmatrix}}=\underset{\{F\}}{\begin{pmatrix}0.0000\\-6.9699\\24.6366\end{pmatrix}}\quad\begin{matrix}(R_1)\\(R_2)\\(R_3)\end{matrix}$$

가우스 소거법으로 대각 행렬의 요소를 1로 만들고 비대각 요소를 0으로 만들기 위해서는 먼저 R_1 행의 수치를 피봇 행렬 (1,1) 요소의 수치로 나눈다. 행렬 (2,1)의 수치를 0으로 만들기 위해 R_1를 (2,1) 수치로 곱한 후 R_2-R_1한다. 행렬 (3,1)의 수치를 0으로 만들기 위해 R_1를 (3,1) 수치로 곱한 후 R3−R1한 결과는 다음과 같다.

$$\begin{array}{ccc} [D] & \{z\} & \{F\} \end{array}$$

$$\begin{bmatrix} 1.00 & 1.00 & -1.00 \\ 0.00 & -599.47 & 307.87 \\ 0.00 & -307.87 & 1381.85 \end{bmatrix} \begin{pmatrix} z_1 \\ z_2 \\ z_3 \end{pmatrix} = \begin{pmatrix} 0.0000 \\ -6.9699 \\ 24.6366 \end{pmatrix} \quad \begin{matrix} (R_1) \\ (R_2) \\ (R_3) \end{matrix}$$

이제 피봇 행렬 (2,2) 요소 수치를 1로 만들기 위해 (2,2) 요소의 수치를 (2,2)의 수치로 나누고, 상기와 동일한 방법으로 (1,2)와 (3,2)요소를 0으로 만들면 다음 결과를 얻을 수 있다.

$$\begin{array}{ccc} [D] & \{z\} & \{F\} \end{array}$$

$$\begin{bmatrix} 1.00 & 0.00 & -0.49 \\ 0.00 & 1.00 & -0.51 \\ 0.00 & 0.00 & 1223.74 \end{bmatrix} \begin{pmatrix} z_1 \\ z_2 \\ z_3 \end{pmatrix} = \begin{pmatrix} -0.0116 \\ 0.0116 \\ 28.2161 \end{pmatrix} \quad \begin{matrix} (R_1) \\ (R_2) \\ (R_3) \end{matrix}$$

마지막으로 피봇 행렬 (3,3) 요소 수치를 1로 만들기 위해 (3,3) 요소의 수치를 (3,3)의 수치로 나누고, 상기와 동일한 방법으로 (1,3)과 (2,3)요소를 0으로 만들면 다음 결과를 얻을 수 있다.

$$\begin{array}{ccc} [D] & \{z\} & \{F\} \end{array}$$

$$\begin{bmatrix} 1.00 & 0.00 & 0.00 \\ 0.00 & 1.00 & 0.00 \\ 0.00 & 0.00 & 1.00 \end{bmatrix} \begin{pmatrix} z_1 \\ z_2 \\ z_3 \end{pmatrix} = \begin{pmatrix} -0.0004 \\ 0.0235 \\ 0.0231 \end{pmatrix} \quad \begin{matrix} (R_1) \\ (R_2) \\ (R_3) \end{matrix}$$

상기 대각행렬로부터 $z_1 = -0.0004, z_2 = 0.0235,\ z_3 = 0.0231$ 를 얻을 수 있고 이 수치를 식 4.32c에 대입하면 다음과 같이 개선된 Q 수치를 얻는다.

$$Q_1 = 0.1 + 0.0004 = 0.1004$$

$$Q_2 = 0.05 - 0.0235 = 0.0265$$

$$Q_3 = 0.09 - 0.0231 = 0.0669$$

이제 상기 수치를 $\{F\}$ 식에 대입하여 상기 과정을 4회 반복하면 $\{z\}$ 수치가 충분히 작아 무시할 수 있는 정확도를 얻을 수 있다. 이러한 상세한 과정 그리고 엑셀의 행렬식의 해를 구하는 기능을 이용하여 해결하는 과정을 엑셀 Fig4_20Q.xls 파일에 수록하였으며 엑셀을 이용하여 행렬식의 해를 구하는 상세한 과정은 부록 D.2를 참조한다.

뉴튼법을 이용한 H-공식 해결

H-공식은 식 4.41과 같으며 뉴튼법에 의한 H-공식의 해는 기본적으로 Q-공식과 동일한 식인 $[D]\{z\} = \{F\}$와 $\{H\}^{(m+1)} = \{H\}^{(m)} - \{z\}$를 사용하며 이 식의 상관관계로부

터 식 4.42와 같은 하나의 업데이트 식을 전개할 수 있다.

$$F_1 = \left[\frac{WS_1 - H_1}{K_1}\right]^{\frac{1}{n_1}} + \left[\frac{WS_2 - H_1}{K_2}\right]^{\frac{1}{n_2}} - \left[\frac{H_1 - WS_3}{K_3}\right]^{\frac{1}{n_3}} - 0.06 = 0 \tag{4.41}$$

$$F_1 = \left[\frac{100 - H_1}{1469}\right]^{0.507} + \left[\frac{85 - H_1}{2432}\right]^{0.519} - \left[\frac{H_1 - 60}{5646}\right]^{0.507} - 0.06 = 0$$

$$H_1^{(m+1)} = H_1^{(m)} - F_1 / \frac{dF_1}{dH_1} \tag{4.42}$$

상기 식에 따라 식 4.41을 H에 관해 미분하면 다음과 같다.

$$\frac{dF_1}{dH_1} = -\frac{1}{n_1K_1}\left[\frac{100 - H_1}{K_1}\right]^{\frac{1}{n_1}-1} - \frac{1}{n_2K_2}\left[\frac{85 - H_1}{K_2}\right]^{\frac{1}{n_2}-1} - \frac{1}{n_3K_3}\left[\frac{H_1 - 60}{K_3}\right]^{\frac{1}{n_3}-1} \tag{4.43a}$$

또는

$$\frac{dF_1}{dH_1} = -\frac{1}{2900}\left[\frac{100 - H_1}{1469}\right]^{-0.493} - \frac{1}{4686}\left[\frac{85 - H_1}{2432}\right]^{-0.481} - \frac{1}{11128}\left[\frac{H_1 - 60}{5646}\right]^{-0.493} \tag{4.43b}$$

초기 추정치 $H_1^{(0)} = 84$로 시작하면 첫 번째 반복을 수행하면

$$F_1 = -0.00383,\ \frac{dF_1}{dH_1} = -0.0136,\ H_1^{(1)} = 84 - \frac{0.00383}{0.0136} = 83.72m \tag{4.44a}$$

두 번째 반복을 수행하면 다음과 같이 충분히 정확한 결과를 얻을 수 있다.

$$F_1 = -0.00016,\ \frac{dF_1}{dH_1} = -0.01257,\ H_1^{(2)} = 83.72 - \frac{0.000216}{0.01257} = 83.706m \tag{4.44b}$$

상기 해결 과정의 상세한 설명은 Q-공식 해결과정의 포트란 알고리즘의 실행 과정 설명 부분을 참조하며 이러한 상세한 과정 그리고 엑셀의 행렬식의 해를 구하는 기능을 이용하여 해결하는 과정을 Fig4_20H.xls 파일에 수록하였으며 엑셀을 이용하여 역행렬 해를 구하는 상세한 과정은 부록 D.2를 참조한다.

뉴튼법을 이용한 ΔQ-공식 해결

최종적으로 식 $[D]\{z\} = \{F\}$와 $\{\Delta Q\}^{(m+1)} = \{\Delta Q\}^{(m)} - \{z\}$을 사용하는 뉴튼법으로 ΔQ-공식의 해를 구할 수 있다. 이 경우 ΔQ의 차이가 충분히 작다고 확신이 설 때까

지 업데이트된 수정 벡터 $\{z\}$을 구하기 위해 2개의 공식시스템을 반복한다. 3회 반복한 연산결과는 다음과 같다. 여기서 초기 수정유량을 모두 0으로 설정한다.

$$F_1 = K_1(Q_{o1} + \triangle Q_1 + \triangle Q_2)^{n_1} - K_2(Q_{o2} - \triangle Q_1)^{n_2} - WS_1 + WS_2 = 0 \quad (4.45a)$$

$$F_2 = K_1(Q_{o1} + \triangle Q_1 + \triangle Q_2)^{n_1} + K_3(Q_{o3} + \triangle Q_2)^{n_3} - WS_1 + WS_3 = 0$$

초기 추정유량을 대입하면 상기 식은 다음과 같이 된다.

$$F_1 = 1469(0.1 + \triangle Q_1 + \triangle Q_2)^{1.974} - 2432(0.05 - \triangle Q_1)^{1.927} - 15 = 0 \quad (4.45b)$$

$$F_2 = 1469(0.1 + \triangle Q_1 + \triangle Q_2)^{1.974} + 5646(0.09 + \triangle Q_2)^{1.971} - 40 = 0$$

식 F_1과 F_2를 $\triangle Q_1$과 $\triangle Q_2$에 관해 미분하면 다음과 같다.

$$\frac{dF_1}{d\triangle Q_1} = n_1K_1(Q_{o1} + \triangle Q_1 + \triangle Q_2)^{n_1 - 1} + n_2K_2(Q_{o2} - \triangle Q_1)^{n_2 - 1}$$

$$\frac{dF_1}{d\triangle Q_2} = n_1K_1(Q_{o1} + \triangle Q_1 + \triangle Q_2)^{n_1 - 1}$$

$$\frac{dF_2}{d\triangle Q_1} = n_1K_1(Q_{o1} + \triangle Q_1 + \triangle Q_2)^{n_1 - 1}$$

$$\frac{dF_2}{d\triangle Q_2} = n_1K_1(Q_{o1} + \triangle Q_1 + \triangle Q_2)^{n_1 - 1} + n_3K_3(Q_{o3} + \triangle Q_2)^{n_3 - 1}$$

주어진 자료를 계수행렬과 공식행렬에 대입하여 작성하면 다음과 같다.

$$\begin{bmatrix} 599 & 307 \\ 307 & 1382 \end{bmatrix} \begin{pmatrix} z_1 \\ z_2 \end{pmatrix} = \begin{pmatrix} -6.97 \\ 24.6 \end{pmatrix} \quad \begin{pmatrix} z_1 \\ z_2 \end{pmatrix} = \begin{pmatrix} -0.0234 \\ 0.0230 \end{pmatrix} \quad \begin{pmatrix} \triangle Q_1 \\ \triangle Q_2 \end{pmatrix} = \begin{pmatrix} 0.0234 \\ -0.0230 \end{pmatrix} \quad (4.46a)$$

$$\begin{bmatrix} 472 & 309 \\ 309 & 1115 \end{bmatrix} \begin{pmatrix} z_1 \\ z_2 \end{pmatrix} = \begin{pmatrix} -1.523 \\ 3.13 \end{pmatrix} \quad \begin{pmatrix} z_1 \\ z_2 \end{pmatrix} = \begin{pmatrix} -0.0062 \\ 0.0045 \end{pmatrix} \quad \begin{pmatrix} \triangle Q_1 \\ \triangle Q_2 \end{pmatrix} = \begin{pmatrix} 0.0296 \\ -0.0275 \end{pmatrix} \quad (4.46b)$$

$$\begin{bmatrix} 441 & 314 \\ 314 & 1068 \end{bmatrix} \begin{pmatrix} z_1 \\ z_2 \end{pmatrix} = \begin{pmatrix} -0.0952 \\ 0.1507 \end{pmatrix} \quad \begin{pmatrix} z_1 \\ z_2 \end{pmatrix} = \begin{pmatrix} -0.0004 \\ 0.0003 \end{pmatrix} \quad \begin{pmatrix} \triangle Q_1 \\ \triangle Q_2 \end{pmatrix} = \begin{pmatrix} 0.0300 \\ -0.0278 \end{pmatrix} \quad (4.46c)$$

상기 행렬식을 해결하여 구한 유량은 다음과 같다.

$$Q_1 = 0.1 + \triangle Q_1 + \triangle Q_2 = 0.1022m^3/s$$

$$Q_2 = 0.05 - \triangle Q_1 = 0.0200m^3/s$$

$$Q_3 = 0.09 + \triangle Q_2 = 0.0622m^3/s$$

상기 해결 과정에 대한 상세한 설명은 Q-공식 해결과정의 포트란 알고리즘의 실행 과정 설명 부분을 참조하며 이러한 상세한 과정 그리고 엑셀의 행렬식의 해를 구하는 기능을 이용하여 해결하는 과정을 Fig4_20dQ.xls 파일에 수록하였으며 엑셀을 이용하여 역행렬 해를 구하는 상세한 과정은 부록 D.2를 참조한다.

뉴튼법을 적용하여 공식시스템의 일반해와 특별해를 구하기 위한 전산 프로그램은 그림 4.21~4.23과 같다. 첫 번째 프로그램인 그림 4.21은 상대적으로 단순하지만 프로그램 수행 시마다 반드시 자료를 입력하여야 하며 이 프로그램을 사용하여 3개의 저수지를 갖는 관망에서 Q-공식의 해를 구할 수 있다.

```
********************************************************************************
*PROGRAM 4.2.FOR, NEWTON, FORTRAN
*THIS PROGRAM HAS BEEN INCLUDED FOR THE CONVENIENCE OF THE READER.
*THE AUTHOR ACCEPTS NO RESPONSIBILITY FOR ITS CORRECTNESS.
*USERS OF THIS PROGRAM DO SO AT THEIR OWN RISK.
********************************************************************************
*IMPLEMENTS THE NEWTON METHOD IN SOLVING THREE EQUATION
      REAL X(3), F(3), D(3,7), RK(3), RN(3), K1, K2, K3, N1, N2, N3
      DATA N,N1/3,4/,DX/.001/,MAX/15/,ERR/.0001/
      WRITE(5,*) RK, RN, X
      READ(5,*) RK, RN, X
      M=0
1     NT=0
5     F(1)=X(1)+X(2)-X(3)-0.06
      F(2)=RK(1)*X(1)**RN(1)-RK(2)*X(2)**RN(2)-15.0
      F(3)=RK(1)*X(1)**RN(1)+RK(3)*X(3)**RN(3)-40.0
      IF(NT.NE.0) GO TO 15
      DO 10 I=1,N
10    D(I,N1)=F(I)
      X(1)=X(1)-DX
      NT=1
      GO TO 5
15    X(NT)=X(NT)+DX
      DO 20 I=1,N
20    D(I,NT)=(D(I,N1)-F(I))/DX
      NT=NT+1
      IF(NT.GT.N) GO TO 30
      X(NT)=X(NT)-DX
      GO TO 5
30    CALL INVERM(D,N)
      DIF=0.
      DO 40 I=1,N
      DIF=DIF+ABS(D(I,N1))
40    X(I)=X(I)-D(I,N1)
      M=M+1
      IF(DIF.GT.ERR.AND.M.LT.MAX) GO TO 1
```

```
WRITE(5,*) 'THE SOLUTION IS ', X
END
```

| 그림 4.21 | 3개 공식을 해결하기 위해 뉴튼법을 사용하는 프로그램 4.2

그림 4.21에 열거한 포트란 프로그램은 뉴튼법을 사용하여 3개의 공식을 동시에 풀도록 설계되었다. 이 프로그램은 기저 벡터를 포함시키기 위해 하나의 컬럼이 확장된 계수 행렬을 갖는 하부 프로그램 INVERM을 호출하고, 기저 벡터의 위치 다음의 추가 컬럼 내부에 역행렬을 위치시킨다. 주 프로그램의 첫 번째 부분은 3개 저수지를 갖는 관망에서의 Q-공식을 해결하기 위해 특별히 작성되었다. 그러나 해결하여야 할 행렬 문제의 크기를 N으로 표현하여 자코비언행렬 내 도함수를 수치로 평가하기 위한 부분을 더욱 일반적으로 작성하였다. 이 목록을 주의 깊게 관찰하면 다양한 과업이 어떻게 수행되는지 분명하게 나타난다. 서브루틴 INVERM은 확장 행렬을 사용하는 선형 대수학문제에서 많이 사용되는 방법을 채택하고 있다. 계수 행렬은 3행×3렬이다. 기저 벡터는 다음 컬럼인 컬럼 4에 위치한다. 서브루틴은 공식시스템을 해결하고 역행렬을 제공한다. 해답은 초기 기저벡터에 포함된 동일한 컬럼인 컬럼 4로 반환된다. 역행렬의 목록은 다음 컬럼 내부에서 열거되기 시작한다. 3개 공식을 해결하면서 배열 $D(3,7)$은 두 번째 아래첨자가 7이 되며 이는 열이 7개인 것을 나타내고 마지막 3개 컬럼에는 역행렬이 포함된다.

그림 4.20의 관망을 해석하기 위해 프로그램 4_2.FOR 수행시 각 배관의 계수 K(1469, 2432, 5646)와 n(1.974, 1.927, 1.971) 그리고 각 배관 내 초기 추정 유량수치 Q(0.10, 0.05, 0.09)를 입력하면 수계산으로 구한 것과 동일한 결과를 얻을 수 있다.

두 번째 프로그램인 그림 4.22에서는 서브루틴 INVERM 대신 부록에서 기술된 선형식 solver인 GAUSEL를 호출하는 것을 제외하곤 근본적으로 그림 4.21의 프로그램과 동일하다. GAUSEL은 절단오차를 최소화하기 위해 행을 서로 교환하고, 하나의 반복 수정결과를 해답 벡터에 적용하고, 배열 ERRNOR 내 각 미지수에 대한 상대적인 오차의 추정치를 반환하여 사용자가 해답의 정확도를 결정할 수 있는 매개변수를 갖는 용도가 넓은 서브루틴이다. 그러나 이 프로그램 내에서 상대적 오차는 출력되지 않는다. 또한 이 서브루틴은 필요한 배열의 크기를 할당하는 마이크로 소프트 포트란의 능력을 보여준다.

```
*********************************************************************************
*PROGRAM FIG4_3.FOR, NEWTON, FORTRAN
*THIS PROGRAM HAS BEEN INCLUDED FOR THE CONVENIENCE OF THE READER.
*THE AUTHOR ACCEPTS NO RESPONSIBILITY FOR ITS CORRECTNESS.
*USERS OF THIS PROGRAM DO SO AT THEIR OWN RISK.
*********************************************************************************
*       IMPLEMENTS THE NEWTON METHOD IN SOLVING THREEE EQUATION
        REAL X(3), F(3), D(3,3), F1(3), ERRNOR(3), RK(3), RN(3),
      &K1, K2, K3, N1, N2, N3
        DATA N/3/, DX/.001/,MAX/15/,ERR/.0001/
        WRITE(5,*) 'GIVE: K1,K2,K3,N1,N2.N3,Q1,Q2,Q3'
        READ(5,*) RK, RN, X
        M=0
1       NT=0
5       F(1)=X(1)+X(2)-X(3)-0.06
        F(2)=RK(1)*X(1)**RN(1)-RK(2)*X(2)**RN(2)-15.0
        F(3)=RK(1)*X(1)**RN(1)+RK(3)*X(3)**RN(3)-40.0
        IF(NT.NE.0) GO TO 15
        DO 10 I=1,N
10      F1(I)=F(I)
        X(1)=X(1)-DX
        NT=1
        GO TO 5
15      X(NT)=X(NT)+DX
        DO 20 I=1,N
20      D(I,NT)=(F1(I)-F(I))/DX
        NT=NT+1
        IF(NT.GT.N) GO TO 30
        X(NT)=X(NT)-DX
        GO TO 5
30      CALL GAUSEL(3,3,D,F1,DET,ERRNOR)
        DIF=0.
        DO 40 I=1,N
        DIF=DIF+ABS(F1(I))
40      X(I)=X(I)-F1(I)
        M=M+1
        IF(DIF.GT.ERR.AND.M.LT.MAX) GO TO 1
        WRITE(5,*) 'THE SOLUTION IS ', X
        END
```

| 그림 4.22 | 3개 공식을 해결하기 위해 뉴튼법을 사용하는 프로그램 4.3

뉴튼법을 사용하여 일반 공식시스템을 해결하는 그림 4.23의 EQUSOL1.FOR 프로그램의 구조를 더욱 자세히 살펴보면 2개의 주된 요소로 구성된 것을 알 수 있다. 첫 번째 요소인 주 프로그램은 다음 임무를 수행한다. 사용자가 (a)미지 변수에 대한 초기 추정치와 기저 변

수의 수치를 할당한다. (b)기저 벡터와 자코비언행렬을 생산하고 수치를 이 배열에 제공한다. (c)선형 대수학 solver인 GAUSEL를 호출한다. (d)뉴튼반복을 수행하고, (e)해답을 출력한다.

두 번째 요소는 프로그램이 해결하고자 하는 공식시스템을 정의하는 서브루틴(또는 함수부 프로그램)을 포함하고 있으며 이 서브루틴 내에서 해결하고자 하는 문제의 특성에 따라 식이 변화하고, 다른 형태의 문제를 해결할 때는 이 서브루틴 내 명령어(statements)를 변화시킨다. 이와 같이 범용적으로 사용할 수 있는 프로그램의 서브루틴 FUNCT는 이 프로그램에게 식을 제공한다. 주 프로그램은 부록 A에 기술된 선형대수학 solver SOLVEQ를 호출한다.

```
************************************************************************************
*THIS PROGRAM HAS BEEN INCLUDED FOR THE CONVENIENCE OF THE READER.
*THE AUTHOR ACCEPTS NO RESPONSIBILITY FOR ITS CORRECTNESS.
*USERS OF THIS PROGRAM DO SO AT THEIR OWN RISK.
************************************************************************************
      LOGICAL IV[ALLOCATABLE](:)
      INTEGER*2 INDX[ALLOCATABLE](:)
      CHARACTER*3 SYMB[ALLOCATABLE](:),CH
      REAL X[ALLOCATABLE](:),F[ALLOCATABLE](:),F1[ALLOCATABLE](:),
     &D[ALLOCATABLE](:,:),VEC[ALLOCATABLE](:)
      WRITE(*,*)' Give: (1) No. of Eqs, (2) No. of variables, (3) Input
     &unit, (4) Output unit'
      READ(*,*) N,NV,IN,IOUT
      ALLOCATE (X(NV),F(N),F1(N),D(N,N),SYMB(NV),IV(NV),INDX(N),VEC(N))
      IF(IN.EQ.0 .OR. IN.EQ.5) WRITE(IN,100) NV
100   FORMAT(' Give',I3,' Lines with:',/,3X,'(1) Symbol for var.(3 Ch)',
     &/,3X,'(2) K or U for known, or unknown and',/,3X,'(3) Value')
      J=0
      DO 10 I=1,NV
      READ(IN,110) SYMB(I),CH,X(I)
110   FORMAT(A3,1X,A1,1X,F10.0)
      IF(CH.EQ.'U' .OR.  CH.EQ.'u') THEN
      IV(I)=.TRUE.
      J=J+1
      ELSE IF(CH.EQ.'K' .OR. CH.EQ.'k') THEN
      IV(I)=.FALSE.
      ELSE
      WRITE(*,*)' Error in Input for variable',I
      STOP
      ENDIF
10    CONTINUE
   (J.EQ.N) GO TO 12
      WRITE(*,*)' You gave',N,' eqs., but',J,' unknowns'
      STOP
12    NCT=0
15    CALL FUNCT(X,F)
```

```
      J=0
      DO 30 JJ=1,NV
      IF(IV(JJ)) THEN
      XX=X(JJ)
      X(JJ)=1.005*X(JJ)
      J=J+1
      CALL FUNCT(X,F1)
      DO 20 I=1,N
20    D(I,J)=(F1(I)-F(I))/(X(JJ)-XX)
      X(JJ)=XX
      ENDIF
30    CONTINUE
      CALL SOLVEQ(N,N,D,F,INDX,VEC)
      NCT=NCT+1
      SUM=0.
      J=0
      DO 40 I=1,NV
      IF(IV(I)) THEN
      J=J+1
      X(I)=X(I)-F(J)
      SUM=SUM+ABS(F(J))
      ENDIF
40    CONTINUE
      WRITE(*,*)' NCT=',NCT,' SUM=',SUM
      IF(NCT.LT.20 .AND. SUM.GT. .0001) GO TO 15
      WRITE(IOUT,120)(I,SYMB(I),X(I),I=1,NV)
120   FORMAT(I5,1X,A3,' =',F10.3)
      DEALLOCATE (X,F,F1,D,SYMB,IV,INDX,VEC)
      END
      SUBROUTINE FUNCT(X,F)
      REAL F(22),X(41)
      DATA E,G2,P,AP/.005,64.4,8.6714174E-6,5.4541539E-3/
      F(1)=X(41)-X(1)-X(3)-X(35) !Unknowns
      F(2)=X(1)-X(2)-X(36)          !  1=Q2    15=H4    29=L1
      F(3)=X(3)-X(4)-X(37)          !  2=Q3    16=H5    30=L2
      F(4)=X(2)+X(4)-X(5)-X(38)     !  3=Q4    17=f1    31=L3
      F(5)=X(12)-X(40)+X(6)         !  4=Q5    18=f2    32=L4
      F(6)=X(13)-X(12)+X(7)         !  5=Q6    19=f3    33=L5
      F(7)=X(14)-X(12)+X(9)         !  6=hf1   20=f4    34=L6
      F(8)=X(15)-X(13)+X(8)         !  7=hf2   21=f5    35=QJ1
      F(9)=X(16)-X(15)+X(11)        !  8=hf3   22=f6    36=QJ2
      F(10)=X(7)+X(8)-X(10)-X(9)    !  9=hf4  Known     37=QJ3
      RF1=1./SQRT(X(17))            ! 10=hf5   23=D1    38=QJ4
      RF2=1./SQRT(X(18))            ! 11=hf6   24=D2    39=QJ5
      RF3=1./SQRT(X(19))            ! 12=H1    25=D3    40=WS1
      RF4=1./SQRT(X(20))            ! 13=H2    26=D4    41=Q1
      RF5=1./SQRT(X(21))            ! 14=H3    27=D5
      RF6=1./SQRT(X(22))            !          28=D6
```

```
F(11)=X(6)-X(17)*X(29)*12./X(23)*(X(41)/(AP*X(23)**2))**2/G2
F(12)=X(7)-X(18)*X(30)*12./X(24)*(X(1)/(AP*X(24)**2))**2/G2
F(13)=X(8)-X(19)*X(31)*12./X(25)*(X(2)/(AP*X(25)**2))**2/G2
F(14)=X(9)-X(20)*X(32)*12./X(26)*(X(3)/(AP*X(26)**2))**2/G2
F(15)=X(10)-X(21)*X(33)*12./X(27)*(X(4)/(AP*X(27)**2))**2/G2
F(16)=X(11)-X(22)*X(34)*12./X(28)*(X(5)/(AP*X(28)**2))**2/G2
F(17)=RF1-1.14+2.*ALOG10(E/X(23)+P*X(23)*RF1/X(41))
F(18)=RF2-1.14+2.*ALOG10(E/X(24)+P*X(24)*RF2/X(1))
F(19)=RF3-1.14+2.*ALOG10(E/X(25)+P*X(25)*RF3/X(2))
F(20)=RF4-1.14+2.*ALOG10(E/X(26)+P*X(26)*RF4/X(3))
F(21)=RF5-1.14+2.*ALOG10(E/X(27)+P*X(27)*RF5/X(4))
F(22)=RF6-1.14+2.*ALOG10(E/X(28)+P*X(28)*RF6/X(5))
RETURN
END
```

| 그림 4.23 | 프로그램 EQUSOL1.FOR 목록

주 프로그램이 자코비언행렬 $\{D\}$와 공식 벡터 $\{F\}$에 수치를 제공하는 방법과 뉴튼법 수행방법에 대해 살펴보기로 한다. 그림 4.23에서 뉴튼법을 수행하는 주 프로그램의 핵심 부분을 볼드체로 나타내었다. 이 명령어는 (1)공식 벡터 정의, (2)자코비언행렬 요소의 수치 평가 그리고 (3)식 4.32a와 같은 선형 공식시스템을 해결하고 이 해답을 현재 미지 벡터로부터 감하는 과업을 수행한다.

포트란 정수 NCT는 반복회수 카운터로서 뉴튼 반복을 시작하기 전에 0으로 설정된다. 명령어 15 CALL FUNCT(X,F)는 2개의 매개변수(argument)[1)]로 구성되고, 하나는 변수를 위한 x 배열과 다른 하나는 식을 위한 F 배열을 나타낸다. x 배열은 문제의 미지수와 기저 모두를 포함한다. F 배열은 CALL FUNCT으로부터 반환되는 즉시 미지수의 초기 추정치을 사용하여 평가한 일련의 식을 포함한다. 초기 추정치는 정확하지 않기 때문에 $\{F\}$의 각 요소는 0이 아니지만 후속적인 뉴튼 반복으로 0에 가까워진다. 명령어 "DO 30 $JJ=1, NV$" 에서 NV는 모든 변수의 합이고 이 명령어는 1차식 수치해석의 도함수를 사용하여 자코비언행렬 $D(I,J)$의 각 컬럼을 평가한다. $IV(JJ)$는 변수가 기저일 때는 .FALSE. 미지수일 때는 .TRUE. 이므로 IV가 .FALSE. 일 때는 루프 30 내부에서는 아무런 일도 발생하지 않는 것을 알 수 있다. 따라서 자코비언 도함수가 입력되는 컬럼을 나타내는 J는 미지수의 경우에만 증가된다. 프로그램은 미지수를 발견하면 FUNCT를 호출하여 식을 다시 평가하기 전에 현재 수치의 1.005배로 $x_j\,[X(JJ)]$ 을 증가시킨다. 이제 FUNCT로부터 반환되는 즉시 배열 F_1은 $1.005x_j$에 근거한 식 수치를 포함하며, 다음의 명령어는 1차식을

1) 매개변수란 배열(array) 중의 특정 항목의 기억 위치(location)를 식별하는 데 필요한 변수나 상수 또는 그들의 조합을 말한다. 이런 의미로는 탐색 키(search key)라고도 한다.

사용하여 식의 도함수를 수치적으로 평가하고, 명령어 “DO 20 $I=1,N$”은 자코비언행렬 $[D]$ 의 컬럼 J의 모든 행을 채운다.

$$D(I,J)=(F1(I)-F(I))/(X(JJ)-XX)$$

DO 30 루프가 완료되면 공식 벡터 $\{F\}$와 자코비언행렬 $[D]$ 의 평가가 완전히 끝난다. 다음 명령어 CALL SOLVEQ는 선형식 SOLVER를 호출하고, 반환즉시 배열 F의 요소는 식 4.32b에서 발견된 해 벡터 $\{z\}$로 대체된다. 명령어 "DO 40 $I=1,NV$"는 미지 벡터 공식 $\{x\}$에 적용된 수정의 절대 합을 누계한 SUM을 갖고 식 4.32c를 수행한다. 이 SUM이 허용 가능한 오차보다 크고 20회 반복보다 적으면 이 코드 분절의 종료부에 있는 GOTO 15로 가서 다른 뉴튼 반복을 시작한다.

예제에서는 각 미지수와 관련된 식의 부분 도함수를 유도하는 것은 상대적으로 쉽지만 이러한 도함수 표현을 사용하면 프로그램이 길어지게 된다. 도함수의 수치 해석은 추가 계산이 요구되지만 본 예제에서는 많은 변수가 0이 되어 코드가 짧아지므로 도함수의 수치 해석을 더욱 매력적으로 만든다.

전술한 수치미분법을 사용하여 그림 4.20의 관망을 해석하는 프로그램 EQUSOL1의 실행과정을 상세히 설명하면 다음과 같다. 먼저 이 관망 문제에서 주어진 자료를 참조하면 구하고자 하는 미지수는 각 관로 내의 유량 $Q_1 \sim Q_3$ 3개, 절점 [1]에서의 수두 H_1 1개, 손실수두 $h_{f1} \sim h_{f3}$ 3개, 그리고 마찰계수 $f_1 \sim f_3$ 3개 총 10개이다. 따라서 10개의 미지수를 구하기 위해서는 다음과 같은 10개의 식이 필요하다.

절점 1에서의 연속식으로부터

$$F_1 = Q_1 + Q_2 - Q_3 - QJ = 0 \tag{1}$$

절점 1에서의 수두식으로부터

$$F_2 = H_1 - WS_1 + h_{f1} = 0 \tag{2}$$

각 관로에서의 손실수두식으로부터

$$F_3 = h_{f1} - f_1 \frac{L_1}{D_1} \frac{Q_1^2}{2gA_1^2} = 0 \qquad (3)\sim(5)$$

$$F_4 = h_{f2} - f_2 \frac{L_2}{D_2} \frac{Q_2^2}{2gA_2^2} = 0$$

$$F_5 = h_{f3} - f_3 \frac{L_3}{D_3} \frac{Q_3^2}{2gA_3^2} = 0$$

각 관로에서의 Colebrook-White식으로부터

$$F_6 = \frac{1}{\sqrt{f_1}} - 1.14 - 2log_{10}\left[\frac{e_1}{D_1} + \frac{7.3434728\nu D_1}{Q_1\sqrt{f_1}}\right] = 0 \quad (6)\sim(8)$$

$$F_7 = \frac{1}{\sqrt{f_2}} - 1.14 - 2log_{10}\left[\frac{e_2}{D_2} + \frac{7.3434728\nu D_2}{Q_2\sqrt{f_2}}\right] = 0$$

$$F_8 = \frac{1}{\sqrt{f_3}} - 1.14 - 2log_{10}\left[\frac{e_3}{D_3} + \frac{7.3434728\nu D_3}{Q_3\sqrt{f_3}}\right] = 0$$

공급원이 3개이므로 공급원 숫자보다 1개가 적은 2개의 가상루프식을 다음과 같이 작성할 수 있다.

$$F_9 = h_{f1} + h_{f3} - WS_1 + WS_3 = 0 \quad (9)\sim(10)$$

$$F_{10} = h_{f1} - h_{f2} - WS_1 + WS_2 = 0$$

상기 문제를 해결하기 위해서는 아래 표와 같이 미지수를 적정하게 추정하고 문제에서 주어진 자료와 초기 추정치를 식 (1)~(10)에 대입하면 다음 표의 결과를 얻을 수 있다.

:: 표 4.1 기저와 미지수

기저		미지수(추정)		식	
e	0.0005m	Q_1	$0.1m^3/s$	F_1	0.0
ν	$1.31 \times 10^{-6} m^2/s$	Q_2	$0.05m^3/s$	F_2	−1.0
QJ_1	$0.06m^3/s$	Q_3	$0.09m^3/s$	F_3	−258.95
WS_1	100m	H_1	85m	F_4	0.0
WS_2	85m	h_{f1}	14m	F_5	0.0
WS_3	60m	h_{f2}	7m	F_6	−1.0465
D_1	0.3m	h_{f3}	45m	F_7	0.0
L_1	2000m	f_1	0.02	F_8	0.0
D_2	0.25m	f_2	0.02	F_9	0.0
L_2	1500m	f_3	0.02	F_{10}	0.0
D_3	0.25m				
L_3	3000m				

뉴튼법에서는 미분법을 이용한 자코비언행렬식을 사용하였지만 여기에서는 미지수의

변화에 따른 식의 변화를 이용하는 수치 미분 행렬식을 사용하기 위해 상기 표의 미지수 중 가장 작은 수치보다 작은 수치를 선택하여 정확도를 확보하여야 한다. 그림 4.23의 프로그램에서는 0.005 배수를 사용하였지만 여기에서는 $\Delta x = 0.01$의 차분을 사용한다. 이제 각 미지수에 대한 10×10 행렬을 다음과 같이 작성하며 여기서 대각선 행렬 요소 수치에서 0.01을 감한다. 예를 들어 $Q_{1,1}$ 요소 수치를 다음과 같이 변경시키고 다른 요소들도 동일한 방법으로 변경시킨다.

$$Q_{1,1} = Q_1 - \Delta x = 0.1 - 0.01 = 0.09$$

표 4.2 미지수 변경

구분	0	1	2	3	4	5	6	7	8	9	10
	초기 추정	Q_1	Q_2	Q_3	H_1	h_{f1}	h_{f2}	h_{f3}	f_1	f_2	f_3
Q_1	0.1	0.09	0.1	0.1	0.1	0.1	0.1	0.1	0.1	0.1	0.1
Q_2	0.05	0.05	0.04	0.05	0.05	0.05	0.05	0.05	0.05	0.05	0.05
Q_3	0.09	0.09	0.09	0.08	0.09	0.09	0.09	0.09	0.09	0.09	0.09
H_1	85.00	85.00	85.00	85.00	84.99	85.00	85.00	85.00	85.00	85.00	85.00
h_{f1}	14.00	14.00	14.00	14.00	14.00	13.99	14.00	14.00	14.00	14.00	14.00
h_{f2}	7.00	7.00	7.00	7.00	7.00	7.00	6.99	7.00	7.00	7.00	7.00
h_{f3}	45.00	45.00	45.00	45.00	45.00	45.00	45.00	44.99	45.00	45.00	45.00
f_1	0.02	0.02	0.02	0.02	0.02	0.02	0.02	0.02	0.01	0.02	0.02
f_2	0.02	0.02	0.02	0.02	0.02	0.02	0.02	0.02	0.02	0.01	0.02
f_3	0.02	0.02	0.02	0.02	0.02	0.02	0.02	0.02	0.02	0.02	0.01

상기 표의 초기 추정치와 변경된 $Q_1 \sim Q_3$, H_1, $h_{f1} \sim h_{f3}$, $f_1 \sim f_3$ 수치를 식 $F_1 \sim F_{10}$에 대입하여 정리하면 다음 표와 같다.

표 4.3 미지수 변경에 따른 식 변경

구분	0	1	2	3	4	5	6	7	8	9	10
	초기 추정	Q_1	Q_2	Q_3	H_1	h_{f1}	h_{f2}	h_{f3}	f_1	f_2	f_3
F_1	0.00	-0.01	-0.01	0.01	0.00	0.00	0.00	0.00	0.00	0.00	0.00
F_2	-1.00	-1.00	-1.00	-1.00	-1.01	-1.01	-1.00	-1.00	-1.00	-1.00	-1.00
F_3	0.37	2.96	0.37	0.37	0.37	0.36	0.37	0.37	7.19	0.37	0.37
F_4	0.64	0.64	2.93	0.64	0.64	0.64	0.63	0.64	0.64	3.82	0.64
F_5	3.80	3.80	3.80	12.44	3.80	3.80	3.80	3.79	3.80	3.80	24.40
F_6	0.48	0.49	0.48	0.48	0.48	0.48	0.48	0.48	3.44	0.48	0.48
F_7	0.67	0.67	0.70	0.67	0.67	0.67	0.67	0.67	0.67	3.65	0.67
F_8	0.61	0.61	0.61	0.62	0.61	0.61	0.61	0.61	0.61	0.61	3.57
F_9	19.00	19.00	19.00	19.00	19.00	18.99	19.00	18.99	19.00	19.00	19.00
F_{10}	-8.00	-8.00	-8.00	-8.00	-8.00	-8.01	-7.99	-8.00	-8.00	-8.00	-8.00

상기 표의 첫 번째 행의 두 번째 열은 초기 추정치를 대입하여 F_1을 구한 결과이고, 세 번째 열은 오직 $Q_1 = 0.1 - 0.01 = 0.09$를 변경시키고 나머지 변수는 초기 추정치를 대입하여 구한 결과이고, 네 번째 열은 Q_2 수치만을, 다섯 번째 열은 Q_3 수치만을 변경시켜 대입한 결과로서 다음과 같이 된다.

$$F_{1,0} = Q_1 + Q_2 - Q_3 - QJ_1 = 0.1 + 0.05 - 0.09 - 0.06 = 0$$

$$F_{1,1} = Q_1 + Q_2 - Q_3 - QJ_1 = 0.1 + 0.05 - 0.09 - 0.06 = -0.01$$

$$F_{1,2} = Q_1 + Q_2 - Q_3 - QJ_1 = 0.1 + 0.04 - 0.08 - 0.06 = -0.01$$

$$F_{1,3} = Q_1 + Q_2 - Q_3 - QJ_1 = 0.1 + 0.04 - 0.07 - 0.06 = 0.01$$

$$F_{1,4} = Q_1 + Q_2 - Q_3 - QJ_1 = 0.1 + 0.05 - 0.09 - 0.06 = 0$$

$$\vdots$$

$$F_{1,10} = Q_1 + Q_2 - Q_3 - QJ_1 = 0.1 + 0.05 - 0.09 - 0.06 = 0$$

동일한 방법으로 $F_{2,0} \sim F_{2,10}$를 계산한 결과는 다음과 같고, $F_{3,0} \sim F_{10,10}$까지 계산한 결과는 표 4.3과 같다.

$$F_{2,0} = H_1 - WS_1 + h_{f1} = 85 - 100 + 14 = -1.0$$
$$\vdots$$
$$F_{2,4} = H_1 - WS_1 + h_{f1} = 84.99 - 100 + 14 = -1.01$$
$$F_{2,5} = H_1 - WS_1 + h_{f1} = 85 - 100 + 13.99 = -1.01$$
$$F_{2,6} = H_1 - WS_1 + h_{f1} = 85 - 100 + 14 = -1.0$$
$$\vdots$$
$$F_{2,10} = H_1 - WS_1 + h_{f1} = 85 - 100 + 14 = -1.0$$

이제 다음과 같이 각 미지수를 $\triangle x$ 만큼 변화시킬 때 식 변화의 결과를 이용하여 구한 도함수 행렬 [D]는 표 4.4와 같다.

$$\frac{F_{1,0} - F_{1,1}}{\triangle x}, \frac{F_{1,0} - F_{1,2}}{\triangle x}, \cdots \frac{F_{1,0} - F_{1,10}}{\triangle x}$$
$$= \frac{0 + 0.01}{0.01} = 1, \frac{0 + 0.01}{0.01} = 1, \cdots \frac{0 - 0}{0.01} = 0$$

$$\frac{F_{2,0} - F_{2,1}}{\triangle x}, \frac{F_{2,0} - F_{2,2}}{\triangle x}, \cdots \frac{F_{2,0} - F_{2,10}}{\triangle x}$$
$$= \frac{-1.00 + 1.00}{0.01} = 0, \frac{-1.00 + 1.00}{0.01} = 0, \cdots \frac{-1.00 + 1.00}{0.01} = 0$$
$$\vdots$$
$$\frac{F_{10,0} - F_{10,1}}{\triangle x}, \frac{F_{10,0} - F_{10,2}}{\triangle x}, \cdots \frac{F_{10,0} - F_{10,10}}{\triangle x}$$
$$\frac{-8.00 + 8.00}{0.01} = 0, \frac{-8.00 + 8.00}{0.01} = 0, \cdots \frac{-8.00 + 8.00}{0.01} = 0$$

표 4.4 도함수 행렬

1.000	1.000	-1.000	0.000	0.000	0.000	0.000	0.000	0.000	0.000
0.000	0.000	0.000	1.000	1.000	0.000	0.000	0.000	0.000	0.000
-258.95	0.000	0.000	0.000	1.000	0.000	0.000	-681.44	0.000	0.000
0.000	-228.91	0.000	0.000	0.000	1.000	0.000	0.000	-317.93	0.000
0.000	0.000	-864.78	0.000	0.000	0.000	1.000	0.000	0.000	-2060.21
-1.0465	0.000	0.000	0.000	0.000	0.000	0.000	-296.73	0.000	0.000
0.000	-3.1001	0.000	0.000	0.000	0.000	0.000	0.000	-297.97	0.000

0.000	0.000	-0.9322	0.000	0.000	0.000	0.000	0.000	0.000	-295.94
0.000	0.000	0.000	0.000	1.000	0.000	1.000	0.000	0.000	0.000
0.000	0.000	0.000	0.000	1.000	-1.000	0.000	0.000	0.000	0.000

이제 식 4.32b에 따라 다음 행렬식을 작성한다.

[D]

1.000	1.000	-1.000	0.000	0.000	0.000	0.000	0.0000	0.0000	0.000
0.000	0.000	0.000	1.000	1.000	0.000	0.000	0.0000	0.0000	0.000
-258.95	0.000	0.000	0.000	1.000	0.000	0.000	-681.44	0.0000	0.000
0.000	-228.9	0.000	0.000	0.000	1.000	0.000	0.0000	-317.93	0.000
0.000	0.000	-864.8	0.000	0.000	0.000	1.000	0.0000	0.0000	-2060.2
-1.0465	0.000	0.000	0.000	0.000	0.000	0.000	-296.73	0.0000	0.000
0.000	-3.100	0.000	0.000	0.000	0.000	0.000	0.0000	-297.97	0.000
0.000	0.000	-0.932	0.000	0.000	0.000	0.000	0.0000	0.0000	-295.9
0.000	0.000	0.000	0.000	1.000	0.000	1.000	0.0000	0.0000	0.000
0.000	0.000	0.000	0.000	1.000	-1.000	0.000	0.0000	0.0000	0.000

[F]

0.0000
-1.0000
0.3712
0.6413
3.7959
0.4751
0.6695
0.6115
19.0000
-8.0000

이제 부록 D.2 엑셀을 이용한 행렬식의 해를 구하는 방법을 참조하여 z를 구하면 다음과 같다.

$$\{z\}^T =$$

$$(-0.0037, 0.0284, 0.0246, 0.6761, -1.6761, 6.3239, 20.6761, -0.0016, -0.0025, -0.0021)$$

식 4.32c에 따라 다음 반복을 위한 개선된 수치들을 구하면 다음과 같다.

$$\{Q_1, Q_2,\ Q_3,\ H_1,\ h_{f1},\ h_{f2},\ h_{f3},\ f_1,\ f_2,\ f_3\}^T =$$

$$(0.1037, 0.0216, 0.0654, 84.3239, 5.6761, 0.6761, 24.3239, 0.0216, 0.0225, 0.0221)$$

상기의 과정을 10회 반복하면 원하는 정확도를 얻을 수 있으며 프로그램 실행 결과는 다음과 같으며 이는 뉴튼법으로 구한 결과와 동일하다(Fig4_20Q.xls 파일 참조).

$$\{Q_1, Q_2,\ Q_3,\ H_1,\ h_{f1},\ h_{f2},\ h_{f3},\ f_1,\ f_2,\ f_3\}^T =$$

$$(0.1021, 0.0200, 0.0621, 83.70, 16.30, 1.30, 23.70, 0.0229, 0.0255, 0.0241)$$

예제 4.5

아래와 같이 6-배관, 5-절점으로 구성된 관망을 프로그램 EQUSOL1을 사용하여 다음 방법으로 해를 구하여라. (1)현재 서브루틴 FUNCT와 프로그램 EQUSOL1의 사용, (2)서브루틴 Q-공식의 사용, (3)서브루틴 H-공식의 사용, (4)서브루틴 $\triangle Q$-공식의 사용. 단, 동정섬계수는 $\nu = 0.00001397 ft^2/s$이다.

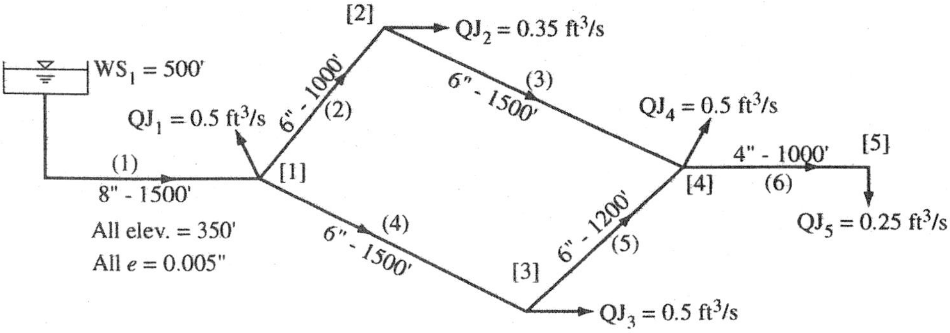

1. 그림 4.23의 프로그램 EQUSOL1에서 서브루틴 FUNCT는 22개의 미지수를 구하기 위한 식 $F(1) \sim F(22)$를 명확하게 정의하고 있다. 22개 식에는 41개의 변수가 관련되며 따라서 41−22=19개의 변수만이 기저이며 미지수식은 다음과 같다. 접합부 연속식

$$Q_1 - Q_2 - Q_4 - QJ_1 = 0 \tag{1}$$

$$Q_2 - Q_3 - QJ_2 = 0 \tag{2}$$

$$Q_4 - Q_5 - QJ_3 = 0 \tag{3}$$

$$Q_3 + Q_5 - Q_6 - QJ_4 = 0 \tag{4}$$

절점 5에서 연속식은 여기에 포함되지 않으나, 단순 식 $Q_6 - QJ_5 = 0$으로부터 배관 6의 유량 $Q_6 = 0.25 ft^3/s$을 추정할 수 있다. 상류측 절점과 하류측 절점에서의 HGL과 관련된 손실수두식은 다음과 같다.

$$H_1 - WS_1 + h_{f1} = 0 \tag{5}$$

$$H_2 - H_1 + h_{f2} = 0 \tag{6}$$

$$H_3 - H_1 + h_{f4} = 0 \tag{7}$$

$$H_4 - H_2 + h_{f3} = 0 \left(\text{또는 } H_4 - H_3 + h_{f5} = 0\right) \tag{8}$$

$$H_5 - H_4 + h_{f6} = 0 \tag{9}$$

에너지루프식은 다음과 같다.

$$h_{f2} + h_{f3} - h_{f5} - h_{f4} = 0 \tag{10}$$

배관 번호 $i = 1, 6$까지 마찰손실수두를 나타내기 위한 달시-바하식은 다음과 같다.

$$h_{fi} - f_i \frac{L_i}{D_i} \frac{Q_i^2}{2gA_i^2} = 0 \qquad (11-16)$$

배관 번호 $i=1$, 6까지 Colebrook-White식은 다음과 같다.

$$\frac{1}{\sqrt{f_i}} - 1.14 + 2\log_{10}\left\{\frac{e_i}{D_i} + \frac{9.35\nu D_i}{(4/\pi)Q_i\sqrt{f_i}}\right\} = 0 \qquad (17-22)$$

프로그램에서 $X(\ )$ 괄호 안의 정수는 느낌표 다음의 코멘트와 같이 배열 내 변수를 나타낸다. $NJ-1=4$개 접합부에서의 연속식 4개, 각 배관의 수두 차이 식 5개, 각 배관에 대한 달시-바하식 6개, 각 배관에 대한 Colebrook-White식 6개, 최종적으로 에너지루프식 1개, 전체 식은 $3NP+NJ=18+5=22$개가 된다는 사실에 유의하여야 한다. 전체 관망시스템 수요량은 반드시 배관 1로부터 나와야 하므로 $Q_1=2.1ft^3/s$가 되어야 하며, 미지수는 5개의 유량 $Q_2 \sim Q_6$, 6개의 손실수두 $h_{f1} \sim h_{f6}$, 5개의 수두 $H_1 \sim H_5$, 6개의 마찰계수 $f_1 \sim f_6$ 총 22개가 된다. 프로그램에 대한 입력파일과 출력파일은 다음과 같다.

입력파일		출력파일			
Q2 U 0.8	f6 U 0.020	1	Q2=0.820	22	f6= 0.024
Q3 U 0.5	D1 K 8.0	2	Q3=0.470	23	D1=8.000
Q4 U 0.8	D2 K 6.0	3	Q4=0.780	24	D2=6.000
Q5 U 0.3	D3 K 6.0	4	Q5=0.280	25	D3=6.000
Q6 U 0.3	D4 K 6.0	5	Q6=0.250	26	D4=6.000
hf1 U 24.0	D5 K 6.0	6	hf1=23.952	27	D5=6.000
hf2 U 11.0	D6 K 4.0	7	hf2=11.279	28	D6=4.000
hf3 U 0.2	L1 K 1500.0	8	hf3= 5.872	29	L1=1500.0
hf4 U 0.15	L2 K 1000.0	9	hf4=15.368	30	L2=1000.0
hf5 U 2.0	L3 K 1500.0	10	hf5= 1.783	31	L3=1500.0
hf6 U 6.0	L4 K 1500.0	11	hf6= 9.117	32	L4=1500.0
H1 U 476.0	L5 K 1200.0	12	H1=476.048	33	L5=1200.0
H2 U 465.0	L6 K 1000.0	13	H2=464.769	34	L6=1000.0
H3 U 460.0	QJ1 K 0.50	14	H3=460.680	35	QJ1=0.50
H4 U 458.0	QJ2 K 0.35	15	H4=458.897	36	QJ2=0.35
H5 U 450.0	QJ3 K 0.50	16	H5=449.780	37	QJ3=0.50
f1 U 0.020	QJ4 K 0.50	17	f1= 0.019	38	QJ4=0.50
f2 U 0.020	QJ5 K 0.25	18	f2= 0.021	39	QJ5=0.25
f3 U 0.020	WS1 K 500.0	19	f3= 0.022	40	WS1= 500.0
f4 U 0.020	Q1 K 2.1	20	f4= 0.021	41	Q1=2.100
f5 U 0.020		21	f5= 0.024		

전술한 그림 4.20의 관망에서 미지수를 구하기 위한 프로그램 EQUSOL1을 사용하는 방법을 동일하게 적용하여도 상기 표와 동일한 결과를 얻을 수 있으며 엑셀 파일 Exam4_5.xls를 CD에 첨부하였다.

2. Q-공식은 다음과 같다.

$$F_1 = Q_1 - Q_2 - Q_4 - QJ_1 = 0$$
$$F_2 = Q_2 - Q_3 - QJ_2 = 0$$
$$F_3 = Q_4 - Q_5 - QJ_3 = 0$$
$$F_4 = Q_3 + Q_5 - Q_6 - QJ_4 = 0$$
$$F_5 = K_2 Q_2^{n_2} + K_3 Q_3^{n_3} - K_4 Q_4^{n_4} - K_5 Q_5^{n_5} = 0$$

프로그램 4.1 PIPK_N, 또는 다른 방법을 사용하여 각 배관의 K와 n수치를 다음과 같이 결정할 수 있다.

배관	1	2	3	4	5	6
K	5.6845	16.4967	24.3685	24.7450	19.0411	126.3843
n	1.9381	1.9185	1.8858	1.9185	1.8611	1.8970

$Q_1 = 2.1 ft^3/s$는 기저이므로 5개 배관의 미지 유량 $Q_i(i=2,6)$을 계산하기 위해서 프로그램 EQUSOL1 내부 서브루틴 FUNCT를 다음과 같이 수정하여야 한다.

```
SUBROUTINE FUNCT(X,F)
REAL F(5), X(11)
REAL K2/16.4967/,K3/24.3685/,K4/24.745/,K5/19.0411/
REAL N2/1.9185/,N3/1.8858/,N4/1.9185/,N5/1.8611/
F(1)=X(6)-X(1)-X(3)-X(7)          ! Unknows Knowns
F(2)=X(1)-X(2)-X(8)               !1=Q2,   4=Q5,   6=Q1,    9=QJ3
F(3)=X(3)-X(4)-X(9)               !2=Q3,   5=Q6,   7=QJ1,  10=QJ4
F(4)=X(2)+X(4)-X(5)-X(10)         !3=Q4,           8=QJ2,  11=QJ5
F(5)=K2*X(1)**N2+K3*X(2)**N3-K5*X(4)**N5-K4*X(3)**N4
RETURN
END
```

이 문제를 해결하기 위한 입력자료와 프로그램 EQUSOL1을 실행한 결과는 다음 표와 같다. 식에서 $X(11) = QJ5$가 사용되지 않으므로 키보드 입력을 5 10 2 3으로 변경하면 입력의 최종 라인은 삭제된다.

전술한 그림 4.20의 관망에서 미지수를 구하기 위한 프로그램 EQUSOL1을 사용하는 방법을 동일하게 적용하여도 다음 표와 동일한 결과를 얻을 수 있으며 엑셀 파일 Exam4_5.xls를 CD에 첨부하였다.

입력자료			해	
변수	형식	초기수치	INDEX	수치
Q2	U	0.80	1 Q2	0.82
Q3	U	0.50	2 Q3	0.47
Q4	U	0.80	3 Q4	0.78
Q5	U	0.30	4 Q5	0.28
Q6	U	0.25	5 Q6	0.25
Q1	K	2.10	6 Q1	2.10
QJ1	K	0.50	7 QJ1	0.50
QJ2	K	0.35	8 QJ2	0.35
QJ3	K	0.50	9 QJ3	0.50
QJ4	K	0.50	10 QJ4	0.50
QJ5	K	0.25	11 QJ5	0.25

3. H-공식의 숫자는 아래와 같이 5개로 감소되며 5개 절점에서 수두를 결정하기 위해 5개의 도함수식을 사용한다. 앞에서의 Q-공식을 다음과 같이 H-공식으로 나타낼 수 있다.

$$F_1 = \left[\frac{500 - H_1}{K_1}\right]^{\frac{1}{n_1}} - \left[\frac{H_1 - H_2}{K_2}\right]^{\frac{1}{n_2}} - \left[\frac{H_1 - H_3}{K_4}\right]^{\frac{1}{n_4}} - QJ_1 = 0$$

$$F_2 = \left[\frac{H_1 - H_2}{K_2}\right]^{\frac{1}{n_2}} - \left[\frac{H_2 - H_4}{K_3}\right]^{\frac{1}{n_3}} - QJ_2 = 0$$

$$F_3 = \left[\frac{H_1 - H_3}{K_4}\right]^{\frac{1}{n_4}} - \left[\frac{H_3 - H_4}{K_5}\right]^{\frac{1}{n_5}} - QJ_3 = 0$$

$$F_4 = \left[\frac{H_2 - H_4}{K_3}\right]^{\frac{1}{n_3}} + \left[\frac{H_3 - H_4}{K_5}\right]^{\frac{1}{n_5}} - \left[\frac{H_4 - H_5}{K_6}\right]^{\frac{1}{n_6}} - QJ_4 = 0$$

$$F_5 = \left[\frac{H_4 - H_5}{K}\right]^{\frac{1}{n_6}} - QJ_5 = 0$$

상기 식은 5개 각 절점에서의 기저의 수요량 변수 5개 $QJ_i(i = 1,5)$와 미지수인 수두 5개 $H_i(i = 1,5)$로 구성된다. H-공식을 해결하기 위한 서브루틴 FUNCT를 다음과 같이 수정한다.

```
        SUBROUTINE FUCT(X,F)
        REAL F(5), X(11)
        REAL K1/5.6845/,K2/16.4967/,K3/24.3685/,K4/24.745/,K5/19.0411/
        REAL K6/126.3843/,R1/0.515969/,R2/0.52124/,R3/0.53028/,R4/0.52124/
        REAL R5/0.53732/,R6/0.52715/
C UNKNOWNS: 1=H1, 2=H2, 3=H3, 4=H4, 5=H5;
C KNOWNS: 6=QJ1, 7=QJ2, 8=QJ3, 9=QJ4, 10=QJ5
```

```
      F(1)=(ABS(500-X(1))/K1)**R1-(ABS(X(1)-X(2))/K2)**R2
     &-(ABS(X(1)-X(3))/K4)**R4-X(6)
      F(2)=(ABS(X(1)-X(2))/K2)**R2-(ABS(X(2)-X(4))/K3)**R3-X(7)
      F(3)=(ABS(X(1)-X(2))/K4)**R4-(ABS(X(3)-X(4))/K5)**R5-X(8)
      F(4)=(ABS(X(2)-X(4))/K3)**R3-(ABS(X(3)-X(4))/K5)**R5
     &-(ABS(X(4)-X(5))/K6)**R6-X(9)
      F(5)=(ABS(X(4)-X(5))/K6)**R6-X(10)
      RETURN
      END
```

이 문제를 해결하기 위한 입력자료와 출력자료는 아래 표와 같다. 전술한 그림 4.20의 관망에서 미지수를 구하기 위한 프로그램 EQUSOL1을 사용하는 방법을 동일하게 적용하여도 다음 표와 동일한 결과를 얻을 수 있으며 엑셀 파일 Exam4_5.xls를 CD에 첨부하였다.

입력자료			출력자료	
변수	형식	초기수치	INDEX	수치
H1	U	476.0	1 H1	476.0
H2	U	465.0	2 H2	464.8
H3	U	460.0	3 H3	460.7
H4	U	458.0	4 H4	458.9
H5	U	450.0	5 H5	449.8
QJ1	K	0.50	6 QJ1	0.50
QJ2	K	0.35	7 QJ2	0.35
QJ3	K	0.50	8 QJ3	0.50
QJ4	K	0.50	9 QJ4	0.50
QJ5	K	0.25	10 QJ5	0.25

4. $\triangle Q$–공식의 숫자는 다음과 같이 오직 하나만이 존재한다.

$$F_1 = K_2(Q_{o2} + \triangle Q_1)^{n_2} + K_3(Q_{o3} + \triangle Q_1)^{n_3} - K_5(Q_{o5} - \triangle Q_1)^{n_5} - K_4(Q_{o4} - \triangle Q_1)^{n_4} = 0$$

오직 2 라인이므로 앞에서와 같이 키보드로부터 다음과 같이 직접 입력한다.

1 1 5 6

DQ1 U 0.1

주 프로그램은 현재 수치의 1.005배를 사용하므로 $\triangle Q_1 = 0.1 ft^3/s$ 의 추정치를 사용한다. 만일 이 추정치가 0이면 IF 명령어는 변수에 0.001을 더하므로 이 수치는 변화할 수 있다. 해답은 $\triangle Q_1 = 0.020 ft^3/s$ 가 된다. 연속법칙을 만족시키기 위해 아래 서브루틴 FUNCT과 같이 각 배관 내 초기유량을 다음과 같이 수정할 수 있다.

$Q_{O2} = 0.8ft^3/s$, $Q_{O3} = 0.45ft^3/s$, $Q_{O4} = 0.8ft^3/s$, $Q_{O5} = 0.3ft^3/s$

```
      SUBROUTINE FUCT(X,F)
      REAL F(1), X(11)
      REAL K2/16.4967/,K3/24.3685/,K4/24.745/,K5/19.0411/,N2/1.9185/
     &, N3/1.8858/,N4/1.9185/,N5/1.8611/
      REAL QO2/0.80/,QO3/0.45/,QO4/0.80/,QO5/0.30/
C UNKNOWNS: DQ1
      F(1)=K2*(QO2+X(1))**N2+K3*(QO3+X(1))**N3-K(5)*(QO5-X(1))**N5
     &-K4*(QO4-X(1))**N4
      RETURN
      END
```

EQUSOL1에서와 같이 Q–공식, H–공식, $\triangle Q$–공식을 작성하면 서브루틴 내에서 연산 절차가 쉽게 된다. 그러나 배관숫자만큼 달시-바하식이 존재하고 공식시스템 내에서 내부적으로 Colebrook–White식을 해결하기 위해 Gauss–Seidel 반복법을 사용할 수 있으므로 FUNCT를 단순화할 수 있다. Colebrook–White식을 평가하기 위해 별개의 함수를 작성하여 DO 루프 내부에서 달시-바하식을 평가할 수 있다. 이제 해를 구하고자 하는 식은 4개의 접합부 연속식과, 배관 말단부 사이 마찰손실수두와 동등한 배관 내 수두 차이를 나타내는 6개의 손실수두식이다. 단조로움을 피하기 위해서 이제 Q_1은 미지수로 Q_6는 기저로 가정한다. 수정된 서브루틴 FUNCT의 목록은 다음과 같다.

```
   SUBROUTINE FUNCT(X,F)
   INTEGER*2 ID(6)/7,8,10,9,10,11        !1=Q1,    10=H4,   19=D3
   &,IU(6)/16,7,8,7,9,10/                !2=Q2,    11=H5,   20=D4
   REAL F(10),X(28)                      !3=Q3,    12=QJ1,  21=D5
   DATA G2/64.4/,P4/0.7853982/           !4=Q4,    13=QJ2,  22=D6
   F(1)=X(1)-X(2)-X(4)-X(12)             !5=Q5,    14=QJ3,  23=L1
   F(2)=X(2)-X(3)-X(13)                  !6=Q6,    15=QJ4,  24=L2
   F(3)=X(4)-X(5)-X(14)                  !7=H1,    16=WS1,  25=L3
   F(4)=X(3)+X(5)-X(6)-X(15)             !8=H2,    17=D1,   26=L4
   DO 10 I=1,6                           !9=H3,    18=D2,   27=L5
   J=I+16                                !                  28=L6
10 F(I+4)=X(ID(I))-X(IU(I))+FR(I,J,X)*X(I+22)
   & /X(J)*(X(I)/(P4*X(J)**2/G2
   RETURN
   END
   *
   FUNCTION FR(I,J,X)
   REAL X(28)
   REAL FI(6)/6*.02/
   DATA E/0.0004166667/,CCVISC/1.03543E-4/
   F1=1./SQRT(FI(I))
10 F2=F1
   F1=1.14-2.*ALOG10(E/X(J)+CCVISC*X(J)*F2/X(I))
```

```
IF(ABS(F1-F2).GT. 1.E-6) GO TO 10
FR=1./F1/F1
FI(I)=FR
RETURN
END
```

이 문제를 해결하기 위한 입력자료와 출력자료는 다음 표와 같고, 유량 Q의 단위는 ft^3/s이다(Exam4_5.xls 파일 참조).

입력자료			해	
변수	형식	초기수치	INDEX	수치
Q1	U	2.10	1 Q1	2.000
Q2	U	0.80	2 Q2	0.770
Q3	U	0.50	3 Q3	0.420
Q4	U	0.80	4 Q4	0.730
Q5	U	0.30	5 Q5	0.230
Q6	K	0.25	6 Q6	0.250
H1	U	476.0	7 H1	478.2
H2	U	465.0	8 H2	468.2
H3	U	460.0	9 H3	464.7
H4	U	458.0	10 H4	463.5
H5	K	450.0	11 H5	454.3
QJ1	K	0.50	12 QJ1	0.50
QJ2	K	0.35	13 QJ2	0.35
QJ3	K	0.50	14 QJ3	0.50
QJ4	K	0.50	15 QJ4	0.50
QJ5	K	500.0	6 WS1	500.0
D1	K	0.667	17 D1	0.667
D2	K	0.50	18 D2	0.50
D3	K	0.50	19 D3	0.50
D4	K	0.50	20 D4	0.50
D5	K	0.50	21 D5	0.50
D6	K	0.333	22 D6	0.333
L1	K	1500	23 L1	1500
L2	K	1000	24 L2	1000
L3	K	1500	25 L3	1500
L4	K	1500	26 L4	1500
L5	K	1200	27 L5	1200
L6	K	1000	28 L6	1000

4.4.2 뉴튼법을 사용한 3개 공식시스템 해석

그림 4.24의 관망에 뉴튼법을 적용하여 Q-공식, H-공식과 $\triangle Q$-공식의 해를 구하도록 한다. 뉴튼법의 적용법을 고찰하기 위해 해를 구하는 상세한 과정을 소개한다. 독자는 이러한 단계 중 일부에 대해서는 직접 계산할 것을 권장한다.

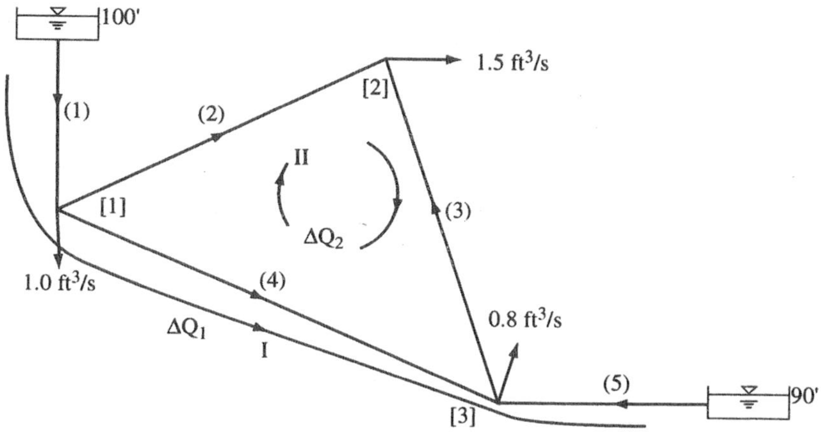

배관	1	2	3	4	5
K	7.59	9.63	48.6	39.7	16.5
n	1.936	1.901	1.882	1.768	1.935

| 그림 4.24 | 5-배관, 3-절점으로 구성된 관망

Q-공식에서는 i 번째 행 접합부 연속식의 자코비언 요소는 $\partial F_i/\partial Q_j = \pm 1$ 또는 0이 된다. 또한 i 번째 행 에너지루프식의 자코비언 항은 $\partial F_i/\partial Q_j = \pm n_j K_j Q_j^{n_j-1}$ 또는 0 중 하나가 된다. H-공식에서는 0이 아닌 자코비언 요소는 다음과 같다.

$$\frac{\partial F_i}{\partial H_j} = \pm\left(\frac{1}{n_m K_m}\right)\left(\frac{H_j - H_k}{K_m}\right)^{\frac{1}{n_m}-1}$$

이 식에서 부호는 공식 내 항의 앞에 있는 부호와 괄호 안의 H_j 앞의 부호에 의해 결정된다. $\triangle Q$-공식의 0이 아닌 자코비언 요소는 다음 형태가 된다.

$$\frac{\partial F_i}{\partial \triangle Q_j} = \pm n_k K_k (Q_{ok} \pm \triangle Q_m)^{n_k - 1}$$

(1) Q-공식

Q-공식은 다음과 같다.

$$\begin{aligned} F_1 &= Q_1 - Q_2 - Q_4 - 1.0 = 0 \\ F_2 &= Q_2 + Q_3 - 1.5 = 0 \\ F_3 &= Q_4 - Q_3 + Q_5 - 0.8 = 0 \\ F_4 &= K_1 Q_1^{n_1} + K_4 Q_4^{n_4} - K_5 Q_5^{n_5} - 10 = 0 \\ F_5 &= K_2 Q_2^{n_2} - K_3 Q_3^{n_3} - K_4 Q_4^{n_4} = 0 \end{aligned} \tag{4.47}$$

뉴튼법은 $[D]\{z\} = \{F\}$와 $\{Q\}^{(m+1)} = \{Q\}^{(m)} - \{z\}$이고 여기서

$$\begin{bmatrix} 1 & -1 & 0 & -1 & 0 \\ 0 & 1 & 1 & 0 & 0 \\ 0 & 0 & -1 & 1 & 1 \\ n_1 K_1 Q_1^{n_1 - 1} & 0 & 0 & n_4 K_4 Q_4^{n_4 - 1} & -n_5 K_5 Q_5^{n_5 - 1} \\ 0 & n_2 K_2 Q_2^{n_2 - 1} & -n_3 K_3 Q_3^{n_3 - 1} & -n_4 K_4 Q_4^{n_4 - 1} & 0 \end{bmatrix} \tag{4.48}$$

초기 해 벡터를 다음과 같이 추정하면

$$\{Q\}^{(0)} = \begin{pmatrix} 2.0 \\ 0.9 \\ 0.6 \\ 0.1 \\ 1.3 \end{pmatrix} \tag{4.49}$$

상기 수치와 함께 접합부 연속식을 만족시켜야 하며 유량은 ΔQ-공식 내에서 사용될 수 있고, 자코비언행렬과 오른쪽 항을 처음 평가하면 다음과 같이 된다.

$$\begin{bmatrix} 1.0000 & -1.0000 & 0.0000 & -1.0000 & 0.0000 \\ 0.0000 & 1.0000 & 1.0000 & 0.0000 & 0.0000 \\ 0.0000 & 0.0000 & -1.0000 & 1.0000 & 1.0000 \\ 28.1133 & 0.0000 & 0.0000 & 11.9749 & -40.8039 \\ 0.0000 & 16.6487 & -58.2888 & -11.9749 & 0.0000 \end{bmatrix} \begin{pmatrix} z_1 \\ z_2 \\ z_3 \\ z_4 \\ z_5 \end{pmatrix} = \begin{pmatrix} 0.0000 \\ 0.0000 \\ 0.0000 \\ -7.6935 \\ -11.3783 \end{pmatrix} \tag{4.50a}$$

해를 구하면

$$\begin{pmatrix} z_1 \\ z_2 \\ z_3 \\ z_4 \\ z_5 \end{pmatrix} = \begin{pmatrix} -0.1169 \\ -0.1470 \\ 0.1470 \\ 0.0301 \\ 0.1169 \end{pmatrix} \qquad \{Q\}^{(1)} = \begin{pmatrix} 2.1169 \\ 1.0470 \\ 0.4530 \\ 0.0699 \\ 1.1831 \end{pmatrix} \tag{4.51a}$$

2번째 주기에서 뉴튼식은

$$\begin{bmatrix} 1.0000 & -1.0000 & 0.0000 & -1.0000 & 0.0000 \\ 0.0000 & 1.0000 & 1.0000 & 0.0000 & 0.0000 \\ 0.0000 & 0.0000 & -1.0000 & 1.0000 & 1.0000 \\ 29.6481 & 0.0000 & 0.0000 & 9.0910 & -37.3636 \\ 0.0000 & 19.0804 & -45.4902 & -9.0910 & 0.0000 \end{bmatrix} \begin{Bmatrix} z_1 \\ z_2 \\ z_3 \\ z_4 \\ z_5 \end{Bmatrix} = \begin{Bmatrix} 0.0000 \\ 0.0000 \\ 0.0000 \\ -0.0682 \\ -0.7993 \end{Bmatrix} \tag{4.50b}$$

해를 구하면

$$\{z\} = \begin{Bmatrix} -0.0022 \\ -0.0111 \\ 0.0111 \\ 0.0089 \\ 0.0022 \end{Bmatrix} \qquad \{Q\}^{(2)} = \begin{Bmatrix} 2.1191 \\ 1.0581 \\ 0.4419 \\ 0.0610 \\ 1.1809 \end{Bmatrix} \tag{4.51b}$$

3 번째 반복 주기에서는 다음과 같은 최종 결과를 얻는다.

$$\{Q\}^{(3)} = \begin{Bmatrix} 2.1191 \\ 1.0583 \\ 0.4417 \\ 0.0608 \\ 1.1809 \end{Bmatrix} \tag{4.51c}$$

엑셀을 사용하여 동일한 결과를 얻을 수 있다(엑셀파일 Fig4_24Q.xls 파일 참조).

(2) H-공식

그림 4.24에서 3개 절점에 대해 다음과 같이 H-공식을 작성할 수 있다.

$$\begin{aligned} F_1 &= \left[\frac{100 - H_1}{K_1}\right]^{\frac{1}{n_1}} - \left[\frac{H_1 - H_2}{K_2}\right]^{\frac{1}{n_2}} - \left[\frac{H_1 - H_3}{K_4}\right]^{\frac{1}{n_4}} - 1.0 = 0 \\ F_2 &= \left[\frac{H_1 - H_2}{K_2}\right]^{\frac{1}{n_2}} + \left[\frac{H_3 - H_2}{K_3}\right]^{\frac{1}{n_3}} - 1.5 = 0 \\ F_3 &= \left[\frac{H_1 - H_3}{K_4}\right]^{\frac{1}{n_4}} - \left[\frac{H_3 - H_2}{K_3}\right]^{\frac{1}{n_3}} + \left[\frac{90 - H_3}{K_5}\right]^{\frac{1}{n_5}} - 0.8 = 0 \end{aligned} \tag{4.52}$$

다음과 같이 초기 추정절점수두를 설정한다.

$$\{H\}^{(0)} = \begin{Bmatrix} 93 \\ 85 \\ 88 \end{Bmatrix} \tag{4.53}$$

뉴튼법을 수행하기 위해 $[D]\{z\} = \{F\}$와 $\{H\}^{(m+1)} = \{H\}^{(m)} - \{z\}$을 사용하여 계산을 반복한 결과는 다음과 같다.

$$\begin{bmatrix} -0.166 & 0.060 & 0.035 \\ 0.060 & -0.100 & 0.040 \\ 0.035 & 0.040 & -0.162 \end{bmatrix}\begin{pmatrix} z_1 \\ z_2 \\ z_3 \end{pmatrix} = \begin{pmatrix} -1.258 \\ -0.365 \\ -0.382 \end{pmatrix} \quad \{z\} = \begin{pmatrix} 15.953 \\ 17.241 \\ 10.088 \end{pmatrix} \quad \{H\}^{(1)} = \begin{pmatrix} 77.047 \\ 67.759 \\ 77.912 \end{pmatrix} \tag{4.54a}$$

$$\begin{bmatrix} -0.171 & 0.056 & 0.075 \\ 0.056 & -0.078 & 0.023 \\ 0.075 & 0.023 & -0.134 \end{bmatrix}\begin{pmatrix} z_1 \\ z_2 \\ z_3 \end{pmatrix} = \begin{pmatrix} -0.095 \\ -0.084 \\ -0.499 \end{pmatrix} \quad \{z\} = \begin{pmatrix} 8.019 \\ 9.614 \\ 9.830 \end{pmatrix} \quad \{H\}^{(2)} = \begin{pmatrix} 69.028 \\ 58.145 \\ 68.083 \end{pmatrix} \tag{4.54b}$$

$$\begin{bmatrix} -0.158 & 0.052 & 0.072 \\ 0.052 & -0.075 & 0.023 \\ 0.072 & 0.023 & -0.123 \end{bmatrix}\begin{pmatrix} z_1 \\ z_2 \\ z_3 \end{pmatrix} = \begin{pmatrix} -0.120 \\ -0.003 \\ -0.049 \end{pmatrix} \quad \{z\} = \begin{pmatrix} 1.547 \\ 1.353 \\ 0.770 \end{pmatrix} \quad \{H\}^{(3)} = \begin{pmatrix} 67.480 \\ 56.793 \\ 67.312 \end{pmatrix} \tag{4.54c}$$

$$\begin{bmatrix} -0.239 & 0.052 & 0.153 \\ 0.052 & -0.075 & 0.022 \\ 0.153 & 0.022 & -0.202 \end{bmatrix}\begin{pmatrix} z_1 \\ z_2 \\ z_3 \end{pmatrix} = \begin{pmatrix} 0.019 \\ 0.000 \\ -0.019 \end{pmatrix} \quad \{z\} = \begin{pmatrix} -0.032 \\ 0.002 \\ 0.070 \end{pmatrix} \quad \{H\}^{(4)} = \begin{pmatrix} 67.513 \\ 56.791 \\ 67.242 \end{pmatrix} \tag{4.54d}$$

$$\begin{bmatrix} -0.210 & 0.052 & 0.124 \\ 0.052 & -0.075 & 0.023 \\ 0.124 & 0.023 & -0.174 \end{bmatrix}\begin{pmatrix} z_1 \\ z_2 \\ z_3 \end{pmatrix} = \begin{pmatrix} 0.002 \\ -0.001 \\ 0.002 \end{pmatrix} \quad \{z\} = \begin{pmatrix} -0.005 \\ -0.001 \\ 0.006 \end{pmatrix} \quad \{H\}^{(5)} = \begin{pmatrix} 67.517 \\ 56.793 \\ 67.236 \end{pmatrix} \tag{4.54e}$$

원하는 해의 정확도에 따라 상기 절차는 1회 또는 2회 더 반복한 후 종료된다. 뉴튼법의 장점중 하나는 해답에 근접하면서 2차식이 신속하게 수렴한다는 것이며 반복 주기에서 수정하여야 할 $\{z\}$의 크기가 급속히 감소되는 것을 쉽게 볼 수 있다. 엑셀을 사용하여 동일한 결과를 얻을 수 있다(엑셀파일 Fig4_24H.xls 파일 참조).

(3) $\triangle Q$-공식

$\triangle Q$-공식을 사용하여 이 문제를 해결할 때 그림 4.24에 나타낸 것과 같이 하나의 실제 에너지루프와 하나의 가상루프가 필요하며 $\triangle Q$-공식은 다음과 같다.

$$\begin{aligned} F_1 &= K_1(Q_{o1} + \triangle Q_1)^{n_1} + K_4(Q_{o4} - \triangle Q_2 + \triangle Q_1)^{n_4} - K_5(Q_{o5} - \triangle Q_1)^{n_5} - 10 = 0 \\ F_2 &= K_2(Q_{o2} + \triangle Q_2)^{n_2} - K_3(Q_{o3} - \triangle Q_2)^{n_3} - K_4(Q_{o4} - \triangle Q_2 + \triangle Q_1)^{n_4} = 0 \end{aligned} \tag{4.55}$$

뉴튼법을 위한 식은 $[D]\{z\} = \{F\}$와 $\{\triangle Q\}^{(m+1)} = \{\triangle Q\}^{(m)} - \{z\}$이고, 여기서 자코비언벡터와 초기 유량 벡터는 다음과 같으며 $\triangle Q_1 = \triangle Q_2 = 0$으로 설정한다.

$$[D] = \begin{bmatrix} \dfrac{\partial F_1}{\partial \triangle Q_1} & \dfrac{\partial F_1}{\partial \triangle Q_2} \\ \dfrac{\partial F_2}{\partial \triangle Q_1} & \dfrac{\partial F_2}{\partial \triangle Q_2} \end{bmatrix} \quad \{Q_o\}^{(0)} = \begin{pmatrix} 2.0 \\ 0.9 \\ 0.6 \\ 0.1 \\ 1.3 \end{pmatrix} \quad \{\triangle Q\}^{(0)} = \begin{pmatrix} 0.0 \\ 0.0 \end{pmatrix} \tag{4.56}$$

상기 과정을 3번 연속 실행한 결과는 다음과 같다.

$$\begin{bmatrix} 80.892 & -11.975 \\ -11.975 & 86.913 \end{bmatrix} \begin{pmatrix} z_1 \\ z_2 \end{pmatrix} = \begin{pmatrix} -7.694 \\ -11.378 \end{pmatrix} \quad \{z\} = \begin{pmatrix} -0.117 \\ -0.147 \end{pmatrix} \quad \{\triangle Q\}^{(1)} = \begin{pmatrix} 0.117 \\ 0.147 \end{pmatrix} \tag{4.57a}$$

$$\begin{bmatrix} 76.103 & -9.091 \\ -9.091 & 73.662 \end{bmatrix} \begin{pmatrix} z_1 \\ z_2 \end{pmatrix} = \begin{pmatrix} -0.068 \\ -0.799 \end{pmatrix} \quad \{z\} = \begin{pmatrix} -0.002 \\ -0.011 \end{pmatrix} \quad \{\triangle Q\}^{(2)} = \begin{pmatrix} 0.119 \\ 0.158 \end{pmatrix} \tag{4.57b}$$

$$\begin{bmatrix} 75.163 & -8.188 \\ -8.188 & 71.954 \end{bmatrix} \begin{pmatrix} z_1 \\ z_2 \end{pmatrix} = \begin{pmatrix} 0.004 \\ -0.009 \end{pmatrix} \quad \{z\} = \begin{pmatrix} -0.000 \\ 0.000 \end{pmatrix} \quad \{\triangle Q\}^{(3)} = \begin{pmatrix} 0.119 \\ 0.158 \end{pmatrix} \tag{4.57c}$$

상기 결과로부터 다음과 같이 유량(ft^3/s)을 계산할 수 있으며 이 수치는 식 4.51C의 수치와 잘 일치한다.

$$\begin{aligned} Q_1 &= Q_{o1} + \triangle Q_1 = 2.0 + 0.119 = 2.119 \\ Q_2 &= Q_{o2} + \triangle Q_2 = 0.9 + 0.158 = 1.058 \\ Q_3 &= Q_{o3} - \triangle Q_2 = 0.6 - 0.158 = 0.442 \\ Q_4 &= Q_{o4} + \triangle Q_1 - \triangle Q_2 = 0.1 + 0.119 - 0.158 = 0.061 \\ Q_5 &= Q_{o5} - \triangle Q_1 = 1.3 - 0.119 = 1.181 \end{aligned} \tag{4.58}$$

EQUSOL1.FOR 프로그램 내 서브루틴을 수정하여 동일한 문제를 해결할 수 있다. 엑셀을 사용하여 동일한 결과를 얻을 수 있다(엑셀파일 Fig4_24dQ.xls 참조).

4.4.3 전산 관망해석

본 절에서는 전산기를 사용하여 펌프, 부분손실, PRV를 포함하는 관망을 해석하는 절차에 대해서 고찰한다. 이러한 절차를 시작하기 위해 먼저 그림 4.25와 같이 시스템 수요량의 일부를 공급하는 가압펌프 P_1과 부스터 펌프 P_2를 포함하는 8개 배관으로 구성된 관망을 고려한다. 또한 배관 3, 7, 8에는 손실수두기구가 설치되며 이들 중 처음 2개의 손실계수는 10이고, 세 번째의 손실계수는 2이다. 이 관망에 대한 식을 작성하여 해결한 후 배관 5에 PRV를 설치한다(로마 숫자 루프 기호는 예제 4.6에서 사용된다).

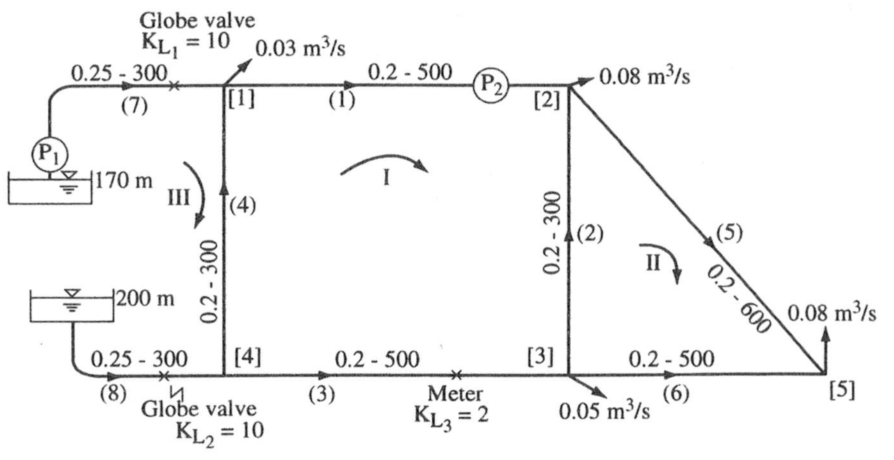

펌프 1	$Q(m^3/s)$	0.025	0.04	0.055
	$h_p(m)$	12.0	10.5	8.0
펌프 2	$Q(m^3/s)$	0.060	0.090	0.120
	$h_p(m)$	4.0	3.8	3.5

| 그림 4.25 | 8-배관, 5-절점, 펌프와 부분손실을 갖는 관망

본 관망에서는 다음과 같이 5개의 접합부 연속식과 3개의 에너지루프식으로 Q-공식시스템을 작성할 수 있다.

$$
\begin{aligned}
F_1 &= -Q_1 + Q_4 + Q_7 - QJ_1 = 0 \\
F_2 &= Q_1 + Q_2 - Q_5 - QJ_2 = 0 \\
F_3 &= -Q_2 + Q_3 - Q_6 - QJ_3 = 0 \\
F_4 &= -Q_3 - Q_4 + Q_8 = 0 \\
F_5 &= Q_5 + Q_6 - QJ_5 = 0 \\
F_6 &= K_1 Q_1^{n_1} - h_{p2} - K_2 Q_2^{n_2} - K_3 Q_3^{n_3} - K_{L_3} Q_3^2/(2gA_3^2) + K_4 Q_4^{n_4} = 0 \\
F_7 &= K_2 Q_2^{n_2} + K_5 Q_5^{n_5} - K_6 Q_6^{n_6} = 0 \\
F_8 &= K_7 Q_7^{n_7} - h_{p1} + K_{L_1} Q_7^2/(2gA_7^2) - K_4 Q_4^{n_4} - K_8 Q_8^{n_8} - K_{L_2} Q_8^2/(2gA_8^2) + 30 = 0
\end{aligned}
\tag{4.59}
$$

상기 식에서 부분손실계수 $K_{L1}=10$, $K_{L2}=10$, $K_{L3}=2$는 식 중에 삽입되었고 펌핑수두는 h_{p1}와 h_{p2}로 나타내었다. 이 펌핑수두는 예상되는 운전 범위에 걸친 펌프의 특성곡선상 3개의 점을 통과하는 유량 함수의 이차식으로 표현할 수 있다. 만일 펌프가 유체에 공급하는 동력이 일정하면 펌핑수두를 $h_p = Power/(\gamma Q)$로 정의할 수 있다.

예제 4.6

그림 4.25의 관망에 대한 식 4.59를 수계산으로 풀고 프로그램 EQUSOL1을 사용하여 그 결과를 증명하라.

해답 EQUSOL1 프로그램의 서브루틴 FUNCT를 수정하여 이번 예제 문제와 다음 몇 개의 예제 문제를 해결한다. 첫 번째 단계에서는 주어진 수치를 기반으로 아래 표와 같이 배관 유량을 추정하여 8개 배관의 K와 n 수치를 계산하며 이에 대한 자세한 내용은 예제 4.11을 참조한다.

배관 No.	1	2	3	4	5	6	7	8
$Q(m^3/s)$	0.100	0.015	0.100	0.080	0.030	0.050	0.070	0.170
K	1160	613	1160	690	1292	1115	322	239
n	1.827	1.788	1.827	1.824	1.801	1.812	1.772	1.832
f	0.0134	0.0314	0.0134	0.0212	0.0168	0.0152	0.0223	0.0127

다음 단계에서는 두 펌프에 대한 이차식의 계수를 얻기 위해 3점을 적합(fitting)시키거나 또는 엑셀의 그래프 기능을 이용하여 다음 계수를 구한다.

$$A_1 = -2222,\ B_1 = 44.4,\ \ C_1 = 12.28$$

$$A_2 = -55.56,\ B_2 = 1.667,\ \ C_2 = 4.10$$

이제 표와 그림에 나타난 자료를 식 2.59에 대입하여 $\{F\}$를 구하고, 자코비언행렬을 작성하기 위해 $\{F\}$ 식을 미분한 결과는 다음과 같으며 독자는 완벽하게 이해하기 위해서 직접 계산할 것을 권장한다.

$$[D]=\begin{bmatrix} -1.0 & 0.0 & 0.0 & 1.0 & 0.0 & 0.0 & 1.0 & 0.0 \\ 1.0 & 1.0 & 0.0 & 0.0 & -1.0 & 0.0 & 0.0 & 0.0 \\ 0.0 & -1.0 & 1.0 & 0.0 & 0.0 & -1.0 & 0.0 & 0.0 \\ 0.0 & 0.0 & -1.0 & -1.0 & 0.0 & 0.0 & 0.0 & 1.0 \\ 0.0 & 0.0 & 0.0 & 0.0 & 1.0 & 1.0 & 0.0 & 0.0 \\ 325 & -40.2 & -336.3 & 157 & 0.0 & 0.0 & 0.0 & 0.0 \\ 0.0 & 40.2 & 0.0 & 0.0 & 140 & -177.4 & 0.0 & 0.0 \\ 0.0 & 0.0 & 0.0 & -157 & 0.0 & 0.0 & 370 & -172.3 \end{bmatrix}$$

그리고

$$\{F\}^T = (0.020\ 0.005\ -0.015\ -0.010\ 0.000\ 1.80589\ -2.223\ 7.1160)$$

상기 식에서 T는 공식 벡터의 전치행렬을 나타낸다. 부록 D.2에 기술된 엑셀의 행렬식 해 찾기 기능을 이용하여 상기 공식시스템에 대한 해를 구하면 다음과 같다.

$$\{z\}^T = (-0.0030\ 0.0009\ -0.0070\ 0.0030\ -0.0071\ 0.0071\ 0.0140\ -0.0140)$$

식 4.32c에 따라 두 번째 반복을 위한 수정 유량을 구하기 위해 표의 초기 추정유량에 상기 z 수치를 감하면 다음과 같다.

$$\{Q\}^T = (0.1030\ 0.0141\ 0.1070\ 0.0770\ 0.0371\ 0.0429\ 0.0560\ 0.1840)$$

상기 절차에 따라 세 번째 반복을 위한 수정 유량은 다음과 같으며 이 유량을 대입하여 구한 z 수치는 모두 0이 되어 더 이상 개선의 여지가 없으므로 정확한 수치를 얻은 것으로 결론 지울 수 있으므로 반복을 중지한다.

$$\{Q\}^T = (0.1029\ 0.0141\ 0.1071\ 0.0777\ 0.0370\ 0.0430\ 0.0552\ 0.1848)$$

서브루틴 FUNCT를 수정한 프로그램 EQUSOL1을 사용하여 상기 문제를 해결 할 수 있으며 입력자료와 출력자료는 다음 표와 같다. 전술한 그림 4.20의 관망에서의 미지수를 구하기 위해 프로그램 EQUSOL1을 사용하는 방법을 동일하게 적용하여도 동일한 결과를 얻을 수 있다(Exam4_6Q.xls 파일 참조).

입력자료	출력자료 $Q(m^3/s)$	비 고
Q_1 U 0.100	1 Q_1=0.103	
Q_2 U 0.015	2 Q_2=0.014	
Q_3 U 0.100	3 Q_3=0.107	
Q_4 U 0.080	4 Q_4=0.078	
Q_5 U 0.030	5 Q_5=0.037	
Q_6 U 0.050	6 Q_6=0.043	
Q_7 U 0.070	7 Q_7=0.055	
Q_8 U 0.170	8 Q_8=0.185	

절점 *HGL* 해결

각 절점에서의 HGL를 구하기 위해서는 $H-$공식시스템을 해결하여야 하지만 $Q-$공식시스템을 해결하여 얻은 결과를 사용하여 HGL를 구할 수 있다. HGL_1은 저수지 수위 WS_1과 펌핑수두 h_{P1}를 더한 것에 배관 7에서의 손실수두 h_{f7}과 글로브밸브의 미소손실 h_{L1}을 감한 것과 동일하므로 다음과 같이 계산할 수 있다.

$$
\begin{aligned}
HGL_1 &= WS_1 + A_1 Q_7^2 + B_1 Q_7 + C_1 - K_7 Q_7^{n_7} - K_{L1} V_7^2/(2g) \\
&= 170 - 2222 \times 0.103^2 + 44.4 \times 0.103 + 12.28 - 322 \times 0.103^{1.832} \\
&\quad - 10 \times 1.126^2/(2 \times 9.8) \\
&= 175.4m
\end{aligned}
$$

HGL_1에 펌핑수두 h_{P2}를 더한 것에서 배관 1에서의 손실수두 h_{f1}를 감하여 절점 2에서의 HGL_2을 구할 수 있다.

$$
\begin{aligned}
HGL_2 &= HGL_1 + h_{P2} - h_{f1} \\
&= HGL_1 + A_2 Q_1^2 + B_2 Q_1 + C_2 - K_1 Q_1^{n_1} \\
&= 175.4 - 55.56 \times 0.103^2 + 1.667 \times 0.103 + 4.10 - 1160 \times 0.103^{1.827} \\
&= 160.87m
\end{aligned}
$$

절점 4에서의 HGL_4는 저수지 수위 WS_2에 배관 8에서의 손실수두 h_{f8}과 글로브밸브의 미소손실 h_{L2}을 감한 것과 동일하므로 다음과 같이 계산할 수 있다.

$$\begin{aligned} HGL_4 &= WS_2 - K_8 Q_8^{n_8} - K_{L2} V_8^2/(2g) \\ &= 200 - 239 \times 0.18^{1.832} - 10 \times 3.76^2/(2 \times 9.8) \\ &= 181.93m \end{aligned}$$

HGL_4에서 배관 3에서의 손실수두 h_{f3}과 미터의 미소손실 h_{L3}을 감하여 절점 3에서의 HGL_3을 구할 수 있다.

$$\begin{aligned} HGL_3 &= HGL_4 - K_3 Q_3^{n_3} - K_{L3} V_3^2/(2g) \\ &= 181.93 - 1160 \times 0.107^{1.827} - 2 \times 3.4^2/(2 \times 9.8) \\ &= 160.57m \end{aligned}$$

마지막으로 HGL_3에서 배관 6에서의 손실수두 h_{f6}를 감하여 절점 5에서의 HGL_5를 구할 수 있다.

$$\begin{aligned} HGL_5 &= HGL_3 - K_6 Q_6^{n_6} \\ &= 160.57 - 1115 \times 0.043^{1.812} \\ &= 157.45m \end{aligned}$$

다음은 예제 4.6의 관망에 대한 H−공식을 전개하고 해를 구하는 방법에 대해 고찰한다. 그림 4.25의 관망에 대한 H−공식은 식 4.60과 같다. 펌프의 상류측 HGL−고도에 펌핑수두 h_p를 더하고, 각 배관의 상류측 HGL 고도에서 배관손실과 부분손실 h_L을 감하여야 한다.

$$\begin{aligned} F_1 &= \left[\frac{H_1 + h_{p2} - H_2}{K_1}\right]^{\frac{1}{n_1}} - \left[\frac{H_4 - H_1}{K_4}\right]^{\frac{1}{n_4}} - \left[\frac{170 + h_{p1} - h_{L1} - H_1}{K_7}\right]^{\frac{1}{n_7}} + 0.03 = 0 \\ F_2 &= \left[\frac{H_2 - H_5}{K_5}\right]^{\frac{1}{n_5}} - \left[\frac{H_3 - H_2}{K_2}\right]^{\frac{1}{n_2}} - \left[\frac{H_1 + h_{p2} - H_2}{K_1}\right]^{\frac{1}{n_1}} + 0.08 = 0 \\ F_3 &= \left[\frac{H_3 - H_5}{K_6}\right]^{\frac{1}{n_6}} + \left[\frac{H_3 - H_2}{K_2}\right]^{\frac{1}{n_2}} - \left[\frac{H_4 - h_{L3} - H_3}{K_3}\right]^{\frac{1}{n_3}} + 0.05 = 0 \\ F_4 &= \left[\frac{H_4 - h_{L3} - H_3}{K_3}\right]^{\frac{1}{n_3}} + \left[\frac{H_4 - H_1}{K_4}\right]^{\frac{1}{n_4}} - \left[\frac{200 - h_{L2} - H_4}{K_8}\right]^{\frac{1}{n_8}} = 0 \\ F_5 &= -\left[\frac{H_2 - H_5}{K_5}\right]^{\frac{1}{n_5}} - \left[\frac{H_3 - H_5}{K_6}\right]^{\frac{1}{n_6}} + 0.08 = 0 \end{aligned} \tag{4.60}$$

펌프의 h_p특성을 나타내기 위해 Q를 변수로 하는 2차식을 사용하여야 하므로 펌프가 관로에 설치되면 반드시 펌핑유량을 포함하는 식을 전개하여야 한다. 손실의 크기는 배관을 통한 유량의 함수이므로 부분손실을 포함하는 배관에서도 동일한 방법으로 손실의 크기를 나타낼 수 있다. 상류측 절점에서의 수두와 하류측 절점에서의 수두의 항으로 유량을 추정하기 위해 반복법을 사용하면 뉴튼법의 2차식 수렴의 장점이 희생된다. 이러한 딜레마로 인해 펌프를 통과하는 유체의 수두가 유량에 의해 크게 종속되면 뉴튼법을 H-공식에 적용할 때 뉴튼법의 결함이 두드러지게 나타난다. 관망에 많은 펌프가 존재하고 H-공식을 이용하여야 하는 경우 특히, MathCAD 또는 TK-Solver와 같은 공식 해결 소프트웨어를 사용하여야 할 경우에는 유량의 항으로 연속식을 작성하고, 절점 수두의 항으로 이러한 유량을 기술하는 식을 추가하여 최종적으로 수두와 유량을 동시에 해결하는 것이 유리할 수 있다. 예제 4.7에서 이러한 방법을 사용한다. 전산 프로그램에서 H-공식을 해결하는 방법에 대해서는 다음 절에서 기술한다. 이 방법은 1회 반복 동안 존재하는 수두로부터 $Q=[(H_i-H_j)/K]^{1/n}$를 계산하여 모든 배관 내 현재 유량을 구하고, 만일 배관 내 펌프가 존재하면 뉴튼법을 사용하여 아래와 같은 단일식으로 배관의 Q를 구할 수 있다.

$$Q=\left[\frac{(H_i+h_p-H_j)}{K}\right]^{\frac{1}{n}}$$

상기 식에서 펌핑수두 $h_p=AQ^2+BQ+C$ 이다.

예제 4.7

예제 4.6에서 고찰한 그림 4.25의 8-배관으로 구성된 관망에 대한 H-공식을 구하라.

해답 H-공식 문제를 해결하기 위해 EQUSOL1에 필요한 서브루틴 FUNCT의 프로그램 EPRB4_7H.FOR와 입력자료 및 출력자료 EPR4B_7H.DAT 그리고 TK-Sover 모델인 EPRB4_7H.TK는 CD에 수록되었다.

최종적으로 그림 4.25 관망에 대한 $\triangle Q$-공식은 다음과 같으며 적정한 일련의 초기 유량을 설정하여야 한다.

$$\begin{aligned}F_1 &= K_1(Q_{o1}+\triangle Q_1)^{n_1}-h_{p2}-K_2(Q_{o2}-\triangle Q_1+\triangle Q_2)^{n_2}-K_3(Q_{o3}-\triangle Q_1)^{n_3} \\ &\quad -K_{L3}(Q_{o3}-\triangle Q_1)^2/(2gA_3^2)+K_4(Q_{o4}+\triangle Q_1-\triangle Q_3)^{n_4}=0 \end{aligned} \tag{4.61}$$

$$F_2=K_5(Q_{o5}+\triangle Q_2)^{n_5}-K_6(Q_{o6}-\triangle Q_2)^{n_6}+K_2(Q_{o2}-\triangle Q_1+\triangle Q_2)^{n_2}=0$$

$$\begin{aligned}F_3 &= K_7(Q_{o7}+\triangle Q_3)^{n_7}+K_{L1}(Q_{o7}+\triangle Q_3)^2/(2gA_7^2)-K_4(Q_{o4}+\triangle Q_1-\triangle Q_3)^{n_4} \\ &\quad -h_{p1}-K_8(Q_{08}-\triangle Q_3)^{n_8}-K_{L2}(Q_{o8}-\triangle Q_3)^2/(2gA_8^2)+30=0\end{aligned}$$

상기 $\triangle Q$-공식에서의 펌핑수두를 다음과 같은 2차식으로 대체할 수 있다.

$$h_{p1} = A_1(Q_{o7} + \triangle Q_3)^2 + B_1(Q_{o7} + \triangle Q_3) + C_1 \qquad (4.62)$$
$$h_{p2} = A_2(Q_{o1} + \triangle Q_1)^2 + B_2(Q_{o1} + \triangle Q_1) + C_2$$

부분손실은 $h_L = K_L Q^2/(2gA^2)$이고 여기서 배관 내 각 유량은 Q_{oi}와 수정유량의 합으로 나타낼 수 있고 자코비언의 요소가 되는 이 항의 도함수를 쉽게 평가할 수 있다.

예제 4.8

예제 4.5에서 고찰한 그림 4.25의 8-배관으로 구성된 관망에 대한 $\triangle Q$-공식을 해결하라.

해답 EQUSOL1을 사용하여 $\triangle Q$-공식을 해결하기 위한 프로그램 EPR4_8D.FOR 그리고 입력자료와 출력자료는 다음 표와 같고, 다음과 같이 일련의 초기유량을 설정하여 프로그램을 실행한다.

$Q_{o1} = 0.100 m^3/s$, $Q_{o2} = 0.015 m^3/s$, $Q_{o3} = 0.110 m^3/s$, $Q_{o4} = 0.060 m^3/s$,

$Q_{o5} = 0.035 m^3/s$, $Q_{o6} = 0.045 m^3/s$, $Q_{o7} = 0.070 m^3/s$, $Q_{o8} = 0.170 m^3/s$

전술한 그림 4.20의 관망에서 미지수를 구하기 위해 프로그램 EQUSOL1을 사용하는 방법을 적용하여 상기 표와 동일한 결과를 얻을 수 있으며 엑셀 파일 Exam4_8.xls를 CD에 첨부하였다.

```
**********************************************************************************
* THIS PROGRAM HAS BEEN INCLUDED FOR THE CONVENIENCE OF THE READER.
* THE AUTHOR ACCEPTS NO RESPONSIBILITY FOR ITS CORRECTNESS.
* USERS OF THIS PROGRAM DO SO AT THEIR OWN RISK.
**********************************************************************************
      LOGICAL IV[ALLOCATABLE](:)
      INTEGER*2 INDX[ALLOCATABLE](:)
      CHARACTER*3 SYMB[ALLOCATABLE](:),CH
      REAL X[ALLOCATABLE](:),F[ALLOCATABLE](:),F1[ALLOCATABLE](:),
     &D[ALLOCATABLE](:,:),VEC[ALLOCATABLE](:)
      WRITE(*,*)' Give: (1) No. of Eqs, (2) No. of variables, (3) Input
     &unit, (4) Output unit'
      READ(*,*) N,NV,IN,IOUT
      ALLOCATE (X(NV),F(N),F1(N),D(N,N),SYMB(NV),IV(NV),INDX(N),VEC(N))
      IF(IN.EQ.0 .OR. IN.EQ.5) WRITE(IN,100) NV
100   FORMAT(' Give',I3,' Lines with:',/,3X,'(1) Symbol for var.(3 Ch)',
     &/,3X,'(2) K or U for known, or unknown and',/,3X,'(3) Value')
      J=0
      DO 10 I=1,NV
      READ(IN,110) SYMB(I),CH,X(I)
110   FORMAT(A3,1X,A1,1X,F10.0)
```

```
      IF(CH.EQ.'U' .OR.  CH.EQ.'u') THEN
      IV(I)=.TRUE.
      J=J+1
      ELSE IF(CH.EQ.'K' .OR. CH.EQ.'k') THEN
      IV(I)=.FALSE.
      ELSE
      WRITE(*,*)' Error in Input for variable',I
      STOP
      ENDIF
10    CONTINUE
      IF(J.EQ.N) GO TO 12
      WRITE(*,*)' You gave',N,' eqs., but',J,' unknowns'
      STOP
12    NCT=0
15    CALL FUNCT(X,F)
      J=0
      DO 30 JJ=1,NV
      IF(IV(JJ)) THEN
      XX=X(JJ)
      X(JJ)=1.005*X(JJ)
      J=J+1
      CALL FUNCT(X,F1)
      DO 20 I=1,N
20    D(I,J)=(F1(I)-F(I))/(X(JJ)-XX)
      X(JJ)=XX
      ENDIF
30    CONTINUE
      CALL SOLVEQ(N,N,D,F,INDX,VEC)
      NCT=NCT+1
      SUM=0.
      J=0
      DO 40 I=1,NV
      IF(IV(I)) THEN
      J=J+1
      X(I)=X(I)-F(J)
      SUM=SUM+ABS(F(J))
      ENDIF
40    CONTINUE
      WRITE(*,*)' NCT=',NCT,' SUM=',SUM
      IF(NCT.LT.20 .AND. SUM.GT. .0001) GO TO 15
      WRITE(IOUT,120)(I,SYMB(I),X(I),I=1,NV)
120   FORMAT(I5,1X,A3,' =',F10.3)
      END
      SUBROUTINE FUNCT(X,F)
      REAL F(3),X(3)
      REAL K1/1160./,K2/613./,K3/1160./,K4/690./,K5/1292./,K6/1115./
     &,K7/322./,K8/239./,n1/1.827/,n2/1.788/,n3/1.827/,n4/1.824/,
```

```
&n5/1.801/,n6/1.812/,n7/1.772/,n8/1.832/,A1/-2220./,B1/44.44/
&,C1/12.28/,A2/-55.6/,B2/1.667/,C2/4.1/,Qo1/.1/,Qo2/.015/,
&Qo3/.11/,Qo4/.06/,Qo5/.035/,Qo6/.045/,Qo7/.07/,Qo8/.17/
 hp1=(A1*(Qo7+X(3))+B1)*(Qo7+X(3))+C1     ! X(1)  ..  X(3) represent
 hp2=(A2*(Qo1+X(1))+B2)*(Qo1+X(1))+C2     ! delQ1 .. delQ3
 F(1)=K1*(Qo1+X(1))**n1-hp2-K2*(Qo2-X(1)+X(2))**n2-K3*(Qo3-X(1))**
&n3-103.3*(Qo3-X(1))**2+K4*(Qo4+X(1)-X(3))**n4
 F(2)=K5*(Qo5+X(2))**n5-K6*(Qo6-X(2))**n6+K2*(Qo2-X(1)+X(2))**n2
 F(3)=K7*(Qo7+X(3))**n7-hp1+212.*(Qo7+X(3))**2-K4*(Qo4+X(1)-X(3))**
&n4-K8*(Qo8-X(3))**n8-212.*(Qo8-X(3))**2+30.
 RETURN
 END
```

입력자료	출력자료 $Q(m^3/s)$	비 고
DQ1 U 0.001	1 DQ1=0.003	
DQ2 U 0.001	2 DQ2=0.002	
DQ3 U 0.001	3 DQ3=-0.015	

상기 표의 입력자료와 같이 초기수정유량을 $\triangle Q_1 = \triangle Q_2 = \triangle Q_3 = 0.001 m^3/s$ 으로 추정하고 이 유량을 1.005배로 변경시켜 식 4.61의 $F_1 \sim F_3$를 미분한다. 예를 들어 F_2식을 $\triangle Q_1$에 관해 미분하는 과정은 다음과 같다. 먼저 당초 F_2 식에 초기 수정유량을 대입하면

$$F_2 = K_5(Q_{o5} + \triangle Q_2)^{n_5} - K_6(Q_{o6} - \triangle Q_2)^{n_6} + K_2(Q_{o2} - \triangle Q_1 + \triangle Q_2)^{n_2}$$
$$= 1292(0.035 + 0.001)^{1.801} - 1115(0.045 - 0.001)^{1.812}$$
$$+ 613(0.015 - 0.001 + 0.001)^{1.788}$$
$$= -3.82053$$

당초 F_2 식에 다음과 같이 변경시킨 초기수정유량 $\triangle Q_1' = 0.001 \times 1.005 = 0.001005$ 와 변경시키지 않은 $\triangle Q_2 = \triangle Q_3 = 0.001$를 대입한다.

$$\triangle Q_1' = 0.001 \times 1.005 = 0.001005 m^3/s, \quad \triangle Q_2 = \triangle Q_3 = 0.001 m^3/s$$

$$F_2' = K_5(Q_{o5} + \triangle Q_2)^{n_5} - K_6(Q_{o6} - \triangle Q_2)^{n_6} + K_2(Q_{o2} - \triangle Q_1 + \triangle Q_2)^{n_2}$$
$$= 1292(0.035 + 0.001)^{1.801} - 1115(0.045 - 0.001)^{1.812}$$
$$+ 613(0.015 - 0.001005 + 0.001)^{1.788}$$
$$= -3.701521$$

F_2 식의 $\triangle Q_1$에 관한 도함수는 다음과 같다.

$$\frac{\partial F_2}{\partial \triangle Q_1}=\frac{F_2{}'-F_2}{\triangle Q_1{}'-\triangle Q_1}=\frac{3.701521-3.701569}{0.001005-0.001}=-40.0$$

동일한 방법으로 F_2 식의 $\triangle Q_2$와 $\triangle Q_3$에 관한 도함수를 구하면

$$\frac{\partial F_2}{\partial \triangle Q_2}=\frac{F_2{}'-F_2}{\triangle Q_2{}'-\triangle Q_2}=\frac{-0.30098-(-0.30280)}{0.001005-0.001}=362.3$$

$$\frac{\partial F_2}{\partial \triangle Q_3}=\frac{F_2{}'-F_2}{\triangle Q_3{}'-\triangle Q_3}=\frac{-0.3028-(-0.3028)}{0.001005-0.001}=0$$

동일한 방법으로 F_1 식과 F_3 식을 $\triangle Q_1$, $\triangle Q_2$, $\triangle Q_3$에 관한 도함수를 구하여 행렬로 표현하면 다음과 같다.

$$[D]=\begin{bmatrix} 853.28 & -40.05 & -123.90 \\ -40.04 & 362.30 & 0.00 \\ -123.90 & 0.00 & 670.57 \end{bmatrix}$$

엑셀의 행렬식 해 찾기 기능을 이용하여 상기 행렬의 해를 구하면 다음과 같다.

$$\{z\}^T=(-0.0023\ \ -0.0011\ \ \ 0.0152)$$

식 4.32c에 따라 두 번째 반복을 위한 수정 유량을 구하기 위해 표의 초기 수정유량에 상기 z 수치를 감하면 다음과 같다.

$$\{\triangle Q\}^T=(0.00332\ 0.00209\ -0.01419)$$

상기 절차를 두 번째 적용하면 다음 결과를 얻는다.

$$[D]=\begin{bmatrix} 879.60 & -37.45 & -153.06 \\ -37.42 & 360.40 & 0.00 \\ -153.02 & 0.00 & 626.91 \end{bmatrix}$$

$$\{z\}^T=(0.0004\ 0.0000\ \ \ 0.0006)$$

$$\{\triangle Q\}^T=(0.00293\ 0.00205\ -0.01475)$$

상기 절차를 세 번째 적용하면 다음 결과를 얻는다.

$$[D]=\begin{bmatrix} 880.65 & -38.18 & -153.35 \\ -38.16 & 361.10 & 0.00 \\ -153.30 & 0.00 & 624.47 \end{bmatrix}$$

$$\{z\}^T=(0.0000\ 0.0000\ \ \ 0.0000)$$

상기 행렬 $\{z\}^T$의 요소가 모두 0이므로 더 이상 반복해도 개선되지 않으므로 다음과 같이 최종 수정유량을 얻을 수 있다.

$$\{\triangle Q\}^T = (0.00293\ 0.00205\ -0.01475)$$

다음과 같이 상기 수정유량을 각 배관에 적용하여 배관 유량을 결정할 수 있다.

$$\begin{aligned}
Q_1 &= Q_1 + \triangle Q_1 = 0.100 + 0.00293 &&= 0.103 m^3/s \\
Q_2 &= Q_2 - \triangle Q_1 + \triangle Q_2 = 0.015 - 0.00293 + 0.00205 &&= 0.014 m^3/s \\
Q_3 &= Q_3 - \triangle Q_1 = 0.110 - 0.00293 &&= 0.107 m^3/s \\
Q_4 &= Q_4 + \triangle Q_1 - \triangle Q_3 = 0.060 + 0.00293 + 0.01475 &&= 0.078 m^3/s \\
Q_5 &= Q_5 + \triangle Q_2 = 0.035 + 0.00205 &&= 0.037 m^3/s \\
Q_6 &= Q_6 - \triangle Q_2 = 0.045 - 0.00205 &&= 0.043 m^3/s \\
Q_7 &= Q_7 + \triangle Q_3 = 0.070 - 0.01475 &&= 0.055 m^3/s \\
Q_8 &= Q_8 - \triangle Q_3 = 0.170 + 0.01475 &&= 0.185 m^3/s
\end{aligned}$$

4.4.4 감압밸브가 포함된 경우

감압밸브 또는 배압밸브와 같은 유사한 설비를 포함한 관망을 해석하기 위해서 그림 4.25 관망의 5번 배관에 PRV를 설치한다. 이 PRV는 접합부 2로부터 200m 하류에 위치하고, 감압밸브의 압력은 저수지 수위와 동일하게 149m로 설정한다. 이 관망에서 5개의 접합부 연속식과 펌프자료는 변함이 없다. 그러나 그림 4.25의 관망은 하나의 가상루프와 2개의 실제루프로 구성되었지만 그림 4.26의 관망은 2개의 가상루프와 하나의 실제루프로 구성된다.

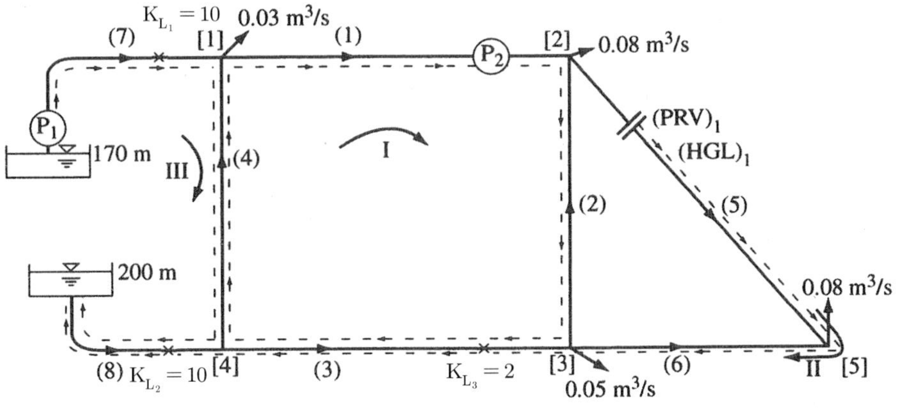

| 그림 4.26 | 8-배관, 펌프, 부분손실과 PRV를 갖는 관망

식 4.59의 식 F_6과 F_8은 변함이 없으나 실제루프식 F_7을 다음과 같이 가상루프식 F_7으로 새롭게 작성하여야 한다.

$$\begin{aligned}
F_7 = K_5' Q_5^{n_5} - K_6 Q_6^{n_6} - K_3 Q_3^{n_3} - K_{L3} Q_3^2/(2gA_3^2) \\
- K_8 Q_8^{n_8} - K_{L2} Q_8^2/(2gA_8^2) + 200 - HGL_1 = 0
\end{aligned} \tag{4.63}$$

상기 식에서 K_5' 는 배관 5에 설치된 PRV의 하류측 관로부분을 나타낸다. 따라서 독립식이 8개이므로 이 식을 이용하여 유량 $Q_i(i=1,8)$ 을 구할 수 있다. 만일 PRV가 완벽하게 폐쇄되지 않으면 식 F_7의 HGL_1은 밸브에 설정한 수두와 동일하게 149m가 된다. 이러한 가정아래 뉴튼법으로 해를 구하는 과정에서 Q_5의 수치가 (−)가 되면 PRV는 완벽하게 폐쇄되어야 한다. 그 후 PRV를 포함하는 배관 내 유량 Q_5는 더 이상 미지수가 아닌 $Q_5=0$이 되고, PRV 직하류에서 HGL 수치는 미지수가 된다. 다시 말해 이 PRV가 폐쇄되어도 동일한 공식시스템을 사용하여 관망 운영을 기술할 수 있으나 일련의 미지수는 Q_1, Q_2, Q_3, Q_4, HGL_1, Q_6, Q_7, Q_8가 된다. 전산 프로그램에서 접합부 연속식과 에너지루프식을 정의하는 정수 배열로부터 PRV를 포함하는 배관 번호를 생략하여 이러한 변화를 나타낸다. 또한 프로그램은 해답 배열 내 배관 유량 자리에 PRV의 HGL이 저장되는 것을 나타내기 위해 플래그(flag)를 설정한다.

PRV가 없을 때의 관망 문제를 해결하기 위해서 앞에서 사용한 프로그램과의 기본적인 변화는 다음과 같다. (1)$X(5)$는 부호에 따라 Q_5 또는 HGL이 될 수 있다. (2)F_7은 PRV 위치를 인위적인 저수지로 대체하고 이곳으로부터 하부 저수지까지의 가상루프가 된다. 전산해석 결과는 다음과 같고, 여기서 Q_5는 수두를 나타내며 단위는 m이다.

$$\begin{array}{llll} Q_1 = \ \ 0.102, & Q_2 = -0.022, & Q_3 = 0.108, & Q_4 = 0.077 \\ Q_5 = 149.227, & Q_6 = \ \ 0.080, & Q_7 = 0.055, & Q_8 = 0.185 \end{array}$$

상기 해로부터 PRV에서의 수두는 $H_5=149.227m$는 설정수두 149m를 초과하므로 PRV가 폐쇄되어 $Q_5=0$이 되고, 배관 5 내부 유동방향은 반전되는 것을 알 수 있다. 즉, PRV 하류측 HGL=149.227m는 설정치 149m보다 약간 높아 PRV는 정상적인 모드로 운영되지 않고 역지변으로서 작동하여 역방향으로 유동을 차단하므로 $Q_5=0$이 된다.

절점 5에서의 수요량이 $0.08m^3/s$에서 $0.1m^3/s$로 증가할 때의 해를 구하기 위해 서브루틴 FUNCT 내 절점 5에서의 연속식을 $F(5)=Q_5+X(6)-0.100$으로 변경하여 전산해석한 결과는 다음과 같으며 여기서 Q_5는 유량을 나타낸다.

$$\begin{array}{llll} Q_1 = 0.113, & Q_2 = 0.002, & Q_3 = 0.117, & Q_4 = 0.079 \\ Q_5 = 0.034, & Q_6 = 0.066, & Q_7 = 0.063, & Q_8 = 0.197 \end{array}$$

절점 5에서의 수요량이 $0.08m^3/s$에서 $0.1m^3/s$로 증가하면 PRV는 정상적으로 동작하고 PRV의 하류측에서의 수두는 HGL=149m 유지한다. 이 유량으로부터 배관 손실수두, 펌핑수두와 다른 수치를 구할 수 있고, 이 수치로부터 결정한 각 절점에서 수두는 다음과 같고, PRV 상류측의 수두는 154.8m이다.

$$H_1=173.6m,\ H_2=155.7m,\ H_3=155.7m,\ H_4=180.3m,\ H_5=147.2m$$

절점 5에서의 수요량이 $0.1m^3/s$에서 $0.16m^3/s$로 증가하면 서브루틴 FUNCT 내 절점 5에서의 연속식을 $F(5) = Q_5 + X(6) - 0.16$으로 변경하여 전산해석한 결과는 다음과 같고 여기서 Q_5는 유량을 나타낸다.

$$Q_1 = 0.145,\quad Q_2 = 0.050,\quad Q_3 = 0.145,\quad Q_4 = 0.088$$
$$Q_5 = 0.115,\quad Q_6 = 0.045,\quad Q_7 = 0.087,\quad Q_8 = 0.233$$

더 이상 반복수행하지 않아도 상기 수치는 유용한 것으로 판단된다. 또한 일부 손실수두와 펌핑수두를 계산하면 다음과 같으므로 절점 2에서 $H_2 = 134.2m$가 된다.

$$h_{f7} = 6.98m,\ h_{p1} = -28.0m,\ h_{p2} = 4.04m,\ h_{f1} = 4.92m$$

펌프 1에서의 비현실적인 (−) 수두의 원인은 펌프의 특성곡선을 정의하기 위해 사용된 3점의 유량범위를 벗어나서 펌프가 운전되기 때문이다. 또한 $H_2 = 134.2m$는 PRV 설정치보다 상당히 적고, PRV는 수두를 증가시키는 펌프와 같이 작동할 수 없기 때문에 완전 개방되어야 한다. PRV가 완전 개방되면 PRV는 손실계수가 약 10인 글로브밸브와 유사한 부분손실장치로서 작용한다. 따라서 마지막 해답은 유효하지 않고, PRV 위치에 다른 부분손실장치를 사용하여 문제를 해결하여야 한다. PRV의 완전개방 여부 또는 PRV의 설정압력 유지 여부를 확인하기 위한 단순한 방법은 현재 존재하지 않는다. 절점 수두는 유량을 구한 후 두 번째 단계에서 결정되기 때문에 반드시 $Q-$공식의 해를 먼저 구하여야 하며 $\triangle Q-$공식의 사용시에도 동일한 원리가 적용된다.

해를 구하면 PRV의 직상류측에서의 수두가 PRV 상류측 HGL인 H_v보다 적은지, 그리고 하류측 배관의 절점에서의 수두가 PRV에 설정된 HGL보다 큰지 확인하는 것이 가능하기 때문에 $H-$공식을 사용하여 PRV가 작동할 수 있는 3가지 모드를 가장 용이하게 나타낼 수 있다. 만일 하류측 절점에서의 수두 H가 PRV에 설정한 HGL보다 크면 PRV는 배관 내 유동을 차단하고, H_v가 HGL보다 적게 되면 PRV는 완전 개방된다.

PRV가 설치된 관망을 해석하기 위해 $\triangle Q-$공식을 사용할 때는 2개의 루프($\triangle Q$루프와 에너지루프)를 사용하여 해석하여야 한다. 그림 4.27의 관망에서 첫 번째 루프와 세 번째 루프식은 식 4.61과 동일하지만 두 번째 식은 다음 식으로 대체하여야 한다.

$$\begin{aligned} F_2 = K_5'(Q_{o5} + \triangle Q_2)^{n_5} - K_6(Q_{o6} - \triangle Q_2)^{n_6} - K_3(Q_{o3} - \triangle Q_1)^{n_3} \\ - K_{L3}(Q_{o3} - \triangle Q_1)^2/(2gA_3^2) - K_8(Q_{o8} - \triangle Q_3)^{n_8} \\ - K_{L2}(Q_{o8} - \triangle Q_3)^2/(2gA_8^2) + 200 - HGL = 0 \end{aligned} \tag{4.64}$$

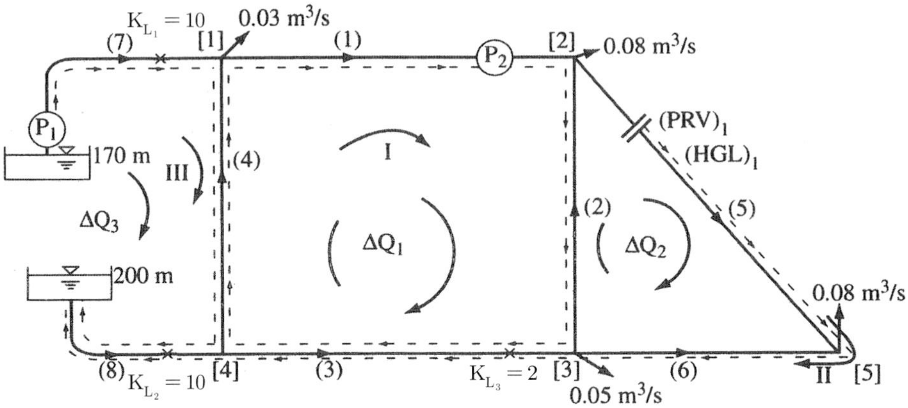

| 그림 4.27 | PRV와 8-배관으로 구성된 관망

상기 식에서 모든 항이 ΔQ_2를 포함하지 않고 일부 항만이 ΔQ_2를 포함하므로 대칭 자코비언행렬을 얻을 수 없다는 사실에 유의하여야 한다. ΔQ-공식을 사용할 때 PRV의 올바른 동작 모드를 결정하는 것은 Q-공식을 사용할 때와 동일하다. 즉, PRV는 배관 내 유동의 방향이 반대가 되면 폐쇄되고, PRV의 상류측에서 HGL이 설정압력보다 적으면 완전 개방되고, 마지막으로 PRV가 정상적으로 동작하는 것이다. PRV를 포함하는 배관 내 유동이 반대 방향인지를 확인하고 해결하고자 하는 문제의 특성을 변화시키기 위한 로직을 전산 프로그램에 쉽게 삽입할 수 있다. Q-공식에서와 같이 절점 수두를 계산할 때까지 PRV의 완전개방 또는 완전폐쇄를 결정할 수 없다. PRV가 폐쇄되면 그 배관 내 유량은 0이 되고, HGL은 설정치보다 큰 미지수가 된다. 오직 하나의 수정유량 ΔQ만이 PRV를 포함하는 배관을 통과하면 수정유량은 기저가 되며 $\Delta Q_j = \pm Q_{oi}$가 된다. 여기서 가정한 Q_{oi}와 ΔQ_j의 방향이 일치하면 (−) 부호를, 방향이 반대가 되면 (+) 부호를 적용한다. ΔQ_j의 자리에서 HGL은 미지수이고, 아직까지 미지수 숫자는 공식 숫자와 동일하다. 2개 이상의 수정유량 ΔQ가 통과하는 PRV가 폐쇄되면 반드시 이 수정유량 중 하나를 다른 항으로 표현하여야 하고, 미지수의 목록에서 PRV의 HGL을 ΔQ로 대체하여야 한다. 예를 들어 그림 4.28의 관망과 같이 배관 5가 아니라 배관 2에 PRV가 설치되면 $\Delta Q_2 = Q_{o2} + \Delta Q_1$이 되고, 배관 6과 7에서와 같이 ΔQ_2가 나타나는 모든 배관에서는 $\Delta Q_2 = Q_{o2} + \Delta Q_1$으로 대체하여야 한다.

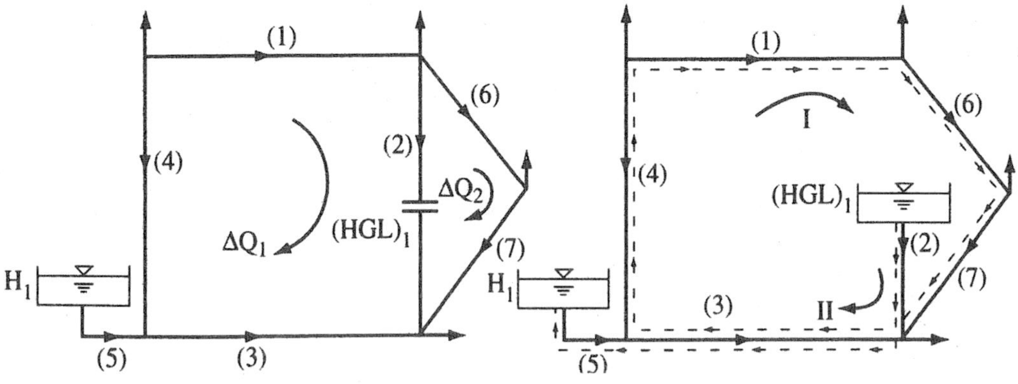

| 그림 4.28 | 7-배관으로 구성되고 배관 2에 PRV가 설치된 관망

상기와 같은 문제를 해결하기 위해 프로그램 EPRB4_9.FOR의 서브루틴 FUNCT를 고찰하여야 한다. 하나의 정수 변수 IDOO가 FUNCT 내부 인수의 목록에 추가 되었다. 이 변수는 호출 프로그램 내에서 공식 벡터가 평가되면 수치가 0으로 주어지고, 자코비언이 평가되면 1로 주어진다. 도함수를 평가할 때 PRV가 폐쇄되는 것을 원치 않기 때문에 이 변수가 필요하다. PRV가 폐쇄되면 $Q_5 = 0$으로 설정하고, $\triangle Q_2 = Q_5$의 수치를 고정시키고 $X(2)$로 표현된 미지수로서의 HGL로 $\triangle Q_2$를 대체하는 로직을 이해하는 것이 매우 중요하다. Q_5 수치가 (−)가 되면 이러한 변화가 발생한다. 이제 HGL이 PRV 설정치보다 적게 되는지 여부를 결정할 수 있으며 만일 이와 같은 현상이 발생하면 반드시 PRV가 다시 개방되어야 한다. 이 서브루틴의 또 다른 수정은 초기 유량 $Q_{oi}(i=1,8)$가 $X(i)(i=4,11)$를 통과하여 FUNCT로 입력되도록 허락하여 서브루틴 내부에서 Q_{oi}를 변경시키지 않고 수요량을 변화시키는 것이 가능하도록 한 것이다.

예제 4.9

$\triangle Q$–공식을 사용하여 그림 4.27의 8–배관 관망을 해결하라. 먼저 절점 5에서 수요량 $QJ_5 = 0.100m^3/s$일 때 해를 구한 후 $QJ_5 = 0.080m^3/s$일 때 해를 구하라.

해답 프로그램 EPRB4_9.FOR를 사용하여 절점 5에서의 수요량 $QJ_5 = 0.100m^3/s$일 때 이 문제를 해결하기 위한 입력자료와 출력자료는 다음과 같다.

입력자료	출력자료	비 고
$\triangle Q_1$ U 0.00	1 $\triangle Q_1$= −0.00749	
$\triangle Q_2$ U 0.00	2 $\triangle Q_2$= −0.00572	
$\triangle Q_3$ U 0.00	3 $\triangle Q_3$= −0.01668	
Q_{o1} K 0.12	4 Q_{o1} = 0.12	
Q_{o2} K 0.00	5 Q_{o2} = 0.00	
Q_{o3} K 0.011	6 Q_{o3} = 0.11	
Q_{o4} K 0.07	7 Q_{o4} = 0.07	
Q_{o5} K 0.04	8 Q_{o5} = 0.04	
Q_{o6} K 0.06	9 Q_{o6} = 0.06	
Q_{o7} K 0.08	10 Q_{o7} = 0.08	
Q_{o8} K 0.18	11 Q_{o8} = 0.18	

상기 $\triangle Q$ 관련 자료를 초기 유량에 적용하여 최종 유량 $Q(m^3/s)$을 구한 후 각 배관과 관련된 K와 n을 사용하여 배관에서의 손실수두를 계산한 결과는 다음 표와 같다.

배관 No.	1	2	3	4	5	6	7	8
$Q(m^3/s)$	0.1125	−0.0018	0.1175	0.0792	0.0343	0.0657	0.0633	0.1967
$h_f(m)$	21.43	0.0074	23.20	6.77	2.97	8.03	2.43	12.14

상기 유량으로부터 계산된 펌핑수두, 부분손실, 절점수두는 다음과 같으며 PRV의 상류측 수두 $H_{vi}=154.07m$는 $H_2=155.06m$보다 작아 PRV는 100% 개방되지는 않지만 절점 5에서의 수두 $H_5=147.03m$는 PRV의 설정치 HGL=149m 보다 적으므로 부분적으로 폐쇄되어 정상적으로 동작한다.

$h_{p1}=6.18m,\ \ h_{p2}=3.58m$

$h_{L1}=0.848m,\ \ h_{L2}=8.18m,\ \ h_{L3}=1.426m$

$H_1=172.9m, H_2=155.06m, H_3=155.06m, H_4=179.68m, H_5=147.03m,$

$H_{v1}=154.07m$

절점 5에서의 수요량이 $QJ_5=0.080m^3/s$인 경우 입력자료와 출력자료는 다음과 같다.

입력자료	출력자료	비 고
$\triangle Q_1$ U 0.00	1 $\triangle Q_1$= −0.01827	
$\triangle Q_2$ U 0.00	2 $\triangle Q_2$= 149.2	
$\triangle Q_3$ U 0.00	3 $\triangle Q_3$= −0.02508	
Q_{o1} K 0.12	4 Q_{o1} = 0.12	
Q_{o2} K 0.00	5 Q_{o2} = 0.00	
Q_{o3} K 0.09	6 Q_{o3} = 0.09	
Q_{o4} K 0.07	7 Q_{o4} = 0.07	
Q_{o5} K 0.04	8 Q_{o5} = 0.04	
Q_{o6} K 0.04	9 Q_{o6} = 0.04	
Q_{o7} K 0.08	10 Q_{o7} = 0.08	
Q_{o8} K 0.16	11 Q_{o8} = 0.16	

$QJ_5 = 0.080m^3/s$ 조건에서 모든 연속식을 만족시키도록 상기 입력자료와 같이 초기 추정 유량 Q_{oi}를 변경시킨다. 출력자료로부터 $H_5 = 149.2m$가 되어 PRV는 폐쇄되고, FUNCT는 $\triangle Q_2 = -Q_{o5}$로 설정하고 HGL의 위치에 $X(2)$를 사용하였기 때문에 $\triangle Q_2$는 실제로 PRV의 하류측 말단부에서의 HGL이 된다. 아래 표는 이러한 상황에서 유량과 손실수두의 계산 결과를 보여준다.

배관 No.	1	2	3	4	5	6	7	8
$Q(m^3/s)$	0.1017	0.0217	0.1083	0.0768	0.0	0.0800	0.0549	0.1851
$h_L(m)$	17.83	0.652	19.98	6.40	0.0	11.47	1.887	10.86

상기 표의 수치로부터 계산한 펌핑수두, 부분손실수두, 절점수두는 다음과 같고, PRV 하류측 말단부에서 $H_5 = 149.2m$는 PRV 설정 압력 $HGL = 149m$보다 높게 되어 PRV가 완전 폐쇄되므로 배관 5에서 유량은 0이 된다.

$h_{p1} = 8.02m$, $h_{p2} = 3.69m$

$h_{L1} = 0.638m$, $h_{L2} = 7.25m$, $h_{L3} = 1.211m$

$H_1 = 175.5m$, $H_2 = 161.4m$, $H_3 = 160.7m$, $H_4 = 181.9m$, $H_5 = 149.2m$

4.4.5 Q-공식의 체계적인 해

앞 절에서 관망 해석을 위해 사용한 3개의 공식시스템을 전개하였다. 여러 작은 관망에 대한 이러한 공식시스템의 작성, 임의 비선형 공식시스템을 해결하기 위한 뉴튼법 적용법, 그리고 3개 공식시스템과 관련된 뉴튼법을 수행하는 범용 프로그램을 사용하여 문제를 해결하는 방법을 살펴보았다. 또한 최종적으로 해를 구하기 위해 수계산으로 반복법을 수행하는 방법에 대해서도 상세하게 기술하였다.

본 절에서는 $Q-$공식을 사용하여 임의 관망을 해석하는 전산 프로그램을 전개함에 있어 상기 방법을 어떻게 사용하는지 살펴본다. 전산 프로그램을 수행하기 위해 관망과 접합부를 충분히 기술하기 위한 정보가 필요하다. 다음 두 절에서는 $H-$공식과 $\Delta Q-$공식의 해를 구하기 위해 유사한 프로그램을 전개한다.

부분손실이 없는 것으로 가정하여 시작하고, 만일 부분손실이 존재하면 이에 상응하여 등가 조도, 또는 하젠-윌리엄 $C_{HW}-$을 증가시키고 이를 부분손실을 포함하는 배관에 할당하여 모델링하며 마닝(Manning)식은 사용하지 않는다.

임의 관망을 기술함에 있어 다음 두 형태의 정보가 필요하다. (1)각 배관의 직경, 길이, 조도계수 그리고 각 배관의 말단부에서의 절점으로 구성된 배관 정보로서 이는 관망의 배관 목록을 통해 작성되기 때문에 배관-지향형 자료라 부른다. (2)접합부에서 수요량, 고도 그리고 접합부에 연결 가능한 배관을 포함하는 접합부 정보로서 이는 관망의 절점에서 작성되기 때문에 절점-지향형 자료라 부른다. 실제로 관망의 접합부는 각 배관의 말단부에서의 절점 번호 또는 각 절점에 연결되는 배관 번호로 정의될 수 있으며 이는 사용자가 관망 정의함에 있어 실수 여부를 확인하기 위한 이중 정보로 사용된다.

이제 필요한 입력자료를 기술하며 이러한 입력자료의 형태에 대한 자세한 사항은 후에 기술한다. 본절을 고찰하기 전에 독자는 프로그램 SOLQEQS.FOR의 내용을 살펴볼 필요가 있다. 사용자가 입력하여야 할 정보는 다음과 같다.

1. (a)배관 수량, (b)절점 수량, (c)관망을 공급하는 저수지 수량, (d)펌프 수량, (e)디폴트 수치로 결정된 선택사항(디폴트 선택사항과 이들이 어떻게 변경되는지는 후에 기술한다)을 변경하는 라인
2. 각 배관의 (a)번호, (b)상류 절점, (c)하류 절점, (d)길이, (e)직경과 (f)조도계수 f 목록
3. 각 절점의 (a)번호, (b)수요량, (c)고도, (d)절점에 연결된 배관 번호
4. 저수지가 있는 경우 (a)저수지와 관망을 연결하는 배관 번호, (b)저수지 수위
5. 펌프가 있는 경우 (a)펌프를 포함하는 배관의 번호, (b)정의된 운전 특성 범위 내 3쌍의 유량-펌핑수두$(Q-h_p)$ 자료

6. 최종적으로 최소 독립에너지루프를 결정하기 위해 사용할 수 있는 알고리즘은 상대적으로 복잡하므로 각 루프 주변의 배관 번호 목록이 필요하다. 루프 주변 유동이 반대 방향일 경우 배관 번호 앞에 (−) 부호를 첨가한다. 먼저 가상루프를 제공한 후 실제루프를 제공한다.

상기 1의 항목 내 정보는 관망과 관련된 나머지 정보를 저장하기 위한 배열 크기를 결정하고, 입력자료 파일로부터 각 정보의 형태를 읽기 위해 필요한 라인(line) 숫자를 결정하기 위해 사용된다. 상기에 열거된 정보는 반드시 순차적으로 제공되어야 한다. 프로그램은 다음과 같이 5개의 주요 업무를 수행한다.

1. 관망을 정의하는 입력자료를 읽는다.
2. 이 입력자료로부터 Q−공식시스템(즉, 접합부 연속식) 그리고 관망의 가상루프와 실제루프의 에너지식을 전개한다. 이는 공식과 자코비언행렬의 각 요소의 형태를 정의한다.
3. 공식시스템을 해결하기 위해 단순한 표준 선형 대수학 solver를 호출한다. 그러나 관망이 큰 경우에는 희소 자코비언 행렬(sparse Jacobian matrix) 특성의 장점을 취하는 특별 선형 대수학 solver를 사용하여야 한다.
4. 배관 유량을 구한 후 각 절점에서 수두 H를 구한다.
5. 쉽게 이해할 수 있도록 배관 자료와 절점 자료로 구성된 해답을 표로 작성한다.

첫 번째 포인터는 하나의 절점에 연결되는 배관 번호 그리고 루프를 정의하는 배관 번호를 읽으면서 연속적인 절점에 대한 자료를 분리하고, 두 번째 포인터는 연속적인 루프에 대한 자료를 분리한다. 절점에 연결되는 배관은 NN과 함께 일차원 배열 JN 내 연속적으로 위치한다. 여기서 NN은 이 배열 내부에서 연속 절점에 대한 자료를 분리하는 위치를 나타낸다. 이와 유사하게 LP와 함께 일차원 배열 IK는 루프를 형성하는 배관 번호를 포함하며 여기서 LP는 각 루프의 첫 번째 배관 번호를 나타낸다. 이차원의 배열보다는 포인터를 갖는 일차원 배열을 사용하면 자료를 효율적으로 저장할 수 있다. 이는 이차원 배열을 사용할 경우 두 번째 아래첨자는 반드시 최소한 루프 내 존재하는 배관의 최대 숫자와 동일하여야 하기 때문이다.

Q−공식 또는 ΔQ−공식을 해결하여 유량을 구한 후 절점 수두를 계산한다. 통상 이 수두는 저수지로부터 시작하며, 저수지 수위로부터 배관에서의 손실수두를 감하여 배관 말단부 절점에서의 H를 계산하여 수두를 구한다. 이러한 방법으로 수두를 결정한 후 이 절점에 연결된 다른 배관의 말단 절점에서의 수두를 결정한다. 모든 절점에서 수두를 결정할 때까지 이러한 절차를 반복한다.

프로그램 SOLQEQS에서 “DO 130” 루프는 배관 자료표가 작성된 후 수두 계산을 시작한다. “DO 130” 루프는 저수지에 연결된 배관의 각 절점에서 수두 H를 구하며, H를 구하는 즉시 이 절점 번호와 동일한 정수 배열 INDEX는 절점 수두를 계산하여 구한 것을 나타내기 위해 인수를 1로 설정한다. “DO 160” 루프는 INDX(I)=0이면 절점 I을 통과하지만 절점 I에서 아무것도 실행하지 않는다. 반대로 INDX(I)=1이면 배열 JN를 통해 이 절점에 연결된 배관에 접근하며, 배관의 다른 말단부에서 H가 미지수일 경우 H를 계산한다. 절점을 처음 통과하면서 모든 절점 수두가 구해지는 것은 아니므로, 수두가 구해진 절점의 번호는 정수 IJ에 축적된다. 한 번의 패스(pass)의 필요 여부를 확인하기 위한 방법은 IJ가 전체 절점 수량 NJ보다 적은지를 확인하는 것이다. IJ는 이전 패스(previous pass)로부터의 증가 여부를 실제로 확인할 수 있으며 IJ가 증가 하였으면 또 다른 절점으로 이동한다. 이 방법은 절점의 숫자보다 한번 더 많은 패스(pass)가 필요하지만 관망 표현에서의 오류가 존재할 경우 NJ 보다 적은 수두를 구하여 무한 루프가 발생하는 것을 방지할 수 있다. 모든 수두를 구한 후 절점 자료표를 작성하며, 사용자는 동일한 프로그램을 이용하여 자료가 다른 파일에 있는 다른 관망의 문제를 해결하거나 동일한 관망의 첨두계수(peaking factor)를 변경시킬 수 있다. 프로그램 SOLQEQS의 입력자료에 대한 상세한 사항은 다음과 같다.

Line 1 : 배관 수량(NP), 절점 수량(NJ), 저수지 수량($NRES$), 펌프 수량($NPUMP$), 선택사항 수량($NOPT$), 선택사항과 관련된 한 쌍의 자료.

선택사항은 수치와 함께 문자로 구성된다. 선택사항(option) 명시의 한 예로서 2‘U’ 1 ‘F’ 1.5의 경우 숫자 2는 두 선택사항이 변경되는 것을 나타내고 ‘U’1은 SI 단위, ‘F’ 1.5는 첨두계수 1.5를 명시하는 것을 나타낸다. 선택사항 지정시 단위(ES 또는 SI) 선택사항이 가장 먼저 명시되어야 하지만 다른 선택사항의 순서는 상관없다.

Next group : 관로를 구성하는 배관 자료를 나타내는 NP 라인으로 각 배관 번호, 상류측 절점번호, 하류측 절점번호, 길이, 직경과 조도로 구성된다. 배관번호는 1로 시작하여 연속적으로 지정되어야 하나 연속적으로 입력될 필요는 없다. 조도는 Colebrook-White식과 달시-바하식을 사용할 경우 등가 조도(직경과 동일한 단위) e 또는 하젠-윌리엄식을 사용할 경우 C_{HW} 그리고 혼합된 단위를 사용할 수 있으며 프로그램은 조도 크기를 기반으로 하여 어떤 식을 사용할 것인지를 결정한다.

Next group : 관로를 구성하는 절점자료를 나타내는 NJ 라인으로 각 절점 번호, 수요량, 고도, 절점에 연결된 배관수량, 그리고 절점으로부터 유출되면 (−) 반대로 유입되면 (+) 부호가 첨가되는 배관의 목록으로 구성된다. 이 정보는 접합부 연속식을 정의할 때 사용된다.

문 자	제어 대상	수치	디폴트
U 또는 u	ES 또는 SI 단위	0=ES, 1=SI	0
Q 또는 q	유량 단위	$0 = ft^3/s$ $1 = gal/\min$ $2 = mgd$ $3 = m^3/s$ $4 = l/s$	0 또는 3
D 또는 d	배관 직경, 조도 단위	$0 = in,\ 1 = ft$ $2 = m,\ 3 = \mathrm{cm}$ $4 = \mathrm{mm}$	ES의 경우 0 SI의 경우 4
F 또는 f	첨두계수	수요량 승수	1.0
V 또는 v	동점성계수	$\nu = value$	ES, 1.217E-5 SI, 1.310E-6
G 또는 g	비중량	$\gamma = value$	ES, 62.4 SI, 9806.0
C 또는 c	관망 확인	1 = yes, 0 = no	1
L	배관길이 단위	0 = ft 1 = m	U에 따라 자동결정

Next group : 관망을 구성하는 저수지 자료를 나타내는 $NRES$ 라인으로 저수지와 관망을 연결하는 배관의 번호와 수위가 명시된다.

Next group : 관망에 설치된 펌프를 나타내는 $NPUMP$ 라인으로 펌프가 설치된 배관 번호, 펌프 곡선을 정의하기 위한 3 쌍의 (Q, h_p) 자료가 명시된다.

Next group : 관망에서의 루프자료를 나타내는 라인으로 하나의 루프를 형성하는 배관의 수량과 배관 번호가 하나씩 명시된다. 가정한 배관 내 유동방향이 루프의 방향과 반대일 경우 반드시 배관 번호 앞에 (−) 부호를 첨부하여야 한다. NJ 라인에서는 저수지에 연결되는 가상루프가 가장 먼저 명시되고 후에 실제루프가 명시되어야 한다.

예제 4.10

프로그램 SOLQEQS를 사용하여 예제 4.5의 관망에서 (1)수요량이 예제 4.5와 같이 주어진 경우 (2)이 수요량을 2배할 경우에 대해 관망을 해석하라.

해답 프로그램 SOLQEQS의 입력자료는 다음과 같으며, 첫 번째 줄의 6은 배관이 6개, 5는 절점이 5개, 1은 저수지가 1개, 0은 펌프가 없으며 마지막 세 글자 1 'D' 1은 한 가지

선택사항이 변경되며 D 단위는 ft을 사용한다는 의미이다.

```
6 5 1 0 1 'D' 1                        1 0.50 350. 3 1 -2 -4
1 0 1 1500 0.667 0.000417              2 0.35 350. 2 2 -3
2 1 2 1000 0.5   0.000417              3 0.50 350. 2 4 -5
3 2 4 1500 0.5   0.000417              4 0.50 350. 3 3  5 -6
4 1 3 1500 0.5   0.000417              5 0.25 350. 1 6
5 3 4 1200 0.5   0.000417              1 500
6 4 5 1000 0.333 0.000417              4 2 3 -5 -4
```

또는 직경과 e의 단위를 디폴트 단위인 인치를 사용할 경우 1'D' 0 을 설정하거나 0으로 설정하며, 이 경우 입력자료는 다음과 같다.

```
6 5 1 0 0                              1 0.50 350. 3 1 -2 -4
1 0 1 1500 8.0 0.005                   2 0.35 350. 2 2 -3
2 1 2 1000 6.0 0.005                   3 0.50 350. 2 4 -5
3 2 4 1500 6.0 0.005                   4 0.50 350. 3 3  5 -6
4 1 3 1500 6.0 0.005                   5 0.25 350. 1 6
5 3 4 1200 6.0 0.005                   1 500
6 4 5 1000 4.0 0.005                   4 2 3 -5 -4
```

ft 단위의 직경과 조도를 사용한 프로그램의 수행 결과는 아래 표와 같다.

배관자료

배관	절점		L	D	$e(\times 10^{-4})$	Q	유속	손실수두	손실수두
번호	From	To	ft	ft	ft	ft^3/s	ft/s	ft	/1000
1	0	1	1500	0.667	4.17	2.10	6.02	23.78	15.85
2	1	2	1000	0.500	4.17	0.82	4.18	11.17	11.17
3	2	4	1500	0.500	4.17	0.47	2.39	5.79	3.86
4	1	3	1500	0.500	4.17	0.78	3.97	15.21	10.14
5	3	4	1200	0.500	4.17	0.28	1.43	1.75	1.46
6	4	5	1000	0.333	4.17	0.25	2.87	8.99	8.99

절점자료

절점	수요량		고도	수두	압력	HGL(ft)
	추정	결과	ft	ft	lb/in^2	
1	0.5	0.500	350.0	126.22	54.52	476.22

2	0.3	0.350	350.0	115.06	49.70	465.06
3	0.5	0.500	350.0	111.02	47.95	461.02
4	0.5	0.500	350.0	109.27	47.20	459.27
5	0.3	0.250	350.0	100.27	43.31	450.27

Q 공식 해결

프로그램 SOLQEQS 사용시 디폴트된 점성계수를 사용하므로 $\nu = 1.217 \times 10^{-5} ft^2/s$를 사용한다. 예제 4.5의 관망에서 $Q_6 = QJ_5 = 0.25 ft^3/s$이므로 배관 6을 제거하면 5-배관, 4-절점의 관망으로 축소된다. 따라서 배관 유량을 구하기 위해서는 다음과 같이 4개의 접합부 연속식과 1개의 실제 루프식을 작성할 수 있다.

$$Q_1 - Q_2 - Q_4 - QJ_1 = 0 \tag{1}$$

$$Q_2 - Q_3 - QJ_2 = 0$$

$$Q_2 - Q_3 - QJ_2 = 0$$

$$Q_3 + Q_5 - Q_6 - QJ_4 = 0$$

$$K_2 Q_2^{n_2} + K_3 Q_3^{n_3} - K_4 Q_4^{n_4} - K_5 Q_5^{n_5} = 0$$

식 (1)에서 Q_6는 미지수가 아닌 기저이므로 5개의 미지수 $Q_1 \sim Q_5$와 5개의 식이 있으므로 뉴튼법으로 해결하여 $Q_1 \sim Q_5$를 구할 수 있다.

전산 프로그램 수행과정을 상세히 살펴보면 다음과 같다. 먼저 배관 유량을 추정하기 위해서 다음 식을 사용하며, ES 단위 사용시 $VFAC = 3.1$, SI 단위 사용시 $VFAC = 1.0$이다.

$$Q_i = VFAC \times D_i^2 \tag{2}$$

$h_f = KQ^n$ 지수식의 K와 n를 구하기 위해 유량범위 $Q = 0.8Q$과 $Q = 1.2Q$에서 f, a, n, b, K를 계산한다. 예를 들어 배관 1의 경우

$$Q_1 = 3.1 \times 0.6667^2 = 1.3778 ft^3/s \tag{3}$$

$$Q_{11} = 0.8 \times 1.3778 = 1.1022 ft^3/s$$

$$Q_{12} = 1.2 \times 1.3778 = 1.6533 ft^3/s$$

다음의 Colebrook-White 식에서 f만이 유일한 미지수이기 때문에 엑셀의 해찾기 기능을 이용하여 Q_{11}과 Q_{12}에서 마찰계수 $f_1 = 0.01966$과 $f_2 = 0.01905$를 구할 수 있다.

$$\frac{1}{\sqrt{f}} - 1.14 + 2\log_{10}\left(\frac{e}{D} + \frac{7.3434728\nu D}{Q\sqrt{f}}\right) = 0$$

식 2.24, 2.25, 2.22, 2.21로부터

$$b = \frac{ln(f_1/f_2)}{ln(Q_2/Q_1)} = \frac{ln\left(\frac{0.01966}{0.01905}\right)}{ln\left(\frac{1.6533}{1.1022}\right)} = 0.0783 \qquad (4)$$

$$a = f_1 Q_1^b = 0.01966 \times 1.1022^{0.0783} = 0.0198$$

$$n = 2 - b = 2 - 0.0198 = 1.9217$$

$$K = \frac{aL}{2gDA^2} = \frac{0.0198 \times 1500}{2 \times 32.2 \times 0.6667 \times 0.3489^2} = 5.6877$$

모든 배관에 상기 절차를 적용하면 다음 표와 같은 결과를 얻을 수 있다.

배관	$L(ft)$	$D(ft)$	$A(ft^2)$	$Q(ft^3/s)$	Q_1	Q_2	f_1	f_2	b	a	K	N
1	1500	0.667	0.3489	1.3778	1.1022	1.6533	0.0197	0.0191	0.0783	0.0198	5.6877	1.9217
2	1000	0.500	0.1963	0.7750	0.6200	0.9300	0.0211	0.0204	0.0792	0.0203	16.345	1.9208
3	1500	0.500	0.1963	0.7750	0.6200	0.9300	0.0211	0.0204	0.0792	0.0203	24.517	1.9208
4	1500	0.500	0.1963	0.7750	0.6200	0.9300	0.0211	0.0204	0.0792	0.0203	24.517	1.9208
5	1200	0.500	0.1963	0.7750	0.6200	0.9300	0.0211	0.0204	0.0792	0.0203	19.613	1.9208

식 (1) $F_1 \sim F_5$의 $Q_1 \sim Q_5$에 대해 미분하여 자코비언행렬를 구하고, 상기 표의 유량 $Q_1 \sim Q_6$을 $F_1 \sim F_5$식에 대입하여 함수행렬을 구하면 다음과 같다.

$$\overset{[D]}{\begin{bmatrix} 1.0000 & -1.0000 & 0.0000 & -1.0000 & 0.0000 \\ 0.0000 & 1.0000 & -1.0000 & 0.0000 & 0.0000 \\ 0.0000 & 0.0000 & 0.0000 & 1.0000 & -0.0000 \\ 0.0000 & 0.0000 & 1.0000 & 0.0000 & 1.0000 \\ 0.0000 & 24.8272 & 32.2407 & -32.2407 & -29.7926 \end{bmatrix}} \overset{[z]}{\begin{pmatrix} z_1 \\ z_2 \\ z_3 \\ z_4 \\ z_5 \end{pmatrix}} \overset{[F]}{\begin{pmatrix} -0.6722 \\ -0.3500 \\ -0.5000 \\ 0.8000 \\ -2.0034 \end{pmatrix}}$$

엑셀의 행렬식 기능을 이용하여 상기 행렬의 해 z를 구하면 다음과 같다.

$$[z]^T = [-0.7222,\ -0.0271,\ 0.3229,\ -0.0229,\ 0.4771]$$

2회 반복

식 4.32c $\{x\}^{(m+1)} = \{x\}^{(m)} - \{z\}$에 따라 유량을 다음과 같이 수정한다.

$$[Q]^T = (2.100\ \ 0.3021\ \ 0.4521\ \ 0.7979\ \ 0.2979)$$

이제 상기 유량을 식 (1)~(4)에 대입하여 상기 절차를 3회 반복하면 다음 표와 같은 결과를 얻을 수 있다.

배관	$Q(ft^3/s)$	b	a	K	N
1	2.1000	0.0585	0.0196	5.6306	1.9415
2	0.8201	0.0763	0.0203	16.3559	1.9237
3	0.4701	0.1070	0.0200	24.1599	1.8930
4	0.7799	0.0788	0.0203	24.5188	1.9212
5	0.2799	0.1383	0.0193	18.7115	1.8617

절점 *HGL* 해결

각 절점에서의 HGL를 구하기 위해서는 H−공식시스템을 해결하여야 하지만 Q−공식시스템을 해결하여 얻은 결과를 사용하여 HGL를 구할 수 있다. 절점 1에서의 HGL_1은 저수지 수위 WS_1에서 배관 1에서의 손실수두 h_{f1}를 감한 것과 동일하므로 다음과 같이 계산할 수 있다.

$$HGL_1 = WS_1 - K_1 Q_1^{n_1}$$

$$= 200 - 5.6306 \times 2.1^{1.9415} = 200 - 23.78 = 476.22ft$$

HGL_1에서 배관 2에서의 손실수두 h_{f2}를 감하여 절점 2에서의 HGL_2을 구할 수 있다.

$$HGL_2 = HGL_1 - K_3 Q_3^{n_3}$$

$$= 476.22 - 16.3559 \times 0.82^{1.9237} = 476.22 - 11.17 = 465.06ft$$

HGL_2에서 배관 3에서의 손실수두 h_{f3}를 감하여 HGL_4을 구할 수 있다.

$$HGL_4 = HGL_2 - K_3 Q_3^{n_3}$$

$$= 165.06 - 24.1599 \times 0.47^{1.893} = 165.06 - 5.79 = 461.02ft$$

또는 HGL_1에서 배관 4에서의 손실수두 h_{f4}를 감하여 절점 3에서의 HGL_3을 구할 수 있다.

$$HGL_4 = HGL_1 - K_4 Q_4^{n_4}$$

$$= 476.22 - 24.5188 \times 0.78^{1.9212} = 476.22 - 15.21 = 459.27ft$$

예제 4.5의 동점성계수 $\nu = 1.397 \times 10^{-5} ft^2/s$를 사용하였지만 본 예제에서는 $\nu = 1.217 \times 10^{-5} ft^2/s$를 사용하였기 때문에 결과가 약간 다르게 나타난다.

첨두계수 2.0을 입력하여 프로그램 수행한 결과는 다음 표와 같다. 절점 자료표에서 수두 중 일부가 (−)인 것을 알 수 있으며, 따라서 이 관망은 초기 수치의 2배인 수요량을 공급하는 것은 불가능하다(상세한 해결 과정은 Exam4_10.xls 파일 참조)

첨두계수=2.0인 경우

배관자료

배관 번호	절점 From	절점 To	L ft	D ft	$e(\times 10^{-4})$ ft	Q ft^3/s	유속 ft/s	손실수두 ft	손실수두 /1000
1	0	1	1500	0.667	4.17	4.20	12.04	91.53	61.46
2	1	2	1000	0.500	4.17	1.64	8.36	42.48	42.88
3	2	4	1500	0.500	4.17	0.94	4.79	21.53	14.55
4	1	3	1500	0.500	4.17	1.56	7.94	57.69	38.84
5	3	4	1200	0.500	4.17	0.56	2.85	6.32	5.37
6	4	5	1000	0.333	4.17	0.50	5.73	33.66	35.99

절점자료

절점	수요량 추정	수요량 결과	고도 ft	수두 ft	압력 lb/in^2	HGL(ft)
1	1.0	1.000	350.0	57.81	24.97	407.81
2	0.7	0.700	350.0	14.93	6.45	364.93
3	1.0	1.000	350.0	-0.44	-0.19	349.56
4	1.0	1.000	350.0	-6.89	-2.97	343.11
5	0.5	0.500	350.0	-42.87	-18.52	307.13

예제 4.11

프로그램 SOLQEQS를 사용하여 아래 그림과 같이 5-배관, 3-절점으로 구성된 관망을 해석하라. 저수지에 연결된 배관 1에 펌프가 설치되고 펌프특성은 표와 같다. 단, 동점성계수 $\nu = 1.417 \times 10^{-5} ft^2/s$ 이고 모든 절점의 고도는 0이다.

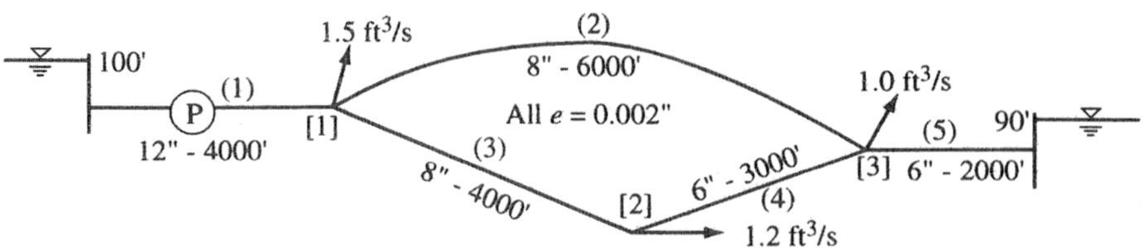

유량 $Q(ft^3/s)$	4.5	4.0	3.5
수두 $H(ft)$	54	50	44

해답 프로그램 SOLQEQS의 입력자료와 해답은 다음과 같다. 여기서 단위가 명시되지 않으면 자동으로 u = 0(ES), Q = $0(ft^3/s)$, D = 0(인치), 조도 = 0(인치), G = 62.4, L = 0(ft), $\nu = 1.217 \times 10^{-5} ft^2/s$로 명시된다(상세한 해결 과정은 Exam4_11.xls 파일 참조).

```
5 3 2 1 1 'V' 1.417E-5
1 0 1 4000 12 0.002
2 1 3 6000 8 0.002
3 1 2 4000 8 0.002
4 2 3 3000 6 0.002
5 3 0 2000 6 0.002
1 1.5 0 3 1 -2 -3
2 1.2 0 2 3 -4
3 1.0 0 3 2 4 -5
1 100
5 90
1 4.5 54 4.0 50 3.5 44
3 1 2 5
3 2 -4 -3
```

배관자료

배관 번호	절점		L	D	$e(\times 10^{-4})$	Q	유속	손실수두	손실수두
	From	To	ft	ft	ft	ft^3/s	ft/s	ft	/1000
1	0	1	4000	12.0	2.0	4.10	5.22	26.47	6.62
2	1	3	6000	8.0	2.0	1.19	3.41	29.17	4.86
3	1	2	4000	8.0	2.0	1.41	4.04	26.69	6.67
4	2	3	3000	6.0	2.0	0.21	1.07	2.48	0.83
5	3	0	2000	6.0	2.0	0.40	2.03	5.32	2.66

배관 1의 Pump 1 : 수두=52.21ft, $Q = 4.13ft^3/s$

절점자료

절점	수요량		고도	수두	압력	HGL(ft)
	추정	결과	ft	ft	lb/in^2	
1	1.5	1.500	0.0	124.49	53.94	124.49
2	1.2	1.200	0.0	97.80	42.38	97.80
3	1.0	1.000	0.0	95.32	41.31	95.32

Q 공식 해결

이 관망에 대해 다음과 같이 접합부 연속식 3개와 에너지루프식 2개를 작성할 수 있다.

$$F_1 = Q_1 - Q_2 - Q_3 - QJ_1 = 0 \quad (1)$$

$$F_2 = Q_3 - Q_4 - QJ_2 = 0$$

$$F_3 = Q_2 + Q_4 - Q_5 - QJ_3 = 0$$

$$F_4 = K_1 Q_1^{n_1} - h_{P1} + K_2 Q_2^{n_2} + K_5 Q_5^{n_5} - 100 + 90 = 0$$

$$F_5 = K_2 Q_2^{n_2} - K_4 Q_4^{n_4} - K_3 Q_3^{n_3} = 0$$

전산 프로그램 수행과정을 상세히 살펴보면 다음과 같다. 먼저 배관 유량을 추정하기 위해서 다음 식을 사용하며, ES 단위 사용시 $VFAC = 3.1$, SI 단위 사용시 $VFAC = 1.0$이다.

$$Q_i = VFAC \times D_i^2 \quad (2)$$

$h_f = KQ^n$ 지수식의 K와 n를 구하기 위해 유량범위 $Q = 0.8Q$과 $Q = 1.2Q$에서 f, a, n, b, K를 계산한다. 예를 들어 배관 1의 경우

$$Q_1 = 3.1 \times 1^2 = 3.1 ft^3/s \quad (3)$$

$$Q_{11} = 0.8 \times 3.1 = 2.48 ft^3/s$$

$$Q_{12} = 1.2 \times 3.1 = 3.72 ft^3/s$$

다음의 Colebrook-White 식에서 f만이 유일한 미지수이기 때문에 엑셀의 해찾기 기능을 이용하여 Q_{11}과 Q_{12}에서 마찰계수 $f_1 = 0.016624$과 $f_2 = 0.015785$를 구할 수 있다.

$$\frac{1}{\sqrt{f}} - 1.14 + 2\log_{10}\left(\frac{e}{D} + \frac{7.3434728\nu D}{Q\sqrt{f}}\right) = 0$$

식 2.24, 2.25, 2.22, 2.21로부터

$$b = \frac{ln(f_1/f_2)}{ln(Q_2/Q_1)} = \frac{ln\left(\frac{0.016624}{0.015785}\right)}{ln\left(\frac{3.72}{2.48}\right)} = 0.1278 \quad (4)$$

$$a = f_1 Q_1^b = 0.016624 \times 2.48^{0.1278} = 0.0187$$

$$n = 2 - b = 2 - 0.1278 = 1.8722$$

$$K = \frac{aL}{2gDA^2} = \frac{0.0187 \times 4000}{2 \times 32.2 \times 1 \times 0.785^2} = 1.8818$$

모든 배관에 상기 절차를 적용하면 다음 표와 같은 결과를 얻을 수 있다.

배관	$L(ft)$	$D(ft)$	$A(ft^2)$	$Q(ft^3/s)$	Q_1	Q_2	f_1	f_2	b	a	K	N
1	4000	1.000	0.7850	3.1000	2.4800	3.7200	0.01662	0.01578	0.1278	0.0187	1.882	1.9217
2	6000	0.666	0.3488	1.3778	1.1022	1.6533	0.01812	0.01718	0.1309	0.0184	21.07	1.9208
3	4000	0.666	0.3488	1.3778	1.1022	1.6533	0.01812	0.01718	0.1309	0.0184	14.05	1.9208
4	3000	0.500	0.1962	0.7750	0.6200	0.9300	0.01931	0.01829	0.1333	0.0181	43.83	1.9208
5	2000	0.500	0.1962	0.7750	0.6200	0.9300	0.01931	0.01829	0.1333	0.0181	29.22	1.9208

식 (1) $F_1 \sim F_5$의 $Q_1 \sim Q_5$에 대해 미분하여 자코비언행렬를 구하고, 상기 표의 유량 $Q_1 \sim Q_5$을 $F_1 \sim F_5$식에 대입하여 함수행렬을 구하면 다음과 같다.

$$\underset{[D]}{\begin{bmatrix} 1.0000 & -1.0000 & -1.0000 & 0.0000 & 0.0000 \\ 0.0000 & 1.0000 & 0.0000 & 1.0000 & -1.0000 \\ 0.0000 & 0.0000 & 1.0000 & -1.0000 & 0.0000 \\ -7.7482 & 52.0374 & 0.0000 & 0.0000 & 43.7320 \\ 0.0000 & 52.0374 & -34.6916 & -65.5979 & 0.0000 \end{bmatrix}} \underset{[z]}{\begin{pmatrix} z_1 \\ z_2 \\ z_3 \\ z_4 \\ z_5 \end{pmatrix}} \underset{[F]}{\begin{pmatrix} -1.1556 \\ 0.3778 \\ -0.5972 \\ 24.4052 \\ -14.4477 \end{pmatrix}}$$

엑셀의 행렬식 기능을 이용하여 상기 행렬의 해 z를 구하면 다음과 같다.

$$[z]^T = [-1.1925,\ 0.1380,\ -0.1750,\ 0.4223,\ 0.1825]$$

2회 반복

식 4.32c $\{x\}^{(m+1)} = \{x\}^{(m)} - \{z\}$에 따라 유량을 다음과 같이 수정한다.

$$Q_1 = Q_1 - z_1 = 3.1 + 1.1925 = 4.2925$$

$$Q_2 = Q_2 - z_2 = 1.3778 - 0.1380 = 1.2397$$

$$Q_3 = Q_3 - z_3 = 1.3778 + 0.1750 = 1.5527$$

$$Q_4 = Q_4 - z_4 = 0.7750 - 0.4223 = 0.3527$$

$$Q_5 = Q_5 - z_5 = 0.7750 - 0.1825 = 0.5925$$

이제 상기 유량을 식 (1)~(4)에 대입하여 상기 절차를 5회 반복하면 다음 표와 같은 결과를 얻을 수 있다.

배관	$Q(ft^3/s)$	b	a	K	N
1	4.10	0.1136	0.0183	1.8487	1.8864
2	1.19	0.1386	0.0184	21.1101	1.8614
3	1.41	0.1297	0.0183	14.0487	1.8703
4	0.21	0.1990	0.0171	41.2867	1.8010
5	0.40	0.1683	0.0177	28.6068	1.8317

절점 *HGL* 해결

각 절점에서의 *HGL*를 구하기 위해서는 *H*-공식시스템을 해결하여야 하지만 *Q*-공식시스템을 해결하여 얻은 결과를 사용하여 *HGL*를 구할 수 있다. 절점 1에서의 HGL_1은 저수지 수위 WS_1과 펌핑수두 h_P를 더한 것에 배관 1에서의 손실수두 h_{f1}를 감한 것과 동일하므로 다음과 같이 계산할 수 있으며, 주어진 펌프의 3쌍의 $Q-H$자료 그리고 부록 D.3에 기술한 엑셀의 펌프 특성식을 구하는 기능을 이용하여 펌핑수두 2차식의 계수 *A*, *B*, *C*를 구할 수 있다.

$$HGL_1 = WS_1 + AQ_1^2 + BQ_1 + C - K_1 Q_1^{n_1}$$

$$= 100 - 4 \times 4.10^2 + 42 \times 4.10 - 54 - 1.8338 \times 4.10^{1.8864}$$

$$= 124.49 ft$$

HGL_1에서 배관 3에서의 손실수두 h_{f3}를 감하여 절점 2에서의 HGL_2을 구할 수 있다.

$$HGL_2 = HGL_1 - K_3 Q_3^{n_3}$$

$$= 124.49 - 14.0437 \times 1.41^{1.8730} = 97.80 ft$$

HGL_1에서 배관 2에서의 손실수두 h_{f2}를 감하여 HGL_3을 구할 수 있다.

$$HGL_3 = HGL_1 - K_2 Q_2^{n_2}$$

$$= 124.49 - 21.1101 \times 1.19^{1.8614} = 95.32 ft$$

또는 HGL_1에서 배관 3과 4에서의 손실수두 h_{f3}와 h_{f4}를 감하여 절점 3에서의 HGL_3을 구할 수 있다.

$$HGL_3 = HGL_1 - K_3 Q_3^{n_3} - K_4 Q_4^{n_4}$$

$$= 124.49 - 14.0437 \times 1.41^{1.8703} - 41.2867 \times 0.21^{1.8010} = 95.32 ft$$

예제 4.12

SOLQEQS 프로그램을 사용하여 그림 4.6의 7-배관, 4-절점으로 구성되고 배관 6에 PRV가 설치된 관망을 해석하라.

해답 이 프로그램을 위한 입력자료와 실행결과는 아래 표와 같다. 본 예제의 경우 여러 측면에서 입력자료를 검토할 필요가 있다. 즉, 절점 자료 라인에서 절점 고도 이후 하나의 절점에 연결되는 배관의 정보를 사용하여 접합부 연속식을 정의하였다. 따라서 절점 1에 연결되는 배관의 목록에는 PRV가 설치된 배관 6이 반드시 포함되어야 한다. 관망의 루프를 정의하는 배관을 열거하는 입력자료는 에너지루프식을 정의하기 위해 사용된다. 따라서 이 그룹은 PRV에 의해 생성된 인위적인 저수지에서 시작하는 하나의 루프를 정의하여야 한다. 또한 배관 6의 하류측 부분은 $K^{'}$를 정의하므로 이 부분의 길이는 500ft이고 배관 6의 상류측을 하나의 저수지로 간주하여 절점 번호는 0으로 명시된다.

```
7 4 3 1 1 'C' 0
1 0 1 1000 6 0.02
2 1 2 1000 6 0.02
3 3 2  800 6 0.02
4 0 3  200 6 0.02
5 3 4 2000 6 0.02
6 0 4  500 6 0.02
7 1 3 1500 1 0.02
1 0.0 50 4 1 -2 -6 -7
2 1.0 50 2 2  3
3 0.0 50 4 4 7 -3 -5
4 1.0 20 2 5 6
1 90
4 100
6 55
1 1.0 60 1.5 55 2.0 48
3 1 7 -4
3 6 -5 -4
3 2 -3 -7
```

배관자료

배관 번호	절점		L ft	D ft	$e(\times 10^{-4})$ ft	Q ft^3/s	유속 ft/s	손실수두 ft	손실수두 /1000
	From	To							
1	0	1	1000	6.0	20.0	1.11	5.66	27.33	27.33
2	1	2	1000	6.0	20.0	1.07	5.45	25.37	25.37
3	3	2	800	6.0	20.0	-0.07	-0.35	0.10	0.13
4	0	3	200	6.0	20.0	0.89	4.53	3.52	17.62
5	3	4	2000	6.0	20.0	0.96	4.92	41.49	20.75
6	0	4	500	6.0	20.0	0.04	0.17	0.02	0.02
7	1	3	1500	1.0	20.0	0.01	1.31	25.26	16.84

배관 1의 Pump 1 : 수두=59.09ft, $Q = 1.11 ft^3/s$

절점자료

절점	수요량		고도 ft	수두 ft	압력 lb/in^2	HGL(ft)
	추정	결과				
1	0.0	0.000	50.0	71.74	31.1	121.74
2	1.0	1.000	50.0	46.37	20.1	96.37
3	0.0	0.000	50.0	46.27	20.1	96.27
4	1.0	1.000	20.0	34.77	15.1	54.77

본 예제에 대해 엑셀로 해석하는 상세한 과정은 Exam4_12.xls 파일을 참조한다.

4.4.6 H-공식의 체계적인 해

본 절에서는 H-공식을 해결하여 관망을 해석하는 프로그램에 대해 기술한다. 이 프로그램은 PRV 또는 BPV를 포함하지 않고 부분손실을 무시할 수 있는 관망에 대한 H-공식의 해로 제한하고, 본 절의 마지막 문제에서 PRV 등이 포함된 예제를 기술한다. 이러한 제한 조건에서 공식시스템의 자코비언행렬은 대칭이 된다. $\{(H_i - H_j)/K_k\}^{1/n_k}$와 같이 절점 i와 j 사이 배관 k의 내부 유량을 기술하는 편미분항은 i 또는 j가 접합부 연속식이 작성되는 절점이 아니면 이 유량이 발생하는 식들에서의 편미분항과 동일하여 이와 같은 대칭행렬이 발생한다. 유량이 접합부로 유입되면 (+), 접합부로부터 유출되면 (−) 부호협약에 따라 j가 식이 작성되는 접합부이면 이 편미분항의 앞에 (+) 부호가 선행된다. H_i 관한 도함수는 (+)가 되고 H_j에 관한 도함수는 (−)가 된다. 만일 편미분항이 절점 i로부터 유출되는 접합부 배관을 기술하면 편미분항의 부호는 (−)가 되고 반대편의 절점 j에 대한 편미분항의 부호는 (+)가 된다. 따라서 이미 앞의 예제에서 본 것과 같이 자코비언행렬의 비대각(off-diagonal) 요소는 (+)가 되고 대각(diagonal) 요소는 (−)가 된다. 자코비언행렬을 생성하기 위한 알고리즘 전개시 이러한 대칭 특성을 사용하여야 한다. 그러나 도함수 평가를 위한 대안을 먼저 검토하여야 한다.

배관 번호 k를 나타내는 아래첨자를 생략한 $\{(H_i - H_j)/K\}^{1/n}$을 H에 관해 미분하기 위한 직접적인 방법은 다항식 미적분을 사용하여 아래 식을 얻는 것이다.

$$\pm \frac{\left(\dfrac{H_i - H_j}{K}\right)^{\frac{1-n}{n}}}{nK} \tag{4.65}$$

상기 식에서 H_j에 관해 미분하면 (−) 부호가 적용된다. 그러나 배관 내 펌프가 존재하면 이 항은 $\{(H_i + h_p - H_j)/K\}^{(1/n)}$으로 변경되므로 이를 미분하는 것은 단순하지 않게 된다. 통상적으로 $h_p = AQ^2 + BQ + C$로 표현되며 도함수를 구하기 위해 다음 항으로 시작하고

$$Q = \left[\frac{H_i - H_j}{K}\right]^{\frac{1}{n}} \tag{4.66}$$

상기 식을 H_j에 관해 미분하면 다음과 같다.

$$\frac{dQ}{dH} = \frac{(H_i - H_j)^{\frac{1}{n} - 1}}{nK^{\frac{1}{n}}} = -\frac{Q^{1-n}}{nK} \tag{4.67}$$

H_i 관한 편미분은 다음과 같다.

$$\frac{\partial Q}{\partial H_i} = \frac{Q^{1-n}}{nK} \tag{4.68}$$

식 4.67과 4.68은 (−) 부호를 제외하고 동일하다. 따라서 식 4.68을 사용하여 자코비언행렬 요소를 신속하게 구할 수 있다. 이러한 방법으로 펌프가 포함된 배관의 자코비언 항을 계산할 수 있다. 또한 다음과 같이 작성하여 최종 해답에서 추정된 유동방향이 올바를지라도 반복 연산 동안 유동방향이 추정한 방향과 반대가 되는 유동의 부호를 변화시킬 수 있다.

$$\left(\frac{H_i - H_j}{K}\right)^{\frac{1}{n}} \Rightarrow \left(\frac{H_i - H_j}{K}\right)^{\frac{1}{n} - 1}\left(\frac{H_i - H_j}{K}\right)$$

배관 내 펌프가 존재하면

$$H_i - H_j + AQ^2 + BQ + C - KQ^n = 0 \tag{4.69}$$

상기 식은 미분 연산 절차에 따라 다음과 같이 된다.

$$\frac{\partial Q}{\partial H} = \pm \frac{1}{nKQ^{n-1} - 2AQ - B} \tag{4.70}$$

H_i에 관한 미분이면 (+) 부호를 선택하고 H_j에 관한 미분이면 (−) 부호를 선택한다. 따라서 펌프를 포함하는 배관에 대해서는 식 4.69를 먼저 해결하여 Q를 구하고, 이 Q를 식 4.70에 대입하여 자코비언행렬에 대한 도함수를 구한다.

프로그램 SOLQEQS를 수정하여 H−공식시스템을 해결할 수 있다. CD에 수록된 프로그램 SOLHEQS의 내용을 취득하여 본 절에서 검토한 내용을 참조한다. 여기서는 본 절의 후반부에도 사용되는 NAMELIST(실제로 포트란 77의 연장이나, 다른 많은 포트란 컴파일러에 의해 수행된다)를 사용하여 선택사항(option)을 처리한다. &OPTIONS 라인에 있는 선택사항은 IU(ES 또는 SI 단위 설정), IQ(유량 단위 설정), ID(직경과 조도의 단위 설정), IC(IC=0이면 이중 관망 접합부 표현을 생략), VIS(동점성 계수), PF(첨두계수), GAMMA(비중량), 그리고 ERR(뉴튼 오류 판단기준)이다. H−공식에서는 에너지루프식이 필요 없으므로 루프식을 생성하는 부분은 생략된다. 공식시스템을 생성하는 부분은 접합부 연속식을 포함하지만 관망시스템의 자코비언식과 H−공식을 구하는 새로운 방법을 수행하기 위해 이 부분을 수정하여야한다. 프로그램 SOLHEQS 내부에서 절점 수두를 저장하는 H 배열의 크기는 저수지 수두를 포함하기 위해 증가되고, 이제 H_i와 H_j는 저수지로부터 관망으로 공급되는 유량을 포함하여 각 배관의 말단부에서 절점 수두를 제공한다. 따라서 배관 내 설치된 펌프를 용이하게 발견할 수 있으며 이 펌프의 상류측 절점 번호는 (−) 수치로 변화된다. 보조 함수 프로그램인 COMPK_N은 n을 제공하고 후에 사용하기 위해 $(1-1/n)$을 배열 N에 저장한다.

이 프로그램 내부에서 펌프를 포함하는 배관의 유량 수치를 확인하기 위해 다음과 같이 설정하여 임의 반복 동안 계산된 수두로부터 유량 $Q=ARG/DD$를 계산한다.

$$ARG=\frac{K}{H_i-H_j},\qquad DD=ARG^{1-\frac{1}{n}}$$

SOLHEQS.FOR 프로그램 내 label 146으로 지정된 명령어는 이러한 절차를 수행한다. 배관 내 펌프가 존재하면 “DO 145” 루프 내부에 있는 명령어에 의해 뉴튼법을 사용하여 식 4.69를 해결한다.

예제 4.13

SOLHEQS 프로그램을 사용하여 예제 4.11의 관망을 해석하기 위한 적정한 입력자료를 작성하라.

해답 예제 4.11에서 사용한 입력자료를 약간 수정하여 문제를 해결할 수 있다. 먼저 프로그램 SOLHEQS 내부에 NAMELIST를 통해 선택사항이 입력되기 때문에 입력자료의 첫 번째 줄은 오직 4개의 수치 즉, 배관, 절점, 저수지, 펌프의 수량을 포함하여야 한다. 입력자료의 두 번째 줄은 &OPTIONS로 시작하며 선택사항 변수명과 수치가 뒤따르며 /로 종료된다. $H-$공식에서는 루프 자료가 필요 없기 때문에 예제 4.11를 해결하기 위한 루프 입력자료를 제거한다. IQ=0은 디폴트 수치이므로 &OPTIONS 라인에 포함될 필요가 없다. 이와 같이 변경하면 입력자료는 다음과 같다.

```
5 3 2 1
&OPTIONS IQ=0, VIS=1.417E-5/
1 0 1 4000 12 0.002
2 1 3 6000  8 0.002
3 1 2 4000  8 0.002
4 2 3 3000  6 0.002
5 3 0 2000  6 0.002
1 1.5 0 3 1 -2 -3
2 1.2 0 2 3 -4
3 1.0 0 3 2  4 -5
1 100
5 90
1 4.5 54 4.0 50 3.5 44
```

예제 4.14

아래 관망에서 하류측 고지대에 위치한 절점 2와 3에 물을 공급하기 위해 배관 1에 가압펌프를 설치하고 고지대 정상부를 통과한 후 잉여 수두를 회수하기 위해 배관 6에 수차를 설치한다. 프로그램 SOLHEQS를 사용하여 이 관망을 해석하라. 단, 동점성계수는 $\nu = 1.31 \times 10^{-6} m^2/s$, 직경 단위는 ㎜, 길이 단위는 m이다.??그림

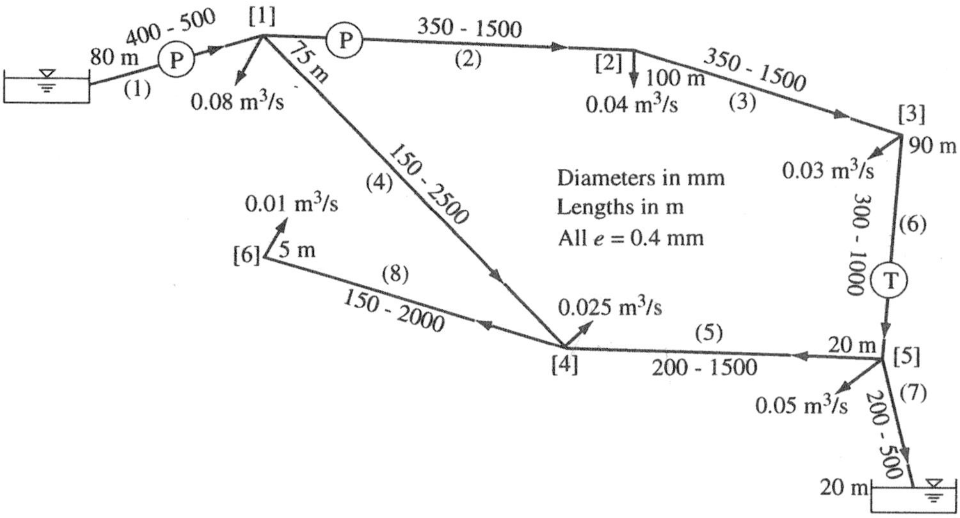

펌프		가압펌프		수차	
$Q(m^3/s)$	$h_p(m)$	$Q(m^3/s)$	$h_p(m)$	$Q(m^3/s)$	$h_t(m)$
0.20	50	0.20	15	0.15	-30
0.30	47	0.25	14	0.25	-25
0.50	43	0.30	12	0.35	-18

수차의 운전특성자료의 수두를 (−) 수치로 기록하여 수차를 펌프로 모델할 수 있다. 이 관망은 SI 단위를 사용하므로 단위, 유량, 직경에 대한 선택 사항 모두를 명시하여야 한다. 이 문제에 대한 입력자료는 아래와 같다.

```
8 6 2 3
&OPTIONS IU=1, IQ=3, ID=4/
1 0 1  500 400 0.4
2 1 2 1500 350 0.4
3 2 3 1500 350 0.4
4 1 4 2500 150 0.4
5 5 4 1500 200 0.4
```

```
2 100  0.04   2 2 -3
3  90  0.03   2 3 -6
4  10  0.025 3 4  5 -8
5  20  0.050 3 6 -5 -7
6   5  0.010 1 8
1 80
7 20
```

6 3 5 1000 300 0.4
7 5 0 500 200 0.4
8 4 6 2000 150 0.4
1 75 0.08 3 1 -2 -4

1 0.20 50 0.30 47 0.50 43
2 0.20 15 0.25 14 0.30 12
6 0.15 -30 0.25 -25 0.35 -18

프로그램 SOLHEQS로부터의 해답은 아래 표와 같다.

배관자료

배관 번호	절점 From	절점 To	L ft	D ft	$e(\times 10^{-4})$ ft	Q ft^3/s	유속 ft/s	손실수두 m	손실수두 /1000
1	0	1	500	400	40.0	0.341	2.72	9.41	18.82
2	-1	2	1500	350	40.0	0.227	2.36	25.27	16.84
3	2	3	1500	350	40.0	0.187	1.95	17.23	11.48
4	1	4	2500	150	40.0	0.034	1.93	82.22	32.89
5	5	4	1500	200	40.0	0.026	0.83	6.46	4.31
6	-3	5	1000	300	40.0	0.157	2.22	18.13	18.13
7	5	0	500	200	40.0	0.106	3.38	20.80	69.32
8	4	6	2000	150	40.0	0.010	0.57	5.98	2.99

배관 1의 Pump 1 : 수두=46.22m, $Q=0.330m^3/s$
배관 2의 Pump 2 : 수두=14.77m, $Q=0.217m^3/s$
배관 6의 Pump 3 : 수두=-30.11m, $Q=0.147m^3/s$

절점자료

절점	수요량 m^3/s 추정	수요량 m^3/s 결과	고도 m	수두 m	압력 kPa	HGL(m)
1	0.1	0.080	75.0	41.5	415.5	116.5
2	0.0	0.040	100.0	5.9	58.6	105.9
3	0.0	0.030	87.0	1.6	16.4	88.6
4	0.1	0.050	10.0	24.3	243.3	34.3
5	0.0	0.025	20.0	20.8	208.0	40.8
6	0.0	0.010	5.0	23.4	233.5	28.4

본 예제를 엑셀로 해석하는 상세한 과정은 Exam4_14.xls 파일을 참조한다.

4.4.7 $\triangle Q$-공식의 체계적인 해

본 절에서는 $\triangle Q$-공식을 사용하여 관망을 해석하는 전산 프로그램 SOLDQEQS에 대해 기술한다. 이 프로그램에서는 사용자가 초기 유량 Q_{oi}을 명시하면 알고리즘이 자동으로 연산한 유량은 모든 접합부 연속식을 만족시킨다. 또한 관망 접합부의 이중 표현을 사용하는 입력을 생략하는 대신 배관의 말단부에서의 절점 자료로부터 절점을 연결하는 배관 번호를 생성한다. 이 생성된 자료는 입력 유량 Q_{oi}가 접합부 연속식을 만족시키는지를 증명하기 위해 사용된다. 최종적으로 이 프로그램은 관망 내부에 PRV 또는 유사한 설비를 고려하지 않는다. 이러한 제한으로 자코비언행렬은 대칭이 되고 명확하게 (+)가 되므로 해를 구하는 절차에서 자코비언의 대각선 요소와 상부(또는 하부) 삼각형 요소만을 필요로 하는 특별한 선형 대수학 solver가 필요하다. 이 방법은 뉴튼법으로 H-공식을 해결하기 위해 사용할 수 있는 부동해(solution variant)를 제공한다.

$\triangle Q$-공식과 자코비언 요소를 형성하는 도함수를 전개하는 전산 프로그램 로직을 기술하기 위해 예제를 통해 $\triangle Q$에 관한 도함수가 0이 아닌 식을 이용할 수 있으면 매우 편리하다. 본 절의 나머지 부분을 토론하는 동안 프로그램 SOLDQEQS의 내용을 취득하여 고찰한다. 이러한 프로그램의 로직을 증명하기 위해 예제 4.14의 관망을 사용할 수 있다. 이 예제의 관망은 여러 펌프를 포함하며 이 펌프 중 하나는 수차로서 수두가 (−)가 되므로 사용자가 코드 내부에서 펌프를 올바르게 통합시키는 것을 도와주며 이 관망에 대한 두 $\triangle Q$-공식은 다음과 같다.

$$\begin{aligned} F_1 = {} & K_1(Q_{o1} + \triangle Q_1)^{n_1} - h_{p1} + K_4(Q_{o4} + \triangle Q_1 - \triangle Q_2)^{n_4} \\ & - K_5(Q_{o5} - \triangle Q_1 + \triangle Q_2)^{n_5} + K_7(Q_{o7} + \triangle Q_1)^{n_7} - 80 + 20 = 0 \end{aligned} \tag{4.71}$$

$$\begin{aligned} F_2 = {} & K_2(Q_{o2} + \triangle Q_2)^{n_2} - h_{p2} + K_3(Q_{o3} + \triangle Q_2)^{n_3} + K_6(Q_{o6} + \triangle Q_2)^{n_6} \\ & - h_{p3} + K_5(Q_{o5} - \triangle Q_1 + \triangle Q_2)^{n_5} - K_4(Q_{o4} + \triangle Q_1 - \triangle Q_2)^{n_4} = 0 \end{aligned} \tag{4.72}$$

상기 식에서 펌프 j의 수두 h_{pj}는 $h_{pj} = A_j(Q_{oi} \pm \sum \triangle Q_k)^2 + B_j(Q_{oi} \pm \sum \triangle Q_k) + C_j$로 표현되며 계수 A, B, C는 펌프 곡선의 3 쌍의 점의 적합에 의해 결정된다. 수정유량 $\triangle Q_1$과 $\triangle Q_2$가 순환하는 동일한 루프 주변에 이러한 에너지식이 작성되므로 식 4.71의 모든 항은 $\triangle Q_1$을 포함하며 식 4.72의 모든 항은 $\triangle Q_2$을 포함한다.

자코비언행렬 $[D]$는 두 식에 상응하는 2개의 행과 미지수 $\triangle Q_1$과 $\triangle Q_2$에 상응하는 2개의 열로 구성된다.

$$[D]=\begin{bmatrix} \dfrac{\partial F_1}{\partial \triangle Q_1} & \dfrac{\partial F_1}{\partial \triangle Q_2} \\ \dfrac{\partial F_2}{\partial \triangle Q_1} & \dfrac{\partial F_2}{\partial \triangle Q_2} \end{bmatrix} \tag{4.73}$$

상기 식의 각 요소는 아래와 같다.

$$\begin{aligned}\frac{\partial F_1}{\partial \triangle Q_1} &= n_4K_4(Q_{o4}+\triangle Q_1-\triangle Q_2)^{n_4-1}+n_5K_5(Q_{o5}-\triangle Q_1+\triangle Q_2)^{n_5-1} \\ &\quad +n_7K_7(Q_{o7}+\triangle Q_1)^{n_7-1}+n_1K_1(Q_{o1}+\triangle Q_1)^{n_1-1}-2A_1(Q_{o1}+\triangle Q_1)-B_1\end{aligned} \tag{4.74}$$

$$\frac{\partial F_1}{\partial \triangle Q_2}=\frac{\partial F_2}{\partial \triangle Q_1}=-n_4K_4(Q_{o4}+\triangle Q_1-\triangle Q_2)^{n_4-1}-n_5K_5(Q_{o5}-\triangle Q_1+\triangle Q_2)^{n_5-1} \tag{4.75}$$

$$\begin{aligned}\frac{\partial F_2}{\partial \triangle Q_2} &= n_2K_2(Q_{o2}+\triangle Q_2)^{n_2-1}+n_3K_3(Q_{o3}+\triangle Q_2)^{n_3-1}+n_6K_6(Q_{o6}+\triangle Q_2)^{n_6-1} \\ &\quad +n_5K_5(Q_{o5}-\triangle Q_1+\triangle Q_2)^{n_5-1}+n_4K_4(Q_{o4}+\triangle Q_1-\triangle Q_2)^{n_4-1} \\ &\quad -2A_2(Q_{o2}+\triangle Q_2)-B_2-2A_3(Q_{o6}+\triangle Q_2)-B_3\end{aligned} \tag{4.76}$$

유동방향이 변경될 가능성과 $Q_{oi}\pm\sum\triangle Q_k$가 (−)가 될 가능성을 고려하기 위해 $K_i(Q_{oi}\pm\sum\triangle Q_k)^{n_i}$를 $K_i|Q_{oi}\pm\sum\triangle Q_k|^{n_i-1}(Q_{oi}\pm\sum\triangle Q_k)$ 로 작성한다. 마지막 요소를 제외한 모든 요소를 도함수의 항으로 평가할 필요가 있기 때문에 이렇게 작성하는 것이 편리하다.

프로그램으로 $\triangle Q$−공식을 해결하기 위해 (1)에너지식을 위한 루프와 (2)각 $\triangle Q$가 순환하는 주변의 루프를 정의하여야 한다. 따라서 사용자는 반드시 각 에너지루프를 정의하는 배관 번호를 제공하여야 하며, 루프 배관 내 유동방향이 추정된 방향과 반대일 때마다 (−) 부호가 되도록 한다. 이러한 정보는 프로그램 SOLQEQS의 입력자료에서 명시된다. 이러한 루프 자료는 각 식의 항들과 각 항의 부호를 결정한다. 프로그램 SOLQEQS에서와 마찬가지로 이러한 자료는 각 루프를 분리하기 위한 포인터 LP와 함께 일차원 정수 배열 IK에 존재한다. 각 배관에 대한 수정 루프 유량 자료도 유사한 배열 $IK1$에 존재하며 각 배관 사이 입력을 분리하기 위해 포인터 $LP1$을 사용한다. 배관 1을 통과하는 수정 루프 유량에 관한 정보를 포함하는 배열 $IK1$에서의 위치는 아래첨자(배열의 인수) $LP1(I)+1$로 시작하여 아래첨자 $LP1(I+1)$로 끝난다. 따라서 $LP1$의 크기는 반드시 $NP+1$가 되어야 한다. 유사한 방법으로 LP의 크기는 반드시 $NP-NJ$ 또는 $NP-NJ+1$가 되어야 한다.

루프 정보로부터 각 배관 내 수정 루프 유량을 얻기 위한 하나의 알고리즘을 탐구한다. 예제 관망에서 두 루프를 형성하는 배관은 다음과 같다.

루프 1 : 1 4 -5 7

루프 2 : 2 3 6 5 -4

상기 자료는 아래와 같이 LP와 함께 IK에 저장된다.

$IK(1)=1,\quad IK(2)=4,\quad IK(3)=-5,\quad IK(4)=7$

$IK(5)=2,\quad IK(6)=3,\quad IK(7)=6,\quad IK(8)=5,\quad IK(9)=-4$

$LP(1)=0,\quad LP(2)=4,\quad LP(3)=9$

ΔQ_1은 루프 1을 통해 순환하고, ΔQ_2는 루프 2를 통해 순환하므로 루프 번호(LP의 인수)는 해당 루프의 IK 목록 내부에서 배관 번호가 발생할 때 하나의 배관을 통한 수정 루프 유량을 제공한다. 예를 들어 배관 4는 루프 1과 2에서의 배관 번호이므로 수정 루프 유량 ΔQ_1과 ΔQ_2 모두 이 배관을 통해 순환하고, 또한 ΔQ_1은 루프 1에서 (+)이므로 배관 4 내부에서 추정된 유동과 동일한 방향이지만 ΔQ_2는 루프 2배관 목록 내부에서 (−)이므로 추정된 유동방향과 반대가 된다. 하나의 배관을 통과하는 수정유량루프 숫자는 사전에 알 수 없으므로 초기에 배관 번호를 첫 번째 아래첨자로, 그 배관을 통과하는 수정유량루프의 번호를 두 번째 아래첨자로서 표현하는 2차원 배열을 사용하는 것이 더욱 편리하다. 이 배열의 두 번째 아래첨자는 임의 배관을 통과하는 ΔQ의 최대 숫자 이상이 되어야 하므로 이 배열 공간의 대부분은 사용되지 않는다. 즉, 이 번호가 한번 기저가 되면 정보는 1차원 배열 $IK1$에 전달될 수 있다. 이제 2차원 배열은 할당해제(deallocated)되고 메모리는 다른 목적으로 사용될 수 있다. 한 예로서 나중에도 사용되지 않을 자코비언행렬을 위한 배열과 같은 다른 배열에 이 배열을 등가(equivalence)시키는 것이다. 그림 4.29는 이러한 배열을 생성하기 위해 사용할 수 있는 포트란 명령어를 보여주며 여기서 배열 $LP1$은 알고리즘이 시작되기 전에 0으로 설정된다.

각 절점에 연결되는 배관 번호를 생성하기 위해 이와 매우 유사한 알고리즘을 사용할 수 있다. 배열 $L1$과 $L2$ 내부에서 상류측과 하류측 절점은 배관이 연결되는 절점을 나타내는 것이 본질적인 차이이며 프로그램 SOLDQEQS 내부에서 “DO 50” 루프에서 시작한다.

```
      DO 50 I=1,NL
      DO 50 J=LP(I)+1,LP(I+1)
      II=IABS(IK(J))
      NI=LP1(II)+1
      IK2(II,NI)=ISIGN(I,KI(J))
   50 LP1(II)=NI
      NI=0
      NCT=NI
      DO 54 I=1,NP
      DO 53 J=1,LP1(I)
      NI=NI+1
   53 IK1(NI)=IK2(I,J)
      LP1(I)=NCT
   54 NCT=NI
      LP1(LP+1)=NI
```

| 그림 4.29 | 배열 IKI와 LPI를 생성하기 위한 포트란 코드

사용자가 제공한 초기 유량 Q_{oi}가 접합부 연속식 모두를 만족시키는지 증명하기를 원하므로 각 절점에 연결되는 배관이 확인되는 즉시 이를 증명할 수 있다. 이러한 정보는 본질적으로 프로그램 SOLDQEQS 내부에 있는 알고리즘을 사용하여 배관 내부에서 손실수두와 유량을 계산한 후 절점에서 수두 H를 쉽게 구할 수 있도록 해준다.

이제 뉴튼법을 수행하기 위해 필요한 ΔQ-공식시스템과 자코비언행렬을 구하는 방법을 살펴보도록 한다. PRV와 같은 설비가 존재하지 않으면 자코비언행렬 내부에서 발생하는 대칭을 유리하게 사용할 수 있으며, 1 차원 배열은 자코비언핼렬의 밴드 부분(banded portion)을 저장한다. 이러한 과업은 프로그램 SOLDQEQS 내 "DO 90" 루프 사이에서 수행된다. 이 루프 내 index I 은 NL 루프식을 추적(track)하고, 공식 수치를 생성하여 배열 F 내부에 저장된다. 진행과정은 $F(I)= F(I)+ FI^*$ 으로 시작한다. 자코비언행렬의 열은 ΔQ와 서로 관련되고, 이 수치는 1 차원 배열 $IK1$ 내부에 위치한다. 공식과 자코비언행렬 요소를 평가하기 위해 필요한 항을 나타내는 각 루프 내 배관 번호는 1 차원 배열 IK 내부에 저장된다. 배열 LP는 배열 IK 내부에서 루프와 같이 연속적인 공식을 분리하는 하나의 포인터이다.

밴드 행렬(Banded matrix, 행렬의 대각과 그 주변만이 0이 아닌 값이 띠와 같이 존재하는 행렬) 내 대각선의 밴드 폭 보다 더 많이 배치된 모든 요소는 0으로 처리된다. 만일 i가 행 번호이고 j가 열 번호이면 최대 밴드폭인 $NBAND$는 임의 열 내부 0이 아닌 요소와 이 요소의 행 번호의 차이에 1을 더한 크기가 된다. 즉,

$$NBAND = |j-i|_{\max} + 1 \tag{4.77}$$

행렬이 대칭이 아니면 반드시 대각선의 오른쪽 요소의 숫자만큼 대각선 왼쪽에도 요소가 저장되므로 다른 문헌에서는 상기 식을 절반의 밴드폭이라고 부른다. 임의 대칭 행렬 $[A]$ 내부 각 요소는 $A_{ij} = A_{ji}$가 된다. 밴드 행렬의 요소를 저장하기 위해 전산 프로그램 내부에 2 차원 배열을 사용하면 첫 번째 아래첨자(행)는 최소한 저장하고자 하는 공식의 숫자 이상이 되어야 하고, 두 번째 아래첨자는 최소한 $2BAND-1$ 이상이 되어야 한다. 밴드 행렬 문제를 해결하기 위해서 행렬 특성을 제대로 표현하는 특별한 알고리즘이 필요하다. 만일 밴드 행렬이 대칭이고, 해답 알고리즘으로 이러한 대칭을 알 수 있으면 대각선 상부와 하부의 모든 요소를 저장할 필요는 없으나 반드시 대각선 상부 요소 또는 하부 요소 중 하나를 저장하여야 한다.

프로그램 SOLDQEQS는 자코비언의 밴드 요소를 저장하기 위해 1 차원 배열을 사용하고 구한 해를 배열 F 내부의 선형 공식시스템으로 반환하기 위해 선형 대수학 서브루틴 SOLVEQ을 호출한다. SOLVEQ을 호출하기 전에 대칭 밴드 자코비언행렬의 대각선 상부는 1 차원 배열 DJ에 저장된다. 프로그램 SOLDQEQS의 선언부에서 DJ는 $DJ[ALLOCATABLE](;)$를 사용하는 할당이 가능한 1 차원 배열인 것을 알 수 있고, DJ 내부에 수치를 저장하기 위한 실제 위치의 번호는 다음과 같이 할당된다.

$$ALLOCATABLE(DJ(NL^* NBAND-MM))$$

여기서 $NBAND$는 밴드폭이고, $MM = NBAND-1$이다. 따라서 사전 과업은 DJ를 할당하여 0이 아닌 도함수 수치를 저장하기 전에 밴드폭을 결정하는 것이다. 그림 4.30은 필요한 밴드폭을 결정하는 알고리즘을 보여준다.

```
C FINDS BAND WIDTH
   MM=0
   DO 56 I=1,JL
   DO 56 J=LP(I)+1, LP(I+1)
   IJ=IABS(IK(J))
   DO 56 JJ=LP1(IJ)+1, LP1(IJ+1)
   II=IABS(IK1(JJ))-I
   IF(II.GT.MM) MM=II
56 CONTINUE
   NBAND=MM+1
```

| 그림 4.30 | 밴드폭을 결정하는 알고리즘

일반적으로 i 번째 행의 대각선 요소는 $id = (i-1)NBAND+1$에 위치한다. 즉, DJ 배열 내 첫 번째 행 내 대각선 요소는 첫 번째 위치에, 두 번째 행의 대각선 요소는

$(2-1)NBAND+1$ 위치에, 세 번째 행의 대각선 요소는 $(3-1)NBAND+1$에 위치한다. 대각선 위치를 할당하는 대안 공식은 $id=iNBAND-MM$이고 여기서 $MM=NBAND-1$로서 대각선을 초과하는 요소의 번호이다. 따라서 DJ을 저장하기 위해 필요한 공간은 ALLOCATE 명령어에서 기술한 것과 같이 $NL*NBAND-MM$(NL은 식 숫자)이다. 이 1차원 배열에서의 비대각선의 위치 iu는 대각선 위치 id에 그 요소에 대한 행 번호와 열 번호의 차이를 더한 것이다. 즉, 임의 공식에서 비대각선 위치는 $iu=id+(j-i)=id-i+j$가 된다. 따라서 프로그램 SOLDQEQS 내부에서 NL 식을 정의하기 위해 사용되는 "DO 90 I=1,NL" 이후 명령어는 $ID=NBAND*I-MM$이고 이는 각 행의 대각선 요소의 위치를 지정하고, 명령어 $NI=ID-I$는 정수로서 열 위치가 더해질 때 DJ 내부 0이 아닌 비대각선의 위치를 지정한다. 따라서 DJ의 적정 위치에 수치를 저장하는 명령어는 다음과 같다.

```
   DJ(NI+JJ1)=DJ(NI+JJ1)+FI*FLOAT(TK1(JJ)/JJ1)*DD1
87 CONTINUE
90 DJ(ID)=DJ(ID)+DD1
```

공식시스템과 자코비언행렬에 대한 수치를 생성하고 뉴튼 수정으로 사용되는 해를 구하는 프로그램 SOLDQEQS 내부 "DO 90" 루프 사이의 코드 부분은 그림 4.31과 같다.

```
      DO 90 I=1,NL
      II=LP(I)+1
      II1=LP(I+1)
      DO 90 J=II,II1
      IJ=IABS(IK(J))
      IF(I.GE.NRES.OR.J.GT.II) GO TO 83
      IJ1=IABS(IK(II1))
      DO 80 JJ=1,NRES
      IF(IRES(JJ).EQ.IJ) F(I)=F(I)-ELE(JJ)
      IF(IRES(JJ).EQ.IJ1) F(I)=F(I)+ELE(JJ)
80    CONTINUE
83    FI=IK(J)/IJ
      QQ=Q(IJ)
      DO 85 JJ=LP1(IJ)+1,LP1(IJ+1)
      JJ1=IABS(IK1(JJ))
85    QQ=QQ+FLOAT(IK1(JJ)/JJ1)*DQ(JJ1)
      DD=K(IJ)*ABS(QQ)**N(IJ)
      DD1=DD*(N(IJ)+1.)
      IF(L1(IJ).LT.0) THEN
      JJ=1
      DO 86 WHILE (IPUMP(JJ).NE.IJ)
86    JJ=JJ+1
```

```
      DD1=DD1-2.*AP(JJ)*QQ-BP(JJ)
      F(I)=F(I)+FI*(DD*QQ-(AP(JJ)*QQ+BP(JJ))*QQ-CP(JJ))
      ELSE
      F(I)=F(I)+FI*DD*QQ
      ENDIF
      DO 87 JJ=LP1(IJ)+1,LP1(IJ+1)
      JJ1=IABS(IK1(JJ))
      IF(JJ1.LE.I) GO TO 87
      DJ(I,JJ1)=DJ(I,JJ1)+FI*FLOAT(IK1(JJ)/JJ1)*DD1
      DJ(JJ1,I)=DJ(I,JJ1)
87    CONTINUE
90    DJ(I,I)=DJ(I,I)+DD1
C  SOLVES LINEAR EQS.
      CALL SOLVEQ(NL,NL,DJ,F,INDX,VEC)
```

| 그림 4.31 | 해결 알고리즘

해 구하기의 효율성을 향상시키기 위해서는 식을 정리하여 가능한 밴드폭을 감소시킬 필요가 있다. 밴드폭이 작아지면 해를 구하기 위해 필요한 전산기 메모리의 크기는 물론 선형 공식시스템을 해결하기 위한 연산 노력도 감소된다. 루프 자료를 전개하면서 가능하면 ΔQ 수량을 공식수량에 가깝게 정리하도록 시도하여 자코비언행렬의 밴드폭을 감소시킬 수 있다. 밴드폭은 공식시스템 내 식 수량과 ΔQ 수량의 최대 차이에 1을 더한 것과 동일하다.

그러나 사용자가 식을 열거하고 루프가 형성되는 순서에 각별한 관심을 기울여서 식을 정리하는 것보다는 전산 코드에서 밴딩(banding) 알고리즘을 사용하면 더욱 정확하게 밴딩을 쉽게 수행할 수 있으므로 사용자에게 이러한 업무의 부담을 주는 것은 바람직하지 않다. Jeppson과 Davis(1976)는 밴드폭을 최소화하는 방법을 기술하였다. 이 방법은 SOLDQBAN.FOR 프로그램에서 수행되며 이 프로그램은 CD에 수록되었다. 또한 자코비언의 밴드폭 대신 SOLQEQS와 SOLHEQS가 ΔQ−공식을 해결하는 것과 같이 표준 선형 대수학 solver인 SOLVEQ를 사용하는 프로그램 SOLDQEQS.FOR를 CD에 수록하였다.

예제 4.15

다음 그림은 10−배관, 7−절점, 3개의 펌프와 하나의 수차로 구성된 관망이다. 프로그램 SOLQEQS, SOLHEQS와 SOLDQEQS를 사용하여 이 관망을 해석하기 위한 입력자료 파일을 작성하라. 펌프특성은 아래 표와 같다. 펌프 1의 펌프특성곡선을 해결과정 후반에 열거된 새로운 펌프 자료로 대체하고 프로그램 3개 모두를 사용하여 문제를 해결하라.

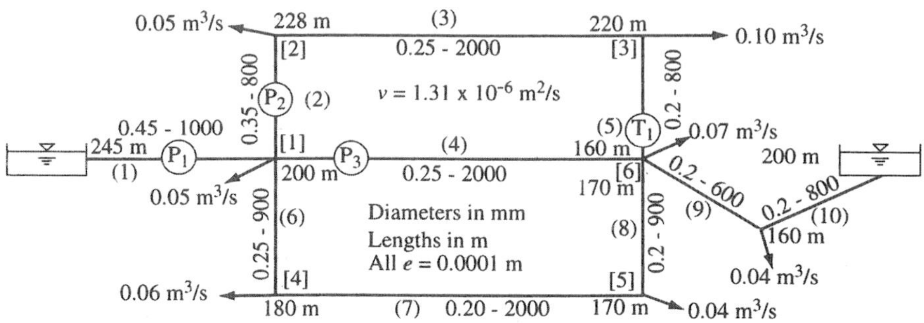

펌프 1		펌프 2		펌프 3		수차	
$Q(m^3/s)$	$h_p(m)$	$Q(m^3/s)$	$h_p(m)$	$Q(m^3/s)$	$h_p(m)$	$Q(m^3/s)$	$h_t(m)$
0.40	20.0	0.12	16.0	0.06	8.0	0.09	-8.0
0.42	18.0	0.15	15.0	0.08	7.5	0.10	-7.5
0.44	15.0	0.18	13.6	0.10	6.8	0.11	-6.8

SI 단위를 사용하였으므로 디폴트 수치를 변경시켜야 하며 3개 프로그램에 대한 각 입력자료 파일은 아래와 같다.

프로그램 SOLQEQS 입력자료

```
10  7  2  4  2  'U'  1  'D'  2
1  0  1  1000  0.45  0.0001
2  1  2   800  0.35  0.0001
3  2  3  2000  0.25  0.0001
4  1  6  2000  0.25  0.0001
5  3  6   800  0.20  0.0001
6  1  4   900  0.25  0.0001
7  4  5  2000  0.20  0.0001
8  5  6   900  0.20  0.0001
9  6  7   600  0.20  0.0001
10  7  0  800  0.20  0.0001
1  0.05  200  4  1  -2  -4  -6
2  0.05  228  2  2  -3
3  0.10  220  2  3  -5
4  0.06  180  2  6  -7
5  0.04  170  2  7  -8
6  0.07  160  4  4   5  8  -9
7  0.04  160  2  9  -10
1  245
10  200
1  0.40  20  0.42  18  0.44  15.0
2  0.12  16  0.15  15  0.18  13.6
4  0.06   8  0.08  7.5  0.10  6.8
5  0.09  -8  0.10  7.5  0.11  -6.8
4  1  4  9  10
4  2  3  5  -4
4  4  -8  -7  -6
```

프로그램 SOLHEQS 입력자료

```
10  7  2  4
&OPTIONS IU=1,IQ=3,ID=2/
1   0  1  1000  0.45  0.0001
2   1  2   800  0.35  0.0001
3   2  3  2000  0.25  0.0001
4   1  6  2000  0.25  0.0001
5   3  6   800  0.20  0.0001
6   1  4   900  0.25  0.0001
7   4  5  2000  0.20  0.0001
8   5  6   900  0.20  0.0001
9   6  7   600  0.20  0.0001
10  7  0   800  0.20  0.0001
1  0.05  200  4  1  -2  -4  -6
2  0.05  228  2  2  -3
3  0.10  220  2  3  -5
4  0.06  180  2  6  -7
5  0.04  170  2  7  -8
6  0.07  160  4  4   5  8  -9
7  0.04  160  2  9  -10
1   245
10  200
1  0.40  20  0.42   18   0.44  15
2  0.12  16  0.15   15   0.18  13.6
4  0.06   8  0.08   7.5  0.10   6.8
5  0.09  -8  0.10  -7.5  0.11  -6.8
```

프로그램 SOLDQEQS 입력자료

```
10  7  2  4
&OPTIONS IU=1,IQ=3,ID=2/
1  0  1  1000  0.45  0.0001  0.44
2  1  2  0800  0.35  0.0001  0.20
3  2  3  2000  0.25  0.0001  0.15
4  1  6  2000  0.25  0.0001  0.12
5  3  6  0800  0.20  0.0001  0.05
6  1  4  0900  0.25  0.0001  0.07
7  4  5  2000  0.20  0.0001  0.01
8  5  6  0900  0.20  0.0001 -0.03
9  6  7  0600  0.20  0.0001  0.07
10  7  0  800  0.20  0.0001  0.03
1  0.05  200
2  0.05  228
3  0.10  220
4  0.06  180
5  0.04  170
6  0.07  160
7  0.04  160
1   245
10  200
1  0.40  20    0.42   18   0.44  15.0
2  0.12  16    0.15   15   0.18  13.6
4  0.06  8.0   0.08   7.5  0.10   6.8
5  0.09  - 8.0  0.10 -7.5  0.11  -6.8
4  1  4  9  -10
4  2  3  5  -4
4  4 -8 -7  -6
```

프로그램 SOLQEQS과 SOLDQEQS의 해석 결과는 아래 표와 같다.

배관자료

배관 번호	절점 From	절점 To	L m	D m	$e(\times 10^{-4})$ m	Q m^3/s	유속 m/s	손실수두 m	손실수두 /1000
1	0	1	1000	0.450	1.0	0.436	2.74	12.61	12.61
2	1	2	800	0.350	1.0	0.163	1.70	5.39	6.73
3	2	3	2000	0.250	1.0	0.113	2.31	36.76	18.38
4	1	6	2000	0.250	1.0	0.118	2.40	39.64	19.82
5	3	6	800	0.200	1.0	0.013	0.42	0.74	0.92
6	1	4	900	0.250	1.0	0.105	2.14	14.29	15.88
7	4	5	2000	0.200	1.0	0.045	1.43	19.20	9.60
8	5	6	900	0.200	1.0	0.005	0.16	0.14	0.15
9	6	7	600	0.200	1.0	0.066	2.10	11.92	19.87
10	7	0	800	0.200	1.0	0.026	0.82	2.56	3.20

배관 1의 Pump 1 : 수두=15.71m, $Q=0.436m^3/s$

배관 2의 Pump 2 : 수두=14.44m, $Q=0.163m^3/s$

배관 4의 Pump 3 : 수두= 6.02m, $Q=0.118m^3/s$

배관 5의 Pump 4 : 수두= -5.17m, $Q=0.013m^3/s$

절점자료

절점	수요량 추정	수요량 결과	고도 m	수두 m	압력 kPa	HGL(m)
1	0.1	0.050	200.0	48.10	471.7	248.10
2	0.1	0.050	228.0	29.15	285.8	257.15
3	0.1	0.100	220.0	0.39	3.8	220.39
4	0.1	0.060	180.0	53.81	527.7	233.81
5	0.0	0.040	170.0	44.61	437.5	214.61
6	0.1	0.070	160.0	48.46	475.2	208.46
7	0.0	0.040	160.0	42.56	417.3	202.56

프로그램 SOLHEQS는 수렴에 실패하였으며 실패 원인은 코드 내부에서 자동 추정자(estimator)가 상대적으로 부정확한 초기 수두수치를 뉴튼법에 제공하였기 때문이다. 즉, 펌프 1의 3쌍의 자료가 펌프의 운영 특성을 정의하는 방법을 나타내는 코드의 민감도에 비해 과도하게 부적합하다. 만일 이 펌프 곡선을 적합시키면 주어진 자료의 외부에서 급격하게 하향되는 것을 금방 알아차릴 수 있으며 이러한 펌프특성 곡선의 사용을 금지하여야 한다. 프로그램 SOLHEQS으로 해를 구하기 위해서는 사

용자가 펌프곡선을 정의하는 점을 조정하거나 또는 코드를 수정하여 초기 수두 추정치를 뉴튼법에 제공하여야 한다. 만일 펌프 1의 곡선을 나타내는 3 쌍의 자료를 (0.40, 16.0), (0.43, 15.8), (0.46, 15.5)로 수정하면 프로그램 SOLHEQS의 문제를 성공적으로 해결할 수 있으며 결과는 상기 표와 동일하다. 본 예제를 엑셀로 해석하는 상세한 과정은 Exam 4_15.xls 파일을 참조한다.

제5장

관망설계

5.1 소개

배관의 직경, 길이, 조도계수, 그리고 수요량을 알고 있는 관망의 문제 해결은 미지수인 HGL 고도 또는 수두 H, 그리고 배관 유량을 구하는 것이다. 이러한 특징을 갖는 문제는 주어진 수요 패턴에서 알고 있는 관망시스템을 해석하므로 해석 문제로 분류되며 제4장에서 관망해석 방법에 대해서 기술하였다. 관망해석에서 관망의 모든 절점에서 수요량이 명시되고, 하나 이상의 위치(저수지가 존재하는 곳)에서 HGL 고도가 기저이면 계산을 수행하여 모든 배관 내 유량, HGL 고도, 수두 그리고 관망 각 절점에서 압력을 구하였다.

본 장에서는 미지수인 배관 직경을 결정하는 방법인 관망설계에 대해 집중적으로 기술한다. 문제와 관련된 변수를 결정하기 위해서 질량보존식과 에너지보존식을 사용하는 관망설계 문제에 대해 제4장에서 간략한 기술하였다. 본 장에서는 이러한 원리를 더욱 확장하며 단순한 배관으로부터 시작한다.

5.1.1 배관 직경 결정

대표적인 관망설계 문제는 관망전체에서 명시된 압력과 유량을 만족시키기 위한 배관의 규격을 결정하는 것이다. 이와 같은 관망설계 문제에서는 통상적으로 모든 절점에서의 압력, 수두 또는 HGL이 명시된다. 이들 중 어느 하나가 기저이고 절점 고도가 기저인 경우 다른 미지수를 계산할 수 있다. 배관 직경을 구하는 것 외 명시된 압력을 만족시키기 위해 펌프가 가압하여야 할 수두를 결정하여야 하는 경우도 있다.

아래 그림과 같이 수위 H_1이 기저인 저수지로부터 수위 H_2가 기저인 저수지로 물을 수송하는 가장 단순한 단일 관로를 고려해보자. 이 경우 관로 길이 L과 조도 e가 기저이고 직경만이 미지수이다. 관망설계의 문제는 기저인 유량 Q를 수송하는 두 저수지 사이 가장 작은 배관 직경을 결정하는 것이다.

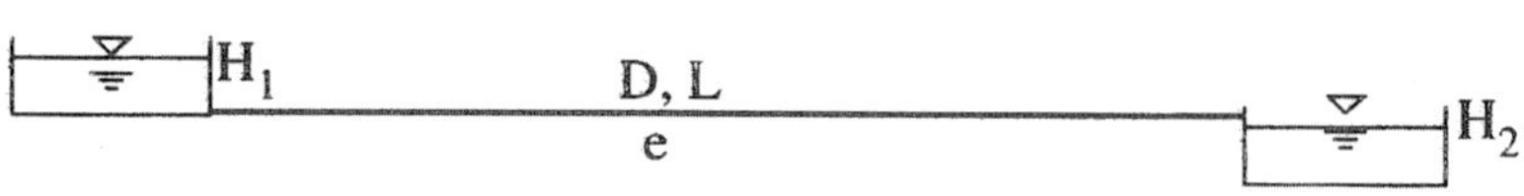

| 그림 5.1 | 2개 저수지로 구성된 관망설계

5.1.2 달시-바하식에 근거한 해답

달시-바하식을 사용하여 유량의 함수로서 배관 내 손실수두를 기술하고 다음 절에서는 하젠-윌리엄식을 사용하여 손실수두를 기술한다. 다시 한번 달시-바하식을 상기하면

$$h_f = f\frac{L}{D}\frac{V^2}{2g} = f\frac{L}{D}\frac{Q^2}{2gA^2} \tag{5.1}$$

상기 식에서 h_f는 마찰에 기인한 손실수두로서 단위 중량당 단위 에너지의 항으로 표현되며 배관길이 L, 그리고 레이놀즈수와 배관의 상대 조도 e/D의 함수인 마찰계수 f로 구성된다. 배관의 단면적은 $A=\pi D^2/4$이다. 대부분의 유동은 무디선도의 천이영역에 속하므로 다음과 같은 Colebrook−White 경험식으로 마찰계수 f의 거동을 정의할 수 있다.

$$\frac{1}{\sqrt{f}}=1.14-2Log_{10}\left[\frac{e}{D}+\frac{9.35}{Re\sqrt{f}}\right]=1.14-2Log_{10}\left[\frac{e}{D}+\frac{7.3434728\nu D}{Q\sqrt{f}}\right] \tag{5.2}$$

상기 식에서 $Re=VD/\nu=4Q/(\pi\nu D)$는 레이놀즈수이다. 식 5.2는 무디선도상 완전 발달된 거친 영역을 기술하는 식은 물론 수력적으로 매끄러운 유동을 기술하는 식과 매우 잘 일치하므로 유동이 난류일 때 사용할 수 있다. 만일 유동이 $R_e<2100$일 경우 식 5.2를 다음 식으로 대체하여야 한다.

$$f=\frac{64}{Re}=\frac{64\nu}{VD}=81.487\frac{\nu D}{Q} \tag{5.3}$$

배관의 물리적 특성과 유량이 기저인 조건에서 직경을 결정하려면 식 5.1과 5.2를 동시에 풀어 미지수 D와 f를 구하여야 한다. 이러한 식의 동시 해를 얻기 위해서 여러 방법을 적용할 수 있다. 포트란 전산 프로그램인 DIAPIP, DIAPIPA, DIAPIP2, DIAPIP3은 이러한 방법으로 수행되므로 독자는 이 프로그램을 출력하여 참조하면 많은 도움이 된다.

첫 번째 방법은 달시−바하식과 Colebrook-White식을 동시에 해결하여 미지수 D와 f를 구하는 것이다. 뉴튼법을 사용하여 식 5.1과 5.2를 동시에 풀 때 당초 식을 아래와 같이 $F(D,f)$ 형태로 재 작성하여야 한다.

$$F_1(D,f)=h_f-f\frac{L}{D}\frac{Q^2}{2gA^2}=0 \tag{5.1a}$$

$$F_2(D,f)=\frac{1}{\sqrt{f}}-1.14+2Log_{10}\left[\frac{e}{D}+\frac{7.3434728\nu D}{Q\sqrt{f}}\right]=0 \tag{5.2a}$$

상기 공식시스템의 자코비언행렬을 다음과 같은 2차원 정사각 행렬로 나타낼 수 있다.

$$J=\begin{bmatrix}\frac{\partial F_1}{\partial D} & \frac{\partial F_1}{\partial f}\\ \frac{\partial F_2}{\partial D} & \frac{\partial F_2}{\partial f}\end{bmatrix} \tag{5.4a}$$

자코비언행렬 F_2식의 각 요소와 관련된 미분식을 구하기 위해 식 5.2a를 다음과 같이 변경한다.

$$F_2 = \frac{1}{\sqrt{f}} - 1.14 + 2Log_{10}\left(\frac{eQ\sqrt{f} + 7.3434728\nu D^2}{DQ\sqrt{f}}\right)$$

$$= \frac{1}{\sqrt{f}} - 1.14 + 2Log_{10}(eQ\sqrt{f} + 7.3434728\nu D^2) - 2Log_{10}(DQ\sqrt{f})$$

F_2식을 D에 관해 미분하면 다음과 같다.

$$\frac{\partial F_2}{\partial D} = \frac{2}{ln_{\ 10}}\left[\frac{2 \times 7.3434728\nu D}{eQ\sqrt{f} + 7.3434728\nu D^2} - \frac{Q\sqrt{f}}{DQ\sqrt{f}}\right] \tag{5.4b}$$

$$= C_1\left[\frac{C_3\nu D}{eQ\sqrt{f} + C_2\nu D^2} - \frac{1}{D}\right]$$

여기서 $C_1 = 2/ln_{10} = 0.868589$, $C_2 = 7.3434728$, $C_3 = 2C_2 = 14.6869456$

F_2식을 Q에 관해 미분하면

$$\frac{\partial F_2}{\partial Q} = C_1\left[\frac{e\sqrt{f}}{eQ\sqrt{f} + C_2\nu D^2} - \frac{1}{Q}\right] \tag{5.4c}$$

F_2식을 f에 관해 미분하면

$$\frac{\partial F_2}{\partial f} = -\frac{1}{2}f^{-\frac{3}{2}} + \frac{2}{ln_{10}}\left(\frac{0.5eQf^{-0.5}}{eQ\sqrt{f} + C_2\nu D^2} - \frac{0.5DQf^{-0.5}}{DQ\sqrt{f}}\right) \tag{5.4d}$$

$$= -\frac{1}{2}f^{-\frac{3}{2}} + C_1\left(\frac{0.5eQf^{-0.5}}{eQ\sqrt{f} + C_2\nu D^2} - \frac{0.5}{f}\right)$$

자코비언행렬의 F_1식의 각 요소와 관련된 미분식을 구하기 위해 식 5.1a를 다음과 같이 변경한다.

$$F_1 = h_f - f\frac{L}{D}\frac{Q^2}{2gA^2} = h_f - f\frac{L}{D}\frac{Q^2}{2g\left(\frac{\pi D^2}{4}\right)^2} = h_f - \frac{8}{g\pi^2}\frac{fLQ^2}{D^5}$$

F_1식을 D에 관해 미분하면 다음과 같다.

$$\frac{\partial F_1}{\partial D} = \frac{40}{g\pi^2}\frac{fLQ^2}{D^6} = C_4\frac{fLQ^2}{D^6} \tag{5.4e}$$

여기서 $C_4 = \dfrac{40}{g\pi^2} = 0.1259925(ES),\ 0.4140(SI)$

F_1식을 f에 관해 미분하면 다음과 같다.

$$\frac{\partial F_1}{\partial f} = -\frac{8}{g\pi^2}\frac{LQ^2}{D^5} = -C_5\frac{LQ^2}{D^5} \tag{5.4f}$$

여기서 $C_5 = \dfrac{8}{g\pi^2} = 0.0251985(ES),\ 0.0828(SI)$

F_1 식을 Q에 관해 미분하면 다음과 같다.

$$\frac{\partial F_1}{\partial Q} = -2C_5\frac{fLQ}{D^5} = -C_6\frac{fLQ}{D^5} \tag{5.4g}$$

여기서 $C_6 = 0.0504(ES),\ 0.1656(SI)$

프로그램 DIAPIP는 마찰계수 f와 직경 D를 동시에 결정하기 위해 뉴튼법을 수행한다. 프로그램 내부에서 프롬프트(prompt)는 문제를 정의하기 위해 필요한 자료를 사용자가 입력하도록 요구하며, 첫 번째 입력항은 중력가속도의 단위를 ES 또는 SI 중 하나를 선택하는 것이다. 해답을 파일로 저장하고 모니터상에 나타나게 하려면 두 번째 입력 항의 출력 단위 번호는 6이 아니어야 한다. 마이크로소프트 포트란 5.0 버전 이상에서는 6이 아닌 로직 단위가 이미 열려있지 않은 상태에서 디스크 파일을 작성하려면 사용자에게 프롬프트한다. 다음 입력자료는 원하는 유량 Q, 조도 e, 배관 길이 L, 그리고 마찰손실수두 h_f의 수치이다. 본 문제에서 저수지 수위 H_1과 H_2 차이는 마찰손실수두이다. 식 5.2a의 양변에 $1/\sqrt{f}$ 가 존재하므로 f는 미지수가 된다. 프로그램 내부에서 변수 $SF = 1/\sqrt{f}$ 로 표기된다.

자코비언은 2×3 크기의 DJ 배열로 확장된다. 이 배열의 처음 두 열은 자코비언 도함수이고, 세 번째 열은 공식 벡터 F 이다. F가 f보다 더욱 단순하기 때문에 f 보다는 SF에 관한 도함수를 결정한다. 뉴튼법을 사용하기 위해 초기에 2개의 미지수를 $SF = 8$과 $D = 0.5$ft으로 추정한다. F_1과 F_2로 2개의 식을 표기한다. 뉴튼반복법을 사용하여 이 미지수를 처음으로 평가하여 행렬 DJ의 세 번째 열에 저장한다. 그 후 IF와 $GOTO$ 명령어에 의해 식을 정의하는 2개의 명령어를 두 번 더 평가한다. 증가된 SF와 D 수치를 갖고 두 번 더 반복한다. 프로그램 변수 NCT는 반복 회수를 카운트한다. 이 연산에서 무한 루프의 가능성을 배제하기 위해서 항상 뉴튼 반복회수를 제한하여야 한다. 미지수가 2개인 경우 가우스 소거법을 사용하여 오직 하나의 $D21$ 요소만을 제거할 수 있다. 따라서 역으로 대입하여 해 벡터 z를 구한다. 이러한 방법은 제2장에서 유량 Q와 마찰계수 f(또는 SF)를 구하기 위해 식을 동시에 푸는 것과 상당히 유사하다. 큰 차이점은 미지수 D와 f(또는 SF)에 대한 변화이다. 즉, 미지수가 제대로 처리되면 뉴튼법은 동일한 방법으로 작동한다.

수위 차이가 40ft인 경우 배관길이 $L = 3000ft$, 조도가 $e = 0.002in$인 배관을 이용해 동점성계수 $\nu = 1.417E-5ft^2/s$, $Q = 2ft^3/s$ 를 수송하기 위한 배관 직경을 구한다. 여기에서는 사례 1에 대한 문제 해결과정을 기술하며 프로그램 로직에 대한 독자의 이해를 돕기 위해 독자는 DIAPIP를 편집하여 표 5.1의 나머지 사례를 직접 해결하기를 권장한다.

:: 표 5.1 시험 문제

번호	사례 1	사례 2	사례 3	사례 4
L	3000ft	1000m	1000m	10,000ft
h_f	40ft	8m	80m	15ft
e	0.002in	0.0001m	0.0001m	0.0004ft
f	0.0168	0.01598	0.01679	0.01559
D	7.941in (0.662ft)	0.3664m	0.3335m	23.052in (1.921ft)

DIAPIP 프로그램의 실행과정을 엑셀로 실행하기 위해 먼저 직경 $D=0.6ft$와 $f=0.015$로 가정하고 상기 문제에서 주어진 자료를 식 5.1a, 5.2a, 5.4e, 5.4f, 5.4b, 5.4d에 대입한다.

$$F_1=40-0.015\frac{3000}{0.6}\frac{2^2}{2\times 32.2\times\left(\frac{3.14\times 0.6^2}{4}\right)}=-18.3299$$

$$F_2=\frac{1}{\sqrt{0.015}}-1.14$$
$$+2Log_{10}\left(\frac{0.0001667}{0.6}+\frac{7.3434728\times 1.417\times 10^{-5}\times 0.6}{2\times\sqrt{0.015}}\right)=0.478$$

$$\frac{\partial F_1}{\partial D}=0.1259925\frac{0.015\times 3000\times 2^2}{0.6^6}=486.08$$

$$\frac{\partial F_1}{\partial f}=-0.0251985\frac{3000\times 2^2}{0.6^5}=-3888.66$$

$$\frac{\partial F_2}{\partial D}=0.868589\left[\frac{14.6869456\times 1.417\times 10^{-5}\times 0.6}{0.0001667\times 2\times\sqrt{0.015}+14.6869456\times 1.417\times 10^{-5}\times 0.6^2}-\frac{1}{0.6}\right]$$
$$=0.0622$$

$$\frac{\partial F_2}{\partial f}=-0.5\times 0.015^{-1.5}$$
$$+0.868589\left(\frac{0.5\times 0.0001667\times 2\times 0.015^{-0.5}}{0.0001667\times 2\times\sqrt{0.015}+7.3434728\times 1.417\times 10^{-5}\times 0.6^2}-\frac{0.5}{0.015}\right)$$
$$=-2869.0199$$

상기 계산결과를 행렬식으로 작성하면

$$\begin{bmatrix} 486.08 & -3888.66 \\ 0.0622 & -2869.0199 \end{bmatrix} \begin{pmatrix} z_1 \\ z_2 \end{pmatrix} = \begin{pmatrix} -18.3299 \\ 0.478 \end{pmatrix}$$

상기 행렬식의 해를 구하면 다음과 같고 이 수치를 초기 추정치 $D=0.6ft$와 $f=0.015$로부터 감하여 새로운 $D=0.680987ft$와 $f=0.016660$을 얻을 수 있다.

$$\begin{pmatrix} z_1 \\ z_2 \end{pmatrix} = \begin{pmatrix} -0.05099 \\ -0.00166 \end{pmatrix} \qquad \begin{bmatrix} D \\ F \end{bmatrix} = \begin{pmatrix} 0.650990 \\ 0.016660 \end{pmatrix}$$

이제 상기 과정을 다시 반복하는 2차 반복 뉴튼식은 다음과 같고

$$\begin{bmatrix} 330.95 & -2586.40 \\ 0.0164 & -24.60 \end{bmatrix} \begin{pmatrix} z_1 \\ z_2 \end{pmatrix} = \begin{pmatrix} -3.08852 \\ 0.03700 \end{pmatrix}$$

해를 구하면 다음과 같다.

$$\begin{pmatrix} z_1 \\ z_2 \end{pmatrix} = \begin{pmatrix} -0.01051 \\ -0.00015 \end{pmatrix} \qquad \begin{bmatrix} D \\ F \end{bmatrix} = \begin{pmatrix} 0.6615 \\ 0.0168 \end{pmatrix}$$

3차 반복 뉴튼식은

$$\begin{bmatrix} 303.34 & -2387.29 \\ 0.0342 & -24.30 \end{bmatrix} \begin{pmatrix} z_1 \\ z_2 \end{pmatrix} = \begin{pmatrix} -0.13233 \\ 0.000327 \end{pmatrix}$$

해를 구하면

$$\begin{pmatrix} z_1 \\ z_2 \end{pmatrix} = \begin{pmatrix} -0.00045 \\ -1.4E-6 \end{pmatrix} \qquad \begin{bmatrix} D \\ F \end{bmatrix} = \begin{pmatrix} 0.6619 \\ 0.0168 \end{pmatrix}$$

4차 반복 뉴튼식은

$$\begin{bmatrix} 302.14 & -2379.23 \\ 0.0351 & -24.30 \end{bmatrix} \begin{pmatrix} z_1 \\ z_2 \end{pmatrix} = \begin{pmatrix} -0.00026 \\ 2.02E-7 \end{pmatrix}$$

해를 구하면

$$\begin{pmatrix} z_1 \\ z_2 \end{pmatrix} = \begin{pmatrix} -8.8E-07 \\ 9.6E-10 \end{pmatrix} \qquad \begin{bmatrix} D \\ F \end{bmatrix} = \begin{pmatrix} 0.6619 \\ 0.0168 \end{pmatrix}$$

이제 z 행렬 요소가 거의 0에 가까우므로 정밀해에 도달한 것으로 판단하고 최종적으로 $D=0.662ft$, $f=0.0168$이 된다(DIAPIP.xls 파일 참조).

Gauss-Seidel 반복법을 사용하는 식 5.2의 Colebrook-White식은 신속하게 수렴하므로 식 5.1과 5.2의 동시 해를 구하는 뉴튼법의 대안이 될 수 있다. 타당하게 추정한 f 수치를 갖고 시작하고 새롭게 계산된 f 수치를 사용하여 식 5.2를 해결하여야 한다. 식 5.2를 해결하기

위해 Gauss–Seidel 반복법을 사용하면 각 뉴튼 반복에서 f를 기저로 취급하여 식 5.1을 이러한 방법으로 해결하여 하나의 미지수 D를 구할 수 있다. D는 f 수치에 영향을 미치므로 각 새로운 뉴튼 반복 내에서 Gauss–Seidel를 반복하여야 한다. 따라서 이에 대한 대안은 D를 구하기 위해 뉴튼법을 적용하여 식 5.1을 해결하는 것이며 반복 동안 Gauss–Seidel 반복법을 사용하여 식 5.2로부터 f를 구한다. 아래 식으로 뉴튼반복을 수행한다.

$$D^{(m+1)} = D^{(m)} - \frac{F(D^{(m)})}{dF(D^{(m)}/dD)} \tag{5.5}$$

f를 기저로 가정하면 상기 식에서의 $F(D)$를 식 5.1로서 다음과 같이 작성할 수 있다.

$$F(D) = h_f - f\frac{L}{D}\frac{Q^2}{2gA^2} = 0 \tag{5.6}$$

프로그램 DIAPIPA는 이 방법으로 수행되며 프로그램 DIAPIP의 입력자료를 사용하면 동일한 결과를 얻을 수 있다.

프로그램 DIAPIPA 내부에서 D와 f를 구하기 위해 사용하는 방법을 약간 수정한 방법을 사용할 수 있다. 메모리로부터 Colebrook–White식과 달시-바하식을 호출한다. D 수치를 추정하여 SOLVR 기능으로 Colebrook–White식을 푼다. 다음은 SOLVR을 이용하여 달시-바하식을 풀고, 연속적인 반복 동안 D 수치가 미소하게 변화할 때까지 반복한다.

세 번째 방법은 달시–바하식의 뉴튼 해를 이 식의 직접해로 대체하는 것이다. 면적은 $A = \pi D^2/4$이므로 다음과 같이 달시–바하식을 나타낼 수 있다.

$$D = \left[\frac{fLQ^2}{2g(\pi/4)^2 h_f}\right]^{0.2} = \left[\frac{0.8105695 fLQ^2}{gh_f}\right]^{0.2} \tag{5.1b}$$

f는 D에 종속되므로 D를 구하는 즉시 Gauss–Seidel 또는 뉴튼반복법으로 Colebrook-White 식을 해결하여야 한다. 프로그램 DIAPIP2는 Gauss–Seidel법을 Colebrook–White식에 적용하여 이러한 해결방법을 수행한다. 앞의 프로그램 DIAPIP와 DIAPIPA에서 변환 계수 CONV는 ES 단위를 사용할 때 D와 e를 인치로 주어지도록 허락하였으나, 프로그램 DIAPIP2에서는 모든 변수의 단위가 일관되어야 한다. 따라서 프로그램 DIAPIP의 입력자료 중 $e = 0.000167ft$로 변경하여 프로그램 DIAPIP2를 실행하면 동일한 결과를 얻을 수 있다.

또 다른 방법은 달시–바하식에서 마찰계수를 구하여 그 결과를 Colebrook–White식에 대입하여 마찰계수를 제거한 후 뉴튼법을 사용하여 D를 구하는 것이다. f를 구하기 위한 달시–바하식은 다음과 같다.

$$f = h_f \frac{D}{L} \frac{2gA^2}{Q^2} = h_f D \frac{2g}{LV^2} = 1.2337 h_f g \frac{D^5}{LQ^2} \tag{5.1c}$$

또는

$$\frac{1}{\sqrt{f}} = \frac{Q\sqrt{L}}{A\sqrt{2gh_f D}} = \sqrt{\frac{L}{2gh_f}}\left(\frac{4Q}{\pi D^{2.5}}\right) = 0.90031632 Q \frac{\sqrt{\frac{L}{gh_f}}}{D^{2.5}} \tag{5.7}$$

D를 구하기 위해 풀어야 할 식은 식 5.7에서의 $1/\sqrt{f}$ 를 Colebrook–White식에서 나타나는 오른쪽 항으로 대체하여 얻을 수 있다. 전산 프로그램 내에서 상기 방법으로 해를 구할 때 두 줄의 코드를 사용하는 것이 좋다. 한 줄의 코드는 상기 식의 표현 중 $1/\sqrt{f} = SF$로, 그리고 다른 한 줄의 코드는 Colebrook–White식을 나타내는 것이다. 프로그램 DIAPIP3는 이러한 방법과 직경에 관한 식의 도함수를 사용하여 직경을 결정한다. 직경을 구한 후 식 5.1C를 사용하여 f를 결정한다. 프로그램 DIAPIP1의 입력자료를 사용하여 프로그램 DIAPIP3을 실하면 동일한 결과를 얻을 수 있다.

5.1.3 하젠–윌리엄식에 기초한 해

만관의 물의 유동에서 유량-손실수두의 상관관계를 정의하기 위해 광범위하게 사용되는 실험식인 하젠–윌리엄식은 다음과 같다.

$$Q = KC_{HW} A R_h^{0.63} S^{0.54} \tag{5.8}$$

상기 식에서 ES 단위인 경우 $K = 1.318$, SI 단위인 경우 $K = 0.849$, CH는 하젠–윌리엄 조도계수로서 이 계수의 범위는 매끄러운 신관의 경우 150부터 거칠고 부식된 주철관 구관의 경우 80에 이르며 이 식에서 R_h는 수력반경, 그리고 S는 수력구배선 또는 에너지선으로 $S = h_f / L$이다. 또 다른 편리한 형태의 하젠–윌리엄식은 다음과 같다.

$$h_f = \frac{K_1 L}{C_{HW}^{1.852} D^{4.87}} Q^{1.852} \tag{5.9}$$

상기 식에서 ES 단위인 경우 $K_1 = 4.727$, SI 단위인 경우 $K_1 = 10.7$이다. 직경을 직접 구하기 위한 하젠–윌리엄식은 다음과 같다.

$$D = \left[\frac{QK_1^{0.54}}{C_{HW} S^{0.54}}\right]^{0.380228} = K_2 \left[\frac{Q}{C_{HW} S^{0.54}}\right]^{0.38} \tag{5.10}$$

상기 식에서 ES 단위인 경우 $K_2 = 1.376$, SI 단위인 경우 $K_2 = 1.626$이다. 식 5.10에서 볼 수 있듯이 유량 Q, 손실수두 h_f, 길이 L, 그리고 조도계수 C_{HW}가 기저이면 하젠–윌리엄식을 사용하여 배관 직경을 직접 구할 수 있어 광범위하게 사용되고 있다. 프로그램 DIAPIPH는 하젠-윌리엄식을 이용해 D를 구한다.

앞에서와 같이 수위차가 40ft인 경우 배관길이 $L = 3000ft$, $C_{HW} = 140$인 배관을 이용해 $Q = 2ft^3/s$를 수송하기 위한 직경을 구하기 위해 프로그램 DIAPIPH를 실행하거나 식 5.10을 사용하여 $D = 0.662ft$를 얻을 수 있다. 먼저 주어진 자료로부터

$$S = \frac{h_f}{L} = \frac{40}{3000} = 0.01333$$

상기 자료를 식 5.10에 입력하면 직경 D를 구할 수 있다(DIAPIPH.xls 파일 참조).

$$D = 1.376\left[\frac{2}{140 \times 0.01333^{0.54}}\right]^{0.38} = 0.664ft$$

상대적으로 매끄러운 배관 내 레이놀즈수 $10^5 \sim 10^6$(대표적인 배관 설계 수치) 범위에서 하젠-윌리엄식으로 구한 결과는 달시-바하식으로 구한 결과와 잘 일치한다. 그러나 거친 배관 내 유동 조건의 범위에서는 하젠-윌리엄식과 달시-바하식은 잘 일치하지 않는다. 사실 거친 배관 내 유동 특히, 배관이 만관이 아닐 경우에는 매닝(Manning) 경험식이 하젠-윌리엄식보다 더 좋다.

5.1.4 분지관망

분지관망시스템에서의 모든 외부 수요량이 명시되면 각 배관이 수송하여야 할 유량을 결정하는 것은 쉽다. 만일 압력, 수두 또는 HGL 고도가 기저이면 각 배관에서의 손실수두와 유량을 사전에 결정할 수 있기 때문에 전술한 관로의 연산을 반복하여 관망시스템 내 모든 배관의 직경을 구할 수 있다. 따라서 분지관망시스템에서는 반복 계산이 필요 없다. 관망시스템 내 변수에 대한 상세한 고찰은 후에 기술 하며 여기에서는 단순한 예제를 들어 고찰한다.

예제 5.1

컨설팅 기술자로서 강으로부터 5 마일 떨어진 첫 번째 농장에 관개용수를 공급하기 위해 PVC 배관($e = 0.000084$인치로 가정)을 사용하는 관로에 대해 사전 조사를 수행한다. 배관은 1000ft 간격으로 20개의 농장으로 분지되며 각 분기점의 유량은 $0.5ft^3/s$이다. 강의 수위는 관개하고자 하는 마지막 농장의 고도보다 100ft 아래에 위치하며 마지막 분지점에서 $40lb/in^2$의 수압을 유지하여야 한다. 배관은 두 고도 사이에서 일정한 구배로 배치되고 강에 펌프를 설치한다.

관로 처음 5마일은 1마일씩(5280ft) 증가시켜 연산을 수행하고 그 후부터는 관로는

1000ft 간격으로 분지되며 이러한 관망시스템의 개략도는 아래 그림과 같다. 비용이 최소가 되는 배관 규격을 결정하기 위해 HGL 구배의 함수로서 관로 비용과 펌핑 에너지 비용의 합을 도표로 작성하고 이 도표에서의 최소 비용은 최상의 관망시스템이 되는 것을 나타낸다. HGL 구배를 변화시켜 일련의 해를 구한다(Exam 5_1.xls 파일 참조).

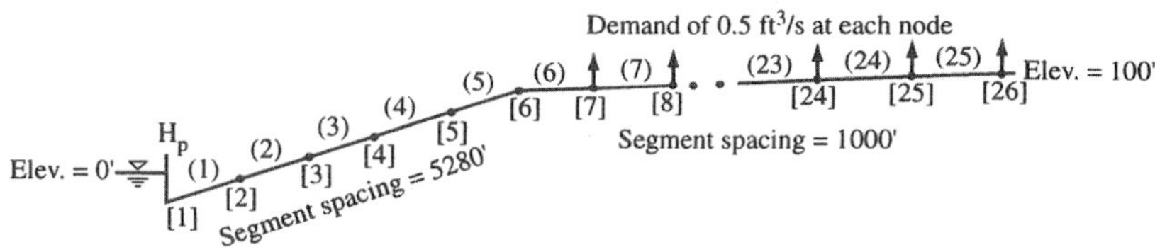

다음 표는 HGL 구배 즉, h_f/L이 1.2424×10^{-3}인 경우의 해를 보여주며 제일 먼저 9번째 칸의 유량을 구한 후 본 절에서 기술한 방법 중 하나를 사용하여 직경을 계산한다. 마지막 칸은 각 배관에서 발생하는 손실수두를 보여준다. 그러나 HGL 구배가 1.2424×10^{-3}으로 명시되었고 이는 배관 길이에 직접적으로 관련되므로 반드시 이 결과 중 일부를 검산하여 HGL 구배를 확인할 필요가 있다. 만일 달시-바하식 대신 하젠-윌리엄식 5.10을 사용하면 엑셀을 사용하여 다음 표와 같은 결과를 쉽게 얻을 수 있다. 관망해석 후 최종 관로설계단계에서는 계산된 배관 직경을 가장 근접한 표준 배관 규격으로 대체한다. 이 직경 대체에 따른 비용 분석시 관로의 내용연수 50년, 전력단가는 $\$0.09/Kwh$(펌프모터 조합효율을 고려할 때 실제 전력비용은 $0.09/0.8=\$0.11/Kwh$)로 가정하였고 펌프설비는 1년 365일 가동되고 조합 펌프-모터 효율은 80%로 가정하였다. 본 문제를 해결하기 위해 프로그램 NETWK를 사용하며 입력파일과 수행결과는 다음 표와 같다.

독자는 DIAPIP 프로그램의 실행과정을 엑셀로 실행한 앞의 과정을 참조하면 본 예제를 쉽게 해결할 수 있으며 각 배관의 직경을 결정하기 위해서 달시-바하식과 Colebrook-White식을 동시에 해결하여 f와 D를 결정하여야 하며 이와 관련된 상세한 내용은 그림 5.2를 해결하는 FIG5_2.xls 파일을 참조한다.

```
EXAMPLE PROBLEM 5.1, PIPE BRANCHED NETWORK
/*
$SPECIF IHGL=-2, NOMSOL=1, DESIGN=1, ICOST=1 $END
250. -10  100  0  .000084
1  6  .001242424  5280./
DEMAND
.5
6  26  .00124242  1000./
```

```
END
RUN
1   250.
PUMPS
UNIT=0.11
CAPI=1000000
END
```

설계 배관 직경

배관 번호	절점 From	절점 To	D in	A ft^2	호칭 D in	L ft	$e(\times 10^{-5})$ in	Q ft^3/s	유속 ft/s	손실수두 ft
1	1	2	23.22	2.940	24.0	5280	8.4	10.0	3.40	6.56
2	2	3	23.22	2.940	24.0	5280	8.4	10.0	3.40	6.56
3	3	4	23.22	2.940	24.0	5280	8.4	10.0	3.40	6.56
4	4	5	23.22	2.940	24.0	5280	8.4	10.0	3.40	6.56
5	5	6	23.22	2.940	24.0	5280	8.4	10.0	3.40	6.56
6	6	7	23.22	2.940	24.0	1000	8.4	10.0	3.40	1.24
7	7	8	22.77	2.828	24.0	1000	8.4	9.5	3.36	1.24
8	8	9	22.31	2.715	24.0	1000	8.4	9.0	3.31	1.24
9	9	10	21.84	2.601	20.0	1000	8.4	8.5	3.27	1.24
10	10	11	21.34	2.484	20.0	1000	8.4	8.0	3.22	1.24
11	11	12	20.83	2.366	20.0	1000	8.4	7.5	3.17	1.24
12	12	13	20.29	2.246	20.0	1000	8.4	7.0	3.12	1.24
13	13	14	19.74	2.124	20.0	1000	8.4	6.5	3.06	1.24
14	14	15	19.15	2.000	20.0	1000	8.4	6.0	3.00	1.24
15	15	16	18.53	1.873	18.0	1000	8.4	5.5	2.94	1.24
16	16	17	17.88	1.743	18.0	1000	8.4	5.0	2.87	1.24
17	17	18	17.18	1.610	18.0	1000	8.4	4.5	2.79	1.24
18	18	19	16.44	1.474	15.0	1000	8.4	4.0	2.71	1.24
19	19	20	15.63	1.333	15.0	1000	8.4	3.5	2.63	1.24
20	20	21	14.75	1.187	15.0	1000	8.4	3.0	2.53	1.24
21	21	22	13.78	1.035	15.0	1000	8.4	2.5	2.42	1.24
22	22	23	12.67	0.875	12.0	1000	8.4	2.0	2.28	1.24
23	23	24	11.37	0.706	12.0	1000	8.4	1.5	2.13	1.24
24	24	25	9.77	0.521	10.0	1000	8.4	1.0	1.92	1.24
25	25	26	7.54	0.310	8.0	1000	8.4	0.5	1.61	1.24

설계배관을 사용할 경우 절점 자료

절점	수요량 ft^3/s	고도 ft.	수두 ft	압력 lb/in^2	HGL(ft)
1	-10.0	100.0	149.96	64.98	249.96
2	0.0	100.0	143.40	62.14	243.40
3	0.0	100.0	136.84	59.30	236.84
4	0.0	100.0	130.28	56.45	230.28
5	0.0	100.0	123.72	53.61	223.72
6	0.0	100.0	117.16	50.77	217.16
7	0.5	100.0	115.91	50.23	215.91
8	0.5	100.0	114.67	49.69	214.67
9	0.5	100.0	113.43	49.15	213.43
10	0.5	100.0	112.19	48.61	212.19
11	0.5	100.0	110.94	48.08	210.94
12	0.5	100.0	109.70	47.54	209.70
13	0.5	100.0	108.46	47.00	208.46
14	0.5	100.0	107.22	46.46	207.22
15	0.5	100.0	159.97	45.92	205.97
16	0.5	100.0	104.73	45.38	204.73
17	0.5	100.0	103.49	44.85	203.49
18	0.5	100.0	102.25	44.31	202.25
19	0.5	100.0	101.00	43.77	201.00
20	0.5	100.0	99.76	43.23	199.76
21	0.5	100.0	98.52	42.69	198.52
22	0.5	100.0	97.28	42.15	197.28
23	0.5	100.0	96.03	41.62	196.03
24	0.5	100.0	94.79	41.08	194.79
25	0.5	100.0	93.55	40.54	193.55
26	0.5	100.0	92.31	40.00	192.31

상기 표와 가장 근접한 표준 배관 직경을 사용한 해석 결과는 다음 표와 같다.

표준 배관 직경

배관 번호	절점 From	절점 To	L ft	호칭 D in	$e(\times 10^{-5})$ in	Q ft^3/s	유속 ft/s	손실수두 ft	손실/1000
1	1	2	5280	24.0	8.4	10.0	3.18	5.45	1.03
2	2	3	5280	24.0	8.4	10.0	3.18	5.45	1.03
3	3	4	5280	24.0	8.4	10.0	3.18	5.45	1.03
4	4	5	5280	24.0	8.4	10.0	3.18	5.45	1.03
5	5	6	5280	24.0	8.4	10.0	3.18	5.45	1.03
6	6	7	1000	24.0	8.4	10.0	3.18	1.03	1.03
7	7	8	1000	24.0	8.4	9.5	3.03	0.94	0.94
8	8	9	1000	24.0	8.4	9.0	2.87	0.85	0.85
9	9	10	1000	20.0	8.4	8.5	3.90	1.85	1.85
10	10	11	1000	20.0	8.4	8.0	3.67	1.66	1.66
11	11	12	1000	20.0	8.4	7.5	3.44	1.47	1.47
12	12	13	1000	20.0	8.4	7.0	3.21	1.30	1.30
13	13	14	1000	20.0	8.4	6.5	2.98	1.14	1.14
14	14	15	1000	20.0	8.4	6.0	2.75	0.98	0.98
15	15	16	1000	18.0	8.4	5.5	3.11	1.39	1.39
16	16	17	1000	18.0	8.4	5.0	2.83	1.17	1.17
17	17	18	1000	18.0	8.4	4.5	2.55	0.97	0.97
18	18	19	1000	15.0	8.4	4.0	3.26	1.88	1.88
19	19	20	1000	15.0	8.4	3.5	2.85	1.48	1.48
20	20	21	1000	15.0	8.4	3.0	2.45	1.12	1.12
21	21	22	1000	15.0	8.4	2.5	2.04	0.80	0.80
22	22	23	1000	12.0	8.4	2.0	2.55	0.57	1.57
23	23	24	1000	12.0	8.4	1.5	1.91	0.93	0.93
24	24	25	1000	10.0	8.4	1.0	1.83	1.08	1.08
25	25	26	1000	8.0	8.4	0.5	1.43	0.91	0.91

AVE. vel. =2.87ft/s, AVE. HL/1000=1.22, MAX. VEL.=3.90ft/s, MIN. VEL.=1.43ft/s

표준배관 직경을 사용할 경우 절점 자료

절점	수요량		고도	수두	압력	HGL(ft)
	ft^3/s	$gal/\min$	ft.	ft	lb/in^2	
1	-10.0	-4490.0	100.0	150.00	65.00	250.00
2	0.0	0.0	100.0	144.55	62.64	244.55
3	0.0	0.0	100.0	139.10	60.28	239.10
4	0.0	0.0	100.0	133.65	57.91	233.65
5	0.0	0.0	100.0	128.20	55.55	228.20
6	0.0	0.0	100.0	122.75	53.19	222.75
7	0.5	224.4	100.0	121.71	52.74	221.71
8	0.5	224.4	100.0	120.77	52.34	220.77
9	0.5	224.4	100.0	119.92	51.97	219.92
10	0.5	224.4	100.0	118.07	51.16	218.07
11	0.5	224.4	100.0	116.41	50.45	216.41
12	0.5	224.4	100.0	114.94	49.81	214.94
13	0.5	224.4	100.0	113.64	49.24	213.64
14	0.5	224.4	100.0	112.51	48.75	212.51
15	0.5	224.4	100.0	111.52	48.33	211.52
16	0.5	224.4	100.0	110.13	47.72	210.13
17	0.5	224.4	100.0	108.96	47.72	208.96
18	0.5	224.4	100.0	107.99	46.80	207.99
19	0.5	224.4	100.0	106.11	45.98	206.11
20	0.5	224.4	100.0	104.64	45.34	204.64
21	0.5	224.4	100.0	103.52	44.86	203.52
22	0.5	224.4	100.0	102.72	44.51	202.72
23	0.5	224.4	100.0	101.15	43.83	201.15
24	0.5	224.4	100.0	100.21	43.43	200.21
25	0.5	224.4	100.0	99.13	42.96	199.13
26	0.5	224.4	100.0	98.23	42.56	198.23

AVE. HEAD = 114.9ft, AVE. HGL = 214.91ft

MAX. HEAD = 150.0ft, MIN. HEAD = 96.87ft

이 관망과 관련된 배관과 펌프의 현존가치 및 년간비용은 다음과 같다.

COSTS ASSOCIATED WITH THIS NETWORK			
ITEMTYPE		PRESENT WORTH	ANNUAL COST
2	**PIPE**	**2,969,690**	**299,520**
8	**PUMP**	**$ 2,212,681**	**$ 223,193**
	TOTAL	**$ 5,182,371**	**$ 522,714**

예제 5.2

아래 그림과 같은 관망의 수요량에서 하류 말단 절점 [8]에서 압력이 50Kpa이고, 1/500의 EL-HGL 구배의 분지관망을 설계하고자 한다. 전력단가 $\$0.09/Kwh$이고 조합 모터-펌프 효율 75%로 가정할 때 30일 주기의 펌핑 요금은 얼마인가?

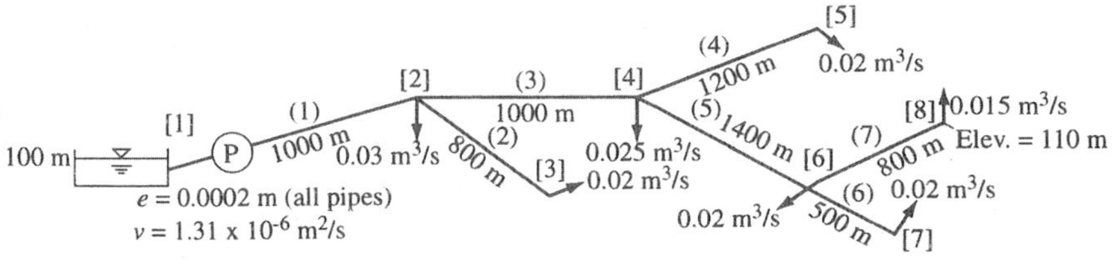

해를 구하기 위해 먼저 하류측 절점에서 시작하여 상류측 각 절점에 연속법칙을 적용하여 각 배관에서 유량을 계산하고 프로그램 DIAPIP* 중 임의 프로그램을 사용하여 직경을 구할 수 있으며 결과는 아래 표와 같다. 펌프가 형성하여야 할 수두는 절점 [8]에서 시작하여 상류측 절점에서의 HGL 고도를 연속적으로 연산하여 결정할 수 있다. 최종적으로 공급원의 HGL에서 고도를 감하면 펌프가 상승시켜야 할 순수 상승수두는 $h_p = 123.5 - 100 = 23.5m$가 된다. 월간절력비용은 Kwh 당 단가에 30일 중 가동 시간과 동력 ㎾를 곱하여 구한다.

$$\text{월간전력비용} = 0.09(30 \times 24)(0.095 \times 9.81 \times 23.5)/0.75 = \$1892/month$$

배관번호	Q m^3/s	h_f m	D m	절점번호	HGL m
1	0.095	2.0	0.370	1	123.5
2	0.020	1.6	0.206	2	121.5
3	0.075	2.0	0.339	3	119.9
4	0.020	2.4	0.206	4	119.9

5	0.055	2.8	0.301	5	117.5
6	0.020	1.0	0.206	6	116.7
7	0.015	1.6	0.184	7	115.7
				8	115.1

독자는 DIAPIP 프로그램의 실행과정을 엑셀로 실행한 앞의 과정을 참조하면 본 예제를 쉽게 해결할 수 있으며 각 배관 직경을 결정하기 위해서 달시-바하식과 Colebrook-White식을 동시에 해결하여 f와 D를 결정하여야 하며 상세한 내용은 그림 5.2를 해결하는 FIG5_2.xls 파일을 참조한다.

5.2 대규모 분지관망시스템

5.1절에서 분지관망시스템에서 배관 직경을 구하는 방법에 대해서 기술하였다. 먼저 절점 외부 수요량으로부터 모든 배관 내에서 유량을 결정하고, 두 번째로 각 배관 내 유량이 기저가 되므로 모든 배관의 직경을 계산할 때 까지 5.1절에서 기술한 방법 중 한 방법을 반복 적용한다. 분지관망시스템에서는 접합부의 연속식을 만족시켜 모든 배관 유량을 구할 수 있다. 분지관망시스템에 물을 공급하는 관로의 절점에 번호를 부여할 때 그리고 이 절점에서 수요량이 (-)이면 통상적으로 절점 또는 접합부 숫자가 배관 숫자보다 하나 크다. 따라서 배관 유량식의 숫자는 $NJ-1$이 되고, 절점 중 하나의 절점에 대한 연속식은 작성되지 않는다. 생략된 절점은 표면적으로는 독단적이지만 통상적으로 관로의 처음 또는 마지막 절점에서의 연속식이 생략된다. 전산 코드 내에서 어떻게 이러한 방법이 수행되는지 살펴보기로 한다.

체계적인 방법으로 유량을 구하기 위한 전산 프로그래밍 방법은 (1)관망 배치, (2)접합부 연속식으로 작성한 계수 행렬, 또는 (3)표준 선형 대수학 3가지 방법이 있으며 독자는 CD로부터 프로그램 SOLBRAN, SOLBRAN2, SOLBRAN3의 목록을 취득하여 고찰하기를 권장한다.

5.2.1 관망 배치

이 방법은 관망의 배치 또는 관망의 위상적 연결성(topological connectivity)에 기초를 둔다. 즉, 사수부 배관 내 유량을 결정한 후 이 배관의 다른 말단부에서 수요량을 수정하여 당초 절점 수요량과 배관 내 유량을 더한 후 관망으로부터 사수부 배관을 제거한다. 이와 같은 방법으로 축소된 관망은 다른 사수부 배관을 포함하게 되며 이 방법은 관망 내 모든 배관에서의 유량이 확립될 때까지 계속된다. 다음 단계로 이러한 절차를 정의한다.

1. 관망을 검토하여 절점에 오직 하나의 배관만이 연결된 모든 절점을 찾고, 각 배관 내 유량이 이 절점에서 수요량이 되도록 할당한다.
2. 배관 내 유량과 당초의 수요량을 반영하도록 각 배관의 다른 말단부 절점에서 수요량을 수정하고 관망으로부터 배관을 제거한다.
3. 분지관망 내 모든 배관의 유량이 결정될 때까지 상기 1단계와 2단계를 반복한다.

상기 절차를 수행하기 위해 아래 그림과 같이 10-배관으로 구성된 관망을 고려한다. 1단계에서 배관 1, 5, 9, 10은 사수부 배관인 것을 알 수 있으며, 이 배관 내 유량은 절점에서의 수요량과 동일하여야 하므로 다음과 같이 나타낼 수 있다.

$$Q_1 = QJ_1 = 3.7ft^3/s\,,\ \ Q_5 = QJ_7 = 0.5ft^3/s\,,$$
$$Q_9 = QJ_{11} = 0.2ft^3/s,\ \ Q_{10} = QJ_{10} = 0.3ft^3/s$$

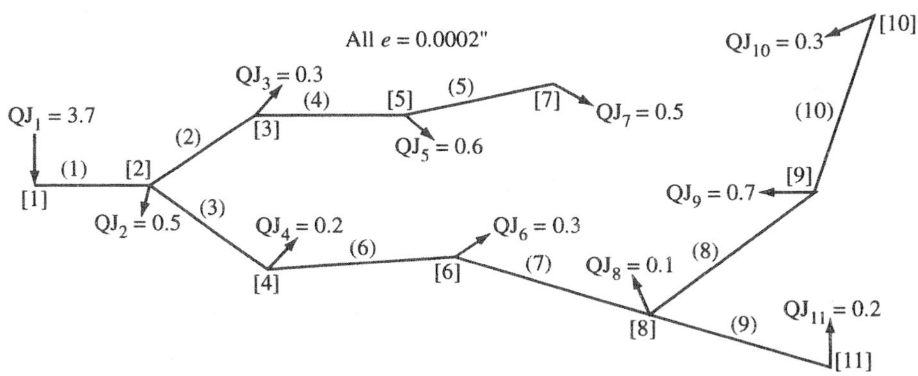

| 그림 5.2 | 10-배관으로 구성된 관망

2 단계에서는 그림 5.3과 같이 배관 1, 5, 9, 10을 제거하여 분지관망시스템을 축소시킨다. 여기서 새로운 수요량은 제거된 배관 내에서 유량을 포함하여야 한다.

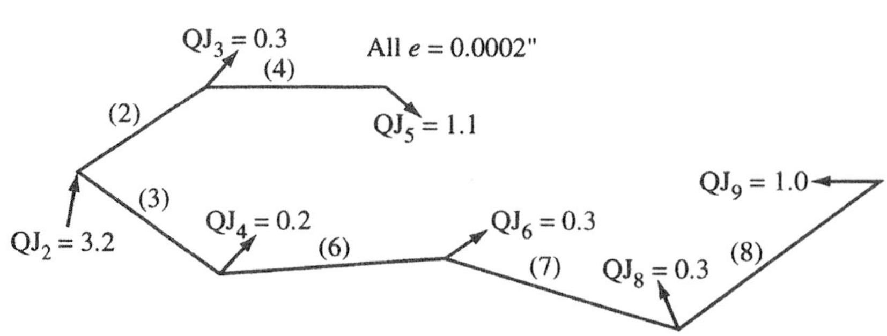

| 그림 5.3 | 축소된 관망

3단계에서는 2단계에서의 절차를 한 번 더 반복하면 아래 왼쪽 그림, 한 번 더 반복하면 아래 오른쪽 그림과 같이 2개의 배관만 남게 되며, 두 배관 모두 사수부 배관이 되며 유량은 다음과 같이 된다.

$Q_1 = 3.7ft^3/s$, $Q_2 = 1.4ft^3/s$, $Q_3 = 1.8ft^3/s$, $Q_4 = 1.1ft^3/s$,

$Q_5 = 0.5ft^3/s$, $Q_6 = 1.6ft^3/s$, $Q_7 = 1.3ft^3/s$, $Q_8 = 1.0ft^3/s$,

$Q_9 = 0.2ft^3/s$ $Q_{10} = 0.3ft^3/s$

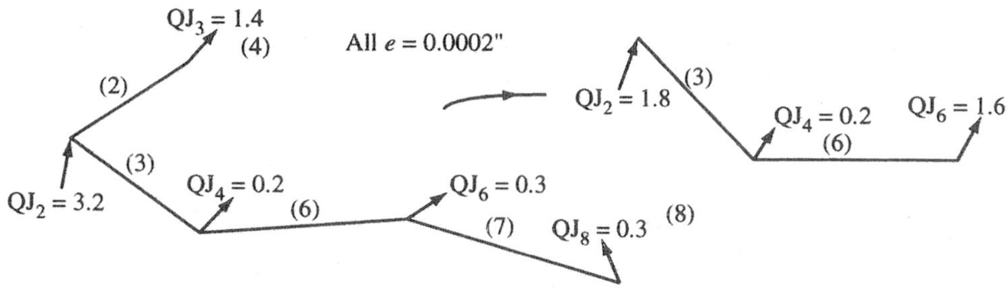

| 그림 5.4 | 최종 관망

전산 코드 내에서 상기 절차가 어떻게 효과적으로 수행될 수 있는지를 살펴보기로 한다. 상기 절차의 세부사항은 관망의 형상과 부호 협약에 따라 다소 다를 수 있지만 여기에서는 각 절점에 대한 자료를 하나의 라인으로 나타내어 표로 작성한다. 각 라인은 절점에서 수요량과 이 절점에 연결된 배관의 목록으로 구성된다. 수요량이 외부로 유출되면 (+) 반대로 관망의 절점으로 유입되면 (−)가 된다. 하나의 절점으로부터 유량을 받는 배관의 부호는 (+)가 되며 반대로 절점으로 유출되는 배관의 부호는 (−)가 된다. 이러한 명명법을 사용하여 분지관망을 기술하는 예제는 표 5.2와 같이 2개의 칸으로 주어진다. 두 번째 칸의 수요량은 절점 번호 순서로 작성되었으며 세 번째 칸은 절점에 연결된 배관의 번호이다. 따라서 사수부 배관은 세 번째 칸의 하나의 줄에 단일 번호로 기술되므로 즉시 확인할 수 있다.

표 5.2 절점 수요량

절점	수요량 $QJ_i(ft^3/s)$	절점에 연결된 배관
1	-3.7	1
2	0.5	-1 2 3
3	0.3	-2 4
4	0.2	-3 6
5	0.6	-4 5

6	0.3	-6 7
7	0.5	-5
8	0.1	-7 8 9
9	0.7	-8 10
10	0.3	-10
11	0.2	-9

각 배관 내 유량을 결정하기 위한 절차는 다음 단계로 구성될 수 있다.

1. "절점에 연결된 배관" 목록을 스캔한다. 오직 하나의 배관 번호가 나타나면 이 절점에서의 수요량을 이 배관 내 유량으로 할당한다. 유동의 방향을 정확히 나타내기 위해 k 배관 내의 유량은 $Q_k = -QJ_i|k|k$로 나타낼 수 있다. 이 배관 번호의 절대 수치는 유량의 적정 부호를 부여한다.
2. 다음 패스(pass) 동안 목록을 통해 불필요한 상기 절점을 제거하기 위해 마크한다.
3. 절점의 목록을 스캔하고 동일한 배관 번호가 모두 나타나는지 주의한다. 절점에 연결된 임의 절점에서의 수요량 QJ_j을 다음과 같이 배관의 유량으로 수정하고 "절점에 연결된 배관"목록으로부터 이 배관을 제거한다.

$$(QJ_j)_{new} = (QJ_j)_{old} + Q_k|k|k$$

4. 마크된 모든 절점을 제거한다.
5. 목록에서 마크된 모든 절점이 제거될 때 까지 상기 절차 1부터 4까지 반복한다.

프로그램 SOLBRAN은 상기에서 기술된 절차을 실행한다. 배관 내 유량이 결정되면 초반에 기술된 절차에 의해 직경을 계산하며 본 프로그램에서는 달시−바하식 또는 Colebrook−White식을 동시에 풀어 직경을 결정한다. 따라서 이전 프로그램은 이제 주어진 유량 Q와 배관 조도 e에서 직경 D(프로그램 변수 DIA)를 구하는 서브루틴이 된다. 이 서브루틴은 D와 f를 동시에 구한다. 이 프로그램 입력자료는 다음과 같이 구성된다.

1. 키보드로부터 입력되는 첫 번째 줄은 배관 수량 NP를 제공한다.
2. 중력가속도 G(ES 단위 32.2, SI 단위 9.81), 유체의 동점성계수 VIS, HGL선의 구배 $S = h_f/L$.
3. 배관 길이 목록
4. 배관 조도 e. ES 단위 사용시 "인치", SI 단위 사용시 "미터" 이며 조도목록은 /으로 종료하여야 한다.

5. 절점에서의 수요량과 절점에 연결된 배관의 목록. 포트란 프로그램에서 각 줄은 반드시 /으로 종료하여야 한다. 하나의 절점에 최대 4개의 배관이 연결될 수 있도록 프로그램이 설정되었으나 PARAMETER N4에 다른 수치를 설정하여 변경시킬 수 있다. 그림 5.2의 관망을 해결하기 위한 입력파일은 그림 5.5와 같으며 프로그램 수행결과는 표 5.3과 같다(Fig5_2.xls 파일 참조).

```
32.2  1.41E-5  0.001
1000  1100  1200  1300  1400  1500  1600  1700  1800  1900
0.0002/
-3.7  1/
0.5  -1  2  3/
0.3  -2  4/
0.2  -3  6/
0.6  -4  5/
0.3  -6  7/
0.5  -5/
0.1  -7  8  9/
0.7  -8  10/
0.3  -10/
0.2  -9/
```

| 그림 5.5 | 프로그램 SOLBRAN 입력파일

표 5.3 10-배관, 11-절점 분지관망시스템의 해답

배관번호	L ft	$e(\times 10^{-4})$ in	D in	A ft^2	Q ft^3/s	V ft/s	h_f ft
1	1000.0	2.0	16.71	1.52	3.7	2.43	1.00
2	1100.0	2.0	11.61	0.73	1.4	1.91	1.10
3	1200.0	2.0	12.75	0.89	1.8	2.03	1.20
4	1300.0	2.0	10.60	0.61	1.1	1.79	1.30
5	1400.0	2.0	7.89	0.34	0.5	1.47	1.40
6	1500.0	2.0	12.20	0.81	1.6	1.97	1.50
7	1600.0	2.0	11.29	0.69	1.3	1.87	1.60
8	1700.0	2.0	10.23	0.57	1.0	1.75	1.70
9	1800.0	2.0	5.61	0.17	0.2	1.16	1.80
10	1900.0	2.0	6.53	0.23	0.3	1.29	1.90

상기 표의 결과를 얻기 위한 과정은 다음과 같다. 먼저 앞에서 모든 배관의 유량을 계산하였고, 수력구배 $S=0.001$로 주어졌으므로 각 배관 길이에 따른 손실수두를 계산할 수 있으며 여기에서는 배관 1을 예를 들기로 하며 나머지 배관은 독자가 직접 계산할 것을 권장한다.

$$h_{f1}=0.001\times 1000=1.00ft$$

배관 1의 직경 D을 구하기 위해서는 마찰손실계수 f를 구하여야 하며, 따라서 달시바하식 5.1과 Colebrook−White 식 5.2를 동시에 풀어야 한다. 이 두 식의 D와 f에 관해 미분한 식 5.4b, 5.4d, 5.4e, 5.4f를 이용하여 자코비언행렬을 구하여야 하며 $D=1.5ft$, $f=0.015$로 추정한다.

$$\frac{\partial F_2}{\partial D}=C_1\left[\frac{C_3\nu D}{eQ\sqrt{f}+C_2\nu D^2}-\frac{1}{D}\right]$$

$$=0.868589\left(\frac{14.6869456\times 1.41\times 10^{-5}\times 1.5}{0.00001667\times 3.7\times \sqrt{(0.015)}}-\frac{1}{1.5}\right)=0.54196$$

$$\frac{\partial F_2}{\partial f}=-\frac{1}{2}f^{-\frac{3}{2}}+C_1\left(\frac{0.5eQf^{-0.5}}{eQ\sqrt{f}+C_2\nu D^2}-\frac{0.5}{f}\right)$$

$$\frac{\partial F_2}{\partial f}=-\frac{1}{2}0.015^{-\frac{3}{2}}$$

$$+0.868589\left(\frac{0.5\times 0.00001667\times 3.7\times 0.015^{-0.5}}{0.00001667\times 3.7\times \sqrt{0.015}+7.3434728\times 1.41\times 10^{-5}\times 1.5^2}-\frac{0.5}{0.015}\right)$$

$$=-282.7731$$

$$\frac{\partial F_1}{\partial D}=C_4\frac{fLQ^2}{D^6}=\frac{0.1259925\times 0.015\times 1000\times 3.7^2}{1.5^6}=2.36679$$

$$\frac{\partial F_1}{\partial f}=-C_5\frac{LQ^2}{D^5}=-\frac{0.0251985\times 1000\times 3.7^2}{1.5^5}=-45.4278$$

공식 행렬을 다음과 같이 작성한다.

$$F_2=\frac{1}{\sqrt{f}}-1.14+2Log_{10}\left(\frac{eQ\sqrt{f}+7.3434728\nu D^2}{DQ\sqrt{f}}\right)$$

$$=\frac{1}{\sqrt{(0.015)}}-1.14$$

$$+2Log_{10}\left(\frac{0.00001667\times 3.7\times \sqrt{(0.015)}+7.3434728\times 1.41\times 10^{-5}\times 1.5^2}{1.5\times 3.7\times \sqrt{(0.015)}}\right)$$

$$=-0.06094$$

$$F_1 = h_f - \frac{8}{g\pi^2}\frac{fLQ^2}{D^5}$$
$$= 1.00 - \frac{8}{32.2 \times 3.14^2}\frac{0.015 \times 1000 \times 3.7^2}{1.5^5}$$
$$= 0.28996$$

상기 수치를 이용하여 자코비언행렬을 표현하면 다음과 같다.

$$\begin{bmatrix} 0.54196 & -282.77308 \\ 2.36679 & -45.42783 \end{bmatrix} \begin{pmatrix} z_1 \\ z_2 \end{pmatrix} = \begin{pmatrix} -0.06094 \\ 0.28996 \end{pmatrix}$$

엑셀의 행렬식 해 찾기 기능을 이용하여 (z)를 구하면

$$(z)^T = (0.13149 \quad 0.00047)$$

상기 수치를 초기 추정치 $D = 1.5ft$와 $f = 0.015$로부터 감하여 새로운 $D = 1.36851ft$와 $f = 0.01516$을 얻을 수 있다. 상기 과정을 3번 더 반복하면 표와 일치하는 결과를 얻을 수 있다(FIG5_2.xls 파일참조).

5.2.2 계수 행렬

이 방법은 접합부 연속식을 $[C]\{Q\} = \{QJ\}$의 행렬 형태로 작성한다. 계수 행렬 $[C]$는 3개의 가능한 수치 0. 1, 또는 −1로 구성된다. 미지수 벡터 $\{Q\}$는 배관 내 유량을, 기저 벡터 $\{QJ\}$는 절점에서의 수요량을 나타낸다. 이 방법은 가우스 소거법 또는 가우스-조던 소거법과 같은 표준 방법보다 매우 효율적인 방법을 사용하여 선형 대수학 문제를 해결한다. 선형 대수학 문제 해결방법은 첫 번째 방법에서 채용한 절차와 매우 유사하나 관망 배열보다는 계수 행렬에 집중한다. 이 방법의 수행절차는 다음과 같다.

1. 0이 아닌 하나의 요소만을 포함하는 행(row)의 계수행렬을 조사한 후 이 식을 해결한다. 즉, 이 식의 해답은 이 계수 행렬 내 열에 의해 정의된 배관 내 유량을 이 배관의 하류측 말단부에서의 수요량인 이 행(row)에서의 QJ으로 대체한다. 그 후 이 식을 해결된 것으로 마크한 후 현존하는 선형 공식시스템으로부터 이 행을 제거한다.
2. 이 요소의 열(column)에서 0이 아닌 계수 행렬 내 다른 행(row)을 찾는다. 계수 1 또는 −1를 1 단계에서 구한 유량과 곱하여 이 행(row) 내 기저 벡터 $\{QJ\}$를 수정하고, 이 행 내 현존하는 QJ의 수치로부터 수정된 수치를 1×1 만큼 감하여 계수 행렬의 크기를 감소시킨다.
3. 선형 대수학 문제의 모든 행과 열이 제거될 때까지 1과 2 단계를 반복한다.

이 방법의 실행은 N 행 $\times$ N 열 의(N은 접합부 번호$NJ-1$이다) 행렬과 같은 계수 행렬을 형성하지 않는다. 대신 각 행에서 계수행렬의 어떤 열이 0이 아닌 요소를 포함하는지를 명시하여 2차원 배열에 필요한 공간을 저장하여야 한다. 5.2.1 관망배치에서 수행한 것과 같이 하나의 절점에 연결되는 배관 번호를 열거하고 명시하여야 한다. 즉, 절점 번호는 행렬의 행을 명시하고, 이 절점에 연결되는 배관은 0이 아닌 요소를 포함하는 열의 번호를 명시한다. 프로그램 SOLBRAN은 2차원 정수 배열 $JN(NJ,4)$ 내부로 이 배관 정보를 읽어온다. 배열의 두 번째 아래첨자는 임의 접합부에 연결될 수 있는 배관 번호이다. 따라서 1단계에서는 이러한 행이 명시 되고, Q가 결정되면 행은 마크되어 제거된다. 2단계에서 동일한 배관번호가 아직 제거된 것으로 마크되지 않은 모든 행을 조사하여 이 번호가 발견될 때마다 이 배관을 제거하고 두 번째 아래첨자에 사용된 요소의 번호는 하나 감소된다. 따라서 실제 해결 절차는 첫 번째 방법과 매우 유사하다. 프로그램 SOLBRAN2는 이러한 방법을 수행하는 프로그램이고 서브루틴 DIAPIP는 프로그램 SOLBRAN2 내부에 열거된 목록으로부터 변경되지 않는 상태이다.

5.2.3 표준 선형 대수학

이 방법에서는 접합부 연속식은 시스템 내 미지 유량의 벡터를 곱하는 계수 행렬로서 작성되며 이에 따라 $NP=NJ-1$ 관망에서 수요량으로 구성된 기저 벡터와 동일하다. 이 방법은 NP 행과 열로 구성된 정사각 행렬의 계수 행렬을 요구한다. 계수 행렬 요소는 수치 0, 1 또는 -1이 된다. 행 번호는 NP 접합부 연속식이 작성된 접합부 번호에 상응하고, 열 번호는 배관 번호에 해당된다. 계수 행렬과 기저 벡터를 적정히 정의한 후 표준 선형 대수학 서브루틴을 호출하여 선형 공식시스템을 해결한다. 이와 같은 해결 과정은 프로그램 SOLBRAN3 내부에서 한번 수행된다. 이 프로그램의 경우 관망의 마지막 접합부에서는 접합부 연속식이 작성되지 않는다. 선형 대수학 solver인 SOLVEQ(부록 A 참조)는 당초에 기저 벡터를 포함하는 동일한 배열 내 해답을 돌려주므로 최초에 Q 배열 내 수요량이 위치하고, 이제 배열 QJ는 제거된다. 이 목록을 고찰하면서 2차원 배열 C 내에서 어떻게 계수 행렬이 0, 1 또는 −1로 저장되는지 이해하도록 노력하여야 한다.

엑셀, MathCAD, MATLAB 또는 TK-Solver와 같은 일반 수학용 소프트웨어를 사용하여 이 방법을 쉽게 수행할 수 있다. 특히 대규모 분지관망의 경우 프로그램 SOLBRAN3을 사용하여 해를 구할 때 연산은 비효율적이지만 상기와 같은 소프트웨어를 사용하면 연산을 수행하기 위해 필요한 대규모 PC RAM과 연산비용이 거의 소요되지 않으므로 실용적인 방법이 된다.

예제 5.3

아래 그림과 같이 수위 3020ft의 저수지로부터 펌프와 배관을 통해 12개의 피봇 관개 스프링클러로 물을 공급한다. 각 피봇은 고도 3020ft에 설치되고 각 스프링클러는 유량 $1.5ft^3/s$ 공급되며, 배관은 1마일 간격으로 설치된다. 각 피봇 지점에서 압력은 $60lb/in^2$ 이상이 되어야 한다. 비용이 최소가 되도록 시스템을 설계하라. 펌프 가격은 $100,000, 전력단가는 $0.0935/kWh(펌프 효율 85%를 고려하면 실제 전기료는 $0.11/kWh)이다(Exam5_3.xls 파일 참조).

NETWK 프로그램에서 디폴트 수치로 설정된 배관의 단위 길이당 가격은 아래 표와 같다. 모든 구성품의 내용년수는 50년이고 프로젝트 투자비용의 이자율은 10%이다.

직경(인치)	10	12	15	18	20	24	30	36
가격($/ft)	10.67	16.67	24.00	43.33	56.67	80.00	100.00	120.00

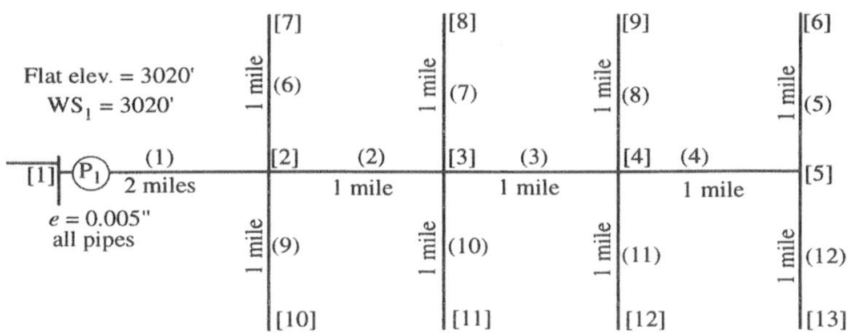

배관 직경이 과도하게 작으면 송수하기 위한 펌핑 에너지가 크기 때문에 관망시스템의 비용이 과도하게 된다. 반대로 배관의 직경이 과도하게 크면 배관의 자산회수 비용이 과도하게 된다. 전체 비용이 최소가 되는 점은 이러한 두 과도한 수치 사이가 되며 특히, 절점 6에서의 최소압력 $60lb/in^2$을 만족시키면서 절점 1부터 6까지의 주 배관에 따라 HGL 구배가 변화하는 분지관망시스템을 해결하여야 한다. 따라서 여러 시험 설계가 필요하며 각 설계에서 비용이 결정된다. 또한 이러한 비용 연산시 표준 배관 규격을 사용하여야 하므로 가장 가까운 표준 배관규격을 결정하여야 한다. 본 예제를 해결하기 위한 절차는 다음 단계로 구성된다.

1. 주 분지관에 따른 HGL 구배를 선정한다.
2. 1 단계에서의 구배를 적용하여 절점 6에서 압력이 $60lb/in^2$ 또는 수력구배선이 다음과 같이 유지되도록 하여 배관 6∼12의 HGL의 구배를 구한다.

$$HGL_6 = 3020 + 60(144)/62.4 = 3158.46ft$$

3. HGL 구배를 근거하여 모든 배관의 직경을 연산한다.

4. 연산된 직경에 가장 근접한 표준 배관 규격을 선정한다.
5. 이제 표준 배관 규격으로 선정된 관망시스템을 해석하고, 펌프가 공급하여야 할 수두와 동력을 계산한 후 전기 에너지 비용을 계산한다.
6. 배관 비용을 결정하고, 자산회수계수를 적용하여 배관 비용을 등가 균등 년간비용으로 환산한다.
7. 최소 전체 비용이 구해질 때까지 상기 1 단계부터 6 단계까지 반복한다.

모든 배관의 HGL 구배가 동일하지 않으면 프로그램 SOLBRAN을 1회 실행하여 해를 구할 수 없다. 이 경우 배관의 직경과 구배의 변경을 허락하기 위해 코드를 수정할 필요가 있다. 현재 형태에서 배관 1부터 6까지의 규격을 결정하기 위해 다음과 같은 입력자료를 사용할 수 있으나, HGL 구배가 상이하여 배관 쌍 6과 9, 7과 10 그리고 8과 11에 대해 별도의 실행이 필요하다. 프로그램 SOLBRAN을 사용하여 배관 직경을 연산하기 위한 입력자료와 실행결과는 다음과 같으며 프로그램 NETWK로부터 구한 결과와 이 결과를 비교할 수 있다.

프로그램 SOLBRAN 입력자료

```
32.2   1.41E-5   0.001
10560   5280   5280   5280   5280/
0.005/
-18.   1/
4.5   -1   2/
4.5   -2   3/
4.5   -3   4/
3.0   -4   5/
1.5   -5/
```

배관번호	L ft	$e(\times 10^{-4})$ in	D in	A ft^2	Q ft^3/s	유속 ft/s	손실수두 ft
1	10560	0.005	31.2754	5.34	18.0	3.37	10.56
2	5280	0.005	28.0345	4.29	13.5	3.15	5.28
3	5280	0.005	24.0332	3.15	9.0	2.86	5.28
4	5280	0.005	18.4801	1.86	4.5	2.42	5.28
5	5280	0.005	12.2036	0.81	1.5	1.85	5.28

프로그램 NETWK는 아래 입력파일을 사용하여 1단계부터 6단계까지 수행한다. 이 입력파일에서 선택사항 IHGL=−2는 두 줄의 입력으로 주 분지관을 기술하는 것을 허락하고, 통상적으로 지선배관을 기술하기 위한 자료가 입력된다. 이 입력파일에서 비용이 최소가 되는 HGL 구배는 0.001이다. 구배가 다를 경우의 해를 구하기 위해 이

수치를 변경시켜야 한다. 또한 시작 절점에서 HGL=3190.14를 변경하여야 한다. 이 시작 HGL 고도는 RUN 명령어 이후 라인에서의 선택사항 NOMSOL=1.0과 함께 분석이 요구되는 고도이다. 이 해결 절차를 더욱 진행하기 위해 이제 NETWK로부터 해답을 얻어야 한다. 입력파일 EXP5.3.IN 이름으로 CD에 수록하였다. 해를 구함에 있어 NETWK는 먼저 배관 직경을 구하는 설계 문제를 연산하여야 한다는 사실에 유의하여야 한다. 프로그램 NETWK에 대한 입력자료와 출력자료는 다음과 같다.

```
Example Problem 5.3
/*
$SPECIF IHGL=-2,NOMSOL=1,DESIGN=1,ICOST=1 $END
3190.14  -18.  3020.  1.5  .005
1  6  0.001  10560.  5280./
END
PIPES
6   2   7  5280.  0.  .005
7   3   8/
8   4   9/
9   2  10/
10  3  11/
11  4  12/
12  5  13
NODES
7  1.5  3020.  3158.46
8  1.5
9  1.5
10  1.5
11  1.5
12  1.5
RUN
1  3190.14
PUMPS
UNIT=0.11
CAPI=100000
END
```

배관자료

배관 번호	절점 From	절점 To	L ft	호칭 D in	$e(\times 10^{-5})$ in	Q ft^3/s	유속 ft/s	손실수두 ft	손실/1000
1	1	2	10560	30.0	0.005	18.0	3.67	13.02	1.23
2	2	3	5280	30.0	0.005	13.5	2.75	3.76	0.71
3	3	4	5280	24.0	0.005	9.0	2.86	5.32	1.01
4	4	5	5280	18.0	0.005	4.5	2.55	6.02	1.14
5	5	6	5280	12.0	0.005	1.5	1.91	5.74	1.09
6	2	7	5280	10.0	0.005	1.5	2.75	14.29	2.71
7	3	8	5280	10.0	0.005	1.5	2.75	14.29	2.71
8	4	9	5280	10.0	0.005	1.5	2.75	14.29	2.71
9	2	10	5280	10.0	0.005	1.5	2.75	14.29	2.71
10	3	11	5280	10.0	0.005	1.5	2.75	14.29	2.71
11	4	12	5280	10.0	0.005	1.5	2.75	14.29	2.71
12	5	13	5280	12.0	0.005	1.5	1.91	5.74	1.09

절점자료

절점	수요량		고도	수두	압력	HGL(ft)
	ft^3/s	gpm	ft.	ft	lb/in^2	
1	-18.0	-8078.94	3020.0	170.14	73.73	3190.14
2	1.5	673.24	3020.0	157.12	68.08	3177.12
3	1.5	673.24	3020.0	153.36	66.46	3173.36
4	1.5	673.24	3020.0	148.04	64.15	3168.04
5	1.5	673.24	3020.0	142.02	61.54	3162.02
6	1.5	673.24	3020.0	136.28	59.05	3156.28
7	1.5	673.24	3020.0	142.83	61.89	3162.83
8	1.5	673.24	3020.0	139.07	60.26	3159.07
9	1.5	673.24	3020.0	133.75	57.96	3153.75
10	1.5	673.24	3020.0	142.83	61.89	3162.83
11	1.5	673.24	3020.0	139.07	60.26	3159.07
12	1.5	673.24	3020.0	133.75	57.96	3153.75
13	1.5	673.24	3020.0	136.28	59.05	3156.28

관망을 해석하기 위해 가장 근접한 표준 배관 규격을 사용하여야 하며 최종 비용은 이 해석 결과에 근거하며 아래 자료와 일치하여야 한다.

COSTS ASSOCIATED WITH THIS NETWORK

ITEM	TYPE	PRESENT WORTH		ANNUAL COST	
1	PIPE	$	2,749,243	$	277,286
2	ELEC. ENERGY		2,506,879		252,842
	TOTAL	$	5,256,122	$	530,128

에너지 비용 $252,842/년과 배관의 회수비용 $277,286/년으로 총 $530,128/년 비용이 최소가 된다. 배관 1과 2의 직경은 30인치, 배관 3은 24인치, 배관 12는 12인치, 그리고 다른 배관은 10인치가 된다.

엑셀로 달시-바하식과 Colebrook-White식을 동시에 해결하여 f와 D를 결정하는 엑셀파일 Exam5_3.xls를 CD에 수록하였으며 계산 과정은 그림 5.2와 동일하다.

5.3 루프관망설계 해법 판단기준

본 절에서는 직경을 결정하는 식 그리고 루프로 형성된 관망 문제와 관련된 다른 식을 확립하기 위한 방법에 대해 기술한다. 배경지식으로 루프 또는 분지관망의 해석에 적용되는 기본적인 상관관계를 고찰하는 것이 적절하다. 관망에 존재하는 배관의 수량을 NP로 나타내고, 절점 또는 접합부의 수량을 NJ로 나타내고, 독립루프의 수량을 NL로 나타내면 반드시 아래와 같은 기본적인 상관관계가 만족된다.

$$NP = NJ + NL \qquad \text{공급원이 2개 이상인 관망의 경우}$$

또는

$$NP = (NJ - 1) + NL \qquad \text{공급원이 2개 보다 적은 관망의 경우}$$

실제로 관망에는 공급원이 있어야 되지만 때로는 없을 때도 있으며 이때 공급원은 단순히 (−) 수요량 또는 시스템으로 유입되는 절점이 될 수 있다. 저수지 또는 공급펌프가 없는 관망에서 공급원이 오직 하나면 관망 내 수요량의 합계를 구하여 이 유량이 공급원으로 유입되는 관망으로 나타날 수 있다. 이러한 상관관계를 적용하기 위해 묵시적으로 공급원을 절점으로 간주하지 않는다.

2개의 기본식은 (1)접합부로부터의 유출 질량 유동율은 접합부로의 유입 질량 유동율과 동일하여야 한다는 사실을 기술하는 수학식인 접합부(NJ 또는 $NJ-1$)에서의 연속식과 (2)배관 내 손실수두와 유량의 상관관계를 나타내는 달시−바하식 또는 하젠-윌리엄식이다. 필요시 다른 식을 전개할 수 있지만 이 식을 기본식으로 간주할 수는 없다. 예를 들어 배관에서 손실수두를 구하기 위해 달시−바하식을 사용할 때 Colebrook−White식을 사용해 f를 구하지만 이 식은 기본식이 아니라 보조식이다. 유사한 방법으로 배관 단면적을 변수로서 도입할 수 있고, 각 단면적에 대한 추가식을 사용할 수 있지만 이 추가식은 보조식이며 이러한 보조식은 후에 기술한다.

루프식이 추가적인 독립식으로 성립되는지 궁금해 할 수 있다. 이에 대한 대답은 "no"이다. 모든 배관에서의 손실수두식이 작성되면 루프식은 독립식이 아니다. 배관 손실수두식과 관련된 관망의 연결성을 이용하여 가상루프와 실제루프 주변 루프식을 얻을 수 있다. 이러한 상황을 증명하기 위해 다음 그림과 같이 16−배관, 9−절점으로 구성된 관망을 고려해 보자.

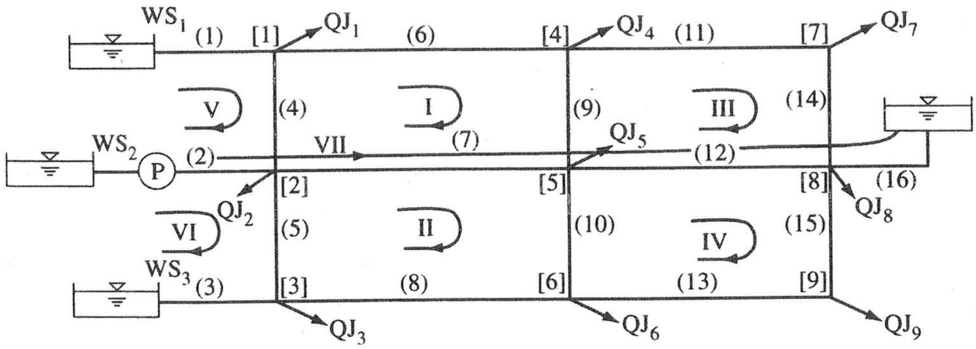

| 그림 5.6 | 16-배관, 9-절점으로 구성된 관망

작성할 수 있는 독립루프식 숫자는 $NL = NP - NJ = 16 - 9 = 7$이다. 이 7개 루프는 4개의 실제루프 그리고 어떤 방법으로든 4개의 공급원에 연결되는 3개는 가상루프로서 명확하게 나타난다. 그러나 기본식의 총 숫자는 $NJ = 9$개 접합부 연속식과 $NP = 16$개 배관 손실수두식으로 구성되어 총 25개가 된다. 따라서 25개의 변수를 미지수로 간주할 수 있으며 문제의 다른 모든 변수가 기저이면 문제를 해결할 수 있다.

루프식이 추가적인 독립식이 될 수 없다는 사실을 증명하기 위해 루프 I에 있는 4개의 배관(6, 9, 7, 4)을 고려해보자. 각 배관 내 손실수두를 지수식으로 나타내면 다음과 같다.

$$H_1 - H_4 = K_6 Q_6^{n_6} \tag{5.11}$$

$$H_4 - H_5 = K_9 Q_9^{n_9} \tag{5.12}$$

$$H_2 - H_5 = K_7 Q_7^{n_7} \tag{5.13}$$

$$H_2 - H_1 = K_4 Q_4^{n_4} \tag{5.14}$$

식 5.11과 5.14를 더하면

$$H_2 - H_4 = K_4 Q_4^{n_4} + K_6 Q_6^{n_6} \tag{5.15}$$

식 5.13으로부터 식 5.12를 감하면

$$H_2 - H_4 = K_7 Q_7^{n_7} - K_9 Q_9^{n_9} \tag{5.16}$$

이제 식 5.15로부터 5.16을 감하면 다음 결과를 얻을 수 있고 이는 루프 I 식이다.

$$K_4 Q_4^{n_4} + K_6 Q_6^{n_6} + K_9 Q_9^{n_9} - K_7 Q_7^{n_7} = 0 \tag{5.17}$$

유사한 방법으로 루프V를 위한 배관 1, 4 그리고 2의 배관 손실수두식을 작성하면 다음과 같이 된다.

$$WS_1 - H_1 = K_1 Q_1^{n_1} \tag{5.18}$$

$$H_2 - H_1 = K_4 Q_4^{n_4} \tag{5.19}$$

$$WS_2 + h_p - H_2 = K_2 Q_2^{n_2} \tag{5.20}$$

식 5.18로부터 식 5.19를 감하면

$$WS_1 - H_2 = K_1 Q_1^{n_1} - K_4 Q_4^{n_4} \tag{5.21}$$

최종적으로 식 5.21을 5.20으로 감하여 H_2를 제거하면 다음과 같이 되며 이는 가상루프V를 위한 루프식이다.

$$WS_1 - WS_2 - h_p + K_2 Q_2^{n_2} + K_4 Q_4^{n_4} - K_1 Q_1^{n_1} = 0 \tag{5.22}$$

관망 내 모든 배관에서의 손실수두식을 작성하고 이 식으로부터 H를 제거하면 일련의 독립루프식을 얻을 수 있다. 따라서 루프식은 배관 손실수두식과의 독립이 아니므로 손실수두식을 사용하면 루프식을 사용할 수 없다는 사실을 알 수 있다. 이와 같은 사실은 루프식이 배관 손실수두식을 대체하도록 허락하는 관망에서의 배관이 연결되는 방법을 의미하며 이러한 지식은 제2장에서 관망을 해석하기 위한 Q−공식의 전개를 위한 기초가 된다. 원하면 배관 손실수두식을 생략하고 그 자리에 루프식을 사용하는 것이 가능하다. 그러나 이 방법은 통상적으로 해를 얻기 위해서 더욱 많은 계산을 수행하여야 한다.

현재로서는 관망설계를 배관의 직경을 결정하는 과정으로 간주하고 있다. 관망설계의 정의는 광범위한 의미를 갖고 있으나 관망시스템의 다른 구성요소의 규격결정을 의미하지는 않는다. 관망설계는 (1)관망 내 존재하는 절점의 수량과 동일한 배관 수량의 직경을 결정하기 위한 것(분지관망은 특별한 경우이다)과 (2)명시된 압력을 만족시키기 위한 각 배관의 직경을 결정하는 것과 같이 2개의 범주로 나누어진다. 후자의 문제는 다음 절에서 기술한다. 첫 번째 범주에서는 미지수의 숫자가 유용한 식의 숫자보다 많기 때문에 절점숫자보다 많은 배관숫자의 직경을 구하는 것은 불가능하다. 설계범주에서 가능한 최대로 많은 배관 직경의 숫자를 구하여야 한다면, 관망의 모든 절점에서 HGL 고도 또는 수두 H(압력수두, 또는 압력)가 명시되는 것으로 가정한다. 따라서 기본식의 숫자는 $NP+NJ$(또는 공급원이 명시되지 않으면 $NP+NJ-1$)가 되지만 통상적으로 이들 중 일부를 각 배관 유량과 같은 다른 변수를 결정하기 위해 사용하여야 한다. 따라서 첫 번째 범주의 관망설계와 관망해석 사이의 기본적인 차이는 절점에서 H는 미지수가 아닌(해석문제에서는 미지수) 기저이고, H 대신 미지수인 배관 직경을 구하는 것이다. 따라서 미지수의 목록에서 직경은 H

를 대신하며 직경 수량은 명시된 H의 수량과 반드시 동일하여야 한다. 예를 들어 그림 5.6의 관망에서 모든 9개 절점에서 H가 주어지면 9개의 배관 직경을 결정할 수 있다. 이 경우 25개의 독립식을 사용하여 9개의 배관직경과 16개의 유량을 결정할 수 있다.

기저와 미지수가 서로 어떻게 변화하는지 그리고 어떤 것은 해결되고 어떤 것은 해결되지 않는지를 더욱 깊게 관찰하기 위해서 아래 그림과 같은 3-배관으로 루프가 형성된 시스템을 고려해보자.

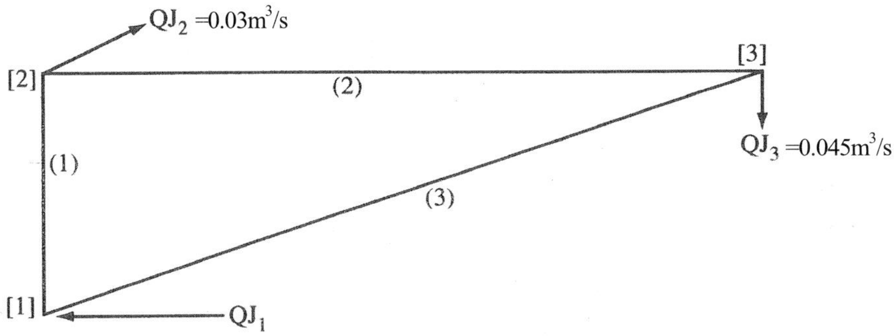

| 그림 5.7 | 3-배관으로 구성된 루프 시스템

상기 그림에서 절점은 3개이지만 절점 [1]은 공급원이므로 절점으로 간주하지 않기 때문에 접합부에서의 독립연속식은 $NJ-1=3-1=2$개가 된다. 따라서 2개의 독립 접합부 연속식과 3개의 손실수두식이 존재한다. 관망해석 문제라면 모든 배관의 직경. 길이와 조도가 주어지므로 구하고자 하는 5개의 미지수는 Q_1, Q_2, Q_3, H_2, H_3가 된다. 관망설계의 경우 H_1, H_2, H_3가 주어지므로 두 배관의 직경을 구할 수 있다. 설계 문제에서 미지수는 Q_1, Q_2, Q_3와 두 배관의 직경이다. 두 배관의 직경에 대해 가능한 조합은 3개이다. 즉, D_1과 D_2, D_1과 D_3, D_2와 D_3이다. 첫 번째 조합에서 D_3, 두 번째 조합에서 D_2, 세 번째 조합에서 D_1이 반드시 주어져야 하므로 배관의 직경과 배관 양 말단부에서 수두가 명시되므로서 손실수두식을 사용하여 나머지 배관의 유량을 결정할 수 있다. 상기 3개 배관 직경의 조합에 따라 그림 5.8과 같이 3개 사례에 대해 관망설계를 할 수 있다.

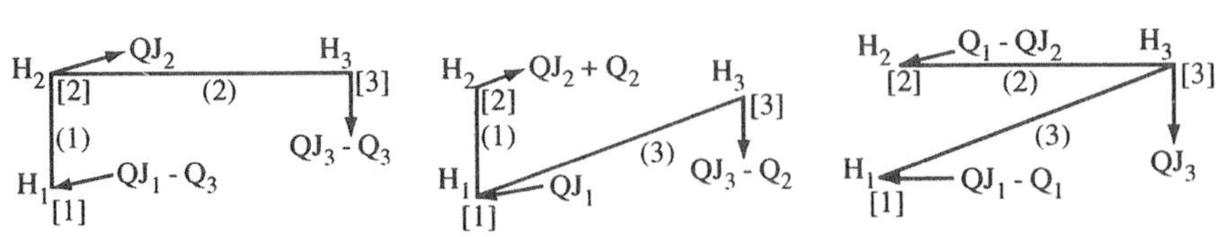

Case 1. D_3 known (Q_3 fixed) Case 2. D_2 known (Q_2 fixed) Case 3. D_1 known (Q_1 fixed)

| 그림 5.8 | 관망설계 사례 3개

상기 3개 사례를 해결하기 위한 하나의 방법은 5개 기본식(보조식 포함)을 작성한 후 기저를 명시하고 미지수를 해결하는 것이다. 다시 말해 독립식을 동시에 풀어 식 숫자만큼의 미지수를 해결한다. TK-Solver의 "Rule Sheet"는 이러한 방법을 증명하고 아래와 같이 3개 사례에 대한 3개 변수 시트를 보여준다.

사례 1			사례 2			사례 3		
변수 목록			변수 목록			변수 목록		
입력	변수명	출력	입력	변수명	출력	입력	변수명	출력
	D1	0.1210		D1	0.1210	0.12	D1	
	D2	0.1245	0.125	D2			D2	0.1216
0.125	D3			D3	0.1247		D3	0.1266
	Q1	0.0400		Q1	0.04617		Q1	0.04500
	Q2	0.0160		Q2	0.01617		Q2	0.01500
	Q3	0.0290		Q3	0.02883		Q3	0.02999
150	L1		150	L1		150	L1	
400	L2		400	L2		400	L2	
550	L3		550	L3		550	L3	
0.045	QJ3		0.045	QJ3		0.045	QJ3	
0.03	QJ2		0.03	QJ2		0.03	QJ2	
100	H1		100	H1		100	H1	
85	H2		85	H2		85	H2	
80	H3		80	H3		80	H3	
0.00001	e		0.00001	e		0.00001	e	
1.3E-6	ν		1.3E-6	ν		1.3E-6	ν	
19.62	G2		19.62	G2		19.62	G2	
	f2	0.01764		f2	0.01766		f2	0.0178
	f1	0.01481		f1	0.01483		f1	0.0149
	f3	0.01596		f3	0.01597		f3	0.0159

| 그림 5.9 | 3개 사례에 대한 T-K Solver 변수와 출력자료

```
RULE SHEETS
RULE-------------------------------------------------------------------------------------------
Q2+Q3=QJ3
Q1-Q2=QJ2
        H1-H2=f1*(L1/D1)*Q1^2/(G2*(pi()/4.*D1^2)^2)
        H2-H3=f2*(L2/D2)*Q2^2/(G2*(pi()/4.*D2^2)^2)
        H1-H3=f3*(L3/D3)*Q3^2/(G2*(pi()/4.*D3^2)^2)
                1/sqrt(f1)=1.14-2*log(e/D1+7.34347283*ν*D1/(Q1*sqrt(f1)))
                1/sqrt(f2)=1.14-2*log(e/D2+7.34347283*ν*D2/(Q2*sqrt(f2)))
                1/sqrt(f3)=1.14-2*log(e/D3+7.34347283*ν*D3/(Q3*sqrt(f3)))
```

그러나 상기 3개 사례를 더욱 효율적으로 해결할 수 있는 것을 알 수 있다. 먼저, 직경이 명시된 배관에서의 양 절점에 명시된 H를 고려한 손실수두를 해결하여 배관 내 유량을 계산할 수 있다. 다음은 이 배관을 제거하고 축소된 관망에서의 수요량을 수정하고, 접합부 연속식을 만족시키도록 나머지 배관 내 유량을 결정할 수 있다. 최종적으로 유량이 기저인 나머지 두 배관에 대한 손실수두식을 풀어 직경을 구할 수 있다. 따라서 3개 사례 모두를 미지수가 1개인 3개의 별도 식의 해를 구하는 문제로 축소시킬 수 있다. 달시-바하식을 사용할 경우에는 f를 구하기 위하여 Colebrook-White식을 사용하여야 하므로 실제로 한 쌍의 식을 해결하여야 한다.

사례 1에서 $H_1 = 100m$, $H_2 = 85m$, $H_3 = 80m$, 배관 조도 $e = 0.00001m$, $L_1 = 150m$, $L_2 = 400m$, $L_3 = 550m$로 명시되면 이를 해결하기 위한 단계는 다음과 같다.

(a) 배관 3과 관련된 자료 $D_3 = 0.125m$, $L_3 = 550m$, $e_3 = 0.00001m$, $QJ_2 = 0.03m^3/s$, $QJ_3 = 0.045m^3/s$가 주어졌으므로 다음의 손실수두식과 Colebrook-White식에서 미지수는 배관 3의 유량 Q_3와 마찰계수 f_3이므로 뉴튼법을 사용하여 아래 두 동시에 해결하여 $Q_3 = 0.029m^3/s$, $f_3 = 0.016$를 구한다.

$$H_1 - H_3 = f_3 \frac{L_3}{D_3} \frac{1}{2g} \left(\frac{Q_3}{A_3} \right)^2$$

$$\frac{1}{\sqrt{f_3}} = 1.14 - 2\log_{10}\left(\frac{e_3}{D_3} + \frac{7.3434728\nu D_3}{Q_3\sqrt{f_3}} \right)$$

(b) 연속법칙으로부터 다음과 같이 Q_1과 Q_2를 구할 수 있다.

$$Q_2 = QJ_3 - Q_3 = 0.045 - 0.029 = 0.0160^3/s$$

$$Q_1 = QJ2 + Q_2 = 0.03 + 0.016 = 0.0460^3/s,$$

(c) 배관 1과 관련된 자료 $Q_1 = 0.046m^3/s$, $L_1 = 150m$, $e_1 = 0.00001m$가 주어졌으므로 다음의 손실수두식과 Colebrook-White식에서 미지수는 배관 1의 직경 D_1과 마찰계수 f_1이므로 뉴튼법을 사용하여 두 공식을 동시에 해결하여 $D_1 = 0.1210m$, $f_1 = 0.01481$를 구한다.

$$H_1 - H_2 = f_1 \frac{L_1}{D_1} \frac{1}{2g} \left(\frac{Q_1}{A_1} \right)^2$$

$$\frac{1}{\sqrt{f_1}} = 1.14 - 2\log_{10}\left(\frac{e_1}{D_1} + \frac{7.3434728\nu D_1}{Q_1\sqrt{f_1}} \right)$$

(d) 최종적으로 배관 2와 관련된 자료 $Q_2 = 0.016m^3/s$, $L_2 = 400m$, $e_2 = 0.00001m$가 주

어졌으므로 다음의 손실수두식과 Colebrook-White식에서 미지수는 배관 2의 직경 D_2과 마찰계수 f_2이므로 뉴튼법을 사용하여 두 공식을 동시에 해결하여 $D_2 = 0.1245m$, $f_2 = 0.01764$를 구한다.

$$H_2 - H_3 = f_2 \frac{L_2}{D_2} \frac{1}{2g} \left(\frac{Q_2}{A_2} \right)^2$$

$$\frac{1}{\sqrt{f_2}} = 1.14 - 2\log_{10}\left(\frac{e_2}{D_2} + \frac{7.3434728\nu D_2}{Q_2\sqrt{f_2}} \right)$$

상기 계산과정의 엑셀파일 Fig5_7.xls를 CD에 수록하였다.

지금까지 토론한 내용은 접합부 연속식의 숫자와 동일한 배관 숫자의 직경을 구할 수 있을 것으로 시사하므로 독자는 연속식을 동시에 해결하면 모든 미지의 직경을 구할 수 있을 것으로 추론할 수 있지만 이는 사실이 아니다. 앞에 사례 1에서와 같이 직경이 명시된 배관에 대해서는 손실수두식과 Colebrook-White식을 동시에 해결하여 배관의 유량을 구한다. 연속식으로부터 직경이 미지수인 배관의 유량을 결정한 후 손실수두식과 Colebrook-White식을 이용하여 이 배관의 직경을 결정할 수 있다. 따라서 모든 식들을 사용하여야 한다.

더욱 복잡한 관망으로 이동하기 전에 불가능한 상황을 초래할 수 있는 관망의 조합 가능성에 대해 유의하여야 한다. 예를 들어 그림 5.8의 사례 1에서 배관 3의 직경을 과대하게 명시하면 손실수두 $H_1 - H_3$에 상응하는 유량 Q_3이 수요량 QJ_3를 초과하여 배관 2의 유동은 절점 3으로부터 2로 형성되어야 하지만 H_2는 H_3 보다 크기 때문에 불가능한 문제가 된다. 반대로 배관 직경을 너무 과소하게 명시하면(예를 들어 사례 3에서 $D_1 = 0.1m$로 명시되면) $H_1 = 100m, H_2 = 85m$조건에서 배관 1의 유량은 $Q_1 = 0.028m^3/s$이 되고 이는 수요량 QJ_2 보다 적어 배관 2의 유동은 절점 3에서 2로 형성되지만 H_3가 H_2보다 적기 때문에 불가능한 문제가 된다. 따라서 배관 직경과 절점에서의 수두를 명시할 때는 접합부 연속식과 배관의 손실수두식을 만족시킬 수 있도록 유의하여야 한다.

아래 그림과 같이 2개의 배관과 2개의 저수지로 구성된 단순한 관망의 한 절점에서 수두가 명시된 조건에서 배관 직경을 구하는 관망설계의 관점에서 살펴보기로 한다.

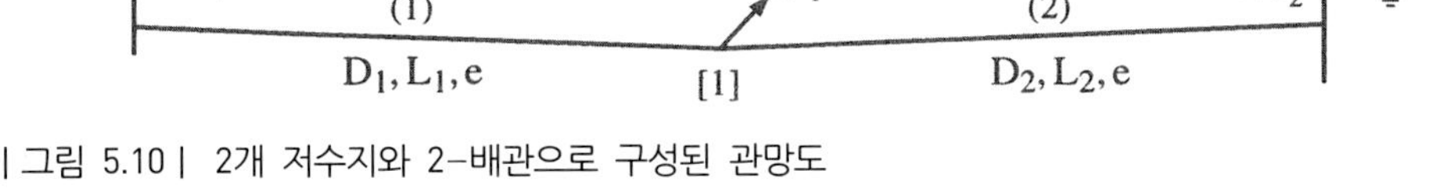

| 그림 5.10 | 2개 저수지와 2-배관으로 구성된 관망도

$NJ+NP=1+2=3$ 이므로 하나의 접합부 연속식과 2개의 손실수두식 총 3개의 기본식이 유용하다. 아래 그림은 TK–Solver를 이용하여 첫 번째 사례에서는 미지수 D_1을, 두 번째 사례에서는 미지수 D_2를 구한 두 사례에 대한 입력자료와 출력자료는 다음과 같으며 엑셀로 해결한 파일 Fig5_10.xls를 CD에 수록하였다.

```
RULE SHEETS
RULE------------------------------------------------------------------------------------------
Q1-Q2=QJ1
        WS1-H1=f1*(L1/D1)*Q1^2/(G2*(pi()/4.*D1^2)^2)
        H1-WS2=f2*(L2/D2)*Q2^2/(G2*(pi()/4.*D2^2)^2)
                1/sqrt(f1)=1.14-2*log(e/D1+7.34347283*ν*D1/(Q1*sqrt(f1)))
                1/sqrt(f2)=1.14-2*log(e/D2+7.34347283*ν*D2/(Q2*sqrt(f2)))
```

사례 1			사례 2		
변수 목록			변수 목록		
입력	변수명	출력	입력	변수명	출력
	D1	0.6723	0.8	D1	
0.5	D2			D2	0.7656
	Q1	2.0782		Q1	3.2990
	Q2	0.5782		Q2	1.7990
1200	L1		1200	L1	
1000	L2		1000	L2	
1.5	QJ1		1.5	QJ1	
85	H1		85	H1	
0.0001	e		0.0001	e	
1.217E-5	ν		1.217E-5	ν	
64.4	G2		64.4	G2	
	f1	0.01578		f1	0.0149
	f2	0.01845		f2	0.0161
100	WS1		100	WS1	
80	WS2		80	WS2	

| 그림 5.11 | 그림 5.10 관망을 위한 T–K Solver 변수와 출력자료

공급원이 2개이므로 가상루프가 1개인 그림 5.10의 단순한 관망은 원리를 동일하게 적용하여 공급원이 2개 이상인 루프로 형성된 관망 그리고 공급원이 하나인 루프로 형성된 관망에서 얼마나 많은 직경을 구할 수 있는지 보여준다. 분명하게 미지수로 간주할 수 있는 직경의 숫자는 접합부 연속식의 숫자와 동일하며 이러한 동일한 원리도 분지관망에도 적용된다.

이러한 2-배관 관망 문제를 다른 각도에서 살펴보기 위해 그림 5.10을 그림 5.12와 같이 수정할 수 있다. 이제 하류측 말단부에서 원하는 압력을 구할 수 있으며 이 명시된 압력은 앞의 예제 문제에서 명시된 저수지 수위로서 해석할 수 있다. 2개 배관의 직경이 명시되면 관망해석문제가 된다.

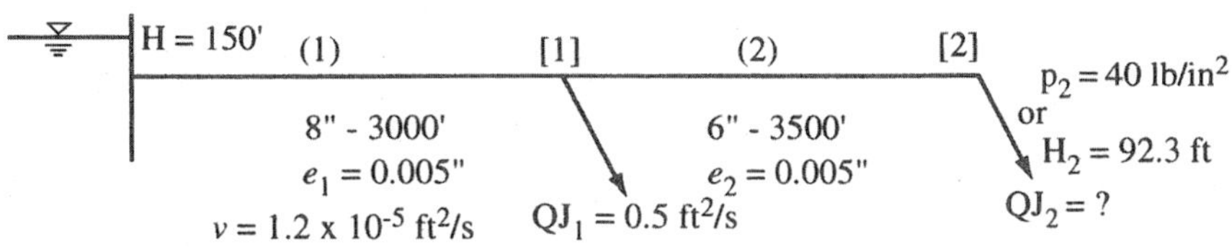

| 그림 5.12 | 그림 5.10 관망의 대안적 관찰

미지수는 Q_1, Q_2, QJ_2가 되고 아래 3개의 식을 사용하여 미지수를 구한다.

$$\text{절점 1 연속법칙} \qquad Q_1 - Q_2 - QJ_1 = 0 \tag{5.23}$$

$$\text{절점 2 연속법칙} \qquad Q_2 - QJ_2 = 0 \tag{5.24}$$

$$\text{가상루프} \qquad K_1 Q_1^{n_1} + K_2 Q_2^{n_2} - (WS_1 - H_2) = 0 \tag{5.25}$$

이 문제에서 절점 2에서 수요량 자리에 명시된 압력은 미지의 수요량을 연산할 수 있도록 해준다. 해를 구하기 위해 첫 번째 연속식과 루프식을 동시에 풀어야 하며 만일 달시-바하식을 사용하면 반드시 Colebrook-White식을 추가하여 f를 구하여야 한다. 실제로 4개의 미지수 Q_1, Q_2, f_1, f_2를 구하기 위해 4개 식의 동시 해가 필요하다. 두 번째 연속식으로부터 $Q_2 = QJ_2$가 되므로 이에 따른 결과는 다음과 같다. 즉, Q_1, Q_2가 미지수인 식 5.23과 5.25를 동시에 풀어 f와 Q를 구할 수 있다(FIG5_12.xls 파일의 Case 1 참조).

$$Q_2 = QJ_2 = 0.851 ft^3/s,\ Q_1 = 1.351 ft^3/s,\ f_1 = 0.01783,\ f_2 = 0.01904$$

그림 5.12로부터 절점 2에서 수요량 $QJ_2 = 0.6 ft^3/s$, 압력 $p_2 = 40 lb/in^2$이 되기 위해 필요한 배관 직경 D_2를 결정하여야 한다면 이는 관망설계의 문제가 된다. 3개 식에서 QJ_2는 기지이고 미지수는 Q_1, Q_2, D_2이다. 이 문제를 해결하기 위한 순서는 먼저 $QJ_2 = Q_2$로 명시되었으므로 $Q_2 = 0.6 ft^3/s$이고, 다음은 첫 번째 연속식으로부터 $Q_1 = 1.1 ft^3/s$을 구하고, 이제 Q_1과 D_1이 기저이므로 Colebrook-White식으로부터 $f = 0.019645$를 구한 후 달시-바하식으로 $h_{f1} = 13.65 ft$를 구하면 배관 2에서의 손실수두는 다음과 같이 구할 수 있으므로 Q_2와 h_{f2}가 기저가 된다. 달시-바하식과 Colebrook-White식울 동시에 해결하여 $f_2 = 0.02131$과 $D_2 = 5.21$인치를 구할 수 있다(FIG5_12.xls 파일의 Case 2 참조).

$$HGL_1 = 150 - 13.65 = 136.35ft$$

$$h_{f2} = HGL_1 - H_2 = 136.35 - 92.3 = 44.05ft$$

절점 2에서 압력이 명시되면 두 배관의 직경을 구할 수 있다. 따라서 문제는 모든 절점에서 수요량이 기저이고, 또한 이 절점에서 수두가 기저인 분지관망시스템으로 변화된다.

상기 예제는 관망설계 범주 2에 적용할 수 있는 원리를 보여주고 있다. 각 대안 명시는 다른 변수를 일련의 미지의 숫자로 간주할 수 있도록 해준다. 예를 들어 압력이 명시되면 직경이 명시되지 않은 상태로 남겨질 수 있고, 결과 식을 사용하여 이 직경을 결정할 수 있다. 그러나 배관 조도 계수가 미지수이면 반드시 직경이 명시되어야 한다. 요약하면 독립식의 숫자가 구하고자 하는 미지수 또는 명시되지 않은 변수의 숫자와 동일하면 하나의 관망에서 임의 변수자리에 다른 변수가 명시되면 임의 변수는 명시되지 않을 수 있다.

단일 관로에서의 유동을 통해 이러한 원리를 증명한다. 달시-바하식을 사용할 경우 변수는 $L, D,\ e,\ Q,\ f,\ h_f$ 6개가 되는 반면 오직 2개의 독립식 달시-바하식과 Colebrook-White 식만이 유용하므로 이 식을 사용하여 2개의 미지수를 구할 수 있다. 따라서 다른 4개의 변수가 기저가 되면 임의의 한 쌍의 변수를 미지수로 선정할 수 있다. 이러한 해결 절차에서 $A = \pi D^2/4$, $Re = VD/\nu$, $V = Q/A$와 같은 다른 식이 나타날 수 있지만 이 식은 단순한 보조식에 지나지 않는다. 배관이 2개인 경우 변수는 12개가 되고, 구할 수 있는 미지수의 숫자는 4로 증가한다. 거의 대부분의 경우 변수의 조합을 미지수로 선택할 수 있다.

요약하면 (1)관망시스템의 설계에서 연속법칙(질량 보전법칙)과 에너지보존법칙 2개의 유체기본법칙을 적용한다. (2)연속법칙으로부터 관망 내 각 접합부(또는 절점)로 유입되는 유량은 그 접합부로부터 유출되는 유량과 동일하여야 한다. 수학적으로는 $\sum Q_i = QJ_j = 0$으로 표현하고, 여기서 Q의 아래첨자는 접합부에 연결된 배관의 번호를 나타내고, QJ_j는 절점 J에서의 수요량이다. QJ는 접합부로부터 유출시 (+), 접합부로부터 유입시 (−)가 된다. 배관의 경우에는 반대가 된다. 즉, 배관으로 유입되면 Q_i는 (+), 유출되면 (−)가 된다. (3)에너지보존법칙으로부터 배관에서 발생하는 손실수두는 $H_i - H_j = h_{fk}$이 되며, 여기서 k는 배관 번호를 나타내며 아래첨자 i와 j는 상류측 절점과 하류측 절점 번호를 나타낸다. 만일 모든 배관에 손실수두식을 적용하면, 관망 연속법칙으로부터 루프의 손실수두의 합은 0이 되고 가상루프를 통한 손실수두는 공급원 고도의 차이와 동일하게 된다. (4)이 두 법칙은 유용한 모든 기본식을 제공한다. (5)미지수와 독립식의 숫자는 존재하는 유일 해와 반드시 매치되어야 한다. (6)임의 변수를 미지수로 선정할 수 있으나 한번 미지수를 선정하면 반드시 나머지 변수가 명시되어야 한다. 그러나 (7)물리적으로 불가능한 상황이 발생하면 기저 변수에 수치를 할당하는 것이 가능하다.

현재까지 루프로 형성된 관망설계에 대한 절차는 확립되지 않았다. 정상적인 관망 운영시 고려하지 않았던 대규모 비상 수요량 발생 또는 일부 수요량이 폐쇄되는 경우를 고려하여 관망을 설계할 때 비용을 최소화하기 위해서는 전문가의 판단이 필요하다. 식은 오직 NJ 배관 직경만을 결정할 수 있도록 허락하기 때문에 이를 해결하기 위해서 먼저 $NL = NP - NJ$ 배관을 선정하여 배관직경을 명시한다. 배관 선정시 명시된 배관을 제거한 나머지 관망은 분지관망이 되어야 한다. 통상적으로 관망을 분지관망시스템으로 감소시키기 위해서 여러 배관의 조합을 선정할 수 있고, 이 분지관망시스템을 주 송수관로로 간주하여야 한다. NL 숫자와 동일한 배관의 직경을 명시할 때는 잘 판단하여야 한다. 즉, 중요하지 않다고 판단되는 배관의 직경을 결정하여 명시하고 이 직경은 이 관망에 허용되는 최소 규격이 된다. 두 번째, 명시된 이 배관의 말단부에서의 수두가 기저이므로 배관 내 유량을 계산하고 두 배관 말단부에서의 수요량을 수정하여 분지관망시스템 정의시 유량들을 포함시킨다. 세 번째로 분지관망을 해결한다. 이 분지관망시스템에서 구한 직경을 가장 근접한 표준 배관 규격으로 대체하거나 반올림하여 가장 근접한 큰 규격으로 결정한다. 네 번째로 예측 가능한 조건의 변화를 수용하여 해석을 수행하고 결과를 고찰한다. 만일 차이가 발생하면 배관 직경(또는 다른 관망 구성요소)을 수정하여 이러한 차이가 발생하지 않도록 조치한다.

상기 방법을 증명하기 위해 그림 5.6의 16-배관으로 구성된 관망을 설계 한다고 가정한다. 다른 공급원으로부터 물이 유입되는 WS_1과 WS_3로 표기된 공급원의 수두는 50m이고, 이 물의 가격은 고가이므로 수요량이 큰 경우에만 사용된다. 다른 공급원 WS_2는 지표면으로부터 40m 밑에 있는 지하수이다. 마지막으로 WS_4는 직경 45m 저장 탱크로서 바닥 고도는 118m, 최대 수심은 3m이다. 설계시 평균 수요량(단위 m^3/s)은 표와 같으며, 설계에 기초한 시간당 최대 수요량은 아래 표 평균 수요량의 두 배이다.

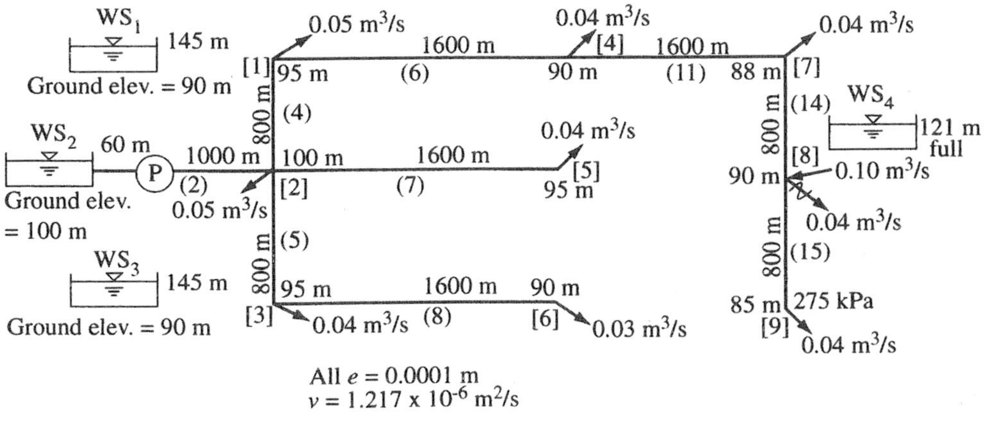

절점	1	2	3	4	5	6	7	8	9
수요량(m^3/s)	0.025	0.025	0.020	0.020	0.020	0.015	0.020	0.020	0.020

| 그림 5.13 | 그림 5.6의 대안 관망

먼저 이 관망시스템에서 허용할 수 있는 가장 작은 직경으로 선정할 수 있는 배관 숫자는 $NP-NJ=16-9=7$개이다. 판단에 근거하여 관망설계과정 동안 물을 공급하는데 비용이 많이 소요되는 배관 1과 3을 포함하여 배관 1, 3, 9, 10, 12, 13, 16의 직경을 150mm로 선정한다. 펌프장의 모든 펌프가 가동할 때 최대 유량은 $0.23m^3/s$, 최대 수요량의 합은 $0.37m^3/s$이므로 저장탱크는 반드시 $0.14m^3/s$를 공급하여야 한다. 따라서 절점 8에서 수요량을 $0.04m^3/s$ 유출에서 $0.10m^3/s$ 유입으로 변경시키고 배관 16을 제거한다. 이러한 방법으로 배관을 제거하면 루프관망은 분지관망으로 변경된다. 물론, 주 송수 시스템의 선택에 따라 여러 대안을 탐구할 수 있다. 이와 같이 축소된 관망시스템에서 가장 먼 하류측 절점은 9이고, 이 절점에서의 최소 허용 가능한 압력을 275kPa로 설정하면 이에 상응하는 고도는 $H_9=113m$이 된다. 이제 표 5.4에 주어진 에너지구배 S_f와 경제적인 측면을 고려하여 이 분지관망 내 배관 유량과 절점에서의 수두를 계산할 수 있으며 결과는 표 5.4와 같다. 먼저 분지관망 내 모든 배관 내 유량을 구하고, 주어진 배관길이 L과 S_f를 이용하여 모든 배관의 h_f를 구한다. 공급원으로부터 가장 먼 절점 9에서 명시된 113m 수두를 기준으로 계산하여 다른 절점에서의 수두를 구한 후 달시-바하식과 Colebrook-White식을 동시에 풀어 9개 배관의 직경과 마찰계수 f를 구할 수 있다. 표 5.4의 5 번째 칸에 나타낸 계산된 직경을 표준 규격(예를 들어 150, 205, 255, 305, 355, 그리고 405mm)의 배관으로 대체하여야 한다. 최종 단계로서 수요량의 변화, 저장탱크의 수위, 소방용수 등의 다양한 조건에서 전체 관망을 해석하여야 한다(엑셀파일 Fig5_13_case1.xls 참조).

표 5.4에서 구한 직경은 제거된 배관의 영향을 무시하였으며 이러한 방법은 무시한 배관 내 유량은 유동조건이 변화하여도 관망이 충분히 성능을 발휘할 수 있도록 도와준다. 또한 분지관망시스템 설계시 제거된 배관 없이도 필요한 수요량을 공급할 수 있다고 가정한다. 어떤 측면에서 이 방법은 무시하였던 배관이 수송하는 유량은 다른 배관을 통한 유량과 비교하여 작다고 가정한다.

표 5.4 그림 5.6 관망 설계 결과 1

배관	(m^3/s)	S_f	$h_f(m)$	$D(m)$	절 점	$H(m)$
2	0.23	0.005	5.0	423.7	1	125.0
4	0.07	0.006	4.8	260.1	2	129.9
5	0.07	0.005	4.0	269.7	3	125.9
6	0.02	0.010	16.0	146.3	4	109.1
7	0.04	0.0025	4.0	250.6	5	125.9
8	0.03	0.005	8.0	195.7	6	117.9
11	0.02	0.0025	4.0	192.8	7	113.1
14	0.06	0.005	4.0	254.4	8	117.1
15	0.04	0.005	4.0	218.2	9	113.1

다음은 분지관망으로 만들기 위해 제거하였던 배관 1, 3, 9, 10, 12, 13 내 유동을 고려하는 관망설계 과정을 더 깊게 고찰한다. 제거하였던 모든 배관의 직경을 150mm로 가정하고 고가의 물을 수송하는 배관 1과 3은 관망에 연결된 것으로 가정한다. 이 두 배관으로부터 추가로 유량이 유입되지만 배관 16을 통한 저장 탱크로 유입 또는 유출되는 유량은 없는 것으로 그리고 배관 내부에서 손실수두는 표 5.5의 2번째 칸과 9번째 칸에 명시된 것과 같다고 가정한다. 설계 1에서 $H_8 > H_7 > H_4$이었으나 이제는 $H4 > H_7 > H_8$이 되어 배관 11과 14의 유동방향이 바뀌게 된다. 이제 배관 내 손실수두를 고려하여 모든 절점에서 H를 구한 후 달시-바하식과 Colebrook-White식을 동시에 해결하여 직경이 150mm로 명시된 배관의 유량을 구한다. 마지막으로 연속법칙으로부터 직경이 명시되지 않은 9개 배관의 유량을 구한 후 달시-바하식과 Colebrook-White식을 동시에 해결하여 직경을 구한 결과는 표 5.5와 같다(엑셀파일 Fig5_13_case2.xls 참조).

표 5.5 그림 5.6 관망 설계 결과 2

배관	$h_f(m)$	L(m)	D(㎜)	Q (m^3/s)	절점	$H(m)$	배관	$h_f(m)$	Q (m^3/s)	D(㎜)
1	16.0	800	150	0.031	1	129.1	2	5.0	0.309	474.1
3	15.8	800	150	0.030	2	133.9	4	4.8	0.128	327.5
9	4.8	800	150	0.016	3	129.9	5	4.0	0.034	204.9
10	8.0	800	150	0.021	4	125.1	6	4.0	0.109	366.3

12	12.8	1600	150	0.019	5	129.9	7	4.0	0.097	349.8
13	8.8	1600	150	0.016	6	121.9	8	8.0	0.024	179.9
					7	121.1	11	4.0	0.085	333.9
					8	117.1	14	4.0	0.045	229.0
					9	113.1	15	4.0	0.024	181.0

앞의 사례와 동일한 각 저수지의 HGL 고도에서 배관 1과 3을 통해 물이 공급되는 상황에서 저장탱크는 배관 16을 통해 물을 $0.14m^3/s$ 을 공급하는 것으로 가정하여 구한 결과는 표 5.6과 같다.

모든 배관에서의 손실수두는 표 5.6과 같고, 이를 이용하여 모든 절점에서 H를 구할 수 있다. 여기에서는 Q_{16}이 기저이므로 달시-바하식과 Colebrook-White식을 동시에 해결하여 D_{16}을 구한다. 또한 달시-바하식과 Colebrook-White식을 동시에 해결하여 직경이 150mm로 명시된 6개 배관의 유량을 구한 후 연속법칙으로부터 나머지 9개 배관의 유량을 구한다. 마지막으로 달시-바하식과 Colebrook-White식을 동시에 해결하여 9개 배관의 직경 D를 구할 수 있다.

표 5.6에서 새로운 일련의 가정에서는 배관 4와 6에서의 유동은 이 배관의 말단부에서 요구되는 수두로부터 반대 방향이 되는 불가능한 상황을 초래한다. 저장 탱크로부터 명시된 유량 Q_{16}은 명시된 배관 직경 및 수두와 양립하기에 너무 크게 된다. 저장 탱크로부터 유동을 차단하였을 때는 이와 같은 불가능한 상황을 피할 수 있었다. 따라서 다양하게 명시되는 변수의 조합은 임의 절점에서의 수두와 유동방향이 불일치하는 결과를 초래할 수 있다(엑셀파일 Fig5_13_case3.xls 참조).

:: 표 5.6 그림 5.6 관망 설계 결과 3

배관	$h_f(m)$	L(m)	D(㎜)	Q (m^3/s)	절점	$H(m)$	배관	$h_f(m)$	Q (m^3/s)	D(㎜)
1	20.0	800	150	0.034	1	125.0	2	5.0	0.162	370.8
3	19.2	800	150	0.034	2	129.8	4	4.8	-0.014	*
9	8.8	800	150	0.022	3	125.8	5	4.0	0.026	186.2
10	8.0	800	150	0.021	4	117.0	6	8.0	-0.029	*
12	8.8	1600	150	0.016	5	125.8	7	4.0	0.099	353.5
13	4.0	1600	150	0.011	6	117.8	8	8.0	0.020	167.9
16	4.0	1200	380	0.140	7	121.0	11	4.0	0.047	266.0
					8	117.0	14	4.0	-0.087	275.1
					9	113.0	15	4.0	0.029	192.6

* 수두는 (−) 유량을 허용하지 않는다.

배관 직경이 부적절하게 명시된 단순한 예제는 그림 5.14와 같다. 이 관망은 2개의 배관이 절점 [2]에서 연결되며 그림에서 볼 수 있는 것과 같이 절점 [2]에서의 HGL은 이 배관의 다른 말단부에서 HGL 보다 작으므로 각 배관의 유동은 반드시 절점 [2]로 향하게 된다. 만일 두 배관 중 한 배관의 직경이 크게 명시되어 수요량 QJ_2를 초과하게 되면, 다른 배관 내 유동의 방향이 HGL에 의한 유동방향과 반대가 되기 때문에 불가능한 상황이 발생하게 된다. 예를 들어 다음 조건에서 $D_1 = 8.0$ 인치면 $Q_1 = 1.15ft^3/s$ 이 되어 접합부에서 연속법칙을 만족시키기 위해서 $Q_2 = -0.15ft^3/s$ 가 되어야 하지만 이는 명시된 수두에서는 성립되지 않는다. 배관 1에서 유량 $Q_1 = 1.0ft^3/s$ 을 유지하려면 $D_1 = 7.60$ 인치가 되어야 하므로 배관 1의 직경은 $D_1 = 7.6$ 인치 이하가 되어야 한다.

$$HGL_1 = 100ft,\ HGL_2 = 88ft,\ HGL_3 = 90ft\ ,$$
$$L_1 = 2000ft,\ L_2 = 2500ft\ ,\ QJ_2 = 1.0ft^3/s$$

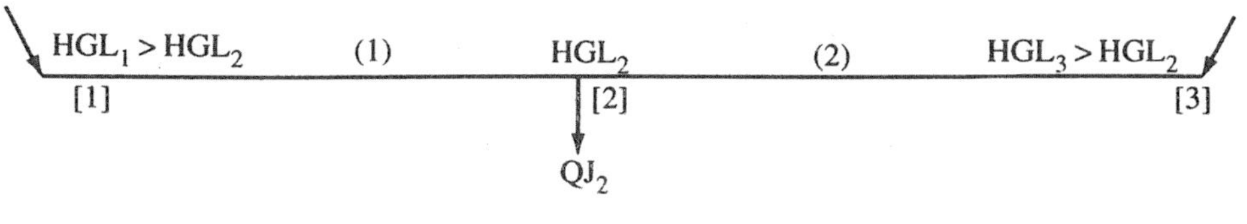

| 그림 5.14 | 부절절한 직경을 갖는 관망 문제

상기 예제는 설계시 가정과 설계의 결과는 직접적으로 관련된다는 중요한 사실을 보여준다. 아직은 설계시 비용을 고려하지 않았지만 통상적인 설계목적은 명시된 수요량을 만족시키면서 전체 비용을 최소화하는 것이다. 본 장의 후반에 비용을 고려한 관망설계에 대해서 기술한다.

이제 그림 5.15의 30-배관, 16-절점으로 구성된 대규모 관망을 검토한다. 공급원이 3개인 이 관망에서는 16개의 접합부 연속식이 존재하므로 16개 절점 모두에서 수두가 주어지면 16개 배관의 직경을 결정하는 것이 가능하다. 프로그램 NETWK를 사용하여 "관망설계" 해를 구하기 위한 그림 5.16의 입력자료인 FIG3_15.DAT 파일은 CD에 수록되었다. 독자는 NETWK 프로그램의 입력자료로 이 파일을 사용하여 해를 구할 수 있다. 이 입력자료는 배관 길이와 절점 수요량을 보여준다. 만일 $SPECIF 목록에서 선택사항 "DESIGN=1"이 주어지면 (1)NETWK는 배관의 직경이 0으로 주어지면 직경을 결정하는 배관으로 해석하고, (2)NODES 명령어 아래 각 절점에서 HGL 고도를 반드시 열거하여야 한다. 따라서 "DESIGN=1"로 설정되면 입력자료에서 16개 배관의 직경을 0으로 할당하여야 한다. 이 관망 문제는 손으로 해결하기에는 상당히 크지만 수계산으로 관망의 해를 구하는 방법을 정확히 따를 수 있다. 일련의 예제 입력자료에서는 공급펌프에 연결된 두 배관 1과 2의 직경은 18인치와 15인치로 명시되었고, 배관 10, 11, 12, 17, 18, 19, 24, 25, 26, 27, 28, 29의 직경은 6인치로 명시되었고 또한 모든 배관의 손실수두가 명시되므로 모든 절점에서의 H를 구할 수 있다. 먼저, 각 배관의 말단부 절점 사이에서의 수두 차이와 손실수두가 일치하도록 달시-바하식과 Colebrook-White식을 이용하여 직경이 명시된 14개 배관의 유량을 계산한다. 연속법칙으로부터 직경이 명시되지 않은 16개 배관의 유량을 구한 후 달시-바하식과 Colebrook-White식을 이용하여 이 배관의 직경을 구한다.

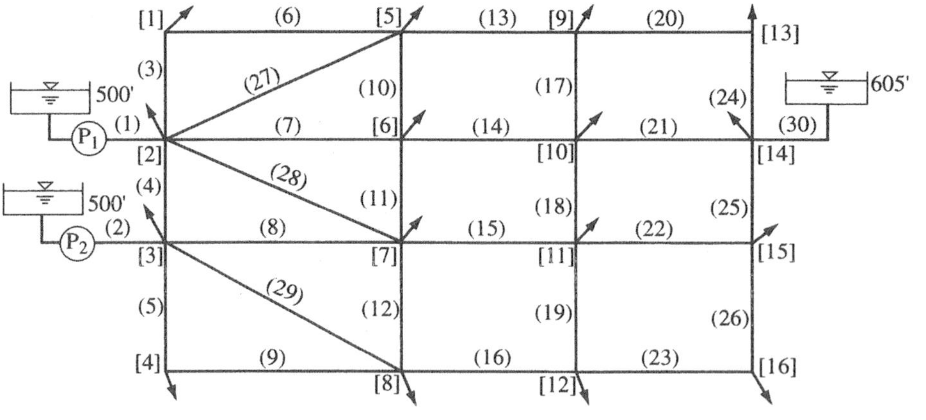

배관	펌프 1			펌프 2		
$Q(ft^3/s)$	8	15	22	6	12	18
$h_p(ft)$	157	152	144	152	147	139

| 그림 5.15 | 30-배관, 16-절점 관망

$SPECIF 목록 선택사항에서 NOMSOL=1로 선정되었기 때문에 프로그램 NETWK은 배관 직경을 계산한 후 디폴트 표준 직경 목록으로부터 표준 직경에 가장 인접한 직경을 선정한 후 프로그램을 다시 수행한다. 해석결과로부터 표준 규격의 배관으로 대체하면 마찰 손실수두가 다르게 되어 HGL 고도는 초기에 계산한 수치와는 다르게 나타난다.

프로그램 NETWK 패키지 내부에 있는 프로그램 NETWEQST는 관망설계 문제를 위해 특별히 작성되었다. 이 프로그램은 사용자가 미지의 변수를 명시하고 관망 내 임의 변수를 미지수로 간주할 수 있도록 허락한다. 이와 같이 해답을 구하는 방법은 본 장의 후반부에 기술한다. 모든 배관의 유량과 관망 내 절점의 숫자와 동일한 배관 직경의 숫자를 선정하여 이러한 형태의 관망설계문제를 해결할 수 있다. 그림 5.15의 관망설계를 위한 프로그램 NETWEQST의 입력자료파일은 다음과 같다.

```
Large Design Example

/*
$SPECIF IUNENT=4 $END
PIPES
1  0  2   500 18 .004 15
2  0  3   500 15 .004 11
3  2  1   800 12 .004  5
4  2  3   800  6 .004  1
5  3  4   800 12 .004  6
6  1  5  1800  6 .004  5
7  2  6  1800 12 .004  6
8  3  7  1800 12 .004  6
9  4  8  1800 12 .004  3
10 6  5   800  6 .004 .5
11 6  7   800  6 .004 .5
12 7  8   800  6 .004 .5
13 5  9  1600 12 .004  5
14 6 10  1600 12 .004  5
13 5  9  1600 12 .004  5
14 6 10  1600 12 .004  5
15 7 11  1600 12 .004  5
16  8 12 1600 12 .004 5
17 10  9  800  6 .004 1
18 10 11  800  6 .004 .2
19 11 12  800  6 .004 .2
20  9 13 1600 12 .004 4
21 10 14 1600  8 .004 1
22 11 15 1600  8 .004 2
23 12 16 1600  8 .004 1
24 14 13  800  6 .004 1
25 14 15  800  6 .004 1
26 15 16  800  6 .004 1
27  2  5 2500  6 .004 1
28  2  7 2500  6 .004 1
29  3  8 2500  6 .004 1
30  0 14 1000 10 .004 2.5
RESER
30 605
PUMPS
1 8 157 15 152 22 144 500
2 6 152 12 147 18 139 500
NODES
1  1.2 500 630
2  1.2 490 645
3  0.8 485 640
4  1.6 480 632
5  1.4 495 618
6  1.2 494 620
7  1.0 490 616
8  0.8 493 605
9  2.0 492 608
10 2.0 492 608
11 3.6 488 605
12 2.8 484 603
13 4.0 480 595
14 2.0 478 600
15 1.8 475 594
16 2.0 470 586
RUN
```

| 그림 5.16 | 프로그램 NETWEQST 입력자료

선택사항 IUNENT=4는 프로그램 NETWEQST에게 절점 명령어 다음 각 라인의 마지막 항에 절점에서의 HGL 고도가 열거되고, 배관 명령어 다음의 각 라인의 마지막 항은 배관 내 초기 유량추정치로서 뉴튼법을 시작하기 위해 사용된다는 것을 알려준다. 프로그램 NETWEQST 매뉴얼은 NETWEQST.DOC 파일로 CD에 수록하였다. 프로그램 NETWEQST을 사용하여 그림 5.15의 관망 문제를 해결하기 위해서 그림 5.17에서 열거한 볼드 프롬프트(bold prompt)에 응답하여야 한다.

```
Pipes=30, Nodes=16, Sources=3
46 unknowns must be given. Give no. of each:
1. HGLs at nodes 0
2. Nodal demands 0
3. Pipe discharges 30
4. Pipe diameters  16
Give 16 pipe diameter numbers 3-9  13-17  20-23  30
```

| 그림 5.17 | 30-배관 예제를 위한 프롬프트와 응답

이러한 관망설계 문제를 해결할 때 관망시스템 성능 또는 명시된 직경의 규격 둘 중 하나에 대해 상당한 이해가 필요하다. 그렇지 않으면 명시된 일련의 수두는 불가능한 상황을 초래할 수 있다. 이미 그림 5.13의 16-배관 관망에서 어떻게 이런 불가능한 상황이 발생하는지를 살펴보았다. 따라서 모든 배관의 직경을 독단적으로 선정할 수 없다. 관망에서 직경이 명시된 배관은 고정된 유량을 수송하므로 이 배관이 제거되어 축소된 관망문제가 된다. 이와 같이 축소된 관망은 절점에서 명시된 모든 수요량을 만족시킬 수 있지만 잘못된 조합은 불가능한 상황을 만들 수 있다. 첫 번째 관망 축소시 당초 관망이 2개 이상의 분리 관망으로 나누어지면 각 분리 관망은 최소한 하나의 공급원을 갖아야 한다. 두 번째, 축소된 관망에서 명시된 수두는 수요량에 의해 지시된 방향으로 유동이 이동하도록 허락하여야 한다. 더욱이 사수부 절점에서의 수두와 배관 직경이 명시되어 계산으로 구한 고정되는 일련의 유량은 통상적으로 관망 내 전체 수요량의 합과 일치하지 않으므로 관망 내 각 공급 배관의 직경을 명시하는 것은 불가능하다는 것을 알 수 있다.

30-배관으로 구성된 관망문제에서 공급펌프에 연결된 두 배관의 직경을 명시하였으나 저수지에 연결된 배관 직경은 명시하지 않았다. 만일 D_{30}을 명시하면 반드시 D_1 또는 D_2를 명시하지 않아야 한다. 만일 D_{30}을 명시하고 D_1(그러나 아직 $D_2 = 18$ 인치)을 명시하지 않으면 수두는 변화하지 않는다. 그러나 $D_1 = 18$ 인치인 경우 $D_{30} = 6$ 인치로 명시하고 D_2를 명시하지 않으면 연속식의 해에서 배관 4에서 유동이 (−)가 되지만 이는 그 배관의 말단부에 주어진 수두를 고려할 때 불가능하기 때문에 D_1은 18인치 이상이 되어야 한다.

공급펌프에 연결되는 배관 직경을 명시하면 펌프가 공급할 수 있는 유량이 고정된다. 따라서 저수지로부터 배관을 통한 유량은 반드시 관망의 전체 수요량의 합계와 두 공급펌프로부터 공급되는 유량과의 차이와 동일하여야 한다. 이러한 제한으로 인해 축소된 관망 내 하나의 루프가 형성되는 것이 어렵다. 따라서 관망으로부터 직경이 명시된 배관을 제거할 때는 반드시 분지관망을 얻을 수 있는 것을 확인하여야 하고, 이러한 배관의 제거가 당초 관망을 2개 이상의 작은 관망으로 분리하면 이 새로운 각 관망은 하나의 공급원을 갖아야 한다. 관로 말단부의 배관 직경이 명시되고 이 배관의 양 쪽 끝에서 한 쌍의 수두가 명시되면 통상적으로 계산된 유량은 관로의 말단부에서 명시된 수요량과 일치하지 않기 때문에 관로 말단부 배관의 직경을 명시할 수 없다.

다소 불명확한 불가능한 상황이 전개될 수 있다. 예를 들어 공급펌프를 포함하는 배관의 직경을 너무 과대하게 명시하면 이 배관으로부터 유입되는 유량은 관망 수요량의 합계를 초과하고, 더욱이 저수지 수위가 H_{14} 이상으로 명시되면 공급펌프로부터 관망으로 유입되는 잉여 유량이 관망을 빠져나갈 방법이 없다. 배관 직경과 이 배관 말단부에서의 수두를 동시에 명시하면 유량이 고정되므로 이 고정된 유량은 배관 말단부의 수요량과 일치할 수 없다. 예를 들어 30−배관으로 구성된 관망에서 배관 1의 직경을 18인치가 아닌 24인치로 설정하면 이와 같은 불가능한 상황이 발생한다. 다시 말해 D_{30}의 직경을 명시하고 D_2의 직경을 명시하지 않아 $D_1 = 18$인치가 되면 불가능한 상황이 발생하지만 $D_1 = 24$인치가 되면 불가능한 상황이 발생하지 않는다. 2개 이상의 배관이 접합부에 연결되면 불가능한 상황이 발생할 확률이 더 커지고 더욱 복잡하게 된다. 프로그램 NETWK는 불가능한 상황의 존재를 확인하지 않고 문제와 관련된 간략한 메시지만을 출력한다. 직경과 수두의 명시에 대한 경험을 바탕으로 충분히 고찰하지 않으면 빈번하게 발생하는 이런 불가능한 상황에서는 원인을 조심스럽게 검토하여야 하고, 명시된 직경과 수두 수치를 조정하거나, 일련의 배관 직경 명시에 대한 대안을 선정한다. 이러한 조정을 할 때 직경이 명시된 배관을 제거한 후 축소된 관망을 스케치하고 이러한 관망설계를 얻기 위한 후속 절차를 준수하면 도움이 된다.

예제 5.4

다음 표에 열거된 것과 같이 절점에서의 수두가 주어진 루프로 형성된 용수 공급 관망을 설계하고자 한다. 이 관망에서는 3개의 독립루프(2개의 실제루프와 1개의 가상루프)가 존재하므로 반드시 3개 배관 규격을 명시하고, 나머지 6개 배관 직경을 구하여야 한다. 명시된 배관의 직경은 모두 6인치이다. 아래 표와 같이 직경이 6인치로 명시된 3개 배관의 조합에서 분지관망시스템의 나머지 배관의 해를 구할 수 있는

지를 결정하라. 불가능한 상황이 발생하면 이유를 설명하고 가능한 상황이 발생하면 분지관망을 해석하라.

절점	고도(ft)	H(ft)	사례	직경이 명시된 배관
1	100	197	1	2, 4, 9
2	98	194	2	4, 6, 9
3	100	194.5	3	4, 8, 9
4	95	190	4	3, 8, 9
5	95	191	5	2, 8, 9
6	90	188	6	2, 6, 9

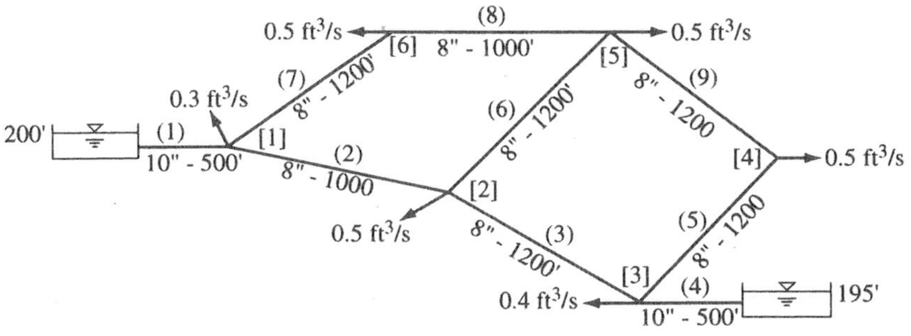

먼저 직경이 명시된 배관 내 유량을 결정하고 관망을 분지관망시스템으로 축소시킬 수 있는 사례는 다음과 같다.

사례 1 : $H_3 > H_2$이므로 절점 2 하류측 수요량을 만족시키기 위해 유량은 배관 3을 통과할 수 없으므로 불가능한 상황이 발생한다.

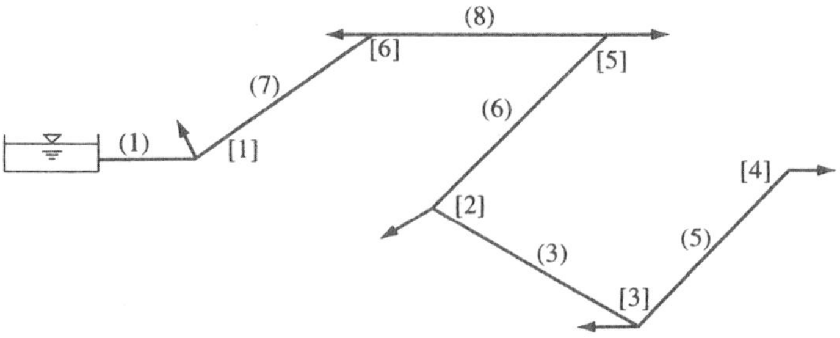

사례 2 : 사례 1과 동일한 이유로 불가능한 상황이 발생한다.

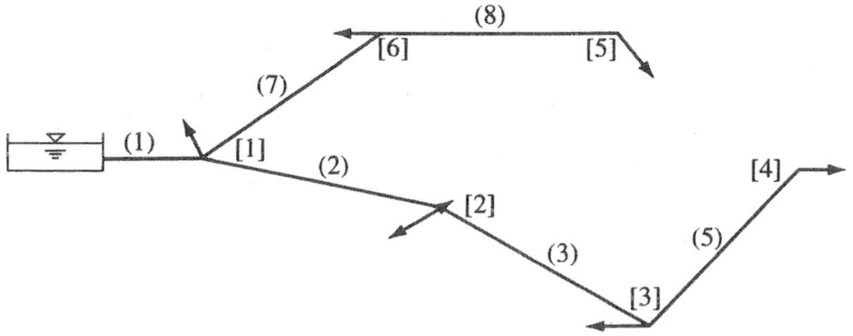

사례 3 : 사례 1과 동일한 이유로 불가능한 상황이 발생한다.

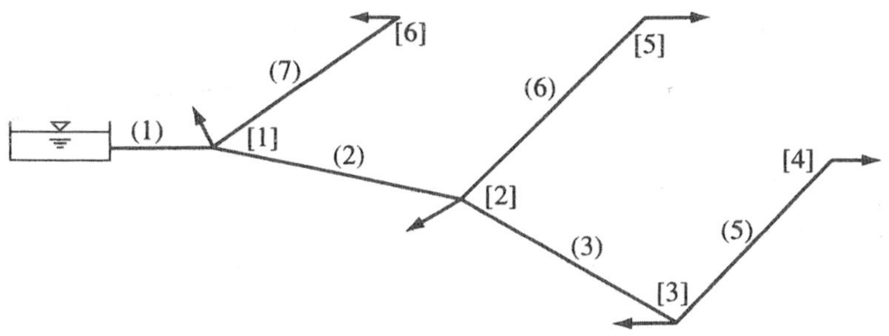

사례 4 : 이 관망은 가능하다. 먼저 직경이 6인치로 명시된 3, 8, 9번 배관의 유량을 연산한다(Exam5_4_case4.xls 파일 참조).

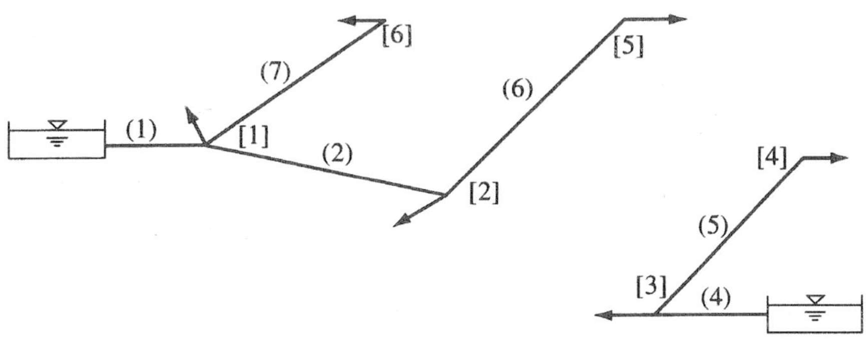

배관	$Q(ft^3/s)$	f	변경된 QJ (ft^3/s)
3	0.1466	0.0240	$QJ_3 = 0.545$, $QJ_2 = 0.355$
8	0.4393	0.0193	$QJ_5 = 0.935$, $QJ_6 = 0.065$
9	0.2161	0.0221	$QJ_5 = 1.149$, $QJ_4 = 0.286$

축소된 분지관망에서의 각 배관 내 유량과 배관 직경은 다음 표와 같다.

배관	$Q(ft^3/s)$	직경(인치)
1	1.8695	9.000
2	1.5088	9.556
4	0.8305	9.592
5	0.2839	4.902
6	1.1554	8.965
7	0.0607	2.446

사례 5 : 이 관망은 유효하며 프로그램 NETWEQST를 사용하여 해를 구할 수 있다. 또한 배관의 유량과 직경을 구하기 위해 NETWK를 사용하거나 HYDEQS를 적용할 수 있으며 입력자료, 프롬프트와 응답 목록 그리고 결과는 다음과 같다(Exam5_4_case5.xls 파일 참조).

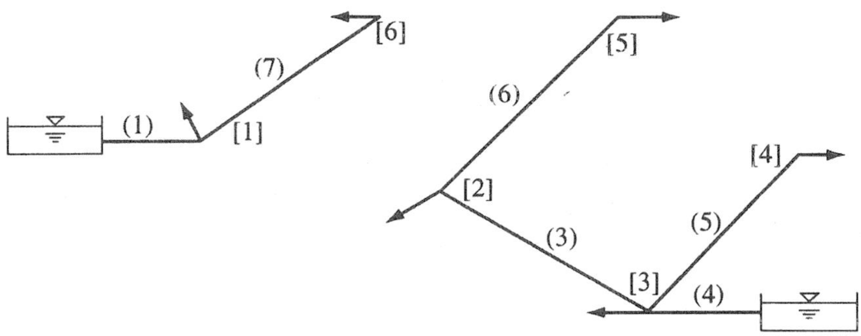


```
Input Data
Example Problem 5.4
/*
$SPECIF IUNENT=4 $END
PIPES
1  0  1   500  10  .001  2.4
2  1  2  1000   6  .001  1.0
3  3  2  1200   6  .001  0.2
4  0  3   500   6  .001  1.0
5  3  4  1200   6  .001  0.5
6  2  5  1200   6  .001  0.5
7  1  6  1200   1  .001  1.0
8  5  6  1000   6  .001  0.2
9  5  4  1200   6  .001  0.2
NODES
1  .3  100  197
2  .5   98  194
3  .4  100  194.5
4  .5   95  190
5  .5   95  191
6  .5   90  188
RESER
1  200
4  195
RUN
```

Pipes= 9, Nodes=6
15 Unknows must be given. Give no. of each:

1. HGLs at nodes 0
2. Nodal demands 0
3. Pipe discharges 9
4. Pipe diameters 6
Give 6 pipe diameter numbers 1 3-7

배관자료

배관 번호	절점 From	절점 To	L ft	D in	$e(\times 10^{-3})$ in	Q ft^3/s	손실수두 ft
1	0	1	500	6.518	1.0	0.800	3.00
2	1	2	1000	6.000	1.0	0.4393	3.00
3	3	2	1200	13.205	1.0	1.2161	0.50
4	0	3	500	13.032	1.0	1.9000	0.50
5	3	4	1200	4.867	1.0	0.2839	4.50
6	2	5	1200	8.954	1.0	1.1554	3.00
7	1	6	1200	2.347	1.0	0.0607	9.27
8	5	6	1000	6.000	1.0	0.4393	3.00
9	5	4	1200	6.000	1.0	0.2161	1.00

절점자료

절점	수요량 ft^3/s	고도 ft.	수두 ft	압력 lb/in^2	HGL(ft)
1	0.300	100	97.0	42.0	197.0
2	0.500	98	96.0	41.6	194.0
3	0.400	100	94.5	41.0	194.5
4	0.500	95	95.0	41.2	190.0
5	0.500	95	96.0	41.6	191.0
6	0.500	90	98.0	42.5	188.0

사례 6 : 이 관망은 유효하다. 사례 5와 동일한 입력자료를 사용하고 NETWEQST 프로그램의 프롬프트에 대해 다음과 같이 응답하면 해를 구할 수 있으며 여기에서는 해를 나타내지 않았다.

Pipes=9, Nodes=6
15 unknowns must be given. Give no. of each :
1. HGLs at nodes 0

2. Nodal demands 0
3. Pipe discharges 9
4. Pipe diameters 6
Give 6 pipe diameter numbers 1 2-5 7 8

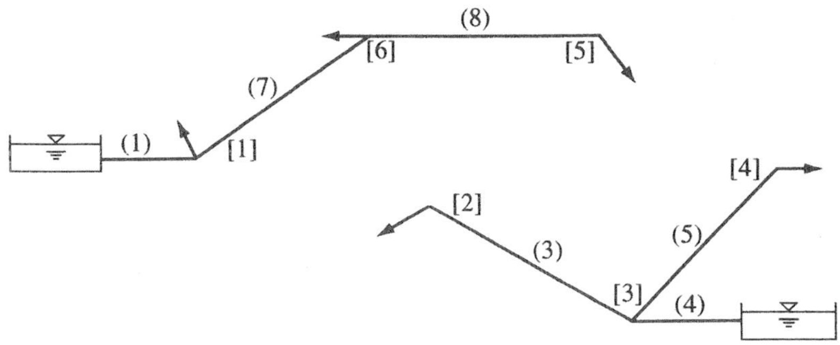

5.4 특별한 요소의 설계

5.3절에서 (1)관망에서의 절점 숫자만큼 배관 숫자의 직경을 구하는 문제, (2)절점에서 압력이 명시된 것과 같이 일부 명시된 조건을 만족시키기 위한 각 배관의 직경을 구하는 두 형태의 관망설계 문제에 대해서 기술하였다. 5.3절에서는 첫 번째 문제 범주를 검토하였고 본 절에서는 두 번째 문제에 대해 검토한다. 전술한 문제의 해는 기저와 미지수를 교환한다. 예를 들어 어느 절점에서 압력이 명시되면 그 절점에서의 수요량 또는 배관 직경 또는 길이 등은 미지수가 된다. 그러나 이제 기저와 미지수의 교환이 불필요하다. 대신 관망 문제에 새로운 하나의 미지수와 하나의 식이 추가된다. 따라서 독립식의 숫자와 미지수의 숫자가 반드시 일치되어야 하는 필요조건을 만족시킨다.

새로운 다른 독립식을 도입하는 방법에 대해서 살펴보기로 한다. 전술한 것과 같이 기본 관망 상관관계는 다음과 같다.

$$NP = NJ + NL \qquad \text{관망에서 공급원이 2개 이상인 경우}$$

또는

$$NP = (NJ - 1) + NL \qquad \text{관망에서 공급원이 1개 이하인 경우}$$

상기 상관관계는 분지관망과 루프관망에 모두 적용된다. 분지관망에서는 $NL = 0$이 된다. 하나의 미지수를 추가로 도입하는데 있어 중요한 비결은 또 다른 하나의 독립식을 생성하는 것이다. 통상적으로 이 추가 식은 절점에서의 필요한 HGL 또는 압력과 같은 다른 조건을 강요한다. 이 미지수를 “수두차이기구(differential head device)”라 부르고, 수학식에서

ΔH 기호로 나타내며 이는 가압 펌프, 감압밸브실, 밸브, 직경이 미지수인 배관, 또는 배관 벽 조도와 같은 다양한 요소를 포함한다. "수두차이기구"는 배관의 양 말단부 사이에서 당초 배관의 마찰손실수두보다 크거나 작은 수두 차이를 발생하는 장치이다. 만일 배관 직경 또는 조도가 미지수인 경우 새로운 배관은 당초 배관의 마찰손실수두와 계산된 수두와의 차이와 동일한 손실수두를 발생시킨다. 공식시스템에 추가되어야 할 미지수 ΔH에 대한 식은 에너지식으로서 관망에서 압력(또는 압력수두 또는 HGL)이 명시된 한 절점과 수두가 기저인 다른 절점 사이에서 작성된다. 수두가 기저인 다른 절점은 통상적으로 저수지 또는 공급펌프와 같은 공급원이다. 그러나 "수두차이기구"가 2개 이상 도입되어도 압력이 명시된 두 절점 사이에서 하나의 에너지식이 추가된다. 통상적으로 이 추가식은 관망 임의 배관에서 유체마찰 단독으로 야기되는 수두차이보다 크거나 작은 수두차이를 추가적으로 부과하므로 다른 루프와는 독립적인 하나의 특별한 가상루프가 된다. 나중에 기술하겠지만 부적절한 명시는 추가식이 독립적이지 않을 수 있으므로 여기서 "독립적" 용어를 사용한다. 통상적인 가상루프는 두 공급원 사이 배관의 순서에 따라 형성되는 반면 HGL이 명시된 이 독립적인 특별 가상루프는 배관 한 쪽 말단부인 내부 배관으로부터 공급원까지의 관로에 따라 연속적인 통로로 구성되기 때문에 특별한 루프로 불린다. 따라서 이 특별한 루프는 감압밸브(PRV)의 하류측 말단부 또는 배압밸브(BPV)의 상류측 말단부와 HGL이 명시된 공급원 또는 다른 PRV 또는 BPV로 연결되는 가상루프와 유사하다.

"수두차이기구"의 동작과 개념을 이해하기 위해서 그림 5.18의 7-배관과 5-절점으로 구성된 작은 관망을 검토한다.

배관 번호	1	2	3	4	5	6	7
K	1.70	2.55	7.34	3.70	7.46	31.8	5.51
n	1.957	1.931	1.932	1.873	1.865	1.905	1.918

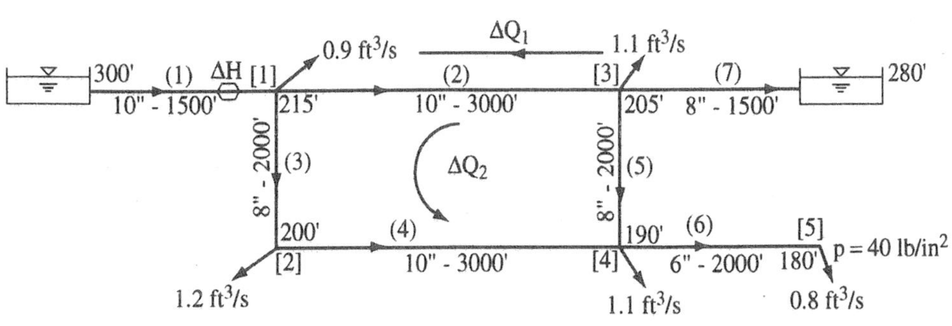

| 그림 5.18 | 수두차이기구가 설치된 소규모 관망

이 관망의 절점 5에서의 압력이 $40lb/in^2$이 되도록 배관 1에서 필요한 수두차이 ΔH의 크기를 결정한다. 또한 이 관망에서의 문제는 절점 5에서 압력은 명시되었으므로 이 압력을 제외한 4개 내부 절점에서 HGL 고도 또는 압력 그리고 ΔH 이외에 7개 배관에서의 유량을 결정하는 것이다. 이 문제에서 배관 1의 ΔH가 (+)이면 수두차이기구는 가압펌프가 될 수 있고, (−)이면 밸브가 될 수 있다. 한번 ΔH가 기저가 되면 동일한 추가 손실수두를 발생시키도록 PRV의 압력 설정치를 결정하는 것은 단순한 계산이 된다. 또는 ΔH가 (+) 이지만 그 크기가 차압기구가 설치된 배관 내 마찰손실수두보다 작으면 현재의 마찰손실수두에 ΔH을 더한 것과 동일한 손실수두를 발생시키는"등가(equivalent)" 배관 직경으로 계산할 수 있다. 따라서 ΔH는 해석결과에 따라 그리고 "차이수두기구"의 형식에 따라 다양한 설비 중 하나가 될 수 있다. ΔQ−공식으로 이 관망을 모델하면 다음과 같다.

$$F_1 = -K_7(Q_{o7} - \Delta Q_1)^{n_7} - K_2(Q_{o2} - \Delta Q_1 - \Delta Q_2)^{n_2} - K_1(Q_{o1} - \Delta Q_1)^{n_1} + \Delta H + 20 = 0 \tag{5.26}$$

$$F_2 = K_3(Q_{o3} + \Delta Q_2)^{n_3} + K_4(Q_{o4} + \Delta Q_2)^{n_4} - K_5(Q_{o5} - \Delta Q_2)^{n_5} - K_2(Q_{o2} - \Delta Q_1 - \Delta Q_2)^{n_2} = 0 \tag{5.27}$$

$$F_3 = K_6 Q_{o6}^{n_6} + K_5(Q_{o5} - \Delta Q_2)^{n_5} - K_7(Q_{o7} - \Delta Q_1)^{n_7} + (40(144)/62.4 + 180) - 280 = 0 \tag{5.28}$$

다음과 같이 초기 유량 벡터를 선정하면 상기 식에서의 모든 접합부 연속식을 만족시킬 수 있다.

$$\{Q_o\} = \begin{pmatrix} Q_{o1} \\ Q_{o2} \\ Q_{o3} \\ Q_{o4} \\ Q_{o5} \\ Q_{o6} \\ Q_{o7} \end{pmatrix} = \begin{pmatrix} 7.00 \\ 3.10 \\ 3.00 \\ 1.80 \\ 0.12 \\ 0.80 \\ 1.88 \end{pmatrix} \tag{5.29}$$

ΔQ_1, ΔQ_2 그리고 ΔH는 미지수이며 상기 벡터를 갖고 뉴튼법을 이용하여 구한 식 5.26~5.28의 해는 다음과 같다.

$$\begin{pmatrix} \Delta Q_{o1} \\ \Delta Q_{o2} \\ \Delta H \end{pmatrix} = \begin{pmatrix} -0.01 \\ -0.73 \\ 109.73 \end{pmatrix} \tag{5.30}$$

이제 각 배관의 유량을 구하기 위해 다음과 같이 각 배관의 당초 유량과 수정유량식을 사용한다.

$$Q_1 = Q_1 - \triangle Q_1 = 7.00 + 0.01 = 7.01 ft^3/s$$
$$Q_2 = Q_2 - \triangle Q_1 - \triangle Q_2 = 3.10 + 0.01 + 0.73 = 3.84 ft^3/s$$
$$Q_3 = Q_3 + \triangle Q_2 = 3.00 - 0.73 = 2.27 ft^3/s$$
$$Q_4 = Q_4 + \triangle Q_2 = 1.80 - 0.73 = 1.07 ft^3/s$$
$$Q_5 = Q_5 - \triangle Q_2 = 0.12 + 0.73 = 0.85 ft^3/s$$
$$Q_6 = 0.8 ft^3/s$$
$$Q_7 = Q_7 - \triangle Q_1 = 1.88 + 0.01 = -1.89 ft^3/s$$

해의 검증차원에서 각 절점에서의 압력과 HGL를 연산하기 위해서는 $\triangle Q_1$, $\triangle Q_2$ 그리고 $\triangle H$를 채택하여야 하며 전산기를 사용하면 더욱 쉽게 연산할 수 있다. 아래 그림은 상기 문제를 풀기 위한 프로그램 NETWK의 입력자료와 계산결과이다. 입력자료의 각 배관 라인의 번호 다음 첫 번째 숫자는 직경, 두 번째 숫자는 배관 길이, 세 번째와 네 번째 숫자는 배관이 연결된 시작 절점과 끝 절점번호, 다섯 번째 숫자는 배관이 연결된 절점 유량, 여섯 번째 숫자는 배관이 연결된 절점의 고도로서 저수지에 연결된 배관의 고도는 생략된다.

DHEAD 라인 다음의 입력자료는 다음 항로 구성된다. (1)$\triangle H$를 포함하는 배관, (2)$\triangle H$의 추정치, (3)압력이 명시되어야 할 절점으로서 (−) 부호는 압력이 HGL이 아닌 lb/in^2로 명시되는 것을 나타내고, (4)에너지식 형성에 사용하기 위한 공급원 지정(NODESP=0이므로 배관 번호), 그리고 (5)절점 5에서 압력(단위 lb/in^2). 출력파일에서 "수두차이기구"와 관련된 결과로서 증가된 수두 109.73ft와 등가 직경이 없다는 "No equivalent Dia possible" 메시지가 출력된다. 손실수두 수치에서 INCREMENTAL HEAD를 감한 수치가 (−)가 되면 결과표의 마지막 칸에 등가직경, 등가 배관 내 손실수두와 e가 출력된다.

```
Problem for Differential Head Device
/*
$SPECIF NPRINT=-3, COEFRO=.004 $END
PIPE
1  10.  1500.  1      0.9  215.
2  10.  3000.  1  3   1.1  205.
3   8.  2000.  1  2   1.2  200.
4  10.  3000.  2  4   1.1  190.
5   8.  2000.  3  4
6   2.  2000.  4  5   0.8  180.
7   8.  1500.  3
RESER
1  300
7  280
DHEAD
1  40  -5  7  40.
RUN
```

| 그림 5.19 | 그림 5.18의 수두차이기구 문제를 위한 프로그램 NETWK 입력자료

Problem for Differential Head Device
ALL DEMAND FLOWS ARE MULTIPLIED BY 1.000

PIPE NO	ORIG. DIA.	Q	INCR. HEAD	HEAD LOSS	TOTAL HEAD	*e* EQUIV. DIA.
	in	ft^3/s	ft	ft	ft	in
1	10.0	6.88	112.62	74.2	NO EQUIV. DIA. POSSIBLE	

배관자료

배관 번호	절점		L	호칭 D	$e(\times 10^{-3})$	Q	유속	손실수두	손실/
	From	To	ft	in	in	ft^3/s	ft/s	ft	1000
1	0	1	1500	10	4.0	7.01	12.86	76.8	51.2
2	1	3	3000	10	4.0	3.84	7.05	34.3	11.4
3	1	2	2000	8	4.0	2.27	6.50	35.7	17.8
4	2	4	3000	10	4.0	1.07	1.96	4.2	1.4
5	3	4	2000	8	4.0	0.85	2.45	5.6	2.8
6	4	5	2000	6	4.0	0.80	4.08	20.8	10.4
7	3	0	1500	8	4.0	1.89	5.51	18.6	12.4

절점자료

절점	수요량		고도	수두	압력	HGL(ft)
	ft^3/s	gal/min	ft.	ft	lb/in^2	
1	0.9	404	215	117.9	51.1	332.9
2	1.2	539	200	97.3	42.2	297.3
3	1.1	494	205	93.6	40.6	298.6
4	1.1	494	190	103.1	44.7	293.1
5	0.8	359	180	92.3	40.0	272.3

| 그림 5.20 | 그림 5.19의 입력자료를 사용한 결과

절점 2에서의 압력을 $40lb/in^2$으로 명시하여 문제를 변경시킬 수 있으며 이때는 "수두 차이기구"를 배관 3에 설치하면 이 문제를 해결할 수 있다. 독자가 그림 5.19의 입력파일을 수정하고, 파일 FIG19.IN과 비교하고 결과를 구하여 CD에 수록한 FIG19.OUT 파일과 비교하기를 권장한다.

전술한 예제는 관망 내 임의 위치에 압력을 명시하고 임의 배관 내부에 “수두차이기구”를 설치하는 것이 가능한 것처럼 믿게 만든다. 그러나 예를 들어 직경이 명시된 배관 6에 “수두차이기구”를 설치하지 않고 절점 4와 5에서의 압력을 명시하면 해가 존재하지 않는 문제가 될 수 있다. 배관 6에서 유량은 명시된 하류측 수요량을 만족시키기 위해 반드시 $0.8ft^3/s$가 되어야 하고 이 유량은 배관 6 내부에서 손실수두를 유발한다. 따라서 배관 6에 “차이수두기구”를 설치하지 않고 배관 6의 양쪽 말단부에 명시된 압력을 만족시키는 해는 존재하지 않는다.

프로그램 NETWK에서 DHEAD 명령어 사용시 불가능한 상황을 명시하는 것을 피하려면 관망의 특성과 성능을 철저히 이해하여야 한다. 만일 불가능한 조건을 명시하면 프로그램 NETWK는 해를 구할 수 없다. 어떤 경우에는 반복과정에서 해가 수렴하지 않을 수 있다. 반복 회수가 최대 허용반복회수를 초과하고 SUM 또는 “SUM OF DIFFERENCE”로 출력되는 수치가 크면 수렴하지 않는 것이 명백해진다. 또는 프로그램 NETWK가 특이행렬(singular matrix)의 존재 가능성을 나타내면 공식시스템을 고찰하면 특이 행렬이 존재하는 이유를 발견할 수 있다. 그러나 때로는 해를 구하기 위해 입력자료를 어떻게 변경시킬 것인지가 분명해질 때까지 관망과 시스템 명시를 고찰하는 것이 더욱 용이할 수 있다.

배관의 양쪽 말단부에서 압력이 명시된 사수 말단부와는 별도로 부적절한 문제를 초래할 수 있는 다른 조건에 대해서 고찰한다. HGL이 작은 절점의 하류측에 큰 HGL를 명시하면 이 두 절점 사이 배관에 반드시 “수두차이기구”를 설치하여야 한다. 또는 관망의 모든 공급원이 하나의 하부영역(subregion)에 위치하거나 관망시스템의 한 말단부에 위치하면 수두차이기구를 일부 중간 배관에 설치하지 않는 이상 관망 전체를 통해 하류측으로 지속적으로 HGL 고도가 감소하도록 명시하여야 한다. 만일 HGL 고도가 배관의 마찰손실로 인한 것보다 더욱 급속하게 하류측 유동방향으로 감소되면 이 배관 내부에 (−) 수두를 발생시키는 “수두차이기구”가 필요하다. 경험적으로 “수두차이기구” 모두가 공급원 근방에 위치하면 불가능한 상황을 피하기 어렵게 된다. 통상적으로 여러 절점에서 HGL 고도를 명시하려면 “차이수두기구”를 포함하는 배관도 반드시 이 절점 인근에 있어야 한다.

그림 5.21의 관망은 불가능한 상황을 발생시키는 명시를 쉽게 확인할 수 없다는 것을 증명한다. 독자가 지금까지 기술한 내용을 이해하기 위해서 이 관망에 대한 입력자료를 준비하고 이후에서 기술하겠지만 해를 구할 것을 권장한다. 이 관망은 소규모 도시에 용수를 공급하기 위한 개략도이다. 공급원은 도시 외곽에서 단독으로 관망에 물을 공급한다. 도시의 구 도심지에 하나의 저장탱크가 설치되어 평균수요량 이상 기간 동안 일부 수요량을 공급하고 수요량이 적을 때 펌프로부터 물을 공급받는다. 이 도시 특히, 저장탱크의 서쪽

지역이 확장되어 고도가 약간 상승되면 현재 펌프 용량은 충분하기 않다. 따라서 먼저 저장탱크가 물을 공급하지도 받지도 않을 때 그림 5.21의 수요량을 만족시키는 펌프 수두를 결정한다. 프로그램 NETWK을 사용하기 위한 문제 설정을 하기 위해 DHEAD 명령어를 사용하여 배관 1에 "수두차이기구"가 설치되고 절점 3에서의 HGL 고도는 저장탱크 내 수위 580ft와 정확하게 일치하여야 한다는 것을 명시한다.

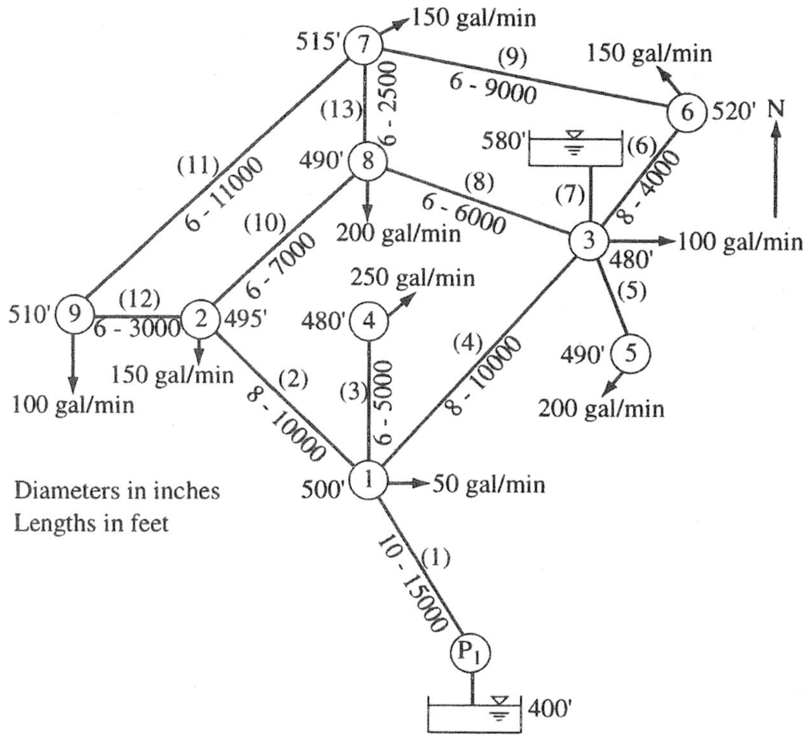

| 그림 5.21 | 소규모 도시를 위한 관망 개략도

관망의 전체 수요량을 더하고 공급펌프를 제거한 후 이 절점(예를 들어 절점 10)을 (−) 수요량으로 대체할 수 있다. 이 새로운 절점의 유량은 수요량을 정확하게 만족시키고 저수지와 관망이 연결되어 관망시스템 전체에 걸쳐 HGL 고도가 형성되기 때문에 이 문제는 타당한 것처럼 보인다. 그러나 앞에서 기술한 것과 같이 이 관망은 오직 공급원이 하나이기 때문에 해가 존재하지 않는 문제가 된다. 수두차이기구가 명시된 관망의 해를 구할 때 필요한 하나의 추가식을 정의하기 위해 유량이 미지수인 저수지가 반드시 존재하여야 한다. 그러나 여기에서는 저수지로부터의 유량이 0인 기저로 명시되었다. 이 문제에서 미지수는 3개 루프시스템에서의 3개의 수정유량 ΔQ_1, ΔQ_2, ΔQ_3와 배관 1에서 증가된 수두 ΔH이다. 따라서 4개의 독립식이 필요하며 이중 3개 식은 3개의 루프시스템에 대한 에너지식이다.

네 번째 식은 배관 7 내부에서 손실수두는 저수지 수위와 절점 3에서 명시된 HGL과의 차이와 동등할 것으로 규정하지만 배관 7 내부에서 유량이 기저가 아니기 때문에 이 식은 유효하지 않다. 그러나 부적절하게 형성된 문제를 해결하기 위해 NPRINT=1로 설정하여 프로그램 NETWK를 수행한 결과물을 검토할 수 있다. 이 문제로부터 하나의 관망 내에서 하나의 "수두차이기구"를 사용하려면 최소 2개 이상의 공급원이 존재해야 한다는 것을 알 수 있고 이를 위해 펌프를 두 번째 공급원으로 취급하여 불가능한 명시를 피할 수 있다. 즉, 두 번째 공급원을 수위가 적정하게 설정된 저수지로 변경시키거나 또는 당초의 펌프를 보유하는 것으로 명시한다. 만일 선택사항으로 저수지를 선택하면 프로그램 NETWK가 출력한 수두차이는 펌프가 가압하여야 할 수두가 된다. 만일 현존 펌프를 유지하면 출력된 수두는 현존 펌프가 가압한 수두에 새로운 펌프가 추가하여야 할 수두가 된다. 그림 5.22는 이 문제 해결을 위한 입력자료를 보여주며 이 파일은 FIG5_22.IN 이름으로 CD에 수록되었다.

```
SIZING A PUMP - RESERVOIR FLOW
SHOULD BE ZERO FOR DESIGN
 /*
 $SPECIF NPRINT=10,NFLOW=1,NPGPM=1 $END
 PIPES                                   NODES
 1  0 1 15000 10  .005                   1  50 500
 2  1 2 10000 8/                         2 150 495
 3  1 4  5000 6/                         3 100 480
 4  1 3 10000 8/                         4 250 480
 5  3 5  4000 6/                         5 200 490
 6  3 6  4000 8/                         6 150 520
 7  0 3  2000 8/                         7 150 515
 8  3 8  6000 8/                         8 200 490
 9  6 7  9000 6/                         9 100 510
 10 2 8  7000 6/                         RESER
 11 9 7 11000 6/                         7 580
 12 2 9  3000 6/                         1 400
 13 8 7 2500  6/                         DHEAD
                                         1 250 3 7 580
                                         RUN
```

| 그림 5.22 | 축소된 관망을 위한 NETWK 입력파일

상기 입력자료에서는 당초 수위가 580ft인 저장 탱크와 공급펌프가 설치된 수위 400ft인 저수지 총 2개의 저수지가 주어졌다. DHEAD 명령어 다음 입력라인에는 (1)펌프를 포함하는 배관 1, (2)이 펌프가 반드시 가압하여야 할 추정 수두 약 250ft, (3)HGL이 명시된 절점 3, (4)"수두차이기구"가 포함된 배관 7, (5)배관 7의 공급원의 HGL이 명시되었다. "수두차

이기구"의 모델링 경험을 얻기 위해 다음과 같은 실습을 권장한다.

(a) CD로부터 그림 5.22의 자료를 취득하여 해를 구한다.

(b) 공급원을 절점으로 지정하기 위해 이 자료를 수정한다.

(c) 이제 문제 명시에서 당초 펌프를 사용할 수 있도록 (a) 또는 (b)의 자료를 수정한다. 당초 펌프의 특성은 다음과 같다.

유량 (gal/min)	700	1200	1500
수두 (ft)	370	350	280

(d) 절점 9에서 605ft HGL이 형성되도록 배관 9 내부에 두 번째 "수두차이기구"를 추가한다. 이 해석에서 (a)에서 펌프가 모든 수료량을 만족시켜야 하는 것과 같은 요구사항을 만족시켜야 한다.

상기 절차에 따른 결과를 고찰하면 다음과 같은 사실을 알 수 있다. (a)모든 유량을 공급하기 위해 펌프는 수두 391ft를 형성하여야 한다. (b)현재 펌프가 가압하는 수두에 추가적으로 70.2ft의 수두가 필요하지만 배관 1의 직경을 11.64인치로 대체하면 당초 펌프는 요구사항을 만족시킬 수 있다. (c)절점 9에서 수두 20ft를 증가시켜 HGL고도를 605ft로 증가시키기 위해 배관 9에서 수두 78.5ft와 유량 $3.01 ft^3/s$ 을 형성하는 가압펌프가 필요하다. (d)배관 9의 가압펌프는 압력이 낮은 여러 절점에서 압력을 증가시키는 반면 절점 6에서의 압력을 $16 lb/in^2$ 보다 약간 낮게 감소시킨다. 기술자는 이 결과로부터 이 관망시스템에 대해 어떤 개선사항을 제안할 것인지를 결정하여야 한다. 적정한 해석으로 더욱 심도있게 제안사항을 고찰할 수 있다.

이제 (1)직경을 명시하여야 할 배관 선정 방법, 그리고 (2)이 명시된 직경에 수치를 할당하는 방법에 대해 기술하기 위해 그림 5.23의 9−배관, 6−절점 루프관망을 고찰해본다. 이 관망은 6개 절점으로 구성되기 때문에 모든 절점에서의 수요량과 HGL 고도가 주어지면 3개 배관의 직경을 명시하여야만 한다. 설계 수요량은 그림과 같고 절점에서의 목표 HGL 고도는 아래 표와 같다. 단, $\nu = 0.0000127 ft/s^2$ 이다.

절점 번호	HGL고도(ft)	배관 번호	L(ft)	펌프특성	유량 $Q(ft^3/s)$	수두 $h_p(ft)$
1	482	1	2000	운전점 1	3.0	50.0
2	463	2	2000	운전점 2	5.0	47.5
3	481	3	1200	운전점 3	8.0	40.0

4	466	4	1800			
5	470	5	1200			
6	463	6	2000			
		7	1300			
		8	2000			
		9	1300			

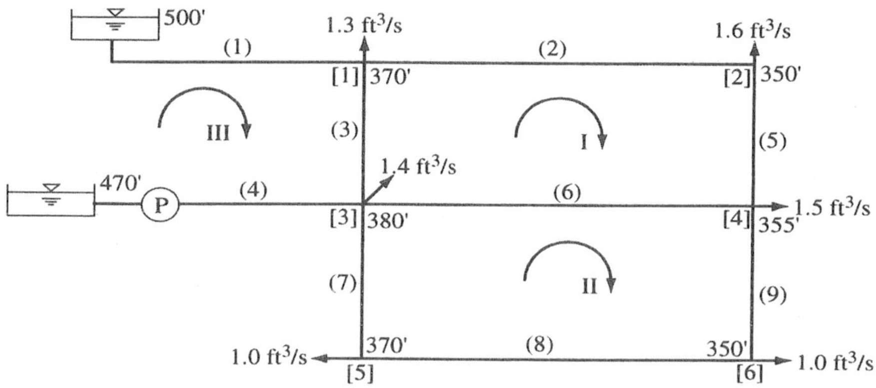

| 그림 5.23 | 9-배관과 6-절점 관망

이 관망을 검토함에 있어 반드시 루프 Ⅰ, Ⅱ, Ⅲ이 형성되지 않도록 직경을 명시하여야 할 배관 또는 제거하여야 할 배관을 선정하여야 한다. 3개 배관의 직경을 명시하면 관망은 분지관망으로 축소된다. 만일 배관 5와 9의 직경을 명시하면 축소된 관망 내 루프 Ⅰ과 Ⅱ는 존재하지 않는다. 그러고 배관 3의 직경을 명시하면 가상루프 Ⅲ이 제거되고 효과는 분명하지 않지만 실제로 2개의 분지관망시스템으로 나누어지고 각 시스템은 하나의 공급원을 가지므로 이 단계는 허용할 수 있다. 따라서 배관 3, 5, 9의 직경을 명시할 수 있다. 또한 다른 많은 조합도 허용할 수 있다. 만약 배관 3의 직경과 함께 배관 6과 9, 5와 8, 5와 7, 또는 5와 6의 직경을 명시하여도 루프 Ⅰ과 Ⅱ가 형성되는 것을 방지할 수 있다. 그리고 가상루프 Ⅲ를 방지하는 유일한 배관은 배관 3뿐만 아니라 배관 1 또는 4도 배관 3의 역할을 대신할 수 있지만 이 두 대안에서는 축소된 관망은 더 이상 분지된 2개의 관망시스템으로 나누어지지 않는다. 공급원과 관망을 연결하는 배관 1과 4의 직경을 명시하면 관망으로 유입되는 유량이 고정되므로 절점 1 또는 절점 3으로 유입되는 유량의 명시가 필요하다. 더욱 깊게 고찰하면 해결 가능한 관망문제를 만들기 위해서는 배관 1 또는 3 또는 4를 각각 선정할 경우 5개의 배관 쌍이 존재하며 선정된 3개 배관의 직경을 적정하게 명시할 수 있다. 표 5.7는 이러한 배관의 15개 조합과 적정하게 명시된 배관의 직경을 보여준다.

:: 표 5.7 직경 명시가 가능한 배관 조합

배관 번호	규격(인치)	배관 번호	규격(인치)	배관 번호	규격(인치)
3, 5, 9	8, 6, 8	1, 5, 9	10, 6, 8	4, 5, 9	10, 6, 8
3, 6, 9	8, 10, 8	1, 6, 9	10, 10, 8	4, 6, 9	10, 10, 8
3, 5, 8	8, 6, 7	1, 5, 8	10, 6, 7	4, 5, 8	10, 6, 7
3, 5, 7	8, 6, 8	1, 5, 7	10, 6, 8	4, 5, 7	10, 6, 8
3, 5, 6	8, 6, 10	1, 5, 6	10, 6, 10	4, 5, 6	10, 6, 10

독자가 직접 입력자료를 준비하고 프로그램 NETWK를 사용하여 이 조합 중 일부 조합의 해를 구할 것을 권장한다. 파일 FIG5_23.IN은 배관 3, 6, 9의 직경을 명시하는 두 번째 조합에 대한 프로그램 NETWK의 입력자료이며 프로그램 수행결과는 다음 표와 같다.

```
PIPES 3, 6 & 9 GIVEN DIAMETERS/*
$SPECIF NPRINT=-3 DESIGN=1 NOMSOL=1 $END
PIPES
1 0 1 2000 0 .002
2 1 2 2000 0
3 1 3 1200 8
4 0 3 1800 0
5 4 2 1200 0
6 3 4 2000 10
7 3 5 1300 0
8 5 6 2000 0
9 4 6 1300 8
NODES
1 1.3 370 482
2 1.6 350 463
3 1.4 380 481
4 1.5 355 466
5 1   370 470
6 1   350 463
RESER
1 500
PUMPS
4 3 50 5 47.5 8 40 470
RUN
```

관망설계 결과와 관련된 배관자료

배관번호	절점		L	D	e	Q	V	h_L
	From	To	ft	in	in	ft^3/s	ft/s	ft
1	0	1	2000	9.94	0.002	2.9515	5.48	18.00
2	1	2	2000	6.94	0.002	1.1769	4.48	19.00
3	1	3	1200	8.00	0.002	0.4755	1.36	1.00
4	0	3	1800	10.18	0.002	4.8464	8.57	36.86
5	4	2	1200	6.19	0.002	0.4231	2.03	3.00
6	3	4	2000	10.00	0.002	2.7266	5.00	15.00
7	3	5	1300	7.15	0.002	1.1965	4.30	11.00
8	5	6	2000	4.33	0.002	0.1965	1.92	7.00
9	4	6	1300	8.00	0.002	0.8035	2.30	3.00

관망설계 결과와 관련된 절점자료

절점	수요량		*Ele.*	*Head*	*Pre.*	*HGL*
	ft^3/s	gal/min	ft	ft	lb/in^2	ft
1	1.300		370	112	48.53	482.00
2	1.60		350	113	48.97	463.00
3	1.40		380	101	43.77	481.00
4	1.50		355	111	48.10	466.00
5	1.00		370	100	43.33	470.00
6	1.00		350	113	48.97	463.00

사례 2에 대한 포트란 프로그램을 엑셀로 실행하면 다음과 같다. 먼저 6개 절점에서의 HGL이 주어지므로 각 배관에서 발생하는 손실수두를 다음과 같이 계산할 수 있으며 결과는 표 1의 마지막 칸과 같다. 여기에서 주의하여야 할 사항은 배관 4에는 펌프가 설치되었으므로 관망 내 각 절점에서의 수요량을 감안하여 배관 4의 유량 Q_4을 구하고, 펌프의 특성곡선으로부터 Q_4에서의 수두를 구하여 h_{L4}를 결정하여야 하며 이에 대한 계산과정은 후에 기술한다.

$$h_{L1} = WS_1 - HGL_1 = 500 - 482 = 18ft$$

$$h_{L2} = HGL_1 - HGL_2 = 482 - 463 = 19ft$$

$$\cdot$$

$$\cdot$$

$$h_{L_9} = HGL_4 - HGL_6 = 466 - 463 = 3.0ft$$

표 5.7로부터 배관 3, 6, 9의 직경이 8, 10, 8인치로 명시되고, 각 배관의 $e = 0.002$인치, 각 배관에서의 손실수두 등이 주어지므로 식 5.1과 5.2에서의 미지수는 오직 Q와 f가 되고 이제 2개의 미지수와 2개의 식을 이용하여 뉴튼법으로 이 미지수를 구할 수 있다.

$$F_2 = \frac{1}{\sqrt{f}} - 1.14 + 2Log_{10}\left(\frac{eQ\sqrt{f} + 7.3434728\nu D^2}{DQ\sqrt{f}}\right)$$

$$F_1 = h_f - \frac{8}{g\pi^2}\frac{fLQ^2}{D^5}$$

자코비언 도함수 행렬을 구하기 위해 다음 식 5.4c, 5.4d, 5.4f, 5.4g을 사용한다.

$$\frac{\partial F_2}{\partial Q} = C_1\left[\frac{e\sqrt{f}}{eQ\sqrt{f} + C_2\nu D^2} - \frac{1}{Q}\right]$$

$$\frac{\partial F_2}{\partial f}=-\frac{1}{2}f^{-\frac{3}{2}}+C_1\left(\frac{0.5eQf^{-0.5}}{eQ\sqrt{f}+C_2\nu D^2}-\frac{0.5}{f}\right)$$

$$\frac{\partial F_1}{\partial f}=-\frac{8}{g\pi^2}\frac{LQ^2}{D^5}=-C_5\frac{LQ^2}{D^5}$$

$$\frac{\partial F_1}{\partial Q}=-2C_5\frac{fLQ}{D^5}=-C_6\frac{fLQ}{D^5}$$

여기서 $C_1=0.868589$, $C_2=7.3434728$, $C_5=0.0251985(ES)$, $C_6=0.0504(ES)$

이제 뉴튼법을 적용하기 위해 식 4.32b $[D]\{z\}=\{F\}$로부터

$$\begin{bmatrix}\frac{\partial F_2}{\partial Q} & \frac{\partial F_2}{\partial f}\\ \frac{\partial F_1}{\partial Q} & \frac{\partial F_1}{\partial f}\end{bmatrix}\begin{pmatrix}z_1\\ \\ z_2\end{pmatrix}=\begin{pmatrix}F_2\\ \\ F_1\end{pmatrix} \tag{4.32b}$$

배관 3의 초기 시도

초기 $Q=0.5ft^3/s$와 $f=0.016$으로 추정하고 주어진 수치를 식 4.32b에 대입하면 다음 결과를 얻을 수 있다.

$$\begin{bmatrix}-1.3850 & -268.6931\\ -3.6742 & -57.4053\end{bmatrix}\begin{pmatrix}z_1\\ z_2\end{pmatrix}=\begin{pmatrix}0.9477\\ 0.0848\end{pmatrix}$$

엑셀 행렬식을 구하는 기능을 이용하여 z_1과 z_2를 구하면 다음과 같다.

$$\begin{bmatrix}1 & 0\\ 0 & 1\end{bmatrix}\begin{pmatrix}z_1\\ z_2\end{pmatrix}=\begin{pmatrix}0.3480\\ -0.0037\end{pmatrix}$$

배관 3의 2차 반복

2차 반복을 위한 개선된 유량과 마찰계수는 다음과 같다.

$$Q=Q-z_1=0.5-0.0348=0.4652ft^3/s$$

$$f=f-z_2=0.016+0.0037=0.0197$$

상기 개선된 수치를 식 4.32b에 대입하여 2차 반복한 결과는 다음과 같다.

$$\begin{bmatrix}-1.4789 & -198.20\\ -4.2100 & -49.6856\end{bmatrix}\begin{pmatrix}z_1\\ z_2\end{pmatrix}=\begin{pmatrix}-0.0591\\ 0.0241\end{pmatrix}$$

엑셀 행렬식을 구하는 기능을 이용하여 z_1과 z_2를 구하면 다음과 같다.

$$\begin{bmatrix}1 & 0\\ 0 & 1\end{bmatrix}\begin{pmatrix}z_1\\ z_2\end{pmatrix}=\begin{pmatrix}-0.0101\\ 0.0004\end{pmatrix}$$

배관 3의 3차 반복

$$Q = Q - z_1 = 0.4652 + 0.0101 = 0.4753 ft^3/s$$

$$f = f - z_2 = 0.0197 - 0.0004 = 0.0193$$

$$\begin{bmatrix} -1.4437 & -203.76 \\ -4.2203 & -51.8768 \end{bmatrix} \begin{pmatrix} z_1 \\ z_2 \end{pmatrix} = \begin{pmatrix} -0.0010 \\ 0.0004 \end{pmatrix}$$

$$\begin{bmatrix} 1 & 0 \\ 0 & 1 \end{bmatrix} \begin{pmatrix} z_1 \\ z_2 \end{pmatrix} = \begin{pmatrix} -0.0002 \\ 0.0000 \end{pmatrix}$$

배관 3의 4차 반복

$$Q = Q - z_1 = 0.4753 + 0.0002 = 0.4755 ft^3/s$$

$$f = f - z_2 = 0.0193$$

$$\begin{bmatrix} -1.4432 & -203.84 \\ -4.2204 & -51.9109 \end{bmatrix} \begin{pmatrix} z_1 \\ z_2 \end{pmatrix} = \begin{pmatrix} 0.0000 \\ 0.0000 \end{pmatrix}$$

$$\begin{bmatrix} 1 & 0 \\ 0 & 1 \end{bmatrix} \begin{pmatrix} z_1 \\ z_2 \end{pmatrix} = \begin{pmatrix} 0.0000 \\ 0.0000 \end{pmatrix}$$

4회 반복을 하면 z_1과 z_2가 0이 되어 더 이상 개선되지 않으므로 $Q_3 = 0.4755 ft^3/s$, $f_3 = 0.0193$로 결정할 수 있다. 배관 6과 9에 대해서도 동일한 과정을 반복하면 Q_6, Q_9, f_6, f_9를 구할 수 있으며 결과는 표 1의 7번째 칸과 같다.

이제 각 절점에서 주어진 수요량, 상기 과정으로 구한 유량 그리고 각 절점에서의 연속법칙에 따라 다른 배관에서의 유량을 구할 수 있다.

$$F_6 = Q_8 + Q_9 - QJ_6 = 0 \;\;\Rightarrow\;\; Q_8 = QJ_6 - Q_9 = 1.0 - 0.8035 = 0.1965 ft^3/s$$

$$F_5 = Q_7 - Q_8 - QJ_5 = 0 \;\;\Rightarrow\;\; Q_7 = 0.1965 + 1.0 = 1.1965 ft^3/s$$

$$F_4 = Q_6 - Q_9 - Q_5 - QJ_4 = 0 \;\;\Rightarrow\;\; Q_5 = 2.7266 - 0.8035 - 1.5 = 0.4231 ft^3/s$$

$$F_3 = Q_4 + Q_3 - Q_6 - Q_7 - QJ_3 = 0$$
$$\Rightarrow\;\; Q_4 = -0.4755 + 2.7266 + 1.1965 + 1.4 = 4.8464 ft^3/s$$

$$F_2 = Q_5 + Q_2 - QJ_2 = 0 \;\;\Rightarrow\;\; Q_2 = 1.6 - 0.4231 = 1.1769 ft^3/s$$

$$F_1 = Q_1 - Q_2 - Q_3 - QJ_1 = 0 \;\;\Rightarrow\;\; Q_1 = 1.1769 + 0.4755 + 1.3 = 2.9515 ft^3/s$$

이제 $Q_4 = 4.8464 ft^3/s$를 구하였으므로 배관 4에 설치된 펌프의 수두를 구하여야 하며 주어진 펌프특성자료를 2차식으로 표현하면 다음과 같다.

$$h_P = -1.667 Q_4^2 - 1.667 Q_4 + 52$$

상기 식에 $Q_4 = 4.8464 ft^3/s$를 대입하면 $h_P = 47.86 ft$가 된다. 펌프의 취수원 수위 $WS_2 = 470 ft$를 감안하면 펌프 토출측 $HGL = 470 + 47.86 = 517.86 ft$가 되어야 하지만 $HGL_3 = 481 ft$로 명시되었으므로 이 수두의 차이는 배관 4에서의 마찰손실이 된다.

$$h_{L4} = 517.86 - 481 = 36.86 ft$$

이제 배관 3, 6, 9를 제외한 배관에서의 유량과 손실수두 등이 기저이므로 식 5.4b, 5.4d, 5.4e, 5.4g과 행렬식을 사용하여 이 배관의 직경과 마찰손실수두를 구할 수 있다.

$$\frac{\partial F_2}{\partial D} = C_1\left[\frac{C_3 \nu D}{eQ\sqrt{f} + C_2 \nu D^2} - \frac{1}{D}\right]$$

$$\frac{\partial F_2}{\partial f} = -\frac{1}{2} f^{-\frac{3}{2}} + C_1\left(\frac{0.5eQf^{-0.5}}{eQ\sqrt{f} + C_2 \nu D^2} - \frac{0.5}{f}\right)$$

$$\frac{\partial F_1}{\partial D} = \frac{40}{g\pi^2}\frac{fLQ^2}{D^6} = C_4 \frac{fLQ^2}{D^6}$$

$$\frac{\partial F_1}{\partial f} = -\frac{8}{g\pi^2}\frac{LQ^2}{D^5} = -C_5 \frac{LQ^2}{D^5}$$

$$C_1 = 0.868589,\ C_2 = 7.3434728,\ C_3 = 14.6869456,\ C_4 = 0.1259925\ \ C_5 = 0.0251985$$

상기 F_1과 F_2식에서 미지수는 오직 D와 f이고 이제 미지수 2개와 식 2개가 있으므로 뉴튼법으로 미지수 D와 f를 구할 수 있다. 배관 1의 D와 f를 구하는 과정은 다음과 같다. 식 4.32b $[D]\{z\} = \{F\}$로부터

$$\begin{bmatrix} \frac{\partial F_2}{\partial Q} & \frac{\partial F_2}{\partial f} \\ \frac{\partial F_1}{\partial Q} & \frac{\partial F_1}{\partial f} \end{bmatrix} \begin{pmatrix} z_1 \\ z_2 \end{pmatrix} = \begin{pmatrix} F_2 \\ F_1 \end{pmatrix} \tag{4.32b}$$

배관 1의 초기 시도

초기 $D = 0.8 ft$와 $f = 0.015$으로 추정하고 주어진 수치를 식 4.32에 대입하면 다음 결과를 얻을 수 있다.

$$\begin{bmatrix} -0.0051 & -2286.57 \\ 125.61 & -1339.80 \end{bmatrix} \begin{pmatrix} z_1 \\ z_2 \end{pmatrix} = \begin{pmatrix} 0.0000 \\ 0.0000 \end{pmatrix}$$

엑셀 행렬식을 구하는 기능을 이용하여 z_1과 z_2를 구하면 다음과 같다.

$$\begin{bmatrix} 1 & 0 \\ 0 & 1 \end{bmatrix} \begin{pmatrix} z_1 \\ z_2 \end{pmatrix} = \begin{pmatrix} 0.0000 \\ 0.0000 \end{pmatrix}$$

배관 1의 2차 반복

2차 반복을 위한 개선된 유량과 마찰계수는 다음과 같다.

$$D = D - z_1 = 0.8 + 0.0264 = 0.8264 ft$$

$$f = f - z_2 = 0.015 + 0.0009 = 0.0159$$

상기 개선된 수치를 식 4.32b에 대입하여 2차 반복한 결과는 다음과 같다.

$$\begin{bmatrix} -0.01375 & -2263.01 \\ 109.65 & -1139.13 \end{bmatrix} \begin{pmatrix} z_1 \\ z_2 \end{pmatrix} = \begin{pmatrix} 0.011 \\ -0.12 \end{pmatrix}$$

엑셀 행렬식을 구하는 기능을 이용하여 z_1과 z_2를 구하면 다음과 같다.

$$\begin{bmatrix} 1 & 0 \\ 0 & 1 \end{bmatrix} \begin{pmatrix} z_1 \\ z_2 \end{pmatrix} = \begin{pmatrix} -0.0016 \\ 0.0000 \end{pmatrix}$$

배관 1의 3차 반복

$$D = D - z_1 = 0.8264 + 0.0016 = 0.8279 ft$$

$$f = f - z_2 = 0.0159$$

$$\begin{bmatrix} 0.01499 & -261.99 \\ 108.71 & -1128.47 \end{bmatrix} \begin{pmatrix} z_1 \\ z_2 \end{pmatrix} = \begin{pmatrix} 0.0000 \\ 0.0000 \end{pmatrix}$$

$$\begin{bmatrix} 1 & 0 \\ 0 & 1 \end{bmatrix} \begin{pmatrix} z_1 \\ z_2 \end{pmatrix} = \begin{pmatrix} 0.0000 \\ 0.0000 \end{pmatrix}$$

3회 반복을 하면 z_1과 z_2가 0이 되어 더 이상 개선되지 않으므로 다음과 같이 직경과 마찰손실계수를 결정할 수 있으며 나머지 배관에 대해서도 동일한 과정을 반복하면 D와 f를 구할 수 있으며 결과는 표 1의 5번째 칸과 같다(FIG5_23.xls 파일 참조).

$$D_1 = 0.8798 ft (9.94\text{인치}), \quad f_1 = 0.0159$$

상기 과정으로 구한 배관 직경은 시중에서 구매할 수 없는 규격이므로 표 3과 같이 표준 규격의 배관으로 대체한다. 이제는 관로의 모든 물리적 자료(직경, 길이, 조도 등)가 기저이므로 각 절점에 명시된 HGL를 무시(즉, 관로의 마찰손실수두가 미지수)하고 저수지 $WS_1 = 500 ft$와 $WS_2 = 470 ft$ 수위로 관망에 물을 공급하는 조건에서 제4장에서 기술한 관망해석을 수행하면 다음 표의 결과를 얻을 수 있다.

표준규격으로 변경 후 배관 자료

배관번호	절점		L	D	e	Q	V	h_L	h_L
	From	To	ft	in	in	ft^3/s	ft/s	ft	ft
1	0	1	2000	10	0.002	3.04	5.58	18.67	9.34
2	1	2	2000	6	0.002	0.97	4.91	27.31	13.66
3	1	3	1200	8	0.002	0.78	2.23	2.66	2.22
4	0	3	1800	10	0.002	4.76	8.72	39.24	21.80
5	4	2	1200	6	0.002	0.63	3.23	7.49	6.25
6	3	4	2000	10	0.002	2.91	5.34	17.16	8.58
7	3	5	1300	8	0.002	1.22	3.51	6.64	5.11
8	5	6	2000	4	0.002	0.22	2.56	13.38	6.69
9	4	6	1300	8	0.002	0.78	2.22	2.86	2.20

표준규격으로 변경 후 절점 자료

절점	수요량		$Ele.$	$Head$	$Pre.$	HGL
	ft^3/s	gal/min	ft	ft	lb/in^2	ft
1	1.300	583.48	370	111.33	48.24	481.33
2	1.60	718.13	350	104.02	45.07	454.02
3	1.40	628.36	380	98.67	42.76	478.67
4	1.50	673.24	355	106.51	46.15	461.51
5	1.00	448.83	370	102.03	44.21	472.03
6	1.00	448.83	350	108.65	47.08	458.65

직경 수치의 적정성을 검토하기 위해 두 번째 조합에서 배관 6의 직경을 10인치가 아니라 8인치로 명시된 것으로 가정한다. 배관 6에서의 손실수두는 15ft로 규정되었기 때문에 유량은 $Q = 2.784 ft^3/s$가 아니라 $Q = 1.503 ft^3/s$가 된다. 또한 배관 5의 직경이 명시되었으므로 절점 4로부터 배관 5의 유량은 $Q_5 = 0.412 ft^3/s$이다. 절점 4의 $HGL_4 = 466 ft$부터 절점 6의 $HGL_6 = 463 ft$ 에너지선구배로 인해 배관 9의 유동은 절점 4로부터 절점 6으로 이동한다. 배관 5 내부 유량과 절점 4에서의 수요량의 합은 $1.912 ft^3/s$가 되어야 하므로 배관 6을 통해 절점 4로 유입되는 유량은 $1.912 ft^3/s$ 이상이 되어야 한다. 그러나 앞에서 배관 6의 직경이 $D_6 = 8$인치인 경우 $Q_6 = 1.503 ft^3/s$가 되므로 일관된 해를 구하는 것이 불가능하게 된다. 일관된 해를 구하기 위해 배관 6의 손실수두 $h_L = 15 ft$로 그리고 유량 $Q_6 = 1.912 ft^3/s$로 설정하여 최소직경을 구하면 $D_6 = 8.765$인치가 된다. 만일 이 경우 배

관 5의 직경이 규정된 수치와 다르면 배관 6의 최소 직경이 다르게 계산된다. 배관 직경을 명시할 때 배관의 양쪽 말단부에서 접합부 연속식을 만족시켜야 한다는 점을 고려하여야 하지만 대규모 관망에서 직경이 명시된 모든 배관의 말단부에서 이러한 조건을 만족시키는 것은 쉽지 않다(FIG 5_13.xls 파일참조).

5.5 임의 변수를 구하기 위한 해(Solution) 전개

본 절에서는 관망과 관련된 임의 변수를 결정하는 방법에 대해서 살펴보기로 한다. 선정할 수 있는 미지수는 (1)절점에서의 수력구배선, (2)절점에서의 수요량, (3)배관 내부 유량, (4)배관 직경, (5)배관 조도, (6)용수 공급원의 수위가 될 수 있다. 미지수 선정시 다음 2개 요소가 제한된다. (1)미지수의 숫자는 반드시 독립식의 숫자 $NJ+NP$와 동일하여야 하고, (2)기저는 불가능한 유동 상황이 발생하지 않도록 하여야 한다. 두 번째 제한은 구하고자 하는 미지수의 해가 존재하도록 변수를 적정하게 선정하고 수치를 명시하여야 한다는 것을 의미한다.

제2장에서 전산 프로그램 EQUSOL1에 대해서 기술하였다. 이 프로그램을 사용할 때 각 관망에 대해 서브루틴 FUNCT를 작성하였다. 이제 각기 다른 문제를 해결하기 위해 사용자가 서브루틴을 재작성하지 않아도 되는 전산 프로그램을 검토한다. 이 프로그램은 관망설계문제를 해결하기 위해 사용되는 것으로 제한되며 입력자료 내부에서 구하고자 하는 변수가 명시된다. 전체 미지수의 숫자가 독립식의 숫자와 일치하면 프로그램은 각기 다른 6가지 형태의 미지수와 기저 변수를 수용할 수 있다. 예를 들어 모든 배관의 직경, 길이, 조도 그리고 모든 절점 수요량이 명시된 상태에서는 배관 내 유량과 절점에서 HGL 고도를 결정하는 관망해석문제가 명시될 수 있다. 관망해석문제의 경우 이 프로그램은 제2장에서의 Q-공식, H-공식, 또는 ΔQ-공식을 해결하는 프로그램(이 프로그램은 더욱 많은 식이 해결할 수 있다)만큼은 효율적이지는 않다. 프로그램은 먼저 관망 자료를 읽어 배관이 어떻게 연결되었는지 파악한다. 그 후 NJ 접합부 연속식과 NP 배관 손실수두식을 정의한다. 최종적으로 미지수로 주어진 임의 변수를 구하기 위해 이 식을 동시에 해결한다. 이 프로그램에 대한 입력자료는 관망시스템에서의 일반적인 방법(즉, 관망 내 각 배관과 절점에 대한 자료 제공)으로 관망을 충분히 기술하여야 한다. 독자는 CD로부터 프로그램 NETWEQS1을 출력하여 내용을 고찰할 것을 권장한다.

5.5.1 NETWEQS1의 로직과 사용법

프로그램 NETWEQS1은 관망시스템 문제에서 미지수의 숫자와 독립식의 숫자가 동일하면 6개 형태 중 임의의 형태 또는 적정한 임의 조합의 형태로 미지수를 해결할 수 있다. 식 숫자는 배관 NP의 숫자와 절점 또는 관망시스템 내 접합부 NJ 숫자의 합으로 구성되며 이는 $NEQS = NP + NJ$가 된다. ***만일 공급원이 확인되지 않으면 접합부에서 연속법칙의 적용으로부터 오직*** $NJ-1$ ***독립식만이 존재한다.***

서브루틴 FUN은 이러한 식을 정의한다. 먼저 "DO 10" 루프에서 연속식을 평가한 후 이 서브루틴 FUN에서 손실수두식을 평가한다.

$$H_i - H_j = \left\{ f \frac{L}{D} \frac{Q^2}{2gA^2} \right\}_k \tag{5.31}$$

유동이 난류($Re > 2100$)이면 Gauss-Seidel 반복법을 사용하여 마찰계수 f를 구하고 유동이 층류이면 $f = 64/Re$ 사용하여 f를 구하지만 $Re < 160$이면 $f = 0.4$로 설정하여 $Q \to 0$이 될 때마다 f가 무한하게 되는 것을 방지하여야 하며 프로그램에서 RE는 실제로 $Re/7.34347283$인 것을 유의하여야 한다.

사용자는 프로그램 NETWEQS1의 입력파일에서 기저에 대해서는 수치를 미지수에 대해서는 추정치를 제공하여야 한다. 프로그램 NETWEQS1을 실행할 때 사용자는 3개의 입력/출력 단위 번호, 중력가속도 g, 유체의 동점성계수 $VISC$를 제공하여야 하며 이 매개변수의 디폴트 수치는 다음과 같다.

$$IN2 = 2,\ IN5 = 5,\ IN4 = 4,\ g = 32.2ft/s^2,\ VISC = 0.00001417ft^2/s$$

이 모든 디폴트 수치를 수용하려면 단순히 포트란 프로그램에서 마지막 수치를 입력한 후 "/"를 입력한다. 3개 입력/출력 단위의 의미는 다음과 같다. $IN2$는 관망시스템을 기술하는 주요 자료의 입력 단위로서 만일 $IN2 = 0$ 또는 $IN2 = 5$가 되면 이 자료는 프롬프트 없이 적정 순서로 키보드로 입력하여야 하지만 그렇지 않은 경우 프롬프트는 입력자료를 포함하는 파일명을 요구한다. 만일 사용자가 MS 포트란을 사용하면 이에 대한 대안은 "command line"에 입력파일명을 제공하거나 또는 프로그램을 실행하기 위해 NETWEQS1를 타이핑한 후 하나의 스페이스를 두고 파일명을 열거하는 것이다. 만일 $IN4 = 0$ 또는 $IN4 = 6$이면 출력은 모니터에 작성되고 그렇지 않은 경우에는 파일로 작성된다.

프로그램 NETWEQS1의 입력자료는 두 형식으로 구성된다. 첫 번째 형식은 unit $IN2$를 사용하여 관망을 기술하고 이 관망 자료를 읽는다. 두 번째 형식은 로직 unit $IN5$를 사용하여 미지수를 정의하고 이 미지수를 읽는다. $IN5 \neq 0$ 또는 $IN5 \neq 5$인 경우 미지수를 정의하는 자료가 파일로 제공된다. 디폴트 $IN5 = 5$는 미지수 자료를 키보드로 입력한다는 것을 나타낸다. 만일 $IN5 = 0$ 또는 $IN5 = 5$이면 프로그램 NETWEQS1은 미지수를 정의하기 위해 필요한 자료를 입력하라고 프롬프트하며 이러한 미지수 자료는 다음과 같이 6개 수치로 구성된다.

1. HGL의 고도가 미지수인 절점 수량
2. 수요량이 미지수인 절점 수량
3. 유량이 미지수인 배관 수량
4. 직경이 미지수인 배관 수량
5. 배관 조도가 미지수인 배관 수량
6. 수위가 미지수인 저수지 수량

각 미지수 형식의 수량을 나타내는 상기 6 줄 이후 다음 라인에는 각 미지수를 나타내는 절점과 배관번호 목록을 입력한다. 이 라인의 숫자는 0이 아닌 숫자가 주어진 범위의 숫자와 일치한다. 이 숫자의 목록은 각각의 수치 또는 ; 부호에 의해 분리되는 하나의 수치 범위로 구성될 수 있다. 서브루틴 RLINE은 정수 범위가 단일 정수와 혼합되도록 허락한다. 인수 NUM은 포트란 프로그램의 목록 안에 정수 숫자를 반환한다. 예를 들어 하나의 관망시스템이 6개의 배관과 5개의 절점으로 구성되고 미지수가 모든 절점에서 HGL고도와 모든 배관 내부 유량이면 입력자료 명시는 반드시 다음 숫자로 구성되어야 한다.

5; 0; 6; 0; 0; 0; 1 2 3 4 5; 1 2 3 4 5 6

이 파일에서 세미콜론(;)은 새로운 라인이 사용될 것이라는 것을 나타낸다. 만일 키보드를 사용하여 입력자료를 제공하면 각 세미콜론 위치에 프롬프트가 나타나고 자동적으로 자료를 분리한다. 다음과 같이 상기 자료를 입력할 수도 있다.

5; 0; 6; 0; 0; 0; 1–5; 1–6

절점 5에서 HGL이 아니라 수요량을 결정하려면 다음과 같이 입력할 수 있다.

4; 1; 6; 0; 0; 0; 1 2 3 4; 5; 1 2 3 4 5 6

다음과 같이 상기 자료를 입력할 수도 있다.

4; 1; 6; 0; 0; 0; 1–4; 5; 1–6

반복하여 만일 $IN5$가 0 또는 5이면 프로그램 NETWEQS1은 다음 단계에 예상되는 정보의 일부를 사용자에게 프롬프트할 것이다. 만일 $IN2$와 $IN5$에게 동일한 수치가 주어져 두 자료 형식이 동일한 파일 내에 존재하면 관망시스템의 형상을 정의하는 $IN2$가 자료를 읽은 후 *IN*5 아래 미지수를 정의하는 자료가 제공한다.

*IN*4가 정의한 unit는 문제의 해답을 출력자료로 작성하는 포트란 unit 번호이다. 만일 *IN*4가 0, 5, 또는 6일 경우 출력은 터미널/모니터에 나타나며 다른 경우에는 파일로 작성된다. *IN*4가 명령 라인상에 포함되지 않으면 프롬프트는 파일명을 요청한다. 프로그램은 뉴튼법으로 수행하여 구한 선형공식시스템을 해결하기 위해 서브루틴 SOLVEQ(부록 A 참조)를 호출한다. 이 해결 단계에서 제2장에서 기술한 것과 같이 도함수의 자코비언행렬의 요소를 수치적으로 평가한다.

5.5.2 관망시스템을 기술하는 자료

관망시스템을 기술하는 대부분의 자료는 통상적으로 포트란 로직 unit *IN*2가 읽을 수 있는 하나의 파일로 작성되며 이 자료는 다음과 같다.

- **라인 1** : 4자리 정수로서 배관 수량 NP, 절점 수량 NJ, 저수지 수량 $NRES$, 펌프 수량 $NPUMP$로 구성된다.
- **라인 2** : 저수지와 관망을 연결하는 배관 번호와 이 저수지의 수위를 나타내는 수치의 쌍으로 구성되며 각 쌍은 별도 라인에 위치할 수 있다.
- **라인 3** : 만일 펌프가 존재하면 즉, $NPUMP > 0$이면 각 펌프를 포함하는 배관 번호, 펌프의 특성을 정의하는 유량과 수두의 관계를 나타내는 3쌍의 자료 7개 수치가 필요하며 각 펌프의 자료는 개별 라인으로 작성될 수 있다.
- NP **라인** : 이 라인은 배관 자료로서 배관 당 6개 항목으로 구성된다. 배관 번호는 1부터 NP까지 연속적으로 매겨져야 한다. 여기에서는 배관번호가 생략되기 때문에 배관 번호의 순서대로 배관 당 하나의 라인이 존재하며 각 라인은 다음 사항을 포함한다. 또한 배관 직경과 벽 조도는 동일한 단위를 사용하여야 한다. 변수가 미지수이면 추정 수치를 사용하며, 이 추정 수치는 해결 절차에서 뉴튼법에 대한 초기 수치가 된다.
  1. 상류측 절점번호
  2. 하류측 절점번호
  3. 배관 길이
  4. 배관 직경
  5. 배관 조도
  6. 배관 내 추정유량
- NJ **라인** : 이 라인은 절점 자료로서 다음과 같이 절점당 3개 항목으로 구성된다. 절점당 하나의 라인이 사용되고 절점 번호가 포함되지 않기 때문에 절점 번호의 순서대로 기술

된다.

1. 절점 수요량
2. 절점 HGL 고도
3. 절점 지반 고도

사용자는 일관된 단위로 모든 수치를 열거하여야 한다. 어떻게 이 입력자료가 사용되는지 살펴보기 위해 그림 5.24의 소규모 관망을 고려해보자. 일련의 입력자료는 그림 5.25와 같은 형태를 취한다.

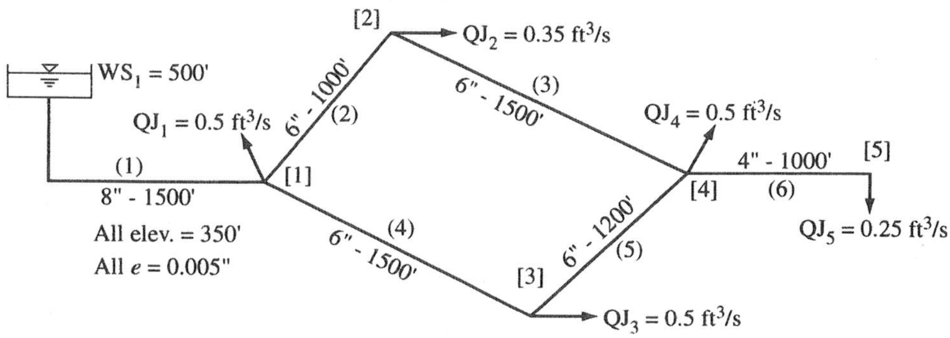

| 그림 5.24 | 프로그램 NETWEQS1를 사용하기 위한 소규모 관망

```
6   5   1   0
1   500.
0   1   1500.   .667   .000417   2.10
1   2   1000.   .5     .000417    .82
2   4   1500.   .5     .000417    .47
1   3   1200.   .5     .000417    .78
3   4   1200.   .5     .000417    .28
4   5   1000.   .333   .000417    .25
.50   476.05   350.
.35   464.80   350.
.50   460.70   350.
.50   458.90   350.
.25   452.80   350.
```

| 그림 5.25 | 그림 5.24 소규모 관망에 대한 프로그램 NETWEQS1 입력자료

그림 5.25의 자료는 CD에 수록된 파일 FIG1.DAT에 위치한다고 가정하고 프로그램 NETWEQS1을 실행하여 나타난 첫 번째 프롬프트에서 키보드로 2 5 4/ 3개의 수치를 입력한다. 다음은 입력자료 파일명을 요청하면 FIG1.DAT를 입력한다. 두 번째 입력 로직 unit는

5로 주어졌으므로 사용자는 미지의 변수의 숫자와 형식을 정의하기 위해 5 0 6 0 0 0을 입력하고, 첫 번째 절점입력자료 및 세 번째 배관입력자료와 관련된 숫자 1-5와 1-6을 입력한다. 마지막으로 출력파일명을 입력하면 프로그램이 수행되고 연산결과는 아래 표와 같다.

배관자료

배관 번호	절점		L ft	D ft	$e(\times 10^{-4})$ ft	Q ft^3/s	손실수두 ft
	From	To					
1	0	1	1500	0.667	4.17	2.100	23.95
2	1	2	1000	0.500	4.17	0.824	11.39
3	2	4	1500	0.500	4.17	0.474	5.98
4	1	3	1500	0.500	4.17	0.776	15.21
5	3	4	1200	0.500	4.17	0.276	2.17
6	4	5	1000	0.333	4.17	0.249	10.94

절점자료

절점	수요량 ft^3/s	고도 ft	수두 ft	압력 lb/in^2	HGL(ft)
1	0.500	350	126.0	54.6	476.0
2	0.350	350	114.7	49.7	464.7
3	0.500	350	110.8	48.0	460.8
4	0.500	350	108.7	47.1	458.7
5	0.250	350	97.7	42.4	447.7

5.5.3 미지수가 될 수 없는 조합

$NP+NJ$ 독립식이 존재하면 이 식 숫자만큼의 변수를 구하고자 하는 미지수로 간주할 수 있다. 그러나 이 변수조합 중 일부를 미지수로 선정하면 해가 존재하지 않을 수 있다. 만일 불가능한 문제가 명시되면 해가 수렴하지 않거나 뉴튼법을 실행하는 자코비언행렬은 특이행렬이 된다. 해를 구하는 것이 불가능한 문제로 만드는 요소를 더욱 깊게 관찰해보자. 단일 관로에서는 배관의 직경과 조도, 배관 유량 Q와 양쪽 말단부에서 수두 H 모두를 명시하는 것은 불가능하다는 것이 명백해진다. D, e, Q, H , H_j을 명시하면 유량과 손실수두의 상관관계를 완전하게 정의할 수 있고, 마찰 손실수두식은 필요 없게 된다. 이 변수 모두를 명시하면 해가 없는 문제가 되고 식은 일관성이 없게 된다. 따라서 관망문제에서 임의 배관에 대해 D, e, Q가 주어지고 양쪽 말단부에서 수두 H가 기저로 선정되면 문제

에 대한 해답은 존재하지 않으므로 이 변수 중 하나는 반드시 미지수이어야 한다.

해결이 불가능한 문제가 발생할 수 있는 명확한 기저와 미지수의 조합은 많지 않다. 그러나 이러한 가능성 중 일부를 증명하기 위해 그림 5.27의 3-배관 루프로 형성된 관망을 고려해보자. 이 관망에서는 2개의 접합부 연속식과 3개의 배관 손실수두식 총 5개의 기본식이 존재한다. 모든 수요량을 기저로 가정하고 배관 1에서 유량 Q_1을 명시하면 Q_2와 Q_3가 고정되므로 배관 2 또는 3의 직경과 조도 그리고 이 배관의 양쪽 말단부에서의 수두를 명시하는 것이 불가능 하게 되지만 Q_2 또는 Q_3를 미지수로 간주할 수 있다고 오인할 수 있다.

$$Q_2 = Q_1 - QJ_2, \; Q_3 = QJ_3 - Q_2 = QJ_3 + QJ_2 - Q_1$$

어느 유량이 명시되든 상관없이 세 수요량 중 임의 두 수요량이 명시된다면 다른 두 배관에서의 유량도 또한 고정된다.

절점	1	2	3
수요량(ft^3/s)	-2.2	1.2	1.0
HGL(ft)	200	198	195

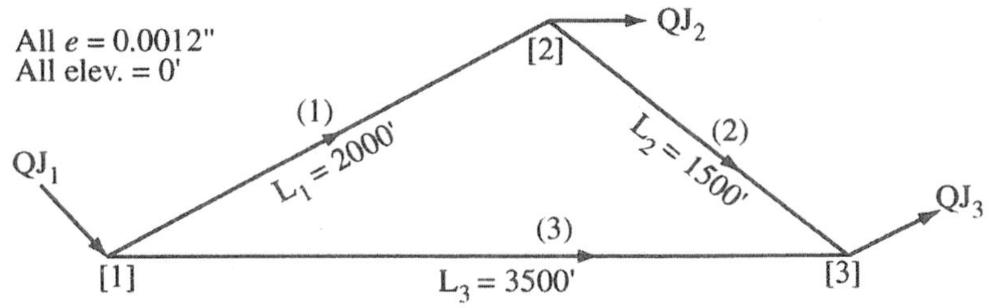

| 그림 5.27 | 3-배관 루프관망

표 5.8은 그림 5.27의 관망과 관련된 20개의 기저와 미지수의 조합과 해를 보여준다. 입력자료를 단순화하기 위해 이 관망과 관련된 자료를 다음과 같이 설정한다.

- 배관 길이 $L_1 = 2000ft$, $L_2 = 1500ft$, $L_3 = 3500ft$
- 배관 조도는 $e_1 = e_2 = e_3 = 0.0012$ 인치
- 절점 1에서 수력구배선의 고도를 $H_1 = 200ft$

사례 10, 13, 14에서는 변수가 잘못 명시되어 해를 구하는 것이 불가능하다. 사례 10, 13, 14에서와 같이 배관 중 한 배관의 직경과 유량 그리고 양쪽 말단부에서 수두를 동시에 명시하면 일관되지 않는 조합이 발생한다.

표 5.8 나머지 명시된 변수와 미지의 변수의 조합

사례	미지 변수					명시된 변수				
1	H_2	H_3	Q_1	Q_2	Q_3	D_1	D_2	D_3	QJ_2	QJ_3
	196.55	196.43	1.257	0.057	0.943	10	6	10	1.2	1.0
2	QJ_2	H_3	Q_1	Q_2	Q_3	D_1	D_2	D_3	H_2	QJ_3
	1.636	195.30	1.537	-0.096	1.097	10	6	10	195	1.0
3	H_2	QJ_3	Q_1	Q_2	Q_3	D_1	D_2	D_3	QJ_2	H_3
	195.91	1.315	1.380	0.180	1.135	10	6	10	1.2	195
4	H_3	QJ_3	Q_1	Q_2	Q_3	D_1	D_2	D_3	QJ_2	H_2
	192.15	1.797	1.539	0.339	1.792	10	6	10	1.2	195
5	QJ_2	QJ_3	Q_1	Q_2	Q_3	D_1	D_2	D_3	H_2	H_3
	0.584	1.484	0.933	0.0491	1.135	10	6	10	198	195
6	QJ_2	QJ_3	D_1	Q_2	Q_3	Q_1	D_2	D_3	H_2	H_3
	0.651	1.135	0.855	0.349	1.135	1.0	6	10	198	195
7	QJ_2	QJ_3	Q_2	D_2	Q_3	D_1	Q_2	D_3	H_2	H_3
	0.433	1.635	0.933	6.863	1.135	10	0.5	10	198	195
8	QJ_2	QJ_3	Q_1	Q_2	Q_3	D_1	D_2	Q_3	H_2	H_3
	1.349	0.584	0.933	0.349	0.795	10	6	1.0	198	195
9	QJ_2	QJ_3	D_1	D_2	Q_3	Q_1	Q_2	D_3	H_2	H_3
	1.635	0.5	10.26	6.86	1.135	1.0	0.5	10	198	195
10	QJ_2	QJ_3	D_1	Q_2	D_2	Q_1	Q_3	D_3	H_2	H_3
	일관성 있는 해가 없음					1.0	1.0	10	198	195
11	QJ_2	QJ_3	D_1	Q_2	D_3	Q_1	Q_3	D_2	H_2	H_3
	0.651	1.349	10.26	0.349	9.54	1.0	1.0	6	198	195
12	QJ_2	QJ_3	D_1	D_2	D_3	Q_1	Q_2	Q_3	H_2	H_3
	1.5	0.5	10.26	6.86	9.54	1.0	0.5	1.0	198	195
13	QJ_2	QJ_3	D_1	D_3	Q_3	Q_1	Q_2	D_2	H_2	H_3
	일관성 있는 해가 없음					1.0	0.5	10	198	195
14	QJ_2	QJ_3	D_2	D_3	Q_3	Q_1	Q_2	D_1	H_2	H_3
	일관성 있는 해가 없음					1.0	0.5	10	198	195
15	H_2	H_3	D_1	Q_2	Q_3	Q_1	D_2	D_3	QJ_2	QJ_3
	198.45	197.35	12.28	0.2	0.8	1.4	6	10	1.2	1.0
16	H_2	H_3	Q_1	D_2	Q_3	D_1	Q_2	D_3	QJ_2	QJ_3
	198.27	197.35	1.4	6.23	0.8	12	0.2	10	1.2	1.0
17	H_2	H_3	Q_1	Q_2	D_3	D_1	D_2	Q_3	QJ_2	QJ_3
	198.27	197.17	1.4	0.2	9.87	12	6	0.8	1.2	1.0
18	H_2	H_3	D_1	D_2	Q_3	Q_1	Q_2	D_3	QJ_2	QJ_3
	일관성 있는 해가 없음					1.2	0.2	10	1.2	1.0
19	H_2	H_3	Q_1	D_2	D_3	Q_2	Q_3	D_1	QJ_2	QJ_3
	일관성 있는 해가 없음					0.2	1.0	12	1.2	1.0
20	H_2	H_3	D_1	Q_2	D_3	Q_1	Q_3	D_2	QJ_2	QJ_3
	일관성 있는 해가 없음					1.2	1.0	10	1.2	1.0

즉, 사례 10에서는 $H_1 = 200ft$로 명시되었고, 유량 Q_3와 직경 D_3 그리고 손실수두 $h_{f3} = H_1 - H_3$가 사실상으로 기저가 되므로 과도명시가 된다. 사례 13에서는 배관 2의 유량 Q_2와 직경 D_2 그리고 손실수두 $h_{f2} = H_2 - H_3$가 모두 기저가 되므로 과도명시가 분명하다. 사례 14에서는 배관 1의 유량 Q_1, 직경 D_1 손실수두 $h_{f1} = H_1 - H_2$가 모두 명시되어 과도명시가 된다. 이 경우 프로그램 NETWEQST는 뉴튼 반복에서 자코비언행렬이 특이행렬로 되는 것을 발견하여 이와 같은 불일치를 찾아내고 리포트를 출력한 후 정지한다.

사례 15, 16, 17을 고찰해보자. 이와 같이 특별한 관망에서는 임의 배관 유량과 수요량 QJ_2와 QJ_3를 명시하면 다른 두 유량은 간접적으로 명시된다. 즉, Q_1을 명시하면 절점 2의 연속식으로부터 $Q_2 = Q_1 - QJ_2$ 또는 Q_2가 주어지면 $Q_1 = Q_2 + QJ_2$가 되고 절점 3에서의 연속식으로부터 $Q_2 + Q_3 = QJ_3$가 되므로 $Q_3 = QJ_3 - Q_2$가 되기 때문에 비록 Q_1 하나만 명시하였지만 Q_2와 Q_3도 간접적으로 명시된다.

접합부 연속식은 공식시스템의 일부이기 때문에 QJ_2와 QJ_3가 기저인 조건에서 어느 한 배관의 유량을 명시하면 다른 두 배관의 유량이 고정된다는 사실 자체는 본질적으로 일관되지 않은 문제를 초래하지는 않지만 계산측면에서 필요 이상으로 문제를 더욱 복잡하게 만든다. 사례 15에서 연속식의 암산 결과 $Q_2 = 0.2ft^3/s$와 $Q_3 = 0.8ft^3/s$가 되므로 배관 2와 3에서의 손실수두를 계산하여 H_2와 H_3을 결정할 수 있고, 최종적으로 D_1를 구할 수 있다. 유사한 방법으로 사례 16과 17을 해결할 수 있다. 표에서 그 외 다른 사례에 대한 해를 구하는 과정에서 2개의 단순화가 존재한다. 일관된 사례를 하나의 $NP+NJ$ 동시 공식시스템으로 처리하면 해를 구할 수 있지만 필요 이상의 계산을 수행하여야 한다.

수요량이 명시된 한 절점에 연결되는 모든 배관의 유량을 기저 변수로 선정하면 일관되지 않는 식이 발생한다. 이 경우 그 접합부 연속식은 배관 유량과 수요량 사이의 상관관계를 더 이상 정의할 수 없게 되며 주어진 유량은 접합부 연속식을 만족시킬 수 없는 불일치가 발생한다. 사례 18, 19, 20은 하나의 접합부 연속식을 사용할 수 없기 때문에 문제에 대한 해가 존재하지 않는다. 사례 18에서 Q_1, Q_2, QJ_2 모두 기저이고, 이 3개 변수는 절점 2에서의 연속식 $Q_1 - Q_2 = QJ_2$의 변수로 구성되기 때문에 명백한 과도명시가 되며 이는 실제로 관망을 하나의 배관으로 축소시킨 결과가 된다. 사례 19에서는 절점 3 연속식에서의 모든 변수가 주어지므로 과도명시가 명백하다. 그러나 사례 20에서는 과도명시가 그리 명백하지 나타나지 않는다. 절점 1의 (−) 유입량은 반드시 $QJ_2 + QJ_3$와 동일하여야 하므로 QJ_2과 QJ_3 그리고 Q_1과 Q_3을 명시하면 절점 1에서 연속식의 모든 변수가 명시된다.

상기 사례에서는 항상 해를 구하는 것이 불가능하지만 프로그램 NETWEQS1 또는 NETWEQST가 해를 구할 수 없는 또 다른 명시가 존재할 수 있다. 이 명시 중 일부는 (1)저수지의 수위가 저수지에 연결된 배관의 다른 쪽 말단부에서의 수두보다 낮은 상태에서 저수지가 관망으로 물을 공급하여야 하여야 하는 경우, (2) (+) 수요량을 만족시키기 위해 두 배관이 연결되는 접합부로 유량이 유입되어야 하는 동시에 이 접합부로부터 유량이 유출되도록 배관의 반대쪽 말단부에서 수두가 명시되는 경우이다. 따라서 기저 수치를 사려 깊게 명시하지 않으면 해가 존재하지 않는 문제가 발생할 수 있고 이와 같이 해가 존재하지 않는 상황을 확인하기 위한 어려움은 관망의 크기에 비례하여 증가한다. 프로그램 NETWEQS1에서 선형 대수학 solver인 SOLVEQ 실행 도중 자코비언행렬이 특이행렬(이는 통상적으로 자코비언행렬과 기저 벡터인 공식 벡터로 구성된 선형 공식시스템은 독립 공식시스템이 아닌 사실을 의미한다)로 나타나면 문제는 명백하게 일관성이 없게 된다.

예제 5.5

프로그램 NETWK를 사용하여 2−저수지, 14−배관, 9−절점으로 구성된 관망의 해를 구하고, 프로그램 NETWEQS1을 실행하기 위한 입력자료를 준비하여 다음 사례에 대한 해를 구하라(입력자료파일 EXP5.5.IN을 CD에 수록하였다).

1. 14개 모든 배관에서 유량과 9개의 모든 절점에서 수두를 미지수로 간주한다(프로그램 NETWK로 이 문제를 해결한다).
2. 절점 5에서의 수요량 QJ_5를 미지수로 간주하고 수두 $H_5 = 2504.3ft$로 명시한다.
3. 모든 수요량과 유량을 미지수로 간주하고, 프로그램 NETWEQS1의 입력자료에 수두가 주어진다.
4. 모든 절점에서는 수두와 모든 배관에서의 직경을 미지수로 간주한다.
5. 모든 절점에서의 수두는 미지수이고, 배관 2, 7, 10에서의 유량은 명시되지만 직경은 미지수이다.

배관 14에 연결된 저수지의 수위 2450ft이고, 다음과 같은 특성을 갖는 펌프 1대가 이 배관에 설치될 경우 상기 5개 사례에 대한 해를 구하라.

유량 $Q(ft^3/s)$	1.0	2.0	3.0
펌핑수두 (ft)	55	50	43

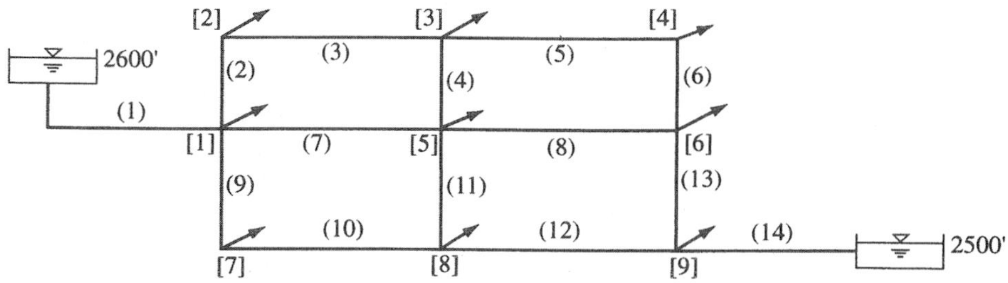

상기 5개 사례에서 로직 unit IN5가 읽을 입력자료는 아래와 같다. 프로그램 NETWEQS1은 사례 4에서 공식시스템 내 최소한 1개의 잉여 식이 포함되었다는 것을 나타내는 "특이행렬(singular matrix)"를 출력한다. 즉, 모든 절점에서의 수요량과 모든 배관의 양 말단부에서 수두를 동시에 명시할 수 없으므로 사례 4에 대한 해를 구할 수 없다.

프로그램 NETWEQS1 사용

Input data file for NETWEQS1 using input IN2≠5

```
14  9  2  0
1  2600  14  2500
0  1  1500  1.0        .000166667  9.7
1  2  1000  .66666667  .000166667  2.9
2  3  2000  .66666667  .000166667  1.7
5  3  1000  .66666667  .000166667  0.2
3  4  2000  .5         .000166667  0.9
6  4  1000  .5         .000166667  0.5
1  5  2000  .66666667  .000166667  2.7
5  6  2000  .5         .000166667  0.8
1  7  1200  .66666667  .000166667  2.9
7  8  2000  .66666667  .000166667  1.7
5  8  2000  .66666667  .000166667  0.8
8  9  1200  .6666667  .000166667 1.4
9  6  1200  .6666667  .000166667 1.2
0  9  1500  .6666667  .000166667 1.3
1.3  2548.6  2410
1.2  2522.8  2405
1.0  2504.1  2400
1.4  2481.1  2340
0.9  2504.3  2405
1.5  2485.4  2350
1.2  2518.1  2405
1.0  2491.6  2400
1.5  2491.6  2370
```

Case 1 input, IN5≠5

```
9
0
14
0
0
0
1-9
1-14
```

Case 2 input, IN5≠5

```
8
1
14
0
0
0
1 2 3 4 6 7 8 9     1-9
5
1-14
```

Case 3 input, IN5≠5

```
0
9
14
0
0
0

1-14
```

Case 4 input, IN5≠5

```
9
```

Case 5 input, IN5≠5

```
9
```

```
0                    0
0                    11
14                   3
0                    0
0                    0
1-9                  1-9
1-14                 1 3 4 5 6 8 9 11 12 13 14
                     2 7 10
```

배관 14에 펌프를 설치하고 저수지 수위를 2450ft로 저하시킨 조건에서 프로그램 NETWEQS1를 사용하여 상기 5개 사례를 해결하기 위해서 상기 프로그램의 입력자료 중 처음 두 입력 라인을 다음 세 입력 라인으로 대체하여 수정하며 나머지 입력자료는 변함이 없다.

```
14  9  2  1
1  2600  14  2450
14  1  55  2  50  3  43
```

프로그램 NETWEQS1을 수행하여 상기 5개 사례를 해결한 결과는 아래 표와 같으며 이 파일은 CD에 EXP5_5.OUT으로 수록되었다. 이 해답에서 배관 14에 설치된 펌프는 device 1로 명명된다. 프로그램 출력은 이와 같은 device에 의해 야기된 수두의 변화를 출력하며 사례 1에서는 다음과 같은 메시지가 출력된다.

Device caused the following changes in heads:

Device 1 in pipe 14 Change in head = 53.45ft

프로그램 NETWK 사용

프로그램 NETWK를 사용하여 첫 번째 예제를 해결하기 위한 입력자료와 실행결과는 다음과 같다.

```
Example to test program NETWK
/*
$SPECIF NPRINT=3 OUTPU1=2 NFLOW=0 $END
PIPES                          NODES
1   0 1 1500 12 .002           1 1.3 2410
2   1 2 1000  8                2 1.2 2405
3   2 3 2000                   3 1.0 2400
4   5 3 1000                   4 1.4 2340
5   3 4 2000  6                5 0.9 2405
6   6 4 1000                   6 1.5 2350
7   1 5 2000  8                7 1.2 2405
8   5 6 2000  6                8 1.0 2400
9   1 7 1200  8                9 1.5 2370
10  7 8 2000  8                RESER
11  5 8 2000  8                1 2600
```

```
12 8 9 1200          14 2500
13 6 9 1200          RUN
14 9 0 1500
```

배관자료

배관 번호	절점		L ft	D ft	e in	Q ft^3/s	유속 ft/s	손실수두 ft	손실수두/1000
	From	To							
1	0	1	1500	12	0.002	9.71	12.37	51.41	34.27
2	1	2	1000	8	0.002	2.89	8.27	25.81	25.81
3	2	3	2000	8	0.002	1.69	4.83	18.64	9.32
4	5	3	1000	8	0.002	0.19	0.56	0.18	0.18
5	3	4	2000	6	0.002	0.88	4.49	23.01	11.50
6	6	4	1000	6	0.002	0.52	2.64	4.30	4.30
7	1	5	2000	8	0.002	2.66	7.63	44.27	22.13
8	5	6	2000	6	0.002	0.79	4.04	18.88	9.44
9	1	7	1200	8	0.002	2.86	8.20	30.50	25.42
10	7	8	2000	8	0.002	1.66	4.77	18.17	9.08
11	5	8	2000	8	0.002	0.78	2.23	4.40	2.20
12	8	9	1200	8	0.002	1.44	4.13	8.32	6.93
13	9	6	1200	8	0.002	1.23	3.51	6.16	5.13
14	0	9	1500	8	0.002	1.29	3.68	8.40	5.60

절점자료

절점	수요량		고도 ft.	수두 ft	압력 lb/in^2	HGL(ft)
	ft^3/s	$gal/\min$				
1	1.30	583.48	2410	138.59	60.05	2548.59
2	1.20	538.60	2405	117.78	51.04	2522.78
3	1.00	448.83	2400	104.14	45.13	2504.14
4	1.40	628.36	2340	141.14	61.16	2481.14
5	0.90	403.95	2405	99.32	43.04	2504.32
6	1.50	673.24	2350	135.44	58.69	2485.44
7	1.20	538.60	2405	113.09	49.00	2518.09
8	1.00	448.83	2400	99.92	43.30	2499.92
9	1.50	673.24	2370	121.60	52.69	2491.60

예제 5.6

아래와 같은 소규모 관망에 대해 다음을 수행하라.

(a) 관망시스템을 기술하는 식을 작성하라

(b) 관망시스템과 관련된 자료인 배관의 직경, 길이, 조도 등이 아래 그림과 같이 명시된 경우 각 배관 내 유량과 모든 절점에서 수두를 구하고 프로그램 NETWK의 입력자료로 사용하기 위해 이 해답을 복사하라.

(c) 배관 5를 통해 저수지로 유입되는 유량이 $Q_5 = 0.5 ft^3/s$가 되도록 배관 1의 직경을 결정하라.

(d) 배관 1에 설치된 펌프특성이 다음과 같을 때 배관 5를 통해 하류측 저수지로 $Q_5 = 1.0 ft^3/s$를 송수하기 위한 펌핑양정을 구하라.

유량 (ft^3/s)	4.5	4.0	3.5
펌핑수두 (ft)	54	50	44

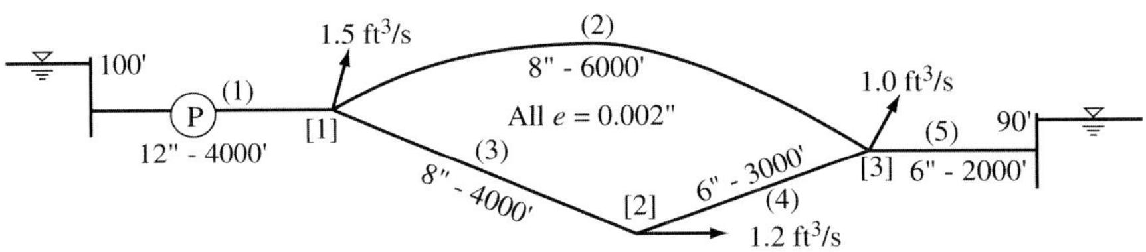

(a) 관망시스템 식은 다음과 같다.

$$F_1 = 100 + h_p - H_1 - f_1(L_1/D_1)(Q_1/A_1)^2/(2g) = 0$$
$$F_2 = H_1 - H_3 - f_2(L_2/D_2)(Q_2/A_2)^2/(2g) = 0$$
$$F_3 = H_1 - H_2 - f_3(L_3/D_3)(Q_3/A_3)^2/(2g) = 0$$
$$F_4 = H_2 - H_3 - f_4(L_4/D_4)(Q_4/A_4)^2/(2g) = 0$$
$$F_5 = H_3 - 90 - f_5(L_5/D_5)(Q_5/A_5)^2/(2g) = 0$$
$$F_6 = Q_1 - Q_2 - Q_3 - QJ_1 = 0$$
$$F_7 = Q_2 + Q_4 - Q_5 - QJ_3 = 0$$
$$F_8 = Q_3 - Q_4 - QJ_2 = 0$$

여기서 펌핑수두는 다음과 같다.

$$h_p = -4Q_1^2 + 42Q_1 - 54$$

(b) 상기 식에서 8개 미지수는 Q_1, Q_2, Q_3, Q_4, Q_5, H_1, H_2, H_3이다. NETWEQS1 프로그램을 사용하여 문제를 해결하기 위해서는 키보드를 이용하여 다음과 같이 입/출력 단위를 설정한다.

2 5 3/

입력단위 $IN2 = 5$로 입력하였으므로 다음과 같이 관망 자료를 입력한다.

```
5   3   2   1
1   100
5   90
1   4.5    54     4     50   3.5   44
0   1      4000   1.0   .000167  4.2
1   3      6000   .667  .000167  1.3
1   2      4000   .667  .000167  1.5
2   3      3000   .500  .000167  0.3
0   3      2000   .500  .000167  0.5
1.5  126  0.
1.2   98  0
1.0   95  0
```

상기 입/출력 단위의 두 번째 숫자가 5이므로 키보드를 사용하여 다음과 같이 미지수를 입력한다.

```
3 0 5 0 0 0 1-3 1-5
```

프로그램 NETWEQS1 수행결과는 다음 표와 같다.

배관자료

배관 번호	절점 From	절점 To	L ft	D ft	$e(\times 10^{-4})$ ft	Q ft^3/s	손실수두 ft
1	-1	1	4000	1.000	1.67	4.102	26.44
2	1	3	6000	0.667	1.67	1.191	29.17
3	1	2	4000	0.667	1.67	1.411	26.67
4	2	3	3000	0.500	1.67	0.211	2.49
5	-2	3	2000	0.500	1.67	-0.400	-5.37

Device caused the following changes in heads:

Device 1 in pipe 1Change in head = 50.98ft

절점자료

절점	수요량 ft^3/s	고도 ft	수두 ft	압력 lb/in^2	HGL(ft)
1	1.500	0	124.5	54.0	124.5
2	1.200	0	97.9	42.4	97.9
3	1.000	0	95.4	41.3	95.4

상기 결과는 관망의 모든 물리적 특징이 기저이기 때문에 관망해석문제에 대한

해로 간주될 수 있으며, 이 해답은 명시된 수요량에 따른 현재 관망의 성능을 나타내고 있다. 상기 입력파일을 프로그램 NETWK의 입력파일로 사용하여 프로그램 NETWK를 수행한 결과는 프로그램 NETWEQS1의 해답과 동일한 것을 입증할 수 있다.

```
Example Problem
/*
$SPECIF OUTPU1=2$END
PIPES
1  0  1  4000  12  .002
2  1  3  6000  8
3  1  2  4000  8
4  2  3  3000  6
5  3  0  2000
NODES
1  1.5  0
2  1.2
3  1.0
RESER
1  100
5   90
PUMPS
1  4.5  54  4.0  50  3.5  44  100
RUN
```

(c) (a)에서의 일련의 식에는 변함이 없지만 기저가 다르다. (b)에서의 입력자료파일을 다시 프로그램 NETWEQS1에 제공한다. 미지수를 명시할 때 키보드를 사용하여 다음 입력자료를 제공하여야 한다.

3 0 4 1 0 0 1-3 2-5 1

(b) 와 (c)의 입력자료파일에서 배관 5의 유량을 $0.5ft^3/s$로 제공하였다. 이 유량은 (b)에서는 단순히 추정치였지만 (c)에서는 명시된 유량이 된다.

프로그램 NETWEQS1으로부터 해는 다음과 같다.

배관자료

배관 번호	절점 From	절점 To	L ft	D ft	$e(\times 10^{-4})$ ft	Q ft^3/s	손실수두 ft
1	-1	1	4000	1.041	1.67	4.200	22.09
2	1	3	6000	0.667	1.67	1.246	31.72
3	1	2	4000	0.667	1.67	1.454	28.23
4	2	3	3000	0.500	1.67	0.254	3.50
5	-2	3	2000	0.500	1.67	-0.500	-8.03

Device caused the following changes in heads:

Device 1 in pipe 1Change in head = 51.84ft

절점자료

절점	수요량 ft^3/s	고도 ft	수두 ft	압력 lb/in^2	HGL(ft)
1	1.500	0	129.8	56.2	129.8
2	1.200	0	101.5	44.0	101.5
3	1.000	0	98.0	42.5	98.0

(d) $Q_5 = 1.0ft^3/s$이 되기 위해 필요한 펌핑수두를 결정하는 방법 중 하나는 펌프와 펌프의 상류측 저수지를 수요량 $-4.7ft^3/s$인 절점 [4]로 대체하여 하류측 저수지 유입 유량이 $1.0ft^3/s$이 되도록 하는 것이다. 프로그램 NETWEQS1 입력자료는 다음과 같다.

```
5  4  1  0
5  90
4  1  4000  1     .000167  4.7
1  3  6000  .667  .000167  1.3
1  2  4000  .667  .000167  1.5
2  3  3000  .5    .000167  0.3
0  3  2000  .5    .000167  1.0
```

```
1.5   126  0.
1.2    98  0
1.0    95  0
-4.7  130  0
```

프로그램 NETWEQS1으로부터의 해답은 펌핑수두는 200.3−100=100.3ft가 되는 것을 보여준다.

배관자료

배관 번호	절점 From	절점 To	L ft	D ft	$e(\times 10^{-4})$ ft	Q ft^3/s	손실수두 ft
1	4	1	4000	1.000	1.67	4.700	34.21
2	1	3	6000	0.667	1.67	1.536	46.90
3	1	2	4000	0.667	1.67	1.664	36.38
4	2	3	3000	0.500	1.67	0.464	10.52
5	-1	3	2000	0.500	1.67	-0.995	-29.22

절점자료

절점	수요량 ft^3/s	고도 ft	수두 ft	압력 lb/in^2	HGL(ft)
1	1.500	0	166.1	72.0	166.1
2	1.200	0	129.7	56.2	129.7
3	1.000	0	119.2	51.7	119.2
4	-4.700	0	200.3	86.8	200.3

예제 5.7

프로그램 NETWK 패키지 내 보조 프로그램 중 하나인 프로그램 NETWEQST를 사용하여 예제 5.5와 5.6의 해를 구하라. 이 프로그램은 사용자가 미지 변수를 명시하도록 허락하며 관망의 물리적 특성을 명시하기 위해 NETWK와 동일한 입력자료를 수용한다. 다시 말해 NETWK의 동일한 입력파일을 이용하여 프로그램 NETWEQS1과 동일한 문제를 해결한다. 그러나 NETWEQST에서는 NETWK의 모든 명령어와 선택사항이 허용되지는 않는다. 다시 말해 NETWEQST 프로그램은 미지수에 대한 정보를 제공하는 방법에서 약간의 자유를 제공하는 추가적인 선택사항을 갖는다. 예를 들어 만일 NETWEQST를 사용하여 예제 5.5에서의 사례 2와 예제 5.6에서의 사례 (c)를 해결하기 위해서 프롬프트된 디폴트를 취하고 아래 입력파일을 사용하여 미지수를 정의하여야 한다. 프로그램 NETWEQST로부터의 프롬프트는 볼드 글자체이고 이에 대한 입력은 볼드 글자체가 아니다.

예제 5.5의 사례 2에서 관망을 정의하는 입력의 일부는 예제 5.5에서 NETWK 의 입력자료와 동일하다. 사례 2를 해결하기 위한 입력자료는 아래와 같으며 여기서 볼드 글자체는 NETWEQST가 프롬프트 한 것이고 볼드 글자체가 아닌 것은 키보드로 입력된 수치이다.

Pipes = 14, Nodes = 9, Sources =2
23 unknows must be given. Give no. of each:
1. HGLs at nodes 8
2. Nodal demands 1
3. Pipe discharges 14
Give 8 HGLs at node number 1-4 6-9
Give 1 nodal demand numbers 5
Give number of nodal HGL-elevations provided 1
As pairs give 1 node number and the HGL 5 2504.3
Give number of pipe discharges provided 0

예제 5.6(c)를 위한 입력자료도 유사하다.

```
Example 5.6(c) using NETWEQST
/*
$SPECIF $END
PIPES
1  0  1  4000  12  .002
2  1  3  6000   8
3  1  2  4000
4  2  3  3000   6
5  3  0  2000
```

```
NODES
1  1.5  0
2  1.3
3  1
RESER
5  90
PUMPS
1  4.5  54  4  50  35  44  100
RUN

Pipes =5, Nodes =3, Sources =2
8 unknowns must be given. Give no. of each:
1. HGLs at nodes 3
2. Nodal demands 0
3. Pipe discharges 4
4. Pipe diameters 1
Give  4 pipe discharge numbers  1-4
Give  1 pipe diameter numbers 1
Give number of nodal HGL-elevations provided 0
Give number of pipe discharges provided 1
As pairs give  1 pipe number and the discharge therein 5-0.5
```

5.6 민감도 해석(sensitivity analysis)

본절에서는 주된 관망설계의 세 번째 범주에 대해서 기술한다. 지금까지 2개의 관망설계범주에 대해서 탐구하였다. 첫 번째 범주에서는 가능한 많은 배관(식이 더 이상 허용되지 않으므로 배관 중 *NJ*)의 규격을 결정하려고 시도하였고, 두 번째 범주에서는 관망 내부에 설치되어 수두 차이를 발생시키는 각 요소의 규격을 결정하려고 시도하였다. 새로운 관망을 설계할 때는 첫 번째 관망설계범주와 마주치게 된다. 두 번째 관망설계범주는 현존하는 시스템과 더욱 관련이 깊다. 예를 들어 명시된 수요량에 따라 임의 지점에서 원하는 압력을 얻기 위한 펌핑 수두와 유량을 결정하여야 하여야 하는 경우가 두 번째 범주에 해당된다. 세 번째 설계 범주는 관망의 성능을 가장 효율적으로 향상시키기 위해 개선 또는 대체하여야 할 요소를 찾아내기 위해 조사하는 것이다. 실제 규격 결정은 두 번째 설계범주에서 사용된 절차에 따라 나중에 수행된다. 어느 측면에서 본 절은 시스템 성능 개선에 가장 중요한 요소가 어느 것인지를 결정하는 방법에 대해 기술한다. 예를 들어 특정 도시의 물 사용량이 증가하면서 피크 수요기간 동안에 압력이 상당히 저하하는 문제를 해결하기 위해 여러 대의 펌프 중 어느 펌프를 대체할 것인지를 결정하기 위한 가장 우수한 방법은 관련 민감도 해석을 수행하여 민감도가 가장 큰 펌프를 대체하는 것이다. 본 절은 관망에서의 다른 변수와 관련하여 임의 변수의 민감도의 크기를 결정하는 방법에 대해 기술한다.

다른 하나의 변수 또는 여러 변수의 변화에 반응하여 하나의 변수가 얼마나 변화하는지를 나타내는 민감도를 정량화하는 것은 설계자가 관망 성능에 대해 깊게 이해할 수 있는 기회를 제공한다. 통상적으로 현재 관망에서의 부족한 성능을 극복하기 위한 최적 요소를 명시하기 위해 민감도해석을 수행한다. 어떻게 이와 같이 부족한 성능을 최상 또는 가장 경제적으로 개선할 수 있는지 의문이 생길 수 있으며 이에 대한 대답은 하나 또는 여러 배관 직경의 변경, 현존하는 펌프가 가압하는 수두의 증가, 저장 탱크의 고도 증가, 또는 펌프 또는 감압밸브의 추가 등이 될 수 있다. 통상적으로 많은 방법으로 불충분한 성능을 수정할 수 있으며 본 절에서는 이 방법 중 몇 가지에 대해 기술한다. 다른 변수에 대한 한 변수의 민감도를 두 번째 변수에 대한 첫 번째 변수의 편미분항으로 표현할 수 있다. 민감도를 구하고자 하는 변수는 종속변수이고, 관망 성능을 개선하기 위해 변경하고자 하는 변수는 독립변수이다. 통상적으로 많은 독립변수가 존재하는 반면 종속변수는 하나 이상이 될 수 있지만 빈번하게 하나의 변수로 선정된다.

일반적으로 관망시스템을 취급할 때 선정된 독립변수에 관한 특정 종속변수의 편미분을 대수학으로 정의하는 것이 불가능하지만 수치 해석으로 이 편미분을 다음과 같이 대략적으로 정의할 수 있다.

$$\frac{\partial f}{\partial x} = \lim_{h \to 0} \frac{f(x+h, y, z) - f(x, y, z)}{h} \tag{5.32}$$

또는 좀 더 실용적인 측면에서 다른 변수가 변화하지 않으면 $h = \Delta x$, $\partial f / \partial x \approx \Delta f / \Delta x$로 나타낼 수 있다. 따라서 x를 미소량 Δx로 변경하고 이에 상응하는 종속변수 Δf의 변화를 결정하고, 종속변수 차이 Δf를 독립변수 Δx로 나누면 도함수의 근사치가 된다. 다른 모든 매개변수는 일정하다고 가정하면 종속변수의 민감도는 f가 평가되는 근방의 조건에서 상기 식의 도함수로 정량화된다.

이 도함수가 커질수록 종속변수 f는 독립변수 x의 변화에 의해 더욱 크게 영향을 받거나 또는 f가 x에 더욱 민감하게 된다. (−) 도함수는 하나의 변수가 증가하면서 다른 하나의 변수가 감소하는 것을 의미한다. 관망시스템에서는 많은 도함수 또는 민감도가 존재하고 이들의 크기를 결정할 수 있으며 이 크기는 관망시스템 성능을 변화시키기 위한 가장 효과적인 방법에 대한 유용한 정보를 제공하며 이 정보 중 일부는 다음과 같다. (1)$\partial p / \partial D$가 가장 큰 배관의 직경을 확대하면 낮은 압력을 가장 효과적으로 개선시킬 수 있다. (2)

$\partial p / \partial h_p$가 가장 큰 펌핑 수두를 증가시키면 압력을 가장 효과적으로 증가시킬 수 있다. (3) $\partial Q_{res} / \partial P$가 가장 큰 펌프장의 동력을 증가시키면 저장탱크로 유입되는 유량을 가장 효과적으로 개선시킬 수 있다. (4)$\partial QJ / \partial Q_p$가 가장 큰 펌프의 유량을 증가시켜 임의 절점에서 소방용수를 가장 효과적으로 증대시킬 수 있다. (5)$-\partial p / \partial H$가 가장 큰 배관에 PRV를 설치하면 과도한 하류측 압력을 가장 효과적으로 개선시킬 수 있다.

통상적으로 이러한 민감도의 크기는 일정하지 않고 명시된 첨두계수에 따라 변화한다. 독립변수인 전체 수요량 또는 수요량 패턴의 변화와 같은 다른 구성요소 또는 관망 성능이 변화하는 조건에서 민감도가 가장 크게 변화한다. 통상적으로 구하고자 하는 민감도의 선택은 각 관망의 특정 성능 고찰의 초점에 따라 결정되며 여러 다른 민감도도 거의 동일한 정보를 제공한다.

상기 내용의 일부를 이해하기 위해 그림 5.28의 관망을 고려한다. 대표적인 1일 운영 패턴에서 소요되는 모든 물은 두 펌프장으로부터 공급된다. 배관 11의 말단부에 있는 탱크(저수지)의 용량은 수요량이 적은 기간 동안은 물이 유입되어 저장되고 수요량이 클 때는 물을 공급할 수 있도록 충분히 크다. 해석을 단순화하기 위해 저장탱크 내 수위는 200m로 고정된다고 가정한다. 각 절점에서의 수요량은 하루 중 수요량이 큰 기간 동안에 발생하는 대표적인 수치이다. 이 수요량은 당초 관망시스템이 설계되었을 때의 수요량보다 커서 탱크는 수요량이 적은 기간 동안에도 충분히 채워지지 않는다. 이러한 문제를 해결하기 위해 두 펌프장 중 한 펌프장의 동력을 증가시키고자 할 때 어느 펌프장의 동력을 증가시키는 것이 최상인지를 검토한다.

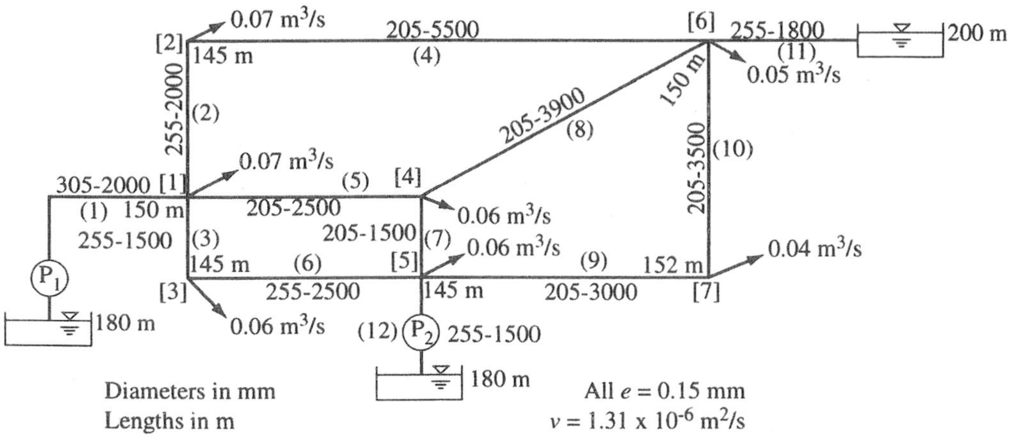

구 분	펌프 1			펌프 2		
유량(m^3/s)	0.15	0.25	0.35	0.10	0.15	0.25
수두(m)	50	43	35	48	43.25	33.00

| 그림 5.28 | 민감도해석을 위한 관망

관망 성능에 대한 더욱 많은 정보를 얻기 위해 첨두계수 0.5～1.2에서 일련의 해를 구한다. 만일 프로그램 NETWK를 사용하려면 CHANGE 명령어를 사용하면 쉽게 해를 구할 수 있다. 첨두계수 0.5～1.2에 대한 일련의 해를 구하기 위한 입력자료 파일은 그림 5.29와 같으며 $SPECIF 목록 내 선택사항 NETPLT=3은 프로그램 SENSITV가 프로그램 NETWK을 사용할 수 있도록 파일을 작성하라고 설정한다. 펌프장에 연결된 두 배관 그리고 저장탱크와 관망을 연결하는 배관 내 유량은 첨두계수의 함수로서 그림 5.30과 같다. 이 도표에서 배관 11에서의 (−) 유량은 탱크 내로 물이 유입되는 것을 의미한다. 이 탱크는 첨두계수가 0.58을 초과할 때마다 물을 공급하는 것으로 보이며 이에 대한 이유는 분명하다.

```
Illustration of sensitivities /*
$SPECIF NFLOW=3, NPGPM=3, UNUIT=4, PEAKF=.5, NPRINT=-3, NETPLT=3 $END
PIPES                  RESER                          END
1  0 1 2000 305 .15    11 200                         CHANGE
2  1 2 2000 255        PUMPS                          DFRAC
3  1 3 1500            1 .15 50 .25 43 .35 35 180     1.1
4  2 6 5500 205        12 .1 48 .15 43.25 .25 33.0 180  END
5  1 4 2500            RUN                            CHANGE
6  5 3 2500 255        CHANGE                         DFRAC
7  5 4 1500 205        DFRAC                          1.1
7  4 6 3900            1.1                            END
9  5 7 3000            END                            CHANGE
10 7 6 3500            CHANGE                         DFRAC
11 0 6 1800 255        DFRAC                          1.1
12 0 5 1500 255        1.1                            END
NODES                  END                            CHANGE
1 .07 150              CHANGE                         DFRAC
2 .07 145              DFRAC                          1.1
3 .06 145              1.1                            END
4 .06 140              END                            CHANGE
5 .05 145              CHANGE                         DFRAC
6 .05 150              DFRAC                          1.1
7 .04 152              1.1                            END
```

| 그림 5.29 | 그림 5.28 관망의 유동해석을 위한 입력자료파일

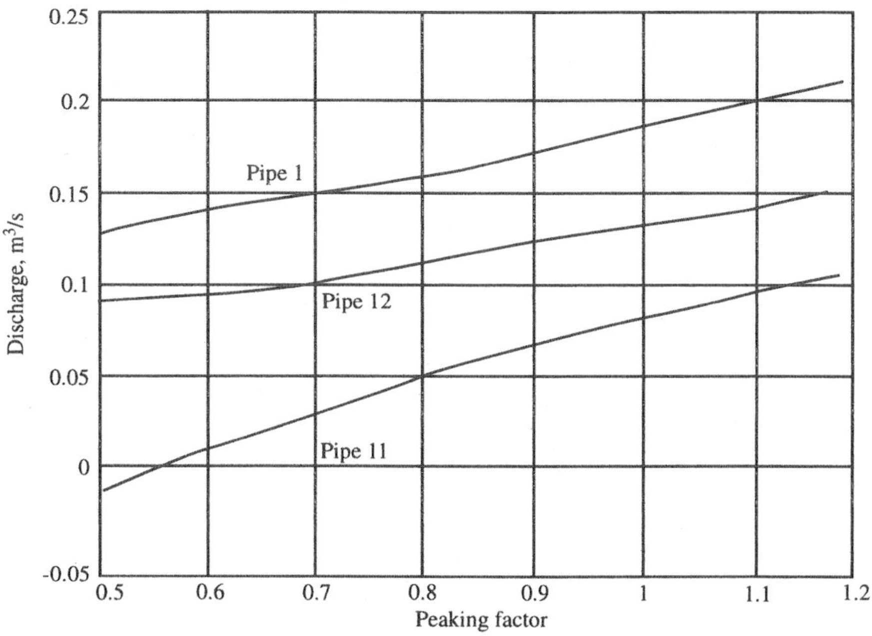

| 그림 5.30 | 3-배관 첨두계수의 함수로서 유량

개선할 펌프장을 선정하기 위해 동력의 함수 즉, $\partial Q_{11}/\partial P_1$와 $\partial Q_{11}/\partial P_2$의 함수로서 두 펌프장으로부터 탱크(또는 저수지)로 유입 또는 유출되는 유량의 민감도를 결정할 수 있다. 즉, 펌프와 관련된 비용은 펌프의 소비동력과 선형적으로 관계되므로 적정하게 선정된 각 민감도의 배수는 비용당 저수지 유입 유량을 제시한다. 민감도가 큰 펌프장을 개선하면 소요되는 비용이 적게 되며 이는 동력에 대해 유량의 민감도가 최대인 것은 최소의 전력비로 유량을 최대로 증가시킬 수 있다는 것을 의미한다.

그림 5.29의 입력자료를 이용한 프로그램 NETWK 수행 결과 중 PF=0.5와 PF=0.55인 사례에 대한 해답은 표 5.9와 같으며 제2장에서의 다른 프로그램 또는 프로그램 NETWEQS1을 수행하여도 동일한 해를 얻을 수 있다. 표 5.9의 첫 번째 줄은 첨두계수 PF=0.5인 사례이고, 두 번째 줄은 PF=0.5(1.1)=0.55인 사례이다. 5번째 칸은 PF=0.5와 PF=0.55인 사례에서 배관 11의 유량 차이, 6번째 칸은 펌프장 1에서의 동력 $P=\gamma Q h_p$ 차이, 7번째 칸은 펌프장 2에서 동력 차이를 보여준다. 8번째와 9번째 칸은 펌프장의 동력에 대한 탱크 유량의 민감도를 보여준다. 관망의 PF가 0.5에서 0.55로 증가하면 $\partial Q_{11}/\partial P_1 = 0.0042$보다 $\partial Q_{11}/\partial P_2 = 0.0062$가 크므로 펌프장 2의 용량을 증가시키는 것이 좋다.

:: 표 5.9 PF=0.5와 PF=0.55에서 탱크유입배관유량–펌프정 동력의 민감도

PF	$Q_{11}(m^3/s)$	$P_1(kW)$	$P_2(kW)$	ΔQ_{11}	ΔP_1	ΔP_2	$\Delta Q_{11}/\Delta P_1$	$\Delta Q_{11}/\Delta P_2$
0.50	-0.0154	64.74	42.35	0.0102	2.41	1.64	0.0042	0.0062
0.55	-0.0053	67.15	43.99					

CHANGE 명령어에 의해 수행된 결과인 여러 첨두계수에 대한 민감도는 표 5.10과 같다. 전체 첨두계수 범위에서 민감도는 $\Delta Q_{11}/\Delta P_2 > \Delta Q_{11}/\Delta P_1$이 되므로 펌프장 2의 동력을 증가시키는 것이 좋다.

:: 표 5.10 다양한 PF에서 탱크유입배관유량–펌프정 동력의 민감도

PF	0.50~ 0.55	0.550~ 0.605	0.605~ 0.666	0.666~ 0.732	0.732~ 0.805	0.805~ 0.886	0.886~ 0.974	0.974~ 1.072	1.072~ 1.179
$\Delta Q_{11}/\Delta P_1 \times 10^3$	4.2	5.7	5.3	4.8	4.1	3.6	3.3	3.1	3.0
$\Delta Q_{11}/\Delta P_2 \times 10^3$	6.2	8.6	7.9	6.9	5.8	5.3	4.9	4.5	4.4

펌프 동력에 대한 탱크(저수지)로 유입되는 유량 Q_{11}의 민감도를 구하기 위해 다른 독립변수를 변화시키지 않고 첨두계수만을 변화시킨다. 이에 대한 대안은 P_1을 변화시킬 때 일련의 해와 P_2를 변화시킬 때 또 다른 일련의 해를 구하는 것이지만 이는 더욱 많은 노력을 요구한다. 하나의 변수를 변화시키면 관망성능에 관련된 다른 모든 변수가 변화하므로 일련의 해답으로부터 많은 민감도를 얻을 수 있다. 프로그램 NETWK 패키지 내 프로그램 SENSITV는 사용자가 민감도 표를 작성할 수 있도록 설계되었다. 표 5.11은 프로그램 SENSITV 수행결과의 첫 번째 부분이다. 여기서 절점 1에서 수요량 QJ_1(PF와 선형적인 관계)을 독립변수로 설정하였고, 배관 11에서 유량 Q_{11} 또는 저수지 유량 Q_r을 종속변수로 설정하였다. 이 표를 구할 때 출력 표에 독립변수가 나타나도록 선택사항을 설정하였다. 그 후 10회 해석결과를 표 5.12와 같이 단순한 형태로 나타내었다.

:: 표 5.11 그림 5.28 관망의 민감도 해석 결과 1

Sensitivity of Discharge in Reservoir 1 to Changes in Demand at Node 1

Res. Independent Variable at 1, Comparison between Solutions 2 and 1

```
     QJ     QJ     Diff                Qr     Qr     Diff   Ratio
```

```
1     0.0350  0.0385  0.0035          -0.0154  -0.0053  0.0102  2.89
      Independent Variable at 1, Comparison between Solutions 3 and 2
        QJ      QJ      Diff            Qr       Qr      Diff    Ratio
      0.0385  0.0424  0.0039          -0.0053  0.0075  0.0128   3.32
```

:: 표 5.12 그림 5.28 관망의 민감도 해석 결과 2

Sol.	독립변수		종속변수		비율
	QJ_1	$\triangle QJ_1$	$Q_r = Q_{11}$	$\triangle Q_r$	$\triangle Q_r / \triangle QJ_1$
1	0.03500		-0.0154		
2	0.03850	0.00350	-0.0053	0.0101	2.89
3	0.04235	0.00385	0.0075	0.0128	3.32
4	0.04659	0.00424	0.0210	0.0135	3.18
5	0.05124	0.00465	0.0349	0.0139	2.99
6	0.05637	0.00513	0.0488	0.0139	2.71
7	0.06200	0.00563	0.0629	0.0141	2.50
8	0.06821	0.00621	0.0773	0.0144	2.32
9	0.07503	0.00682	0.0918	0.0145	2.13
10	0.08253	0.00750	0.1068	0.0150	2.00

프로그램 SENSITV를 사용하여 첫 번째 독립변수 P_1과 두 번째 독립변수 P_2를 1.1배씩 10회 증가시켰을 때 탱크(저수지)로 유입되는 유량의 변화 즉, 민감도 $\triangle Q_{11}/\triangle P_1$와 $\triangle Q_{11}/\triangle P_2$는 표 5.13과 같다.

:: 표 5.13 탱크(저수지)로 유입되는 유량-펌프장 동력의 민감도 비교

해답	1–2	2–3	3–4	4–5	5–6	6–7	7–8	8–9	9–10
탱크(저수지)	1	1	1	1	1	1	1	1	1
$\triangle Q_{11}/\triangle P_1$	0.004	0.006	0.005	0.005	0.004	0.004	0.003	0.003	0.003
$\triangle Q_{11}/\triangle P_2$	0.006	0.009	0.008	0.007	0.006	0.005	0.005	0.005	0.004

예제 5.8

아래 관망의 절점 7에서 압력은 원하는 압력보다 낮다. 아래 표와 같이 특성이 다른 펌프 3대 중 용량을 증가시켜야 할 펌프를 결정하고 이 관망의 성능을 더욱 완벽하게 이해하기 위해 민감도를 분석하라.

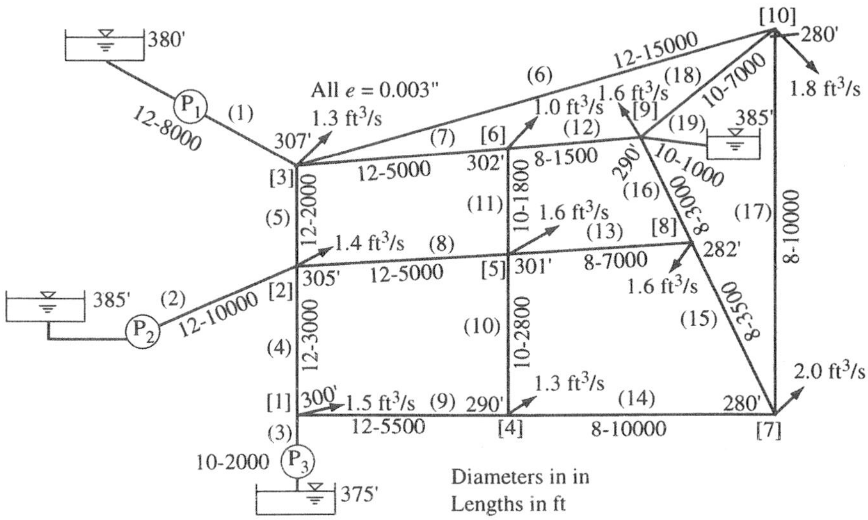

펌프 1		펌프 2		펌프 3	
$Q_1(ft^3/s)$	$h_{p1}(ft)$	$Q_2(ft^3/s)$	$h_{p2}(ft)$	$Q_3(ft^3/s)$	$h_{p3}(ft)$
3.0	80	3.0	80	3.0	83
5.0	75	5.0	75	5.0	78
8.0	65	8.0	65	8.0	68

상기 표의 펌프특성자료를 사용하여 절점 7에서의 압력을 가장 크게 증가시키는 펌프를 결정하여야 한다. 펌프 3대 모두가 압력이 부족한 절점 7로부터 멀리 위치하므로 어느 펌프가 절점 [7]에 가장 큰 영향을 미치는지 추정하는 것은 어렵다. 아래 표는 프로그램 NETWK 내 CHANGE 기능을 사용하여 얻은 해답 중 일부를 요약한 것이다. 이 해답을 구하기 위한 입력자료파일 EXP5_11.IN을 CD에 수록하였다. 이 입력파일을 살펴보면 Sol 1에서는 당초의 관망과 펌프특성곡선을 이용하여 첫 번째 해답을, Sol 2에서는 펌프 1의 수두를 10ft 증가시켜 두 번째 해를, Sol 3에서는 펌프 1의 수두를 당초 수두로 변경하고 펌프 2의 수두를 10ft 상승시켜 세 번째 해를, Sol 4에서는 펌프 3의 수두를 10ft 상승시켜 네 번째 해를 구하였고, 마지막으로 Sol 5에서는 탱크(저수지)의 수두를 3ft 상승시켜 다섯 번째 해를 구한 것을 알 수 있다. 마지막 해에서 저수지 수위가 3ft 증가되어 펌프의 수두가 변경되므로 탱크(저수지)를 채우기 위해 펌프가 물을 공급하여야 하는 측면에서 다른 해의 범주와 다르다. 네 번째 해에서와 같이 다른 두 펌프에 비해 펌프 3의 수두를 증가시키면 도함수 $(\triangle H/\triangle h_p)_3$가 가장 크기 때문에 이는 모든 절점에서의 수두를 가장 효과적으로 증가시키는 방법이다. 그러나 모든 $\triangle H/\triangle h_p$ 수치가 상당한 차이를 보이지 않고 특히, 펌핑수두가 작을 때는 세 펌프의 수두 모두를 증가시키는 것이 더욱 효과적이다.

절점	Sol. 1	Sol 2 Pump1, $\triangle h_p = 10'$		Sol 3 Pump2, $\triangle h_p = 10'$		Sol 4 Pump3, $\triangle h_p = 10'$		Sol 5 Res.1, $\triangle H = 3'$	
	수두 ft	수두 ft	$\triangle H/\triangle h_p$	수두 ft	$\triangle H/\triangle h_p$	수두 ft	$\triangle H/\triangle h_p$	수두 ft	$\triangle H/\triangle h_p$
7	360.2	361.4	0.112	361.2	0.096	361.6	0.138	362.1	0.633
10	371.2	372.2	0.104	372.0	0.084	372.3	0.115	373.2	0.680
4	390.5	392.2	0.168	392.0	0.148	392.7	0.224	391.8	0.447
5	390.2	391.9	0.168	391.7	0.147	392.4	0.212	391.6	0.460
6	390.2	391.9	0.167	391.7	0.145	392.3	0.206	391.6	0.467

다른 관망 요소도 독립변수의 변화에 대한 종속변수의 민감도에 영향을 미친다. 일련의 해를 구하기 전에 배관 3의 직경을 10인치에서 8인치를 변경시킨 것을 제외하고 앞의 표와 유사하게 요약한 민감도 해석결과는 아래 표와 같다. 앞의 표에서는 펌프 3이 가장 크게 수두를 증가시켰지만 이제는 가장 작게 수두를 증가시킨다.

절점	Sol. 1	Sol 2 Pump1, $\triangle h_p = 10'$		Sol 3 Pump2, $\triangle h_p = 10'$		Sol 4 Pump3, $\triangle h_p = 10'$		Sol 5 Res.1, $\triangle H = 3'$	
	수두 ft	수두 ft	$\triangle H/\triangle h_p$	수두 ft	$\triangle H/\triangle h_p$	수두 ft	$\triangle H/\triangle h_p$	수두 ft	$\triangle H/\triangle h_p$
7	352.1	353.5	0.137	353.3	0.119	353.1	0.099	354.0	0.633
10	364.0	365.3	0.128	365.1	0.110	364.9	0.089	366.0	0.657
4	378.8	380.6	0.182	380.4	0.159	380.1	0.133	380.3	0.513
5	378.8	380.6	0.181	380.4	0.159	380.1	0.132	380.4	0.633
6	379.1	380.8	0.175	380.6	0.152	380.3	0.125	380.7	0.657

펌프 3의 하류측 절점에서의 수두를 충분히 증가시키기에는 펌프 3이 설치된 배관 3의 직경 8인치가 너무 작기 때문에 상기 표에서 펌프 3의 수두변화가 작게 나타난다. 즉, 수두를 증가시키기 위해서는 펌프는 전체 유량 중 많은 부분을 공급하여야 하지만 유량이 증가하면서 8인치 배관 내 손실수두가 과도하게 증가한다. 관망 요소의 상호 작용은 매우 복잡하고 내부적으로 엉킬 수 있다. 따라서 다른 변수와 관련하여 선정된 변수의 민감도를 효과적으로 결정하는 유일한 수단은 이러한 민감도를 추정할 수 있도록 적합한 일련의 해를 전개하는 것이라는 사실을 알 수 있다. 이러한 해는 수요량 등과 같이 결정하여야 할 민감도를 반드시 고려하여야 한다.

다른 관점에서 민감도의 사용을 고려한다. 최소 비용으로 특정 절점에서의 수두를 명시된 크기만큼 증가시키기 위해 어느 펌프를 확장하여야 할 것인지를 자문하게 되지만 이 질문에 대한 대답은 이미 앞에서 기술하였다. 그러나 이제 독립변수는 펌프가 증가시켜야 할 수두가 아니고 펌프가 관망에 공급하여야 할 동력이 된다. 여기서 비용은 단위 동력당 금액이 되므로 민감도의 크기를 비교할 때 동력을 비용으로 대체할 수 있다. 각 펌프의 소요동력을 독립변수로 계산한 결과는 아래 표와 같다. 앞의 표에서는 민감도를 절점수두/펌핑수두로 나타내었으나 여기에서는 절점수두/펌프동력으로 나타냈다. 첫 번째 표에서 sol. 2, sol.3, sol. 4의 ΔP는 sol. 1을 기준으로 한 동력차이다. 두 번째 표에서 ΔH는 sol. 1의 수두를 기준으로 각 sol.에서의 수두와의 차이이고, $\Delta H/\Delta P_i$는 ΔH를 첫 번째 표에서의 ΔP로 나눈 것으로 i는 펌프 번호이고 P는 동력으로서 단위는 ㎾이다. 해답 중 변화된 동력이 (-)가 되면 즉, 펌프가 소비한 동력이 당초 동력보다 적게 되어 (−) 부호가 되면 민감도의 부호는 (−)가 될 수 있으며 이러한 결과는 다른 펌프의 수두가 증가되었을 때 나타날 수 있다. 만일 (−) 도함수를 무시하면 결론은 변화가 없다. 즉, 펌프 3이 설치된 배관의 직경이 10인치이면 펌프 1 또는 펌프 2가 공급하는 것보다 펌프 3은 적은 비용으로 절점에서의 수두를 더 크게 증가시킨다. $\Delta H/\Delta P_3$의 (+) 수치가 $\Delta H/\Delta P_1$ 또는 $\Delta H/\Delta P_2$보다 크기 때문에 이러한 상황이 발생한다. 그러나 펌프 3이 설치된 배관의 직경이 8인치이면 비용측면에서 열거된 절점에서의 수두를 증가시키기 위한 가장 효과적인 펌프는 $\Delta H/\Delta P_1$ 수치가 $\Delta H/\Delta P_2$ 또는 $\Delta H/\Delta P_3$ 보다 크기 때문에 펌프 1이 된다.

펌프동력-절점수두 민감도(배관 3의 직경은 10인치)

펌프	Sol. 1	Sol 2		Sol 3		Sol 4	
	P	P	ΔP	P	ΔP	P	ΔP
1	26.84	28.34	1.50	26.49	-0.35	26.39	-0.45
2	25.19	24.83	-0.36	26.59	1.40	24.75	-0.44
3	32.44	32.00	-0.44	32.03	-0.41	34.08	1.64
소계			0.70		0.64		0.75

펌프동력-절점수두 민감도(배관 3의 직경은 10인치)

절점	Sol. 1	Sol. 2			
	수두 ft	ΔH	$\Delta H/\Delta P_1$	$\Delta H/\Delta P_2$	$\Delta H/\Delta P_3$
7	360.23	1.12	0.75	-3.11	-2.55
10	371.15	1.03	0.69	-2.86	-2.34
4	390.48	1.68	1.12	-4.64	-3.85
5	390.24	1.68	1.12	-4.67	-3.82
6	390.22	1.67	1.11	-4.64	-3.80

절점	Sol. 3				
7		0.96	-2.74	0.69	-2.34
10		0.84	-2.40	0.60	-2.05
4		1.48	-4.23	1.06	-3.61
5		1.47	-4.23	1.05	-3.59
6		1.45	-4.14	1.04	-3.54
절점	Sol. 4				
7		1.38	-3.07	-3.14	0.84
10		1.15	-2.56	-2.56	0.70
4		2.24	-4.98	-5.09	1.37
5		2.12	-4.71	-4.82	1.29
6		2.06	-4.58	-4.68	1.26

앞에서는 (−) 민감도를 무시하였으나 관망 성능과 관련된 특히, 전체 동력(또는 비용)을 고려할 때 (−) 민감도는 소중한 정보를 제공한다. 사실 (−) 수치를 무시하는 것은 잠재적인 절감요소를 무시하는 것이다. 예를 들어 배관 3의 직경이 10인치일 때 상기 첫 번째 표 sol. 2에서 펌프 1의 동력이 1.50㎾ 증가하는 반면 펌프 2와 3의 동력이 −0.36㎾와 −0.44㎾으로 감소되는 것을 알 수 있다. 따라서 순수동력 변화는 1.50−0.36−0.44=0.70㎾가 된다. 유사하게 첫 번째 표 sol. 3 참조하면 펌프 2를 통해 수두 10ft를 증가시키면 동력의 순수 증가는 0.64㎾가 된다.

펌프동력-절점수두 민감도(배관 3의 직경은 8인치)

펌프	Sol. 1	Sol 2		Sol 3		Sol 4	
	P	P	ΔP	P	ΔP	P	ΔP
1	29.23	30.55	1.32	28.90	-0.33	28.96	-0.27
2	27.46	27.12	-0.34	28.70	1.24	27.22	-0.24
3	22.59	22.28	-0.31	22.31	-0.28	23.78	1.94
소계			0.67		0.63		1.43

절점	Sol. 1	Sol. 2			
	수두 ft	ΔH	$\Delta H/\Delta P_1$	$\Delta H/\Delta P_2$	$\Delta H/\Delta P_3$
7	352.14	1.37	1.04	-4.03	-4.42
10	364.00	1.28	0.97	-3.97	-4.13

4	378.80	1.82	1.38	-5.35	-5.87
5	378.81	1.81	1.37	-5.32	-3.61
6	379.08	1.75	1.33	-5.15	-5.65
절점	Sol. 3				
7		1.19	-3.61	0.96	-4.25
10		1.10	-3.33	0.89	-3.93
4		1.59	-4.82	1.28	-5.68
5		1.59	-4.82	1.28	-5.68
6		1.52	-4.68	1.17	-5.18
절점	Sol. 4				
7		0.99	-3.67	-4.13	0.83
10		0.89	-3.23	-3.74	0.75
4		1.33	-4.93	-5.59	1.11
5		1.32	-4.89	-5.50	1.11
6		1.25	-4.63	-5.21	1.05

때로는 처음 정의한 민감도의 개별적인 차이보다는 전체 차이를 고찰하는 것이 좋을 수 있다. 이 전체 민감도는 전체 동력 P_t 또는 전체비용의 변화에 의해 발생된 수두 변화를 나타낸다. 만일 전체 민감도가 중요하면 다음 표의 수치를 사용하여 비용측면에서 가장 효과적인 대안을 결정하여야 한다.

결정을 책임지는 기술자의 입장에서 살펴보면 목적에 따라 최선의 대안이 많이 존재하는 것을 알 수 있다. 각 민감도의 크기는 일정하지 않고, 수요량이 변화하면서 상당히 다르게 나타날 수 있다는 점을 주의하여야 한다.

절점	배관 3, 직경=10인치			배관 3, 직경=8인치		
	Sol. 2	Sol. 3	Sol. 4	Sol. 2	Sol. 3	Sol. 4
	$\Delta H/\Delta P_t$	$\Delta H/\Delta P_t$	$\Delta H/\Delta P_t$	$\Delta H/\Delta P_t$	$\Delta H/\Delta P_t$	$\Delta H/\Delta P_t$
7	1.60	1.50	1.84	2.04	1.89	0.69
10	1.47	1.31	1.53	1.91	1.75	0.69
4	1.43	2.31	2.99	2.72	2.52	0.93
5	2.40	2.30	2.83	2.70	2.52	0.92
6	2.39	2.26	2.75	2.61	2.30	0.87

본 관망에 대한 민감도 분석의 다른 목표는 저장 탱크(저수지)에 가능한 많은 물량을 유지하는 것이다. 이 경우 고찰하여야 할 민감도는 관망과 저수지를 연결하는

배관 19 내부 유량의 차이를 소요펌프동력의 합계로 나눈 것이 된다. 앞에서 가장 큰 수치의 민감도를 구하였지만 여기에서는 가장 작은 수치의 민감도 즉, (−) 수치가 가장 큰 민감도를 구하는 것이다. 그 이유는 분모인 전체 펌프 동력 소모 $\triangle P_t$를 최소화하면서 분자인 유입유량 $|\triangle Q_{19}|$ 을 최대화하기를 원하기 때문이다. 이러한 민감도의 수치는 아래 표와 같다.

구 분	배관 3 직경=10인치	배관 3 직경=8인치
Q_{19} (Sol. 1, 당초 조건으로부터)	$2.30 ft^3/s$	$3.13 ft^3/s$
Q_{19} (Sol. 2, 펌프 1에서 $\triangle h_p = 10ft$로부터)	$2.17 ft^3/s$	$3.00 ft^3/s$
$\triangle Q_{19}$	$-0.13 ft^3/s$	$-0.13 ft^3/s$
$\triangle Q_{19}/\triangle P_t$	$-0.19 ft^3/s/kW$	$-0.19 ft^3/s/kW$
Q_{19} (Sol. 3, 펌프 2에서 $\triangle h_p = 10ft$로부터)	$2.19 ft^3/s$	$3.01 ft^3/s$
$\triangle Q_{19}$	$-0.11 ft^3/s$	$-0.12 ft^3/s$
$\triangle Q_{19}/\triangle P_t$	$-0.172 ft^3/s/kW$	$-0.190 ft^3/s/kW$
Q_{19} (Sol. 4, 펌프 3에서 $\triangle h_p = 10ft$로부터)	$2.15 ft^3/s$	$3.04 ft^3/s$
$\triangle Q_{19}$	$-0.15 ft^3/s$	$-0.09 ft^3/s$
$\triangle Q_{19}/\triangle P_t$	$-0.20 ft^3/s/kW$	$-0.063 ft^3/s/kW$

민감도를 계산하기 위해서는 독립변수 x가 변화하면 종속변수 f의 변화를 얻을수 있는 2개의 해가 반드시 필요하다. 따라서 종속변수 $\triangle f$의 변화를 독립변수 $\triangle x$로 나누어 $\partial f/\partial x$ 수치를 구한다. 즉, $\partial f/\partial x \approx \triangle f/\triangle x$가 된다. 앞에서 CHANGE 명령어를 사용하여 프로그램 NETWK로부터 이와 같이 짝지어진 해를 구하였다. 일부 관망에서는 이와 같은 일련의 해를 구하기 위한 더욱 효과적인 방법은 시간확장모의인 ETS(Extended Time Simulation)를 구하는 것이다. ETS에서는 시간 변화에 따라 유량이 변화하지만 이 변화가 긴 시간에 걸쳐 발생하므로 유체의 부정류 효과를 무시하는 유사정상유동상태에서 해를 구한다. 다음 장에서 더욱 자세히 기술하겠지만 ETS는 변화하는 수요량, 저수지 수위 그리고 수요량의 함수에 따라 결정되는 펌프의 수두-유량 상관관계 등을 이용하여 정상상태에서 구한 일련의 해로 구성된다. 프로그램 NETWK는 이와 같은 방법으로 구한 결과를 표의 첫 번째 칸에 시간을, 두 번째 칸에는 선정된 배관의 유량 또는 수두를 그리고/또는 세 번째 칸에는 선정된 절점에서의 압력의 순서로 작성한다. 또한 ETS는 시간의 함수로서 저수지 수위를 나타내는 대안적 표를 사용할 수 있다. 특히 ETS에서 명시된 요소가 시간과 선형적인 관계를 갖는 다른 변수를 사용한다면 가장 큰 민감도를 구하기 위해 이 표를 사용할 수 있다.

예제 5.9

그림 5.28의 12-배관과 7-절점으로 구성된 관망에서 일련의 정상유동 해를 구하기 위해 NETWK의 "Extended Time Simulation Capability"를 사용하고 이 해로부터 민감도를 구하고, 시간의 선형 함수로서 첨두계수를 표현하라. 이미 구한 민감도 중 일부를 증명한 후 시간 $t = 0$(PF=0.5일때)일 때 탱크의 수위가 198m가 되도록 설정하고 시간에 따라 탱크 수위가 변화하도록 허락하라. 이 탱크는 직경 30m 원통으로서 바닥 고도는 195m이고 이 수위에서는 모든 물이 탱크로부터 유출된다. 첨두계수의 함수로서 두 펌프장으로부터 유량과 탱크(저수지)로의 유입량과 유출량을 작도하라.

해답 이 문제에 대한 해를 구하기 위해 프로그램 NETWK에 입력할 파일은 아래와 같다. 여기에서 모든 절점에 적용되는 DEMAND FUNCTION은 PF와 시간과의 선형적 상관관계를 나타낸다. 여기에서는 프로그램 수행결과를 표로 나타내지 않았으나 독자가 직접 프로그램을 수행하여 결과를 얻을 수 있다. 이 결과를 구한 후 SENSITV를 사용하거나 또는 엑셀을 사용하여 민감도를 작성할 수 있다.

```
Illustration of sensitivities using Exe. Time Simulation
/*
$SPECIF NFLOW=3, NPGPM=3, NUNIT=4, PEAKF=.5,NPRINT=3, NODESP=0, ISIML=1,
NETPLT=3, COEFRO=.15 $END
1  305. 2000. 1 .07 150.              RUN
2  255. 2000. 1 2 .07 145.            $TDATA PRINTT=3, HTIME=24, INCHRP=1
3  255. 1500. 1 3 .06 145.            LINEAR=1, ISUNIT=0 $END
4  205  5500. 2 6 .05 150.            PIPE TABLE
5  205. 2500. 1 4 .06 140.            ALL
6  255. 2500. 5 3 .05 145.            NODE TABLE
7  205. 1500. 5 4                     ALL
8  205. 3900. 4 6                     RESER. TABLE
9  205. 3000. 5 7 .04 152.            11/
10 205. 3500. 7 6                     END TABLES
11 255. 1800. 6                       DEMAND FUNCTION
12 255. 1500. 5                       1 0 1. 12 1.6789738 24 2.35794769/
RESER                                 1-7/
11 200                                STORAGE FUNCTION
PUMPS                                 1 195 0 198 2120.6 205 7069/
1  .15 50 .25 43 .35 35.0 180         11/
12 .1 48 .15 43.25 .25 33.0 180       END SIML
```

ETS를 사용하여 탱크(저수지)에서의 유량을 나타내는 해를 구하기 위해 배관 11 말단부에 위치한 저장 탱크의 규격, 탱크 내 수위를 STORAGE FUNCTION으로 지정하여 입력파일에 포함시켰다. 직경 30m 원통형 탱크의 바닥 고도는 195m이고 면적은 $A = \pi D^2/4 = 707m^2$인 탱크는 PF=0.5일때 수위 198m부터 시작한다. 먼저

RESER 명령어에서 수위를 200m에서 198m로 변화시킨 후 $TDATA 목록에 ISUNIT=0을 추가하고 최종적으로 SIML 앞에 STORAGE FUNCTION과 두 줄의 자료를 추가하면 아래 표와 같은 결과를 얻을 수 있으며 이 표는 결과 중 일부이다.

두 번째 표로부터 배관 11에서 (-) 유량은 저장탱크로 유입되는 것을 나타내고, 시각 2와 3 사이 즉, 첨두계수 PF가 $0.5\times[1+1.358(2/24)]=0.557$과 0.585일 때 탱크는 충수되었다 관망으로 물을 공급하는 것을 알 수 있다. 시각 22 직후 첨두계수 PF가 $0.5\times[1+1.358(22/24)]=1.122$보다 약간 커지면 탱크는 비게 된다. 즉, 탱크 바닥고는 195m이고 이 고도에서 탱크 내 물량은 0m³이 된다. 이 후 PF가 증가하여 첫 번째 표의 마지막 2 줄에서 (-) 압력이 되면 펌프가 모든 수요량을 만족시켜야하지만 이러한 압력은 분명히 비현실적이므로 빈 탱크는 이 관망의 수요량을 만족시킬 수 없다.

시간의 함수로서 지정된 절점에서의 압력(kPa)

Time (hr)	절점 번호						
	1	2	3	4	5	6	7
0.0	620.79	599.96	658.84	661.46	662.26	497.17	487.94
1.0	609.88	587.35	647.43	649.93	651.75	493.83	481.35
2.0	599.55	575.78	636.57	639.30	641.86	491.76	475.94
3.0	590.05	565.61	626.55	629.88	632.93	491.03	472.67
4.0	580.08	554.89	616.02	619.76	623.56	488.25	468.68
·	·	·	·	·	·	·	·
21.0	311.87	247.25	323.15	328.72	353.57	235.90	178.93
22.0	287.71	217.97	297.98	302.10	330.01	217.86	151.05
23.0	-56.82	-287.95	-47.95	-175.37	-20.87	-442.91	-453.93
24.0	-98.43	-343.07	-91.34	-227.28	-62.87	-502.91	-513.54

시간의 함수로서 지정된 배관 유량(m^3/s)

Time (hr)	배관 번호											
	1	2	3	4	5	6	7	8	9	10	11	12
0.0	.127	.049	.021	.014	.022	.009	.027	.019	.028	.008	-.015	.088
1.0	.130	.050	.022	.013	.022	.010	.027	.018	.027	.006	-.010	.090
2.0	.134	.050	.023	.011	.022	.011	.027	.016	.027	.004	-.004	.093
3.0	.136	.050	.023	.009	.022	.012	.027	.015	.026	.002	.003	.094
4.0	.139	.051	.024	.008	.022	.013	.028	.013	.025	.000	.010	.098
·	·	·	·	·	·	·	·	·	·	·	·	·
21.0	.202	.063	.038	-.013	.025	.028	.033	-.008	.028	-.016	.092	.143
22.0	.207	.065	.039	-.014	.026	.029	.034	-.008	.028	-.017	.095	.147
23.0	.268	.101	.043	.020	.044	.026	.056	.031	.053	.007	.000	.192

24.0	.275	.103	.044	.021	.045	.027	.057	.032	.054	.007	.000	.197

시간의 함수로서 탱크(또는 저수지) 수위

Time(hr)	0.0	1.0	2.0	3.0	·	21.0	22.0	23.0	24.0
고도(ft)	200.00	200.08	200.13	200.15	·	195.60	195.13	195.00	195.00

엑셀을 사용하여 펌프장으로부터의 유출량을 그래프로 나타낸다. 시간을 나타내는 첫 번째 줄을 시간이 0일 때 PF=0.5, 시간이 24.0일 때 PF=1.179가 되는 PF로 대체할 수 있다. 첫 번째 그래프는 첨두계수의 함수로서 펌프와 탱크에 연결된 배관 1, 11, 12에서의 유량을 보여준다. 탱크(저수지)는 PF<0.58일 때 충수되고, PF=1.13 일 때 비게 되어 더 이상 유량을 공급할 수 없으므로 수요량을 만족시키기 위해 각 펌프장으로부터 공급되는 유량은 급격하게 증가한다.

다음과 같이 두 펌프장에서의 동력식을 사용하고 탱크로의 유입량과 두 펌프장의 민감도 $\Delta Q_{11}/\Delta P_1$와 $\Delta Q_{11}/\Delta P_2$를 구하여 이를 표로 작성할 수 있다.

$$P_1 = 9.806\,Q_1 h_{p1} = 9.806\,Q_1\left(58.6 - 50Q_1 - 50Q_1^2\right)$$

$$P_2 = 9.806\,Q_{12}\left(56.8 - 82.5\,Q_{12} - 50\,Q_{12}^2\right)$$

펌프 동력에 대한 탱크(저수지) 유량의 민감도를 구하기 위해 유량 Q_{11}의 차이를 입력 P_1과 P_2의 차이로 나눈 결과를 두 번째 그래프로 나타내었다(표 5.13 참조). 민감도는 전적으로 이 수치에 종속되므로 배관 11에서 유량을 연산함에 있어 정밀도가 제한되기 때문에 곡선은 전반적으로 부드럽지 못하다. 그러나 탱크(저수지) 내 수위가 200m로 일정하게 유지하면 결론은 동일하므로 펌프장 2의 동력을 증가시키는 것이 좋다.

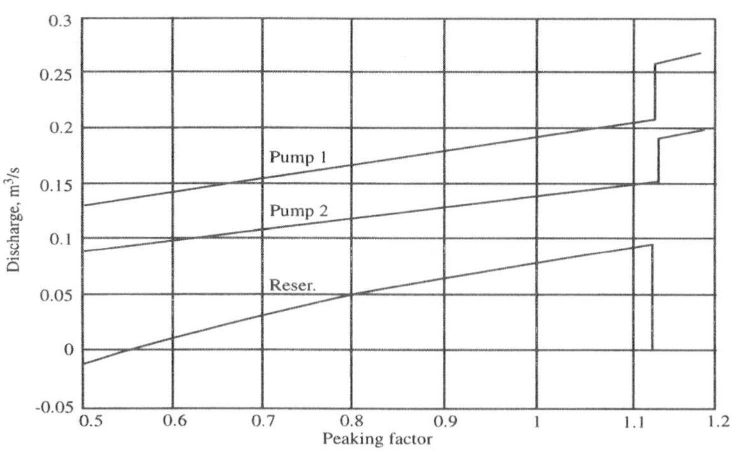

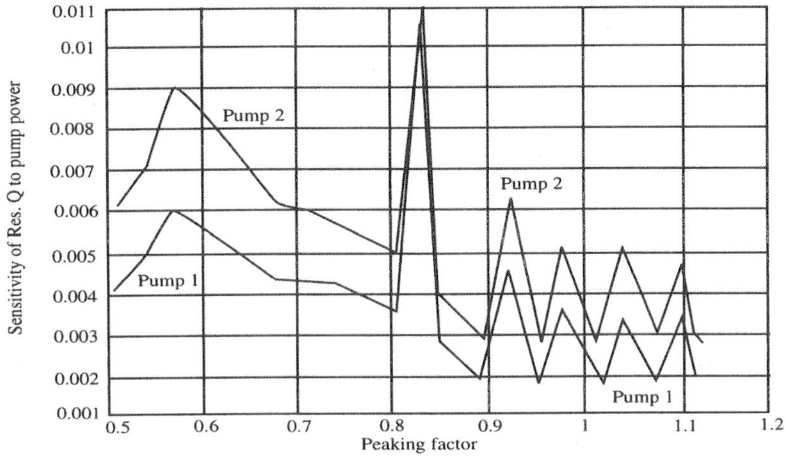
Sensitivity of Res. Q to pump power
Peaking factor
Pump 1
Pump 2
Pump 2
Pump 1
0.011
0.01
0.009
0.008
0.007
0.006
0.005
0.004
0.003
0.002
0.001
0.5
0.6
0.7
0.8
0.9
1
1.1
1.2

제6장

경제적 관망설계와 ETS

6.1 소개

본 장에서는 대도시에서 발생할 수 있는 것과 같이 많은 수요자에게 물을 공급하는 관망을 포함한 루프로 형성된 관망의 설계시 정상유동상태로 운영되지 않는 중요한 두 주제에 대해 주로 기술한다. 첫 번째 주제로서 시간변화에 따른 수요량변화에 대응하기 위해 때로는 펌프가 기동 및 정지되는 관망시스템의 성능을 모의하기 위한 시간확장모의 ETS(Extended Time Simulation)에 대해 기술한다. 두 번째 주제인 경제성 분석시 유용한 요소에 대해서 기술한 후 대규모 루프로 형성된 관망의 설계시 이 두 주제를 적용한다.

ETS는 시간 경과에 따른 수요량, 저수지 수위, 펌프 운영 대수의 변화에 기초하여 정상유동 상태에서 구한 일련의 해로 구성된다. 이러한 시간 종속 해의 형식은 제4장과 제5장에서 기술한 동시 비선형 대수학 공식시스템을 해결하여 구할 수 있다. 관성력을 무시하고 공식의 각 항은 시간에 따라 변화하여도 운동량식은 정상유동 상태의 형태이기 때문에 이러한 비정상유동상태를 "유사정상유동(quasi-steady)"이라고도 한다.

관성력을 설명하는 정상유동의 시간종속해석은 조합된 상미분 공식시스템과 대수학식의 동시 해를 요구한다. 그러나 부정류에서는 시간뿐만 아니라 배관의 위치에 따라서도 각 배관 내 압력과 유속이 변화하므로 탄성효과를 포함하는 부정류해석은 상미분식 대신 편미분식을 사용하여야 한다. 이는 해를 구하기 위해 전산해석 노력이 상당히 증가하는 것은 물론 관망 내 각 배관에서 연속적인 시간 증분에 따른 수력적 부정류를 기술하기 위해 여러 지점에서 압력과 유속을 나타낼 필요가 있기 때문에 관망 거동을 기술하기 위해 필요한 정보의 양도 이에 상응하여 증가하는 것을 의미한다. 예를 들어 100개 배관, 80개 절점으로 구성된 관망에서 각 절점에서 HGL과 압력(2개의 미지수) 그리고 각 배관에서 유량과 유속(2개의 미지수)을 나타내려면 각 시간 단계마다 기술하여야 할 숫자는 360개가 된다. 모의를 24-시간 주기로 수행할 경우 ETS가 1 시간 시간증분을 사용한다면 해석자는 각 시간단계에서 360개 수치를 고찰하여야 한다. 그러나 부정류해석시에는 시간 증분은 매우 짧게 된다(건물 내 소방용 스프링클러 시스템과 같이 배관이 상대적으로 짧으면 시간 증분은 더욱 짧아진다). 예를 들어 관성력을 포함한 해를 1/100 배의 시간증분을 사용하여 구하면 해는 36000개의 수치로 구성된다. 탄성효과를 고려한 부정류 해석의 경우 각 배관의 2개의 수치(유량과 유속) 대신 각 배관 증분(이 공간 증분은 시간 증분과 반드시 호환이 되어야 한다)에서 2개의 수치가 존재한다. 따라서 각 배관길이를 20 등분으로 나누면 관망 기술을 위한 수치의 숫자는 416,000으로 증가하게 된다. 이와 같이 관망해석의 해를 충분히 표현하기 위해 필요한 정보의 양은 급격히 증가하므로 절충이 필요하다.

ETS 수행시 탄성효과의 고려여부에 대한 해답은 상당히 주관적이다. 대부분의 도시 용수공급시스템 운영시 통상적으로 수요량은 충분히 완만하게 변화하여 관성효과가 상대적으로 미소하므로 탄성효과를 무시할 수 있다. 그러나 단일 배관에 설치된 밸브의 급속한 폐쇄에 따른 배관 내 급속한 유량 변화의 효과는 대규모 관망 내부에서 신속히 전파된다. 따라서 높은 압력의 부정류파는 배관을 통해 전파되어 이 배관에 연결된 다른 배관에게 영향을 미칠 수 있다. 많은 용수공급시스템과 액체 공급시스템의 운영시 관성력을 무시한 모의 결과와 실제 발생하는 결과와 커다란 차이를 보여주는 경우가 종종 발생할 수 있다. 큰 유량 변화가 수 초 내에 발생할 때는 이와 같은 조건이 발생할 수 있다. 그러나 배관이 짧으면 관성효과로 인한 압력과 유량의 변화가 발생하지 않는다.

6.2 시간확장모의(ETS:Extended Time Simulation)

본 절에서는 ETS로 알려진 시간 종속 해의 형태에 대해서 기술한다. 이 해는 단일 배관보다는 관망에 대한 것이다. 이러한 형태의 해는 탄성효과와 관성효과를 무시하므로 실제로 전 단계에서 구한 해를 새로운 시간단계에서 시간 종속 매개변수의 변화에 상응한 시간 증분에 걸쳐 업데이트하여 새로운 해를 구하는 일련의 정상유동 상태의 해가 된다. 따라서 시간 종속 해는 유사정상유동상태 해가 된다. 시간확장모의시 공통적으로 다음 6개 항목이 변화한다.

1. 절점 수요량. 절점 수요량은 모든 ETS 동안 변화하고, 시간의 함수로서 첨두계수를 사용하여 절점에서의 수요량 변화를 나타낼 수 있다. 이와 같은 시간에 걸친 수요량 패턴 변화를 수요량 스케줄로 간주할 수 있다.
2. 저장탱크용량-수위 상관관계. 일부 저장탱크(또는 저수지)는 일정한 수위를 유지하지만 대부분의 탱크는 배수와 충수시 시간에 따라 수위가 변화한다. 대표적으로 저장탱크용량과 수위의 함수를 수립하여 탱크(저수지) 수위 변화를 기술한다. 수위와 저장 체적의 자료의 쌍으로 이 함수를 표현하면 탱크(저수지) 바닥 고도는 탱크의 최저 운영 수위가 되고 탱크(저수지)의 상부 고도는 최고 운영수위가 된다.
3. 펌프 스케줄. 펌프 스케줄은 임의 시간에 특정 펌프장에서 몇 대의 펌프가 병렬 또는 직렬로 운영되어야 하는지를 기술한다. 다시 말해 펌프 스케줄은 각 시간 단계에서 가동되어야 할 펌프 대수를 명시한다. 대안으로 시간의 함수로서 펌프의 회전속도를 명시할 수도 있다.
4. 펌프규칙(Pump Rule). 펌프규칙은 선정된 절점에서의 압력(또는 HGL) 또는 탱크(저수지)에서의 수위와 운영할 펌프의 숫자를 관련시킨다. 펌프 스케줄은 명시된 시간에 펌프를 기동 또는 정지시키는 반면 펌프규칙은 조건에 따라 운영할 펌프의 대수를 결정한다. 펌

프 운영 숫자를 명시하는 대신 펌프의 회전속도를 명시할 수 있다.

5. 유량규칙(Flow rule). 유량규칙과 수요량(스케줄)과의 차이는 펌프규칙과 펌프 스케줄의 차이와 동일하다. 즉, 선정된 절점에서 수요량은 특정 절점에서의 압력 또는 탱크(저수지) 수위에 의해 결정된다. 유량규칙은 대표적으로 수요량이 (−)로 주어지고 이는 외부에서 관망 내부로 유량이 유입되는 것을 의미한다.
6. 유출량규칙(Discharge rule). 관망의 선정된 내부 배관에서 반드시 유지하여야 할 유량을 명시한다. 내부 배관은 사수부와 공급원으로부터 관망을 연결하는 배관과는 다르다.

상기 6개 항목 이외에도 아래와 같이 다른 많은 항목이 시간에 따라 변화할 수 있다.

7. 밸브 스케줄. 이 스케줄은 시간의 함수로 밸브 설정치(개도)를 명시할 수 있으며 이는 밸브가 어떻게 유동에 장애를 주는지 결정하기 위해 또는 밸브의 손실계수를 시간의 함수로 명시하기 위해 밸브 개도와 손실수두와의 상관관계를 명시한다.
8. 밸브규칙(Valve rule). 이 규칙은 하나의 절점에서 압력의 함수로서 밸브 설정치(개도)를 기술하거나 또는 이 설정치에서의 손실계수를 제공한다. 밸브규칙은 압력 대신 탱크(저수지)의 수위에 기초할 수 있다.
9. "수두차이기구(differential head device)". 이 기구는 선정된 배관 내부에서 시간의 함수로서 수두차이의 크기를 명시할 수 있다. 즉, 배관 내부에서 손실수두 스케줄 또는 선정된 절점에서 명시된 HGL(또는 압력)을 달성할 수 있도록 수두차이의 크기를 계산할 수 있고 HGL은 시간에 따라 변화할 수 있다.
10. 탱크 수위 또는 압력 제어 알고리즘. 이 알고리즘은 관망 내부로의 유입량을 변화시키거나 밸브의 설정치를 조정하여 압력을 사전 설정된 수치 또는 명시된 범위로 유지하거나 또는 저수지 수위를 명시된 범위로 유지하기 위해 밸브를 작동시키는 제어기를 모의한다.

통상적으로 현재 시간에서의 해로부터 취한 수치로 상기 항목을 실행하며 상기 항목들은 다음 시간 단계에 걸쳐 관망의 거동변화를 규정하고 압력 또는 수위에 기초한다.

이러한 규칙의 상세한 실행절차에 대해서는 기술하지 않지만 이러한 규칙은 통상적으로 각 시간 단계 동안 관망 거동을 변화시키므로 하나의 새로운 관망 문제를 해결하는 것과 같이 문제를 지배하는 수학식을 다시 정의할 필요는 없다. 대신 존재하는 식을 단순하게 수정하여 새로운 시간 단계에 적용할 조건을 반영한다. 예를 들어 절점 수요량을 변화시키기 위해 단순히 이 수요량의 수치를 변경시킨다. 그러나 펌프가 정지되거나 감압밸브가 완전 개방되면 시스템을 기술하는 식의 형식과 숫자도 반드시 변경되어야 한다.

예제 6.1

그림 5.15의 30-배관, 16-절점 관망 설계시(Design=1) 구한 배관의 직경과 조도 $e=0.004$인치를 사용하여 ETS를 실행하라. 다음과 같이 명시된 자료가 ETS를 제어한다. (1)배관 30에 의해 관망에 연결되는 저장 탱크는 직경 115ft의 원통형으로 탱크의 바닥고는 590ft이고 모의 시작시 수위는 605ft이다. (2)두 수요량 스케줄을 그래프로 나타내었으며 첫 번째 수요량 스케줄은 관망의 북쪽 부분의 절점 1, 2, 5, 6, 9, 10, 13, 14에 적용되며, 두 번째 수요량 스케줄은 절점 3, 4, 7, 8, 11, 12, 15, 16에 적용된다. (3)초기에 각 펌프장은 펌프 3대가 병렬로 운전되고, 이 펌프에 적용할 수 있는 펌프특성표는 그림 5.15와 같으며 펌프의 운전대수는 아래 펌프 스케쥴에 의해 주어진다.

펌프 스케줄

구 분	펌프장 1					펌프장 2				
Time, hr.	0~8	8~10	10~15	15~17	17~24	0~5	5~8	8~15	15~20	20~24
운전 대수	3	2	1	2	3	3	2	1	2	3

절점자료

No.	수요량(ft^3/s)	고도(ft)	No.	수요량(ft^3/s)	고도(ft)
1	1.2	500	9	2.0	493
2	1.2	490	10	2.0	492
3	0.8	485	11	3.6	488
4	1.6	480	12	2.8	484
5	1.4	495	13	4.0	480
6	1.2	494	14	2.0	478
7	1.0	490	15	1.8	475
8	0.8	483	16	2.0	470

배관자료

No.	길이(ft)	직경(in)	No.	길이(ft)	직경(in)	No.	길이(ft)	직경(in)
1	500	18	11	800	6	21	1600	8
2	500	15	12	800	6	22	1600	10
3	800	12	13	1600	12	23	1600	6
4	800	6	14	1600	12	24	800	6
5	800	12	15	1600	12	25	800	6
6	1800	12	16	1600	12	26	800	6
7	1800	12	17	800	6	27	2500	6

8	1800	12	18	800	6	28	2500	6
9	1800	10	19	800	6	29	2500	6
10	800	6	20	1600	12	30	1000	10

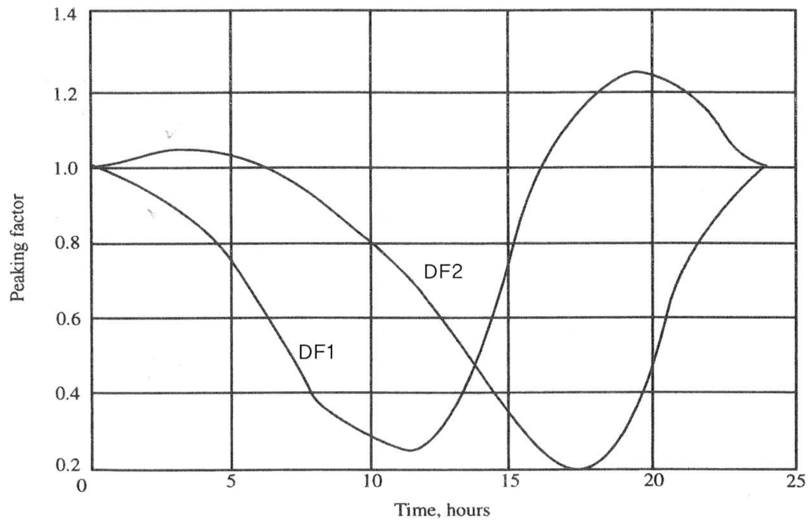

이 문제의 해를 구하기 위해 먼저 두 첨두계수 선도로부터 주요 수요량 함수 자료를 읽는다. 이러한 단계는 아래 표에 열거된 것과 같이 수요량 함수를 디지털 형식으로 변환시킨다(각 함수는 별개의 일련의 시간을 가질 수 있다).

hour	0	2	3.5	6.5	10	11.5	14	17	19	20	22	24
DF(1)	1.0	0.95	0.875	0.625	0.30	0.25	0.50	1.10	1.23	1.25	1.10	1.0
DF(2)	1.0	1.05	1.06	1.00	0.80	0.68	0.50	0.20	0.30	0.50	0.85	1.0

먼저 선택사항의 목록 $SPECIF에 선택사항 ISIML=1을 추가하고 관망을 적정히 기술할 수 있는 입력자료를 제공한 후 원하는 ETS을 기술하는 라인을 추가하여 프로그램 NETWK로부터 해를 구할 수 있으며 입력파일은 다음과 같다.

```
Extended time simulation for example 30 pipe network
/*
$SPECIF ISIML=1,NODESP=0 $END
PIPES
1   0   2   500   18  .004
2   0   3   500   15
3   2   1   800   12
4   2   3   800    6
5   3   4   800   12
6   1   5  1800   12
7   2   6  1800   12
8   3   7  1800   12
9   4   8  1800   10
10  6   5   800    6
11  6   7   800    6
12  7   8   800    6
13  5   9  1600   12
14  6  10  1600   12
15  7  11  1600   12
16  8  12  1600   12
17 10   9   800    6
18 10  11   800    6
19 11  12   800    6
20  9  13  1600   12
21 10  14  1600    8
22 11  15  1600   10
23 12  16  1600    6
24 14  13   800    6
25 14  15   800    6
26 15  16   800    6
27  2   5  2500    6
28  2   7  2500    6
29  3   8  2500    6
30  0  14  1000   10
RESER
30  605
PUMPS
1  2.67  157  5  152  7.33  144  500
2  2     152  4  147  6     139  500
PARALLEL
1  3
2  3
NODES
1   1.2  500
2   1.2  490
3   0.8  485
4   1.6  480
5   1.4  495
6   1.2  494
7   1.0  490
8   0.8  483
9   2.0  493
10  2.0  492
11  3.6  488
12  2.8  484
13  4.0  480
14  2.0  478
15  1.8  475
16  2.0  470
RUN

$TDATA ALTV=0,HTIME=24,INCHR=1,ISUNIT=0,LINEAR=1,NPUNOD=2,PRINTT=3 $END
PIPE TABLE
ALL
NODE TABLE
ALL
RESER. TABLE
ALL
END TABLES
STORAGE FUNCTION
1  590  0  600  103870  605  155805/
30/
DEMAND FUNCTION
1 0 1 2 .95 3.5 .875 6.5 .625 10 .3 11.5 .25 14 .5 17 1.1 19 1.23 20 1.25 22 1.1 24 1./
1 2 5 6 9 10 13 14/
2 0 1 2 1.05 3.5 1.06 6.5 1 10 .8 11.5 .68 14 .5 17 .2 19 .3 20 .5 22 .85 24 1/
3 4 7 8 11 12 15 16/
```

```
PUMP SCHEDULES
1 2 0 3 8 2 10 1 15 2 17 3/
2 2 0 3 5 2 8 1 15 2 20 3/
END SIMULATION
END
```

RUN 명령어 다음 입력자료는 시간 종속 해를 구하기 위한 명시를 제공한다. 이 명시 부분에 대한 간략한 설명은 다음과 같으며 상세한 내용은 NETWK 매뉴얼을 참조한다.

1. $TDATA 라인은 ETS와 관련된 다음 선택사항을 설정한다. (a)ALTV=0은 저장탱크가 주어진 제한수치를 초과하는 경우 NETWK가 체적-고도 자료를 외삽 하도록 한다. ALTV=1로 설정하면 저장 탱크의 수위가 주어진 자료의 최소치로 저하되면 탱크는 더 이상 물을 공급하지 않고 주어진 자료의 최대치보다 수위가 높으면 탱크를 충수하지 않는다. (b)HTIME=24는 모의를 24시간 수행하도록 하며 디폴트로 설정된다. (c)INCHR=1은 1 시간 증분을 의미하며 디폴트로 설정된다. (d)ISUNIT=0은 저장 체적의 단위가 ft^3으로 주어지는 것을 나타낸다. (e) LINEAR =1은 주어진 자료의 선형 보간(필요시 외삽)을 명시한다. (f)NPUNOD=2는 공급펌프와 탱크(저수지)는 배관 번호에 의해 참조된다. (g)PRINTT=3은 NETWK가 지정된 절점과 배관에서의 압력과 유량을 표로 작성하며 첫 번째 칸은 시간이다.
2. PIPE TABLE, NODE TABLE, RESER TABLE 다음 줄의 ALL은 모든 배관과 절점은 특도의 표로 작성되는 것을 의미하며, 모든 배수지의 수위도 유사하게 작성된다.
3. STORATE FUNCTION은 탱크(저수지)의 체적을 수위의 함수로서 정의하며 두 줄로 구성된다. 첫 번째 줄의 첫 번째 숫자는 STORATE FUNCTION을 정의하는 번호이고 이 후 자료는 수위와 그 수위에서의 저장체적을 나타내는 쌍의 자료이다. 두 번째 줄은 NPUNOD에 의해 정의된 STORATE FUNCTION을 적용할 탱크(저수지)의 절점, 또는 배관 번호 목록으로 구성된다.
4. DEMAND FUNCTION 명령어 아래 개별 수요량 함수가 규정된다. 개별 수요량 함수는 2 줄로 구성된다. 첫 번째 줄의 첫 번째 수치는 2개의 첨두계수[DF(1), DF(2)] 중 해당하는 첨두계수를 설정하는 것이고 이 후 수치는 시간과 첨두계수의 쌍의 자료이다. 두 번째 줄은 이 수요량 함수가 적용되는 절점을 나타낸다.
5. PUMP SCHEDULES 명령어 다음에 각 라인의 첫 번째 수치는 펌프장을 나타내고 두 번째 수치는 병렬 펌프 운전을 의미하고 시간과 운전되는 펌프의 숫자가 쌍으로 주어진다.

프로그램 수행결과 배관 1, 2, 4, 18, 25, 30에서 변화하는 유량은 첫 번째 그림과 같고 절점 1, 2, 16에서 압력과 저장 탱크 내 수위는 두 번째 그림과 같다. 두 번째 그림에서 저장탱크의 수위는 초기에 605ft이고 24시에서 수위는 603ft로 종료되는 것을 알 수 있다. 다시 말해 탱크는 다음 날 시작 시점에서도 만수위가 되지 않는다. 따라서 펌프 1대 또는 2대의 용량을 증가시키거나 펌프의 운전시간을 증가시켜야 한다. 유동방향은 저장 탱크와 관망을 연결하는 배관 30을 포함하여 여러 배관에서 반전된다. 처음 7시간 동안 저장 탱크는 관망에 물을 공급하고 그 후부터 18시까지 충수되고, 그 후 탱크는 다시 물을 공급한다. 만일 펌프 곡선을 정의하기 위해 사용한 중간 점이 설계용량이면 펌프장 1의 운전 개시점에서 펌프의 최대 효율점에서 펌핑유량은 $15ft^3/s$이고, 펌프장 2의 유량은 $12ft^3/s$가 된다. 첫 번째 그림에서 볼 수 있듯이 수요량이 적은 기간 동안 펌프의 운영대수가 3대에서 2대로 그리고 1대로 감소하면 펌프장 설계 용량선과 비교하여 펌핑유량이 과대해져 각 펌프는 설계용량을 상당히 초과하여 운전되므로 효율이 감소한다.

시간 함수로서 각 절점에서의 압력(lb/in^2)

시간	절점 번호								
	1	2	3	4	5	6	7	8	9
1	57.67	67.26	66.95	65.71	52.12	53.53	54.89	55.53	46.51
2	57.79	67.29	66.81	65.47	52.31	53.53	54.62	55.09	46.79
3	57.91	67.33	66.67	65.23	52.49	53.55	54.34	54.63	47.06
4	58.36	67.54	66.74	65.29	53.21	54.08	54.54	54.75	48.00
5	58.98	67.85	66.93	65.56	54.17	54.90	55.05	55.25	49.22
6	59.40	67.97	65.09	63.99	54.85	55.39	54.41	54.56	50.11
7	60.16	68.37	65.47	64.50	56.02	56.47	55.20	55.40	51.60
8	61.04	68.84	66.03	65.27	57.40	57.82	56.34	56.66	53.41
9	59.10	66.38	59.94	59.75	56.19	56.41	52.59	52.92	52.92
10	60.49	67.32	61.46	61.53	58.21	58.34	54.67	55.25	55.40
11	55.80	61.76	60.70	60.94	55.04	55.27	53.84	54.97	53.46
12	57.17	62.97	62.36	62.88	56.65	56.90	56.05	57.46	55.23
13	57.32	63.16	63.24	63.95	56.79	57.16	57.17	58.85	55.32
14	56.44	62.49	63.48	64.35	55.71	56.20	57.40	59.47	53.96
15	55.70	61.99	63.64	64.65	54.75	55.68	57.46	59.97	52.66
16	60.64	68.04	69.64	70.75	58.12	60.18	62.97	65.93	54.38
17	59.26	67.45	69.76	71.06	55.91	58.91	63.47	66.61	51.55
18	59.30	68.68	70.70	72.23	54.48	58.75	64.99	68.40	48.84
19	58.46	68.27	70.23	71.62	53.12	57.74	63.98	67.31	47.06

20	57.54	67.82	69.72	70.94	51.61	56.61	62.86	66.13	45.05
21	56.84	67.40	69.36	69.90	50.48	55.22	60.18	63.20	43.64
22	57.06	67.29	68.45	68.38	51.03	54.66	57.83	60.34	44.59
23	57.19	67.17	67.60	66.92	51.29	53.86	56.03	57.71	45.12
24	57.37	67.18	67.24	66.28	51.61	53.59	55.35	56.55	45.65

시간 함수로서 각 절점에서의 압력(lb/in^2)

시간	절점 번호							저수지 수위 고도(ft)
	10	11	12	13	14	15	16	
1	49.07	48.63	50.56	48.83	52.34	50.69	46.73	605.00
2	49.06	48.14	50.00	49.17	52.19	50.12	45.80	604.18
3	49.07	47.62	49.43	49.49	52.05	49.52	44.84	603.40
4	49.70	47.79	49.57	50.53	52.30	49.67	44.88	602.65
5	50.66	48.42	50.17	51.77	52.77	50.31	45.61	602.00
6	51.33	48.19	49.89	52.62	53.15	50.36	45.84	601.53
7	52.56	49.18	50.88	54.16	53.39	51.30	47.09	601.24
8	54.09	50.67	52.39	56.16	53.61	52.68	49.06	601.19
9	53.38	48.18	49.51	56.30	53.64	51.17	47.83	601.41
10	55.65	50.70	52.12	59.01	54.45	53.60	51.07	601.59
11	53.69	50.47	52.06	57.75	54.44	53.75	51.83	602.05
12	55.43	53.13	54.84	59.57	55.41	56.26	55.32	602.45
13	55.71	54.58	56.39	59.58	56.01	57.40	57.34	603.04
14	54.63	55.08	57.16	57.92	55.85	57.90	58.55	603.71
15	53.99	55.45	57.85	56.34	55.65	58.49	59.69	604.28
16	57.65	60.61	63.90	56.84	56.49	63.40	65.37	604.75
17	56.11	61.46	64.93	53.95	55.48	64.67	66.83	605.36
18	55.41	63.44	67.04	50.65	55.30	67.04	69.39	605.61
19	54.25	62.07	65.76	48.71	55.09	65.51	67.74	605.60
20	52.93	60.56	64.36	46.47	54.59	63.81	65.98	605.39
21	51.22	56.41	60.45	44.98	53.65	58.86	60.54	605.02
22	50.49	53.10	56.71	46.24	53.07	55.19	55.58	604.44
23	49.25	50.74	53.37	47.03	52.11	52.93	51.14	603.80
24	48.93	49.62	51.88	47.72	51.79	51.70	48.88	603.03

시간 함수로서 각 배관에서의 유량(ft^3/s)

시간	배관 번호									
	1	2	3	4	5	6	7	8	9	10
1	15.71	11.33	6.05	0.66	4.83	4.85	6.10	5.52	3.23	0.40
2	15.66	11.46	6.00	0.68	4.91	4.83	6.11	5.56	3.27	0.36
3	15.62	11.59	5.95	0.70	4.99	4.81	6.11	5.60	3.31	0.31
4	15.33	11.53	5.80	0.72	4.99	4.72	6.03	5.56	3.30	0.26
5	14.90	11.35	5.61	0.74	4.93	4.61	5.89	5.47	3.25	0.21
6	14.73	10.52	5.42	0.95	4.73	4.52	5.79	5.11	3.09	0.12
7	14.15	10.26	5.17	0.96	4.64	4.37	5.60	4.98	3.02	0.04
8	13.43	9.86	4.88	0.95	4.47	4.19	5.34	4.79	2.92	-0.04
9	12.91	8.07	4.49	1.26	3.99	3.90	5.02	3.95	2.53	-0.18
10	11.98	7.58	4.12	1.22	3.76	3.65	4.70	3.72	2.39	-0.21
11	9.33	7.83	3.29	0.75	3.59	2.93	3.77	3.74	2.31	-0.17
12	8.82	7.27	3.12	0.70	3.31	2.80	3.60	3.51	2.16	-0.16
13	8.74	6.96	3.16	0.60	3.10	2.80	3.57	3.40	2.07	-0.09
14	9.03	6.86	3.39	0.44	2.93	2.91	3.69	3.41	2.01	0.09
15	9.24	6.81	3.63	0.29	2.75	3.03	3.70	3.45	1.95	0.28
16	11.21	6.82	4.58	0.30	2.63	3.74	4.31	3.67	1.99	0.52
17	11.84	6.70	5.16	-0.14	2.36	4.08	4.55	3.50	1.88	0.67
18	13.68	5.65	5.93	0.14	2.00	4.61	5.01	3.23	1.68	0.83
19	14.29	6.20	6.18	0.17	2.23	4.79	5.20	3.49	1.83	0.86
20	14.94	6.75	6.45	0.20	2.47	4.98	5.40	3.74	1.99	0.91
21	15.52	8.77	6.61	0.17	3.29	5.11	5.68	4.62	2.49	0.88
22	15.67	9.82	6.42	0.41	3.88	5.01	5.80	5.09	2.80	0.75
23	15.82	10.70	6.29	0.54	4.40	4.97	5.99	5.38	3.04	0.61
24	15.81	11.05	6.18	0.60	4.63	4.92	6.06	5.47	3.15	0.51

시간 함수로서 각 배관에서의 유량(ft^3/s)

시간	배관 번호									
	11	12	13	14	15	16	17	18	19	20
1	0.24	0.64	4.72	4.26	4.95	3.91	0.61	0.61	-0.17	3.32
2	0.32	0.67	4.68	4.26	5.03	3.97	0.56	0.68	-0.13	3.29
3	0.39	0.69	4.65	4.26	5.11	4.02	0.52	0.75	-0.10	3.26

4	0.46	0.70	4.56	4.23	5.12	4.01	0.46	0.80	-0.07	3.22
5	0.52	0.70	4.46	4.16	5.08	3.97	0.41	0.84	-0.04	3.20
6	0.69	0.71	4.37	4.09	4.94	3.78	0.35	0.94	0.06	3.22
7	0.73	0.70	4.24	4.03	4.86	3.71	0.29	0.96	0.06	3.19
8	0.75	0.69	4.06	3.94	4.73	3.59	0.19	0.96	0.05	3.09
9	1.00	0.69	3.72	3.61	4.24	3.14	-0.01	1.13	0.25	2.73
10	0.99	0.65	3.51	3.45	4.05	2.98	-0.16	1.10	0.21	2.56
11	0.75	0.57	2.83	2.84	3.78	2.85	-0.17	0.95	0.14	2.06
12	0.67	0.52	2.74	2.77	3.56	2.67	-0.18	0.85	0.05	2.02
13	0.54	0.48	2.77	2.76	3.40	2.57	-0.08	0.71	-0.10	2.09
14	0.29	0.40	2.94	2.83	3.26	2.46	0.18	0.46	-0.23	2.32
15	-0.08	0.29	3.13	2.90	3.08	2.33	0.38	0.20	-0.33	2.51
16	-0.42	0.10	3.95	3.36	3.28	2.26	0.70	-0.45	-0.51	3.25
17	-0.70	-0.12	4.22	3.50	3.08	1.98	0.86	-0.80	-0.54	3.28
18	-0.90	-0.24	4.72	3.76	2.81	1.69	1.06	-1.07	-0.56	3.58
19	-0.90	-0.21	4.88	3.83	3.03	1.87	1.11	-1.05	-0.58	3.66
20	-0.90	-0.18	5.06	3.92	3.25	2.06	1.17	-1.03	-0.60	3.77
21	-0.76	0.04	5.16	4.06	3.96	2.76	1.14	-0.78	-0.63	3.80
22	-0.49	0.29	5.02	4.13	4.37	3.26	0.99	-0.38	-0.57	3.66
23	-0.26	0.48	4.92	4.32	4.59	3.62	0.81	0.19	-0.38	3.53
24	-0.05	0.56	4.84	4.34	4.76	3.78	0.71	0.42	-0.29	3.45

시간 함수로서 각 배관에서의 유량(ft^3/s)

시간	배관 번호									
	21	22	23	24	25	26	27	28	29	30
1	1.04	2.14	0.94	0.68	0.72	1.06	0.86	0.84	0.84	2.36
2	1.07	2.16	0.96	0.61	0.77	1.09	0.86	0.85	0.85	2.26
3	1.10	2.18	0.98	0.54	0.83	1.12	0.85	0.86	0.86	2.16
4	1.16	2.19	0.99	0.38	0.84	1.13	0.83	0.86	0.86	1.86
5	1.25	2.19	0.98	0.13	0.82	1.12	0.81	0.86	0.85	1.37
6	1.30	2.10	0.96	-0.22	0.85	1.10	0.79	0.88	0.80	0.83
7	1.45	2.12	0.94	-0.53	0.77	1.08	0.76	0.87	0.79	0.13
8	1.63	2.15	0.92	-0.78	0.62	1.02	0.72	0.84	0.76	-0.63
9	1.53	1.82	0.83	-0.79	0.82	1.00	0.67	0.89	0.66	-0.53

10	1.72	1.85	0.79	-0.99	0.61	0.92	0.62	0.85	0.63	-1.32
11	1.46	1.71	0.75	-0.86	0.58	0.85	0.50	0.66	0.60	-1.14
12	1.57	1.77	0.70	-0.95	0.26	0.74	0.47	0.62	0.56	-1.72
13	1.52	1.89	0.67	-0.89	-0.11	0.62	0.47	0.57	0.53	-1.92
14	1.39	1.88	0.64	-0.72	-0.35	0.51	0.50	0.53	0.51	-1.66
15	1.32	1.81	0.60	-0.51	-0.51	0.40	0.53	0.49	0.49	-1.34
16	1.71	1.90	0.63	-0.45	-1.01	0.17	0.66	0.52	0.50	-1.77
17	1.65	1.74	0.60	0.32	-1.20	0.00	0.73	0.46	0.46	-0.72
18	1.58	1.59	0.56	0.82	-1.39	-0.16	0.83	0.44	0.41	0.05
19	1.45	1.65	0.59	1.00	-1.30	-0.09	0.86	0.48	0.45	0.59
20	1.32	1.73	0.62	1.15	-1.21	-0.02	0.90	0.52	0.49	1.08
21	1.20	2.01	0.72	1.20	-0.83	0.28	0.92	0.63	0.62	1.67
22	1.17	2.13	0.80	1.04	-0.36	0.55	0.90	0.73	0.71	1.86
23	1.12	2.10	0.86	0.87	0.27	0.84	0.89	0.80	0.78	2.22
24	1.12	2.13	0.90	0.75	0.48	0.95	0.88	0.82	0.81	2.21

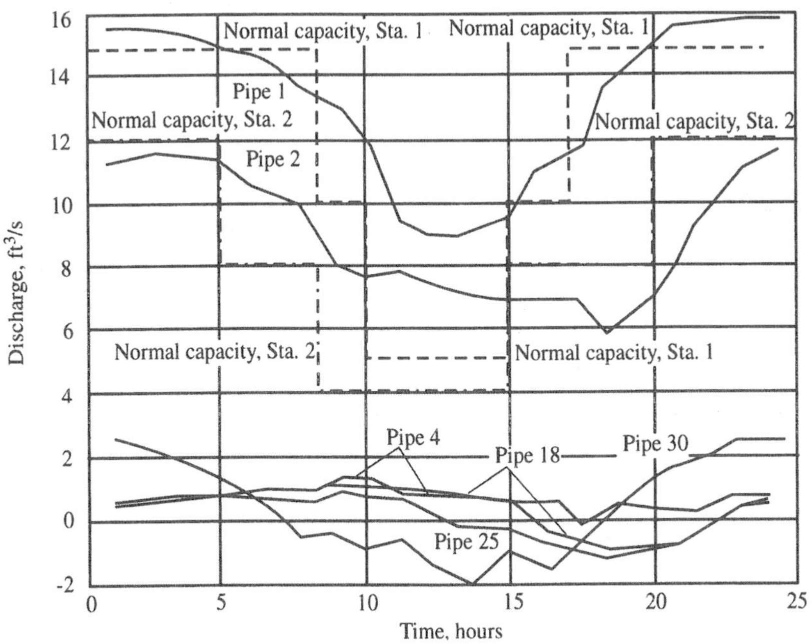

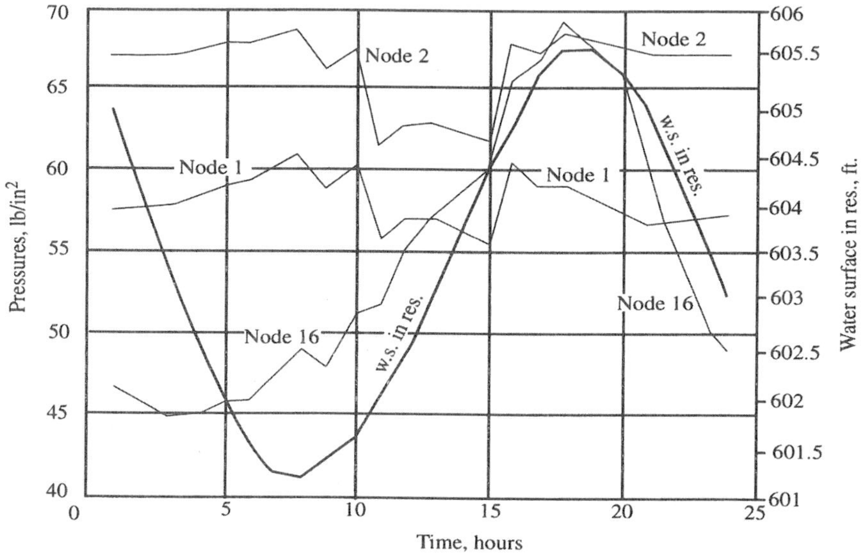

아래 표와 같이 두 펌프장에서 운전되고 있는 펌프의 숫자를 변경시키면 탱크는 24시간 주기의 종료시점에서 만수위가 된다. 이를 위해 다음과 같이 입력자료를 변경하여 모의를 다시 수행한다.

펌프 스케줄

구 분	펌프장 1			펌프장 2		
시간(hr)	0~8	8~17	17~24	0~5	5~20	20~24
운전 대수	3	2	3	3	2	3

```
PUMP SCHEDULES
1  2  0  3  8  2  17  3/
2  2  0  3  5  2  20  3/
```

아래 첫 번째 그림에서 모의 종료시 탱크의 수위는 604.03ft이 되고 두 번째 그림과 같이 배관 1과 2에서의 유량은 설계용량에서 더욱 선형적으로 나타난다.

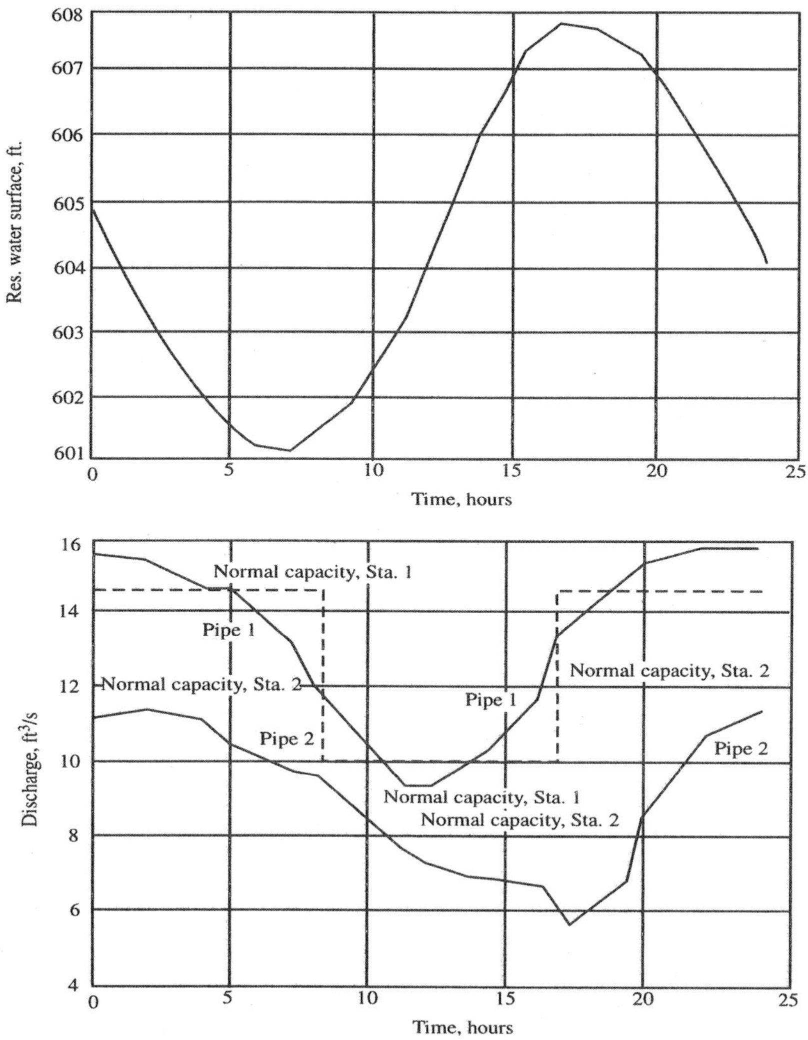

6.3 경제공학 요소(Elements of Engineering Economics)

용수공급시스템의 설계절차는 주어진 상항에서 선택적 해답을 구하고 이러한 선택적 해답을 해석한 후 최상의 해답을 선정하기 위해 기술자의 경험과 판단에 의존하게 된다. 이러한 최상의 해를 선정하는 과정에서 고려하여야 할 중요한 요소는 필요한 유량과 압력으로 물을 공급하기 위해 소비되는 전체 비용을 검토하는 경제성 검토이다. 여기에서는 배관과 펌프 규격 선정시 고려하여야 할 경제공학에 대해 간략히 기술하며 여기서 기술할 내용은 경제학의 기본 과정의 일부일 수 있다.

경제공학에서는 시간의 가치를 고려하여 설비의 예상 수명에 걸친 전체비용이 최소가 되는 최소 비용의 해를 구한다. 비용은 크게 관망시스템을 구축하여 운영을 시작하기 위해 필요한 건설비용과 관망시스템을 운영하기 위해 매년 반복되는 년간 운영비용 두 범주로 나눌 수 있다. 통상적으로 첫 번째 범주를 자본투자비라 부르며 두 번째 범주는 운영비용이라 부른다. 년간 수익을 고려하여 이 두 비용 범주를 검토하는 방법은 특정 시간 간격에 걸친 출자금의 현존가치를 자본투자비로, 년간 출자금을 운영비로 간주하는 것이다. 전체 비용을 산출하기 위해 이 두 비용의 범주를 조합하여야 한다면 현금 사용과 관련된 이자를 고려하여 이 두 비용을 대등하게 평가하여야 한다. 이 두 비용을 대등하게 평가하기 위해 현존가치와 연간상환액(또는 연속 상환액) 용어를 사용한다. 전체 현존가치를 계산하기 위해 자본투자비용을 현존가치에 포함시켜야 하지만 반복비용을 자본투자에 포함시키기 전에 현존가치계수 pwf로 곱하여야 한다. 다시 말해 2개의 대안은 다음 중 하나가 된다. (1) 미래에 소요될 반복비용 또는 년간 운영비용을 pwf(present worth factor)로 곱하여 현 시점에서의 등가 자본투자로 환산하거나, (2)현 시점에서의 자본투자를 crf(capital recovery factor)로 곱하여 미래 년간 상환액으로 환산한다. 균등한 년간 상환액으로 처리하기 위해 각 상환액을 일정한 양으로 가정한다. 현존가치계수 pwf는 다음과 같다.

$$pwf = \frac{1}{i}\left[1 - \frac{1}{(1+i)^n}\right] = \frac{(1+i)^n - 1}{i(1+i)^n} \tag{6.1}$$

자본회수계수 crf는 상기 식의 역수이므로

$$crf = \frac{1}{pwf} = \frac{i}{1 - \dfrac{1}{(1+i)^n}} = \frac{i(1+i)^n}{(1+i)^n - 1} \tag{6.2}$$

상기 식에서 i는 기간 당 이율이고 n은 반복 지불 횟수(recurring payment) 또는 기간 횟수이다. 통상적으로 년간 상환액은 1년에 1회와 같이 시간 간격을 1년을 기초로 하며 이때 n은 프로젝트의 수명이다.

상기 식의 사용법을 설명하기 위해 물공급시스템을 건설하고 운영을 시작하기 위해 백만달러가 소요된다고 가정하자. 특정 이율로 $1,000,000를 대출받고 이 대출금은 프로젝트의 수명 15년에 걸쳐 년 단위로 일정하게 상환되면 $n = 15$가 된다. 표 6.1은 $n = 15$에서 이율이 $i = 0.06$과 $i = 0.10$인 경우 년간 상환액을 보여준다. $1,000,000을 crf로 곱하여 표 6.1의 “상환액"을 구한다. 예를 들어 $i = 0.06$인 경우 자본회수계수와 현존가치계수는 다음과 같다.

$$crf = \frac{0.06}{1 - \frac{1}{1.06^{15}}} = 0.102962 \qquad pwf = \frac{1}{0.102962} = 9.712321$$

$i = 0.10$ 인 경우 자본회수계수와 현존가치계수는 다음과 같다.

$$crf = \frac{0.1}{1 - \frac{1}{1.1^{15}}} = 0.131474 \qquad pwf = \frac{1}{0.131474} = 7.606067$$

표 6.1에서 "Accum."은 년간 상환액의 누적 또는 합이다. 표에서 "Interest"는 그 기간 동안 발생된 이자로 대출액에 이자율을 곱하여 구한다. 표에서 "Owing"은 아직 남아 있는 대출잔액을 나타낸다. 마지막 칸의 대출잔액은 대출금에 이자를 더한 후 상환액을 감하여 구한다. 즉, 대출 1년 후 대출잔액은 다음과 같다.

$$1,000,000-102,963\ +60,000\ =\$957,037$$

이 표에서 정확하게 15년 종료 시점에서 상환액은 대출잔액에 최종 년도에서 발생한 이자를 더한 것으로 다음과 같다.

$$97,135+5,828=102,963\$$$

$$119,521+11,952=131,474\$$$

따라서 이자율이 6%인 경우 15년 동안 매년 상환액 $102,963은 $1,000,000의 현존가치와 동등하고, 이율이 10%인 경우 매년 상환액 $131,474는 $1,000,000의 현존가치와 동등하다. 다시 말해, 이 년간 상환액에 pwf를 곱하면 원금액인 $1,000,000이 된다.

표 6.1 대출금 $1,000,000

년	이자율=6%				이자율=10%			
	Payment	Accum.	Interest	Owing	Payment	Accum.	Interest	Owing
1	102,963	102,962	60,000	1,000,000	131,474	131,473	100,000	1,000,000
2	102,963	205,925	57,422	957,037	131,474	262,947	96,852	968,526
3	102,963	308,888	54,689	911,497	131,474	394,421	93,390	933,905
4	102,963	411,851	51,793	863,224	131,474	525,895	89,582	895,822
5	102,963	514,813	48,723	812,054	131,474	657,368	85,393	853,930
6	102,963	617,776	45,468	757,815	131,474	788,842	80,784	807,849
7	102,963	720,739	42,019	700,321	131,474	920,316	75,716	757,161
8	102,963	823,702	38,362	639,378	131,474	1,051,790	70,140	701,403
9	102,963	926,664	34,486	574,777	131,474	1,183,264	64,006	640,069

10	102,963	1,029,627	30,378	506,301	131,474	1,314,737	57,260	572,603
11	102,963	1,132,590	26,022	433,717	131,474	1,446,211	49,838	498,389
12	102,963	1,235,553	21,406	356,777	131,474	1,577,685	41,675	416,754
13	102,963	1,338,515	16,513	275,221	131,474	1,709,159	32,695	326,956
14	102,963	1,441,478	11,326	188,771	131,474	1,840,632	22,817	228,178
15	102,963	1,544,441	5,828	97,135	131,474	1,972,106	11,952	119,521
				0				0

이 예증 문제를 더욱 상세히 분석하기 위해서 펌프를 운영하기 위한 년간 전력비용은 \$120,000, 시스템의 운영 및 유지보수를 위해 매년 평균 \$50,000 비용이 필요하다고 가정하면 년간 운영유지비용은 120,000+50,000= \$170,000가 된다. 자본투자비용과 운영유지비용을 비교하기 위한 2개의 대안은 다음과 같다. (1)pwf 와 년간운영유지비용을 곱한 것을 자본투자비용에 더한다. (2)crf 와 자본투자비용을 곱한 것을 년간 운영유지비용에 더한다. 이 두 대안에 대한 계산결과를 표 6.2에 열거하였다. 표 6.2에서 이자율이 증가하면 현존가치의 전체 비용은 감소하지만 매년 상환액의 전체 금액은 증가한다. pwf 는 이자율과 반비례하나 crf 는 이자율에 비례하기 때문에 이런 차이가 발생한다.

표 6.2 전체비용

현존가치	년간 상환액
$i=0.06$ 1. 자본투자비용 =1,000,000 2. 년운영유지비 170,000×pwf =1,651,040 \$2,651,040	$i=0.06$ 1. 자본투자비용 1,000,000×crf =102,963 2. 년운영유지비 =170,000 \$272,963
$i=0.10$인 경우 1. 자본투자비용 =1,000,000 2. 년운영유지비 170,000×pwf =1,293,020 \$2,293,020	$i=0.10$인 경우 1. 자본투자비용 1,000,000×crf =131,474 2. 년운영유지비 =170,000 \$301,474

예제 6.2

조도 $e=0.005in$ 인치이고 직경 6인치, 8인치, 10인치 배관을 사용하여 고도 1500ft의 지하수를 고도 1550ft로 $1.5ft^3/s$ 의 물$(\nu=1.217\times10^{-5}ft^2/s)$을 압력 $50lb/in^2$ 으로 송수할 때 비용을 비교하라. 단, 전체 관로 길이는 4000ft, 전력단가는 \$0.11/kWh, 흡수정과 펌프의 자본투자비용은 \$50,000, 펌프·모터의 조합 효율은 $\eta=0.70$, 6인치 배관가격은 $30/ft, 8인치 배관가격은 $45/ft, 10인치 배관가격은 $55/ft이다. 이자율 $i=0.10$이고 프로젝트 수명은 30년이다. 이 용수공급시스템은 200일/년 운영된다. 상기 문제에 대한 자본회수계수 crf는 다음과 같다.

$$crf=\frac{0.1}{1-\frac{1}{1.1^{30}}}=0.10608$$

현존가치계수는 pwf는 다음과 같다.

$$pwf=\frac{1}{0.10608}=9.4268$$

펌프는 다음과 같이 마찰손실수두, 고도 차이, 수송 압력수두의 합인 수두를 형성시켜야 한다.

$$h_p=h_f+50+50\times\frac{144}{62.4}=h_f(ft)+165.38$$

동력은 다음과 같다.

$$P=\frac{0.746Q\gamma h_p}{550\eta}=\frac{0.746\times 1.5\times 62.40\times h_p}{550\times 0.7}=0.18137h_p kW$$

달시-바하식과 Colebrook-White식을 사용하여 구한 직경이 다른 세 배관에서 발생하는 마찰손실수두 h_f를 표의 (2)칸에 열거하였다. 펌핑 수두 h_P 및 펌프의 소요동력 P 계산 결과를 칸 (3)과 (4)에 열거하였다. 펌프 동력을 24hr/day에 200일을 곱한 후 전력단가 $0.11/kWh를 곱하여 펌프 년간 에너지 비용을 칸 (5)에 나타내었다. 배관 비용에 펌프와 우물 비용 $50,000을 더한 금액인 자본투자비를 칸 (6)에 나타내었고, crf를 곱하여 칸 (7)에 나타내었다. (7)의 수치에 년간 에너지비용 칸 (5)을 더하여 전체 비용을 칸 (8)에 나타내었다. 프로젝트의 수명 30년에 걸친 8인치 관로의 년간 비용 $43,411은 대안 중 최소비용이 된다. 6인치 배관을 사용할 경우 에너지 비용이 증가하여 전체 비용이 증가하고, 10인치 배관을 사용할 경우 에너지 비용이 감소하지만 배관 비용이 증가하여 전체 비용이 증가한다.

년간 상환액 기준

직경(in) (1)	$h_f(ft)$ (2)	$h_p(ft)$ (3)	$P(kW)$ (4)	$\$/yr$ (5)	$Cap.\ Inv.(\$)$ (6)	$(6)\times crf(\$)$ (7)	$Cost(\$)$ (8)
6	144.46	309.90	56.194	29,670	170,000	18,033	47,703
8	33.17	198.55	36.009	19,013	230,000	24,398	43,411
10	10.72	176.10	31.938	16,863	270,000	28,641	45,504

현존가치를 기준으로 한 계산결과는 다음 표와 같다. 전체 비용은 현존가치이고, 여기서 년간 에너지비용을 자본투자비용에 더하기 전에 pwf를 곱하여 에너지 비용을 현존가치로 전환시켜야 한다.

현존가치 기준

직경(in) (1)	$h_f(ft)$ (2)	$h_p(ft)$ (3)	$P(kW)$ (4)	$\$/yr$ (5)	$(5)\times pwf(\$)$ (6)	$Cap.\ Inv.(\$)$ (7)	$Cost(\$)$ (8)
6	144.46	309.90	56.194	29,670	279,695	170,000	449,695
8	33.17	198.55	36.009	19,013	179,233	230,000	409,233
10	10.72	176.10	31.938	16,863	158,965	270,000	428,965

6.3.1 관망시스템의 경제공학 적용

경제공학을 관망시스템의 평가에 적용하기 위해서 각 관망시스템을 (1)수요량이 일정한지 또는 변화하는지, (2)물이 자연유하 또는 펌핑으로 공급되는지, (3)분지된 관로인지 또는 루프로 형성된 관로인지를 구분하는 것이 효율적이다. 수요량이 일정하면 각 배관에서 유량은 고정되고 관망시스템의 수명에 걸친 전체 비용을 최소화하여 최적으로 설계할 수 있다. 수요량이 변화하면 이 변화는 하나 이상의 무작위 요소를 갖게 되어 실제 상황에서 시간에 따라 동일한 변화 패턴이 반복하지 않으므로 최적 관망설계 여부는 관망해석문제가 된다. 중력을 이용한 관망시스템은 손실수두와 원하는 압력변화에서도 에너지 비용이 소요되지 않는다. 또한 수요량이 고정되면 최적 설계는 단순히 필요한 압력과 유량을 송수할 직경이 가장 작은 일련의 배관을 선정하는 과정이 된다. 루프로 형성된 관망시스템에서 유량은 모든 배관의 직경은 물론 수요량에 종속되는 반면 분지관망시스템에서는 배관의 직경에 관계없이 각 배관 내부에서의 유량은 고정된다.

관개용수시스템과 같이 수요량이 일정한 분지관망시스템은 해석하기 가장 단순한 형식에 속하며 도시의 급수시스템은 통상적으로 가장 복잡한 형식에 속한다. 이 도시 급수시스템은 루프로 형성되어 개별 요소가 정상운전이 되지 않을 경우를 대비하여 여유 유량을 갖추어야 한다. 즉, 도시급수시스템은 반드시 비상 유량에도 대응할 수 있어야 하고, 수요량이 변화할 수 있고, 최소한 수요량 중 일부는 펌프로 가압될 수 있다. 물이 탱크(저수지)로부터 관망에 유입될 때에도 물은 빈번하게 이전 시간에 펌프로 가압되어 탱크로 유입된다. 이와 같이 복합적인 급수시스템의 경우 수학식을 적용하고 전산 프로그램을 사용하여도 공식적인 최적 설계를 완성할 수 없다. 최적에 가까운 설계는 고사하고 양호한 설계를 하기 위해 경험을 바탕으로 한 확고한 기술적 판단력과 급수시스템의 중요한 요소의 이해가 필요하다. 급수시스템을 복잡하게 만드는 요소는 다음과 같다.

1. 현실 고려: 예비 전력, 수동-자동 제어, 물의 저장 형태, 그리고 운전상태 감시의 정도와 형태.
2. 수요량: 물 사용에 있어 공간적 변화와 시간적 변화, 사용자 형태, 수송 불가능에 대비한 비용, 소방용수량, 미래 경향.
3. 필요 저장량: 펌프가 설치된 지상 탱크-vs-타워 탱크, 예비수요량과 첨두 수요량에 대한 탱크 체적, 수위의 위치와 변화.
4. 필요 최대압력과 최소압력: 주거 지역, 고부가 가치 사업 구역, 산업 구역, 미래에 공급하여야 할 구역.
5. 인구밀도 분포와 미래 인구 경향.
6. 지형 변화: 압력제어(PRV, BPV, 밸브)-vs-독립 관망시스템(separate system)
7. 관개용수, 소방용수와 기타 용수공급을 위한 독립 관망시스템-vs-단일 관망시스템 등.

본 장에서는 상기 모든 요소와 최적화기법에 대해서 기술하지는 않지만 비용측면에서 효율적인 관망시스템을 보장하기 위해 기본적으로 고려하여야 할 요소에 대해서 기술한다.

6.3.2 최소 비용

관망설계시 투자비용과 년간 운영비용 모두를 고려하여 전체 비용이 최소가 되는 배관 규격을 선정하여야 하며 이 두 비용을 합계하기 전에 공통적인 기본을 바탕으로 평가하여야 한다. 이렇게 하기 위한 한 방법은 배관 규격을 달리해서 문제를 해결하고, 각 배관 규격에서의 비용을 계산하여 배관 규격의 함수로서 비용 곡선을 작성하는 것이다. 만일 펌프로 물을 공급하는 경우 비용 그래프는 그림 6.11과 같이 나타난다. 이 그래프에서 배관과 다른 시설의 년간 투자비용은 배관 직경에 따라 비례하나 펌핑과 관련된 운영비용은 배관 규격에 따라 반비례한다. 이와 같이 반대되는 두 경향을 갖는 비용을 합계한 전체비용은 배관 직경의 증가에 따라 감소되어 최소가 된 후 다시 증가한다. 이 전체비용의 최소점에 가장 근접한 표준 배관 직경이 바로 선정하여야 할 배관직경이다.

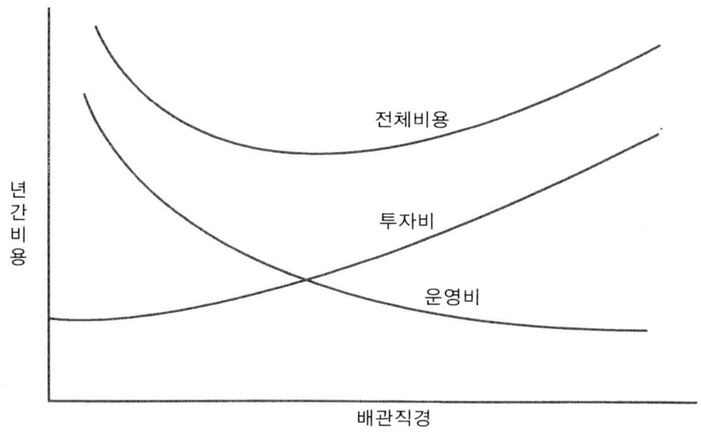

| 그림 6.1 | 배관 직경의 함수로서 시스템 비용

통상적으로 관망에서의 유량은 각 배관마다 다르고, 관망을 구성하는 모든 배관의 직경을 동일하게 설계하는 것은 무의미하므로 전체 비용이 최소가 되는 배관 규격을 선정하기 위해 그림 6.1과 같은 그래프를 작성한다. 그러나 의미 있는 대안은 독립변수인 배관 직경을 HGL 구배로 대체하는 것이다. HGL 구배는 손실이 발생하는 관로 전체 구간에 걸쳐 배관길이로 나눈 손실수두이기 때문에 HGL 구배를 가로좌표로 단위 배관길이당 비용을 세로자표로 작성하는 것은 유의미하다. 직경을 구하기 위한 달시-바하식은 다음과 같다.

$$D = \left\{ \frac{f Q^2}{2gS\left(\frac{\pi}{4}\right)^2} \right\}^{0.2} \tag{6.3}$$

상기 식에서 S는 HGL 구배(h_L/L), f는 Colebrook-White식에 의해 주어진다. 다음 방법으로 비용을 연산한다. (1)S를 임의로 설정하고 이에 따른 배관 직경을 구하기 위해 달시-바하식과 Colebrook-White식을 푼다. (2)(1)에서 구한 배관 직경을 기준으로 배관 비용표로부터 배관 단위 길이당 비용 C_p를 결정한다(보간법 또는 연산된 수치에 가장 가까운 표준 직경을 사용하여 이 비용을 구한다). (3)다음 식으로부터 단위 배관 길이당 펌프의 에너지 비용을 계산한다.

$$C_e = \frac{\gamma Q R t (S + \Delta H/L)}{\eta C} \tag{6.4}$$

상기 식에서 γ는 유체의 비중량, Q는 유량, R은 전력단가($/kWh), ΔH는 배관 양 말단부 사이에서 수두의 차이(고도+압력), t는 펌프 운전시간, η는 펌프·모터 조합 효율, 그리고 C는 단위 상수이다. 동일한 시간을 기준으로 C와 에너지 비용을 나타내는 것은 중요하

다. 예를 들어 t가 1 일 단위이면 ES 단위의 경우

$$C=\frac{550}{0.746\times 24}=30.72$$

SI 단위의 경우 다음과 같다.

$$C=\frac{1000}{24}=41.7$$

예제 6.3

HGL 구배의 함수로서 여러 유량에 대한 전체 비용을 나타내기 위한 그래프를 준비하고 단일 직경의 관로 길이 L=2000ft의 수평 배관을 통해 이 유량을 압력 $40lb/in^2$으로 수송하기 위한 비용이 최소가 되는 배관 직경을 결정하라. 물은 배관 고도보다 1 ft 아래에 위치한 저수지 수위로부터 펌프로 가압된다. 아래 표는 직경이 다른 배관 설치에 소요되는 단위 길이당 비용이다. 다른 경제적 자료인 전력단가는 $0.10/kWh, 프로젝트 수명은 30년, 운전 기간은 1년 365일, 배관 벽 조도 $e=0.005ft$, 펌프·모터의 조합효율은 70%, 이자율 $i=0.10$이다.

직경(in)	4	6	8	10	12	15	18	20	24	30	36	42	48	54
$/ft	3.67	5.33	7.67	10.67	16.67	24.00	43.33	56.67	80	100	120	145	170	200

먼저 저수지 수위와 배관 말단부에서 전체 수두의 차이를 계산하여 해를 구하기 시작한다.

$$\triangle H=\frac{40\times 144}{62.4}+1.0=93.3ft$$

상기 결과를 배관 길이로 나누면 $\triangle H/L=0.0466$이 된다. 프로그램 *MCOST*는 S의 함수로서 비용을 산출하며 입력자료는 다음과 같다. *RATE*=kWh당 전력비, *LIFE*= 프로젝트 수명 년수, *Q*=유량, *DZ*= $\triangle H/L$, *DAYS*=년간 시스템 운전 일수, *G*=중력가속도, *E*=배관 벽 조도(ES 단위의 경우 인치, SI 단위의 경우 m), *EFF*=펌프 · 모터 조합 효율, *N*=배관 직경과 단위 길이당 배관비용의 쌍의 자료 숫자로서 입력 라인에 이 자료의 쌍을 열거한다. 즉, 각 배관 직경은 ES 단위의 경우 인치, SI 단위의 경우 m이고, 비용은 그 직경의 단위 길이당 설치비가 포함되었다. 프로그램 내부에 있는 "DO 80" 루프는 입력자료에 있는 13개 S 수치를 반복하여 연산한다. 이 루프 내부에서 달시-바하식과 Colebrook-White식을 동시에 풀어 D와 f를 구한다. 직경을 구한 다음 배관 자료 쌍(D, $/L)의 표로부터 라그란지 2차 보간식을 사용하여 직경과 관련된 단위 길이당 자본비용을 구한다. 이 자본비용을 crf로 곱한 다

음 펌핑 에너지 비용을 계산하고 이 두 비용을 합하여 전체비용을 파일로 출력한다.

$$crf = \frac{0.1}{1 - \frac{1}{1.1^{30}}} = 0.10608$$

$$C_e = \frac{62.2 \times 1 \times 0.1 \times 365(0.0001 + 0.0466)}{0.7 \times 30.72} = 4.93$$

```
C       PROGRAM MCOST.FOR
        REAL D(20), CP(20), S(13)
        DATA S/.0001, .00025, .0005, .001, .002, .003,
        &.004, .005, .006, .007, .008, .009, 01/
        READ(2,*) RATE,LIFE,Q,DZ,DAYS,G,E,EFF,N
        READ(2,*) (D(I), CP(I), I=1,N)
        IF(G.GT.20.) THEN
        POF=2.031290182
        VIS=1.217E-5
        DO 20 I=1,N
20      D(I)=D(I)/12.
        E=E/12.
        ELSE
        POF=235.344
        VIS=1.31E-6
        ENDIF
        CRF=RATE*(1.+RATE)**LIFE/((1.+RATE)**LIFE-1.)
        SF=8
        G2=1.2337005*G
        DD=8.
        K2=2
        DO 80 I=1,13
30      DD1=DD
40      SF1=SF
        SF=1.14-2.*ALOG10(E/DD1+7.343472826*VIS*DD1*SF/Q)
        IF(ABS(SF-SF1).GT.1.E-6) GO TO 40
        DD=((Q/SF)**2/(S(I)*G2)**.2
        IF(ABS(DD1-DD).GT.1.E-5) GO TO 30
50      IF(DD.LT.D(K2+1).OR.K2.GT.N-2) GO TO 60
        K2=K2-1
        GO TO 50
60      IF(DD.GE.D(K2).OR.K2.EQ.2) GO TO 70
        K2=K2-1
        GO TO 60
70      K1=K2-1
        K3=K2+1
        C1=CP(K1)/((D(K1)-D(K2))*(D(K1)-D(K3)))
        C2=CP(K2)/((D(K2)-D(K1))*(D(K2)-D(K3)))
        C3=CP(K3)/((D(K3)-D(K1))*(D(K3)-D(K2)))
        AC=C1+C2+C3
```

```
      BC=-C1*D(K2)*D(K3)+C2*(D(K1)+K(3))-C3*(D(K1)+D(K2))
      CC=C1*D(K2)*D(K3)+C2*D(K1)*D(K3)+C3*D(K1)*D(K2)
      COST=(AC*DD+BC)**DD+CC
      CPIP=CRF*COST
      CENE=POF*DAYS*(S(I)+DZ)*q*RATE/EFF
80    WRITE(3,100) S(I),DD,COST,CPIP,CENE,CPIP+CENE
100   FORMAT(F10.7,5F10.4)
      END
```

입력자료 파일의 한 예는 다음과 같다.

```
.1 30 1 .0466 365 32.2 .005 .7 14
4 3.67 6 5.33 8 7.67 10 10.67 12 16.67 15 24.00 18 43.33 20 56.67 24 80 30 100
36 120 42 145 48 170 54 200
```

제5장에서 사용한 프로그램 DIAPIPA를 사용하여 상기 과정을 증명할 수 있다. 즉, $e=0.06$인치, $Q=1.0ft^3/s$, $L=2000ft$, 마찰손실수두 $h_f=0.0001\times2000=0.2ft$, $S=0.0001$를 입력하면 배관직경 $D=1.4875ft$와 $f=0.028711$이 된다. 이 수치는 앞에서 구한 다음 표에서의 $D=1.3869ft$와는 약간 상이하게 나타난다. $Q=1.0ft^3/s$의 경우 비용계산 결과는 다음 표와 같다.

S	$D(ft)$	C_p	$C_p\times crf$	C_e	Total Cost	
0.0001	1.3869	33.0954	3.5107	4.9463	8.4571	
0.0002	1.1506	21.3257	2.2622	4.9622	7.2244	
0.0005	0.9999	16.6665	1.7680	4.9887	6.7567	
0.0010	0.8697	11.7235	1.2436	5.0417	6.2853	
0.0020	0.7571	9.2161	0.9776	5.1476	6.1252	
0.0030	0.6984	8.1907	0.8689	5.2535	6.1224	*Min. Cost
0.0040	0.6597	7.5582	0.8018	5.3594	6.1612	
0.0050	0.6312	7.1147	0.7547	5.4653	6.2201	
0.0060	0.6088	6.7811	0.7193	5.5712	6.2906	
0.0070	0.5906	6.5178	0.6914	5.6772	6.3686	
0.0080	0.5753	6.3026	0.6686	5.7831	6.4517	
0.0090	0.5621	6.1223	0.6494	5.8890	6.5384	
0.0100	0.5506	5.9681	0.6331	5.9949	6.6280	

유사한 방법으로 $Q=2.5ft^3/s\sim Q=5.0ft^3/s$에서 구한 비용 그래프는 다음 그림과 같다. 여러 유량에서 전체 비용이 최소가 되는 HGL 구배 S, 전체비용, 배관 직경 D는 다음 표와 같다.

최소 전체비용

$Q(ft^3/s)$	1.0	1.5	2.0	2.5	3.0	3.5	4.0	5.0
Cost	6.12	8.97	11.88	14.84	17.69	20.47	23.31	29.02
S	0.003	0.003	0.003	0.002	0.002	0.002	0.002	0.003
$D(ft)$	0.698	0.814	0.908	0.988	1.147	1.216	1.279	1.285
$D(in)$	8.38	9.77	10.89	11.85	13.76	14.59	15.35	15.42

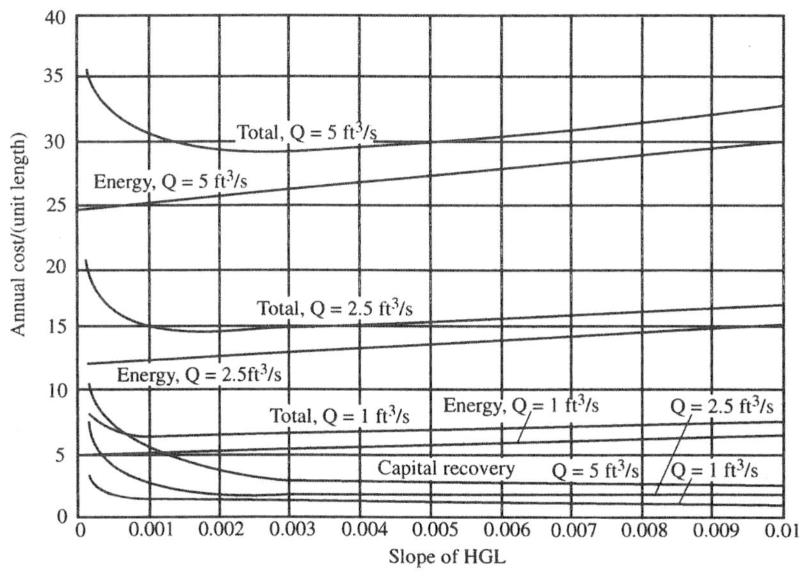

표로부터 유량이 증가하면서 전체 비용이 최소가 되는 배관 규격은 증가하지만 구배 S는 거의 상수에 가까운 사실을 알 수 있다. 즉, 유량 $Q=2.5\sim4.0ft^3/s$ 범위에서 전체 비용이 최소가 되는 구배는 $S=0.002$이지만 그 외 유량에서는 $S=0.003$이다.

예제 6.4

예제 6.3에서 (1)전체 비용이 최소가 되는 HGL 구배 S를 결정하고, (2)이 때의 단위 배관길이당 전체비용과 배관직경을 출력파일에 작성하도록 프로그램 *MCOST*를 보완하라.

해답 여러 방법을 사용하여 이 문제를 해결할 수 있다. 앞의 프로그램 *MCOST*에서는 HGL 구배 S의 함수로서 단위 배관길이당 전체 비용을 표의 마지막 칸에 열거하였다. 이 표를 작성하면서 마지막 칸에서 이전 라인으로부터 전체 비용이 증가하였는지 주시하여야 한다. 만일 전체비용이 증가하면 라그란지 이차항 보간식을 사용하여 마지막 3 쌍(S, \$)의 자료를 기초로 $\$=aS^2+bS+c$ 형태의 2차항식을 작성하고 이

식을 S에 관해 미분하면 최소비용을 구할 수 있다. 즉, 식을 0으로 설정하고 S에 관해 미분하면 $S_{min} = -b/(2a)$가 되며 이 S_{min}를 이차항식에 대입하여 $\$_{min}$을 구할 수 있다. 유사한 방법으로 이차항식 $D = a_1 S^2 + b_1 S + c_1$를 사용하여 전체비용이 최소가 되는 배관 직경 D_{min}를 구할 수 있다. 이러한 절차는 프로그램 $MCOST$의 "80 WRITE..." 이후 내용을 아래의 내용으로 대체하여 수행할 수 있다. 프로그램에서 배열 CT(3), SS(3), DS(3)를 REAL 선언부에 추가하고, 이 변수는 I1=1와 CT(1)=1.E20으로 초기화된다.

```
      IF(CTO.LT.CT(I1).OR.I.LT.0) THEN
      IF(START) THEN
      CT(1)=CTO
      SS(1)=S(I)
      DS(1)=DD
      START=.FALSE.
      ELSE
      IF(NFIRST) THEN
      CT(1)=CT(2)
      SS(1)=SS(2)
      DS(1)=DS(2)
      ENDIF
      CT(2)=CTO
      SS(2)=S(I)
      DS(2)=DD
      I1=2
      NFIRST=.TRUE.
      ENDIF
      ELSE
      CT(3)=CTO
      SS(3)=S(I)
      DS(3)=DD
      AA=0.
      DA=0.
      BB=0.
      CC=0.
      DC=0.
      DO 76 J=1,3
      CR=CT(J)
      DR=DS(J)
      DO 74 K=1,3
      IF(K.EQ.J) GO TO 74
      CR=CR/(SS(J)-SS(K))
      DR=DR/(SS(J)-SS(K))
74    CONTINUE
      AA=AA+CR
      DA=DA+DR
```

```
      SUM=0.
      PRO=1.
      DO 75 K=1,3
      IF(K.EQ.J) GOTO 75
      SUM=SUM+SS(K)
      PRO=PRO*SS(K)
75    CONTINUE
      BB=BB-CR*SUM
      DB=DB-DR*SUM
      DC=DC+DR*PRO
76    CC=CC+CR*PRO
      SHMIN=-0.5*BB/AA
      CTMIN=(AA*SHMIN+BB)*SHMIN+CC
      DMIN=(DA*SHMIN+DB)*SHMIN+DC
      GO TO 90
      ENDIF
80    CONTINUE
90    WRITE(6,110) Q, SHMIN, CTMIN, DMIN
110   FORMAT('   Q=',F8.2, ',HGL-S=',F9.6, ',$/l=',F8.2, ',DMIN=',F8.3)
      END
```

6.4 경제적 관망설계

6.4.1 주 공급원이 하나인 경우

6.3절에서 언급한 방법을 사용하여 단일 직경의 관로에 대한 최소비용을 산정할 수 있지만 단일관로가 아닌 관망에서는 이 방법을 수정하여야 한다. 실제 급수시스템에서 관로 설치와 관련된 자본비용은 배관 규격이 동일하여도 위치에 따라 광범위하게 변화할 수 있다. 개발되지 않은 지역에서는 배관 구매 이외 추가 비용은 오직 굴착기 또는 백호의 운전과 관련된 비용이 되는 반면 고도로 발달된 상업지역에서는 대체도로, 시설물의 재설치, 우회도로 등과 관련하여 추가비용이 발생할 수 있으며 이 비용은 배관 비용과 비교하여 상당히 클 수 있다. 따라서 이 지역에서는 직경에 따른 배관비용은 자본비용에 큰 영향을 미치지 않는다. 물이 중력으로 공급되는지, 펌프로부터 직접 공급되는지, 펌프를 통해 공급받는 탱크로부터 공급되는지에 따라 년간 운영비용은 상당히 변화할 수 있다. 후자의 경우 펌핑 에너지 비용과는 별도로 저장시설과 관련된 자본비용이 발생한다. 분명하게 급수시스템의 위치에 따라 비용이 변화하며 여기에서는 최소비용에 근접한 관망시스템 설계절차를 기술하기 위해 자본비용 또는 운영비용의 변화가 발생하지 않는 가장 단순한 경우만을 사용한다. 그러나 실제적으로 더욱 복잡한 급수시스템에도 동일한 원리를 적용할 수 있지만 참고

자료로만 사용하여야 한다.

공급원이 포함된 관망에서 배관의 위치와 길이가 변경되는 것은 물론 일부 배관은 나중에 제거될 수도 있다. 설계시 수요량은 기저로서 고정되고 관망시스템의 배치는 확정된 것으로 가정한다. 이 설계 수요량은 화재시 비상용수를 고려하지 않으면 최대 예상수요량이 될 수 있다. 예제 6.3에서 유량변화에 따라 최소 전체 비용이 크게 변화하지 않는 HGL 구배를 고찰하였다. 관망의 수명과 유량의 변화에 따른 비용의 불확실성을 고려할 때 각 배관의 비용이 최소가 되는 HGL 구배를 구하는 것보다는 관망 내 모든 배관에 적용할 수 있는 하나의 HGL 구배를 사용할 수 있다. 현실적인 경제적 관망 설계방법은 일반적으로 다음과 같은 8단계 절차를 따른다.

1. 적은 유량을 수송하는 배관을 제거하여 분지관망을 생성한다.
2. 설계하고자 하는 관망의 수요량을 결정한다. 통상적으로 이 설계 수요량은 첨두 시간 수요량이지만 소방용수 또는 다른 비상용수을 포함하지 않는다.
3. 2 단계의 수요량을 사용하여 모든 배관 내부 유량을 결정한다.
4. 관망시스템의 필요압력을 만족시키기 위해 선정된 HGL 구배에 기초하여 배관 직경을 계산한다. 배관 직경을 구한 후 가장 근접한 표준 배관 직경(또는 한 단계 큰 직경)으로 대체・해석하여 배관 직경을 결정한다.
5. 펌핑 비용과 다른 운전 비용은 물론 4 단계에서 구한 배관 규격과 관련한 비용을 계산한다.
6. 최소 비용을 구할 때까지 일련의 HGL 구배를 사용하여 4단계와 5단계를 반복한다.
7. 1 단계에서 제거한 각 배관을 최소 직경의 배관으로 다시 설치한다. 그러나 이 배관의 위치가 소방용수에 큰 영향을 미치거나, 관망시스템의 다른 주요 요소가 작동하지 않아 반드시 이 배관을 사용하여야 할 때는 한 단계 큰 직경의 배관으로 설치하여야 한다. 이제 수요량과 소방용수량을 달리하여 이 관망시스템을 해석한 후 관망성능의 결점을 찾아내도록 시도한다. 만일 결점이 발견되면 최적으로 이 결점을 수정하기 위한 방법을 결정하기 위한 판단연습을 하여야 한다.
8. 7 단계에서 얻은 관망 성능에 기초하여 관망 운영을 위한 논리적인 스케줄 또는 규칙을 공식화한다. 예상되는 수요량 변화를 완전 만족시키고 과도한 압력을 생성하지 않으면서 최소 압력 이상으로 압력을 유지하는 “양호한(good)" 1일 운전이 가능한 저장 탱크의 높이, 규격, 고도를 설정한다. 이와 같이 제안된 관망의 ETS와 관망운영으로 이러한 선정 사항을 시험한다. 시간변화에 따른 결과를 검토하여 관망과 관망 운영을 적정하게 변화시키고, 특히 연산의 기초인 수요량과 일부 자료의 불확실성 관점에서 비용이 더 이상 크게 감소하지 않는다는 결론에 도달할 때까지 ETS를 반복한다.

예제 6.5

성장하는 신도시에 물을 공급하기 위한 급수시스템을 설계하려고 한다. 개발하고자 하는 지역의 고도는 1100ft이다. 이 관망의 설계조건과 운영조건은 다음과 같다.

1. 전체 수요량은 최근에 개발된 관정으로부터 공급되며 펌프설비를 포함한 모든 설비는 향후 20년 동안 도시에 충분한 용수를 공급하여야 한다.
2. 설계시 개략적인 관로는 각 측면이 1/4 마일인 정사각형 격자로 구성된 주 도로에 따라 설치된다. 따라서 관정으로부터의 공급 관로를 제외한 모든 각 배관의 길이는 1320ft가 된다. 개별 블록 내부에 있는 부설 도로와 빌딩에 연결되는 개별 접합부가 있지만 개략화된 관망배치에서는 이를 생략하였으며 모든 배관의 조도는 $e = 0.005$ 인치이다.
3. 조사결과 도로 교차로의 각 절점에서의 향후 첨두 시간 수요량은 240gal/min인 것으로 나타났다.
4. 이 지역의 첨두시간 수요량은 평균 1일 수요량의 2.3배로 예상된다.
5. 미국소방관련규정 NBFU(National Bureau of Fire Underwriters)에 따라 산업화가 예측되는 이 규모의 도시에 대한 관망시스템은 임의 절점에서 최소 압력 $20 lb/in^2$으로 비상소방용수 2000gal/min을 공급할 수 있어야 한다.

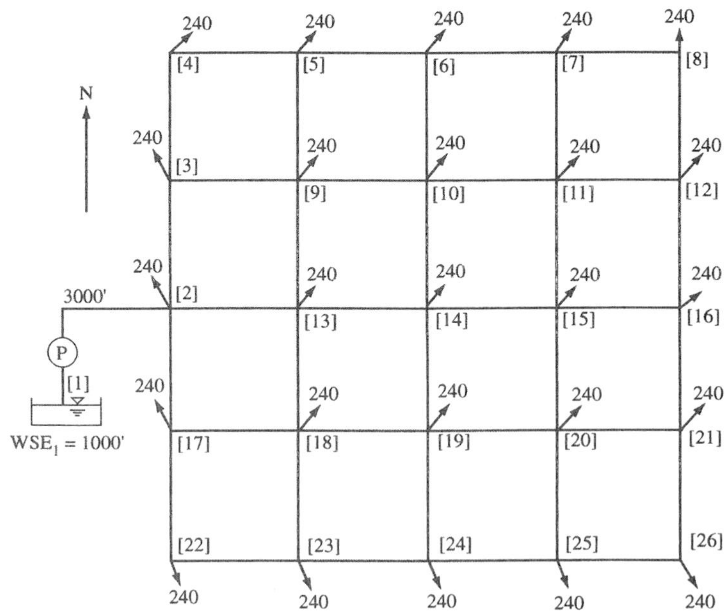

All nodal demands in gal/min

상기 프로젝트의 비용 추정시 경제관련 자료는 이자율 = 9%, 프로젝트 수명 = 20년, 전력단가 = \$0.090/kWh, 펌프 구매 · 설치와 관정 개발에 소요되는 전체 비용은

\$180,000, 저장 탱크의 건설비용 $C = \$15000\,V^{0.5}$ 이고 여기서 V는 탱크 용량으로 단위는 $10^3 ft^3$, 배관 비용은 아래 표와 같이 배관 구매 및 설치와 관련된 비용으로 나누어진다.

배관 직경(in)	6	8	10	12	15	18	24	36
구매비(\$)	4.00	6.00	12.00	18.00	22.00	45.00	60.00	100.00
설치비(\$)	8.00	8.20	8.40	8.60	9.00	9.20	9.40	9.60

급수시스템의 설계를 책임지는 수리학 기술자로서 (1)급수시스템 내 각 배관의 규격을 명시하고, (2)설치하여야 할 펌프의 특성을 포함한 펌프규격을 명시하고, (3)저장 탱크의 설치 위치, 고도, 용량을 명시하고, (4)급수시스템의 경제적 분석을 실시하고 급수시스템의 건설 및 유지와 관련된 비용을 회수하기 위한 용수요금을 결정하여야 하며 이에 대한 해결 단계는 다음과 같다.

단계 1. 제안된 관망시스템으로부터 펌프에 가장 근접한 배관을 제외하고 남–북 도로에 따라 설치된 배관을 제거하여 아래 그림과 같은 분지관망을 형성하며(이 외에도 많은 대안적 분지관망을 사용할 수 있다) 이 분지관망에서는 펌프에 가장 인접한 남–북 도로에 따라 설치된 배관을 주 송수관로로 가정한다. 또 다른 대안은 배관 2, 3, 16, 21을 제거하고 절점의 쌍 6과 10, 10과 14, 14와 19, 그리고 19와 24를 연결하는 배관을 남–북 방향의 주된 송수관로로 대체하여 이 배관을 관망시스템의 중심부에 위치시킬 수 있다.

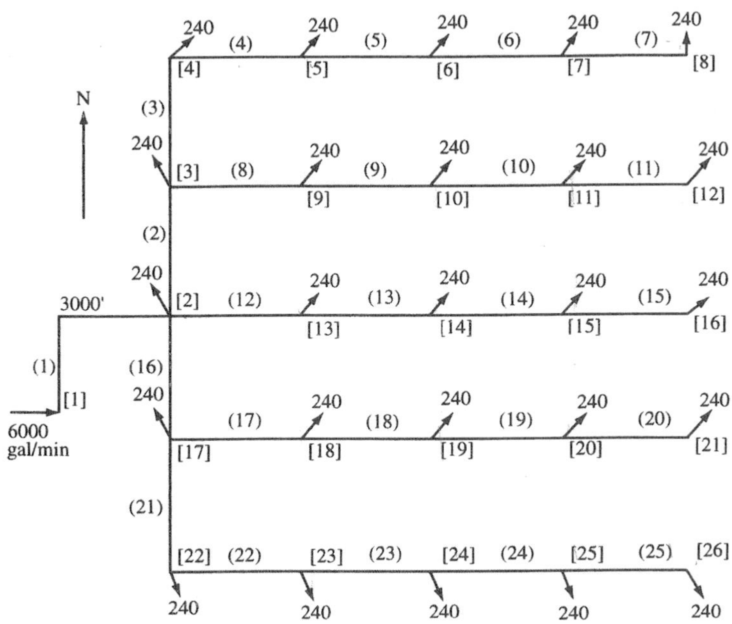

All nodal demands in gal/min

단계 2. 관망의 각 절점에서의 수요량 240gal/min=$0.535ft^3/s$ 를 만족시켜야 한다. 실제로 이러한 설계 수요량을 정확하게 예측하기 위해서는 해당 지역에서 현재 수요량의 고찰과 관망의 수명에 걸친 미래 수요량 변화 경향을 철저하게 검토하여야 한다.

단계 3, 4, 5, 6. 이 단계는 동시에 수행된다. 두 방법을 사용하여 이 단계를 수행할 수 있으며 첫 번째 방법은 예제 6.4로부터 수정된 전산 프로그램 $MCOST1$를 사용하여 각 배관의 가장 경제적인 HGL 구배를 결정하는 것이고, 두 번째 방법은 분지관망을 정의하기 위해 필요한 특별한 입력자료를 갖는 프로그램 NETWK를 사용하는 것이다.

첫 번째 방법에서는 제6장에서 기술한 프로그램 SOLBRAN에서 배관의 손실수두가 주어질 때 f와 D를 구하는 서브루틴 DIAPIP을 배관 비용과 펌핑 에너지 비용의 경제 자료에 근거하여 최소 비용의 HGL 구배, 직경, 그리고 배관 단위 길이당 비용을 결정하는 서브루틴 $MCOST1$으로 대체하고 이 프로그램을 $MCBRAN$으로 명명한다. $MCBRAN$의 첫 번째 부분은(거의 "DO 90"까지) SOLBRAN과 동일하게 하나의 COMMON/COSTB/ 명령어를 사용하고 배열 H(절점 수두), QJJ(절점 수요량), NOP(배관 숫자), $L1$(상류측 배관 절점), $L2$(하류측 배관 절점)이 추가된다. 이 위치에 추가된 READ 명령어에 배관 숫자 NOP와 이 배관의 상류측과 하류측 절점 $L1$과 $L2$가 들어간다. 이러한 배관 자료 입력 순서는 서브루틴 $MCOSTS$로 최소 비용 배관을 구하기 위한 것이다. 이러한 배관 순서는 반드시 하나의 분지관 말단부에서 시작하여 다른 분지관이 시작되는 절점으로 진행한 후 다른 분지관의 하류측으로 진행한다. 따라서 이와 같이 진행되면 각 새로운 배관의 말단부에서 HGL 구배는 기저가 된다. 이 예제에서는 선정된 배관순서는 7, 6, 5, 4, 3, 8 등이 된다. 상류측과 하류측 절점 번호를 사용하여 각 절점에서의 HGL 고도를 계산한다.

다음 READ 명령어는 (1)HGL 고도가 주어진 시작 절점 번호, 즉, 이전 목록 내 첫 번째 배관의 하류측 절점번호. (2)이 절점의 HGL 고도, (3)$MCOSTS$가 사용하여야 할 고도 구배 DZ를 포함한다. 그룹 (3)에서의 정보는 먼저 주어질 자료 쌍의 숫자, 다음은 목록에서 다음 배관이 주어질 때까지 사용하여야 할 배관번호와 DZ의 쌍을 포함한다. 이 예제에서 HGL 구배는 마찰손실과 DZ의 합이다. 절점 8과 취수원 사이의 고도 차이는 1100−1000=100ft이고, 이 두 지점 사이의 관로 길이를 고려하면 DZ는 다음과 같다.

$$L = 6 \times 1320 + 3000 = 10920ft$$

$$DZ = \triangle EL/L = 100/10920 = 0.0091575$$

이 DZ 구배는 일정하므로 입력자료는 오직 1 7 0.0091575 3개로 구성된다. 이 DZ는 모든 배관에서의 에너지 비용에 상수를 더하므로 최소 비용의 HGL 구배는 변화하지 않는다.

마지막 입력자료는 경제적 자료로서 첫 번째 줄은 *RATE*=전력단가로서 단위는 $/kWh, *LIFE*=프로젝트의 예상 수명으로 단위는 년, *DAYS*=1년 중 펌프가 운전되는 일수, *EFF*=펌프·모터의 조합 효율, *N*=자료 쌍의 수로 구성된다. 마지막 자료 *N*은 배관 직경과 단위 길이당 비용의 쌍으로 구성되며 서브루틴 *MCOST*가 호출될 때 이 자료가 읽혀진다. 관망 문제에 대한 입력자료는 프로그램 목록을 따른다. 관망 내 각 배관의 최소 비용 HGL 구배를 결정함에 있어 절점에서의 수요량에 따른 에너지손실을 반드시 전체 에너지비용에 포함시켜야 한다. 프로그램은 이러한 에너지를 고려하기 위해 반드시 각 절점에서 수두를 결정하여야 한다. 동력은 수요량 *QJ*, 비중량 γ, 절점 수두 *H*와 절점 고도와의 차이의 곱이다. 배관 상류측 절점에서 수두는 배관 하류측 절점에서의 수두에 HGL 구배와 배관 길이의 곱을 더한 것과 동일하므로 프로그램은 수요량 *QJN* 그리고 배관 길이로 나눈 기저 수두와 절점 고도의 차이를 서브루틴 *MCOSTS*로 패스시킨다. 하류측 방향으로 진행하는 과정에서 말단부에서의 압력을 계산할 수 있으므로 방향과 관계없이 (+) 구배 *S*(*I*)를 사용한다. 프로그램 *MCBRAN*은 다음과 같다.

```
*****************************************************************************
* THIS PROGRAM HAS BEEN INCLUDED FOR THE CONVENIENCE OF THE READER
* THE AUTHOR ACCEPTS NO RESPONSIBILITY FOR ITS CORRECTNESS.
* USERS OF THIS PROGRAM DO SO AT THEIR OWN RISK.
*****************************************************************************
      PARAMETER (N4=4)
      REAL L[ALLOCATABLE](:),E[ALLOCATABLE](:),Q[ALLOCATABLE](:),
     &QJ[ALLOCATABLE](:),H[ALLOCATABLE](:),DHS(10)
      INTEGER*2 NUM[ALLOCATABLE](:),JN[ALLOCATABLE](:,:),
     &NOP[ALLOCATABLE](:),L1[ALLOCATABLE](:),L2[ALLOCATABLE](:),IPP(11)
      LOGICAL*2 LNODE[ALLOCATABLE](:)
      CHARACTER*38  F110/'(I5,F8.1,F8.6,F10.3,F8.3,3F10.3,F10.6)'/
      COMMON CI4,G2,DI4,S,SF,CFDIA
      COMMON /COSTB/RATE,LIFE,DZ,DAYS,G,EFF,VISC,FK2,N
      WRITE(*,*)' Give: 1-No. of pipes, 2-Input Unit, 3-output'
      READ(*,*) NP,INPUT,IOUT
      N=0
      NJ=NP+1
      CONV=12.
      ALLOCATE (L(NP),E(NP),Q(NP),QJ(NJ),NUM(NJ),JN(NJ,N4),LNODE(NJ),
     &H(NJ),NOP(NP),L1(NP),L2(NP))
      READ(INPUT,*) G,VISC
      FK2=1.3757
      CFDIA=(5.01137E-4/0.003)**.2053
```

```
      IF(G.LT.30.) THEN
      CONV=1.
      FK2=1.62613
      CFDIA=(1.13437E-3/0.003)**.2053
      ENDIF
      G2=2.*G
      SF=8.
      CI4=7.3434712828*VISC
      DI4=.785398163
      DO 8 I=1,NP
8     L(I)=0.
      READ(INPUT,*) L
      DO 9 I=1,NP
      IF(L(I).LT. .001) L(I)=L(I-1)
9     CONTINUE
      DO 10 I=1,NP
10    E(I)=0.
      READ(INPUT,*) E
      DO 20 I=1,NP
      IF(E(I).GT.0.) THEN
      IF(E(I).LT.10.) E(I)=E(I)/CONV
      ELSE
      E(I)=E(I-1)
      ENDIF
20    CONTINUE
      SUM=0.
      DO 40 I=1,NJ
      DO 30 J=1,N4
30    JN(I,J)=0
      READ(INPUT,*) QJ(I),(JN(I,J),J=1,N4)
      SUM=SUM+QJ(I)
      DO 35 J=N4,1,-1
      IF(JN(I,J).EQ.0) GO TO 35
      NUM(I)=J
      IF(J.EQ.1) THEN
      IF(FLOAT(JN(I,1))*QJ(I).LE. 0.) GO TO 40
      WRITE(*,*)' Direction of flow in pipe',JN(I,1),' is not consistent
     & with demand node',I,QJ(I)
      GO TO 99
      ENDIF
      GO TO 40
35    CONTINUE
40    LNODE(I)=.FALSE.
      IF(ABS(SUM).GT. 1.E-4) THEN
      WRITE(*,*)' Demands do not sum to 0, SUM=',SUM
      GO TO 99
      ENDIF
      NNJ=NJ
45    DO 65 I=1,NNJ
```

```
      IF(NUM(I).GT.1) GO TO 65
      LNODE(I)=.TRUE.
      IJ1=IABS(JN(I,1))
      Q(IJ1)=-FLOAT(JN(I,1)/IJ1)*QJ(I)
      DO 60 J=1,NNJ
      IF(J.EQ.I .OR. NUM(J).LT.2) GO TO 60
      K=1
48    IF(IABS(JN(J,K)).EQ.IJ1) THEN
      QJ(J)=QJ(J)+Q(IJ1)*FLOAT(JN(J,K)/IJ1)
      DO 50 KK=K+1,NUM(J)
50    JN(J,KK-1)=JN(J,KK)
      NUM(J)=NUM(J)-1
      GO TO 60
      ENDIF
      K=K+1
      IF(K.LE.NUM(J)) GO TO 48
60    CONTINUE
65    CONTINUE
      JJ=0
      DO 80 I=1,NNJ
      IF(LNODE(I)) GO TO 80
      JJ=JJ+1
      QJ(JJ)=QJ(I)
      LNODE(JJ)=.FALSE.
      DO 70 J=1,NUM(I)
70    JN(JJ,J)=JN(I,J)
      NUM(JJ)=NUM(I)
80    CONTINUE
      IF(JJ.GE.NNJ) THEN
      WRITE(*,*)' Not branched network.  No additional deadend pipes'
      GO TO 99
      ENDIF
      NNJ=JJ
      IF(NNJ.GT.0) GO TO 45
      IF(G.LT.30.) THEN
      D=SQRT(.85*Q(1))/.8
      ELSE
      D=SQRT(.25*Q(1))/.8
      ENDIF
      WRITE(IOUT,100)
100   FORMAT(' Pipe  Length Roughness    Dia.    Area  Flowrate  Velocit
     &y  Headloss HGL-Slope',/,1X,78('-'))
      DO 85 J=1,NJ
85    H(J)=-1001.
      READ(INPUT,*)(NOP(I),L1(NOP(I)),L2(NOP(I)),I=1,NP)
      READ(INPUT,*) K,H(K),NSTART,(IPP(I),DHS(I),I=1,NSTART)
      JJ=2
      DZ=DHS(1)
      IPP(NSTART+1)=10000
```

```
      COSTE=0.
      COSTP=0.
      COSTT=0.
      DO 90 J=1,NP
      I=NOP(J)
      CALL MCOSTS(Q(I),E(I),S,D,CL,CEL,CPL)
      IF(H(L1(I)).LT.-1000.) THEN
      IF(H(L2(I)).LT.-1000.) THEN
      WRITE(*,*)' Cannot cont. since no H for pipe',I,' is known'
      GO TO 99
      ELSE
      H(L1(I))=H(L2(I))+S*L(I)
      ENDIF
      ELSE
      H(L2(I))=H(L1(I))-S*L(I)
      ENDIF
      COSTE=COSTE+L(I)*CEL
      COSTP=COSTP+L(I)*CPL
      COSTT=COSTT+L(I)*CL
      D12=CONV*D
      COEF=CONV*E(I)
      A=.7853982*D*D
90    WRITE(IOUT,F110) I,L(I),COEF,D12,A,Q(I),Q(I)/A,S*L(I),S
      WRITE(IOUT,130) COSTE,COSTP,COSTT
130   FORMAT(/' Cost of Energy=',F10.2,/' Cost of Pipe=',F10.2,/
     &' Total Cost=',F10.2,'/Year'/)
      WRITE(IOUT,*)' HGL-Elevations at nodes'
      WRITE(IOUT,120)(J,H(J),J=1,NJ)
120   FORMAT(6(I4,F9.2))
99    DEALLOCATE(L,E,Q,QJ,NUM,JN,LNODE,H,NOP,L1,L2)
      STOP
      END
      SUBROUTINE MCOSTS(Q,EE,SHMIN,DMIN,CTMIN,CEMIN,CPMIN)
      REAL D(20),CP(20),S(13),CT(3),SS(3),DS(3)
      LOGICAL*2 NFIRST/.FALSE./,START/.TRUE./
      COMMON /COSTB/RATE,LIFE,DZ,DAYS,G,EFF,VISC,FK2,N
      DATA S/.0001,.00025,.0005,.001,.002,.003,.004,.005,.006,.007,.008,
     &.009,.01/
      E=EE
      IF(N.EQ.0) THEN
      READ(2,*) RATE,LIFE,DAYS,EFF,N
      READ(2,*)(D(I),CP(I),I=1,N)
      IF(G .GT. 20.) THEN
      DO 1 I=1,N
1     D(I)=D(I)/12.
      ENDIF
      ENDIF
      ENDIF
      IF(G.GT.20.) THEN
      POF=2.031290182
```

```
      ELSE
      POF=235.344
      ENDIF
      I1=1
      CT(1)=1.E20
      CRF=RATE*(1.+RATE)**LIFE/((1.+RATE)**LIFE-1.)
      SF=8.
      G2=1.23370055*G
      DIA=DMIN
      K2=2
      DO 80 I=1,13
      IF(EE.GT.10.) THEN
      DIA=FK2*(Q/(EE*S(I)**.54))**.380228
      ELSE
30    DIA1=DIA
40    SF1=SF
      SF=1.14-2.*ALOG10(E/DIA1+7.343472826*VISC*DIA1*SF/Q)
      IF(ABS(SF-SF1).GT. 1.E-6) GO TO 40
      DIA=((Q/SF)**2/(S(I)*G2))**.2
      IF(ABS(DIA1-DIA) .GT. 1.E-5) GO TO 30
      ENDIF
50    IF(DIA.LT.D(K2+1).OR. K2.EQ.N-1) GO TO 60
      K2=K2+1
      GO TO 50
60    IF(DIA.GE.D(K2) .OR. K2.EQ.2) GO TO 70
      K2=K2-1
      GO TO 60
70    K1=K2-1
      K3=K2+1
      C1=CP(K1)/((D(K1)-D(K2))*(D(K1)-D(K3)))
      C2=CP(K2)/((D(K2)-D(K1))*(D(K2)-D(K3)))
      C3=CP(K3)/((D(K3)-D(K1))*(D(K3)-D(K2)))
      AC=C1+C2+C3
      BC=-C1*(D(K2)+D(K3))-C2*(D(K1)+D(K3))-C3*(D(K1)+D(K2))
      CC=C1*D(K2)*D(K3)+C2*D(K1)*D(K3)+C3*D(K1)*D(K2)
      COST=(AC*DIA+BC)*DIA+CC
      CPIP=CRF*COST
      CENE=POF*DAYS*(S(I)+DZ)*Q*RATE/EFF
      CTO=CPIP+CENE
      IF(CTO.LT.CT(I1).OR.I.LT.3) THEN
      IF(START) THEN
      CT(1)=CTO
      SS(1)=S(I)
      DS(1)=DIA
      START=.FALSE.
      ELSE
      IF(NFIRST) THEN
      CT(1)=CT(2)
      SS(1)=SS(2)
```

```
      DS(1)=DS(2)
      ENDIF
      CT(2)=CTO
      SS(2)=S(I)
      DS(2)=DIA
      I1=2
      NFIRST=.TRUE.
      ENDIF
      ELSE
      CT(3)=CTO
      SS(3)=S(I)
      DS(3)=DIA
      AA=0.
      DA=0.
      BB=0.
      DB=0.
      CC=0.
      DC=0.
      DO 76 J=1,3
      CR=CT(J)
      DR=DS(J)
      DO 74 K=1,3
      IF(K.EQ.J) GO TO 74
      CR=CR/(SS(J)-SS(K))
      DR=DR/(SS(J)-SS(K))
74    CONTINUE
      AA=AA+CR
      DA=DA+DR
      SUM=0.
      PRO=1.
      DO 75 K=1,3
      IF(K.EQ.J) GO TO 75
      SUM=SUM+SS(K)
      PRO=PRO*SS(K)
75    CONTINUE
      BB=BB-CR*SUM
      DB=DB-DR*SUM
      DC=DC+DR*PRO
76    CC=CC+CR*PRO
      SHMIN=-.5*BB/AA
      CTMIN=(AA*SHMIN+BB)*SHMIN+CC
      DMIN=(DA*SHMIN+DB)*SHMIN+DC
      CEMIN=CTMIN*CENE/CTO
      CPMIN=CTMIN*CPIP/CTO
      RETURN
      ENDIF
80    CONTINUE
      END
```

이 문제를 해결하기 위한 프로그램 *MCBRAN*의 입력자료 파일 DESIGMU1.DAT는 다음과 같다.

```
32.2  1.41E-5
3000  1320/
0.005/
1100./
-13.36809  1/
.5347236  -1  2  12  16/
.5347236  -2  3  8/
.5347236  -3  4/
.5347236  -4  5/
.5347236  -5  6/
.5347236  -6  7/
.5347236  -7/
.5347236  -8  9/
.5347236  -9  10/
.5347236  -10  11/
.5347236  -11/
.5347236  -12  13/
.5347236  -13  14/
.5347236  -14  15/
.5347236  -15/
.5347236  -16  17  21/
.5347236  -17  18/
.5347236  -18  19/
.5347236  -19  20/
.5347236  -20/
.5347236  -21  22/
.5347236  -22  23/
.5347236  -23  24/
.5347236  -24  25/
.5347236  -25/
7 7 8 6 6 7 5 5 6 4 4 5 3 3 4 8 3 9 9 9 10 10 10 11 11 11 12
2 2 3 12 2 13 13 13 14 14 14 15 15 15 16 16 2 17 17 17 18 18 18 19
19 19 20 20 20 21 21 17 22 22 22 23 23 23 24 24 24 25 25 25 26 1 1 2
8 1192.3 1 7 .0091575
.09 20 365 .7 8
6 12 8 14.2 10 20.4 12 26.6 15 31 18 54.2 24 69.4 36 109.6
```

프로그램 수행 결과의 일부와 추가적인 정보는 다음 표와 같다.

배관	길이 ft	$e \times 10^{-3}$ in	직경 in	단면적 ft^2	Q ft^3/s	V ft/s	h_L ft	HGL구배
7	1320	5.0	7.02	0.268	0.535	1.992	2.966	0.00225
6	1320	5.0	8.45	0.389	1.069	2.746	4.363	0.00331
5	1320	5.0	9.57	0.499	1.604	3.214	5.076	0.00385
4	1320	5.0	11.16	0.680	2.139	3.147	4.028	0.00305
3	1320	5.0	13.77	1.034	2.674	2.586	1.979	0.00150
8	1320	5.0	11.16	0.680	2.139	3.147	4.028	0.00305
9	1320	5.0	9.57	0.499	1.604	3.214	5.076	0.00385
10	1320	5.0	8.45	0.389	1.069	2.746	4.363	0.00331
11	1320	5.0	7.02	0.268	0.535	1.992	2.966	0.00225
2	1320	5.0	15.43	1.298	5.347	4.120	4.523	0.00343
12	1320	5.0	11.16	0.680	2.139	3.147	4.028	0.00305
13	1320	5.0	9.57	0.499	1.604	3.214	5.076	0.00385
14	1320	5.0	8.45	0.389	1.069	2.746	4.363	0.00331
15	1320	5.0	7.02	0.268	0.535	1.992	2.966	0.00225
16	1320	5.0	15.43	1.298	5.347	4.120	4.523	0.00343
17	1320	5.0	11.16	0.680	2.139	3.147	4.028	0.00305
18	1320	5.0	9.57	0.499	1.604	3.214	5.076	0.00385
19	1320	5.0	8.45	0.389	1.069	2.746	4.363	0.00331
20	1320	5.0	7.02	0.268	0.535	1.992	2.966	0.00225
21	1320	5.0	13.77	1.034	2.674	2.586	1.979	0.00150
22	1320	5.0	11.16	0.680	2.139	3.147	4.028	0.00305
23	1320	5.0	9.57	0.499	1.604	3.214	5.076	0.00385
24	1320	5.0	8.45	0.389	1.069	2.746	4.363	0.00331
25	1320	5.0	7.02	0.268	0.535	1.992	2.966	0.00225
1	3000	5.0	25.49	3.544	13.37	3.772	4.386	0.00146

COST OF ENERGY = $248,987.70
COST OF PIPE = $87,081.89
TOTAL COST/YEAR = $336,069.59

상기 출력에서 열거된 에너지 비용은 다음과 같은 펌프의 자산비용을 포함하지 않는다.

$$crf \times 180{,}000 = 0.10955 \times 180{,}000 = \$19{,}719$$

절점에서 HGL

절점	HGL(ft)	절점	HGL(ft)	절점	HGL(ft)	절점	HGL(ft)
1	1219.62	2	1215.23	3	1210.71	4	1208.73
5	1204.70	6	1199.63	7	1195.27	8	1192.30
9	1206.68	10	1201.61	11	1197.25	12	1194.28
13	1211.21	14	1206.13	15	1201.77	16	1198.80
17	1210.71	18	1206.68	19	1201.61	20	1197.25
21	1194.28	22	1208.73	23	1204.70	24	1199.63
25	1195.27	26	1192.30				

다음은 계산된 직경에 가장 가까운 표준 배관 규격으로 대체한 후 관망을 해석하여 비용을 계산한다.

해석에 사용된 표준 배관 직경

배관 번호	1	2	3	4	5	6	7	8	9	10	11	12	13
직경(in)	24	15	15	12	10	8	8	12	10	8	8	12	10
배관 번호	14	15	16	17	18	19	20	21	22	23	24	25	
직경(in)	8	8	15	12	10	8	8	15	12	10	8	8	

탱크 규격은 배관 규격과 펌프가 소비한 동력 크기와는 무관하다고 가정하여 탱크 비용을 무시하고 구한 비용을 요약한 결과는 아래 표와 같다. 절점에서의 HGL 표로부터 절점 1에서의 펌핑 수두는 219.6ft가 된다.

$$\text{펌핑수두} = HGL_1 - EL_1 = 1219.6 - 1000 = 219.6ft$$

비용 요약

항목	형 식	현존가치	년간 상환액
2	배관	832,560.00	75,951.85
8	펌프	2,734,285.00	299,531.30
	전체	3,566,845.00	375,483.10

두 번째 대안은 분지관망을 정의할 때 NETWK가 채택하였던 특별한 입력자료를 사용하는 것이다. 설계시 가장 근접한 표준 배관 규격에 근거하여 해석을 수행한 후 경제적 해석을 실행하여야 한다. 이러한 해석을 실행하기 위한 입력자료는 아래와 같으며 여기에서는 HGL 구배를 0.002로 명시하였다.

```
SPECIAL INPUT TO SOLVE MUNICIPAL DESIGN BRANCHED NETWORK
/*
```

```
$SPECIF IHGL=-2,DESIGN=1,NFLOW=1,NPGPM=1,NOMSOL=1,ICOST=1 $END
1214.1  -6000  1000  240  .005
ELEV
1100
1  2  .002  3000/
2  8  .002  1320/
3  12/
2  16/
2  21/
17  26/
END
RUN
8  1192.3
INTEREST=.09
LIFE=20
PIPES
UNIT=8
6  12  8  14.2  10  20.4  12  26.6  15  24  18  54.2  24  69.4  26  109.6
EFFIC
.7
PUMPS
UNIT=.09
CAPI=180000.
END
```

상기 프로그램에서 선택사항 (1)$IHGL=-2$는 프로그램 NETWK 사용시 분지관망 시스템을 정의하는 특별한 입력자료가 제공되는 것을 의미한다. 이 입력의 첫 번째 줄은 다음 사항을 포함한다. (a)시작 절점에서 HGL 고도, (b)시작 절점에서 수요량, (c)변경될 때까지 사용할 고도, (d)변경될 때까지 후속절점에 적용하기 위한 수요량, (e)변경될 때까지 사용할 배관조도. 후속 라인은 다음 사항을 제공하여 분지관망시스템을 정의한다. (a)시작 절점, (b)최종 절점, (c)HGL 구배, (d)배관 길이, 만일 분지관로에 따른 배관에 대해 앞에서 주어진 동일한 자료를 사용할 경우에는 "/"로 종료한다. (2)선택사항 $NOMSOL=1$은 명시된 HGL 구배로 결정된 절점 사이 수두 차이로 배관 직경을 정확하게 구한 후 표준 배관 규격에 가장 가까운 규격을 사용하여 통상적인 해석을 수행하도록 한다(Design=1로 설정되었기 때문에). (3)선택사항 $ICOST=1$은 경제공학해석을 요구한다. 절점 1에서 HGL은 다음과 같이 절점 8에서 HGL에 절점 8과 절점 1 사이 배관 길이와 구배의 곱을 더하여 결정된다.

$$HGL_8 = 1100 + \frac{40 \times 144}{62.4} = 1192.3ft$$

$$HGL_1 = 1192.3 + 0.002 \times 10920 = 1214.1ft$$

$$h_{p1} = 1214.1 - 1000 = 214.1ft$$

프로그램 NETWK에서 HGL 고도, 압력, 수두를 연산할 수 있도록 초기 HGL이 주어져야 한다. 상기 자료는 아무런 공급원을 포함하지 않으므로 해를 구하기 위한 RUN 명령어 직후에 반드시 하나의 절점과 HGL이 주어져야 한다.

HGL 구배가 다를 경우의 해를 구하기 위해 반드시 앞의 입력자료에서 3개의 수치를(2개의 HGL 구배와 초기 HGL 고도 1214.1ft) 변경시켜야 한다. 이 경제적 해석 결과로부터의 요약한 비용의 결과는 다음과 같다.

비용 요약

항목	형 식	현존가치	년간 상환액
2	배관	960,072.00	105,172.50
8	펌프	2,686,039.00	294,246.10
	전체	3,646,111.00	399,418.60

유사한 방법으로 HGL 구배 0.0003, 0.0005, 0.00075, 0.001, 0.003, 0.004, 0.005에 대해 해석한 결과의 전체 년간 상환액은 다음과 같다.

S	0.0003	0.0005	0.00075	0.001	0.002	0.003	0.004
년간 상환액($)	430,927	405,135	396,590	393,539	399,418	397,424	410,013

년간 상환액은 $S=0.00075 \sim 0.003$에서 약간 변화하지만 $S=0.001$에서 최소가 되며 이 때 가장 가까운 표준 배관 규격은 아래 표와 같다.

배관 번호	1	2	3	4	5	6	7	8	9	10	11	12	13
직경(in)	30	20	15	15	12	10	8	15	12	10	8	15	12
배관 번호	14	15	16	17	18	19	20	21	22	23	24	25	
직경(in)	10	8	20	15	12	10	8	15	15	12	10	8	

$S=0.001$인 경우 펌프가 반드시 가압하여야 할 다음 수두는 첫 번째 방법으로 구한 것보다 10.9ft가 적다.

$$HGL_1 = 1100 + 40 \times \frac{144}{62.4} + 0.001 \times 10920 = 1203.2ft$$

$$h_p = 100 + 0.001 \times 10920 \times \frac{144}{62.4} = 203.2ft$$

일부 배관은 개별 배관에 대한 최적의 HGL 구배를 구할 때 얻은 배관 규격보다 한 단계 크다. 두 번째 방법에서 $S=0.001$로 해석한 경우 년간 상환액 $393,539은 첫 번째 방법으로 구한 $375,483 보다 $18,056이 많다.

Step 7. 비상 용수를 공급함에 있어 배관 1은 매우 중요하므로 두 번째 해석한 결과에 따라 배관 1의 직경을 30인치로 선정한다. 절점 16과 저장탱크를 직경 24인치 길이 200ft 배관으로 연결하고 앞에서 제거한 배관의 직경을 6인치로 선정한다. 사전 선정을 위해 아래 표와 같은 특성을 갖는 두 대의 병렬 펌프를 선정한다.

펌프 운전 특성

$Q(gal/\min)$	1500	3000	4500
$h_p(ft)$	234.0	219.2	197.0

수요량이 $Q=0.8\times 240gal/min$일 때 두 대의 펌프가 운전되지만 물은 탱크로부터 유출 또는 유입되지 않는 것으로 설정한다. 다음과 같은 프로그램 NETWK의 입력파일은 이 순간 탱크의 수위를 결정하는 해를 제공한다.

```
Analysis based on nearest standard diameter
/*
$SPECIF NODESP=1,PEAKF=.8,
  NFLOW=1,NPGPM=1 $END
PIPES
1    1    2   3000   24   .005
2    2    3   1320   15
3    3    4   1320   15
4    4    5   1320   12
5    5    6   1320   10
6    6    7   1320    8
7    7    8   1320    8
8    3    9   1320   12
9    9   10   1320   10
10  10   11   1320    8
11  11   12   1320    8
12   2   13   1320   12
13  13   14   1320   10
14  14   15   1320    8
15  15   16   1320   10
16   2   17   1320   15
17  17   18   1320   12
18  18   19   1320   10
19  19   20   1320    8
20  20   21   1320    8
21  17   22   1320   15
22  22   23   1320   12
23  23   24   1320   10
24  24   25   1320    8
25  25   26   1320    8
26   9    5   1320    6
36  15   20
37  20   25
38  12    8
39  16   12
40  16   21
41  21   26
NODES
1     0   1000
2   240   1100
3   240   1100
4   240   1100
5   240   1100
6   240   1100
7   240   1100
8   240   1100
9   240   1100
10  240   1100
11  240   1100
12  240   1100
13  240   1100
14  240   1100
15  240   1100
16  240   1100
17  240   1100
18  240   1100
19  240   1100
20  240   1100
21  240   1100
22  240   1100
```

```
27  13   9
28  13  18
29  18  23
30  10   6
31  14  10
32  14  19
33  19  24
34  11   7
35  15  11
23  240  1100
24  240  1100
25  240  1100
26  240  1100
PUMPS
1 1500 234 3000 219.2 4500 197 4000
PARALLEL
1  2/
RUN
```

해석 결과 펌프는 필요 이상의 펌핑수두 274.2ft와 $Q=0.8\times 6000=4800gal/min$을 공급하고, 절점 16에서의 수두는 109.8ft가 된다. 따라서 저장 탱크의 중간 수위는 이 고도 근처가 되어야 한다. 사전 설계 절차로서 관망에 물을 1일 동안 공급할 수 있도록 저장 탱크의 체적을 선정한다. 이제 1일 평균 수요량과 이 수요량을 1일 공급할 수 있는 탱크 규격으로 환산하면 다음과 같다.

$$1일\ 평균\ 수요량\ 6000/2.3=2610gam/min=5.81ft^3/s$$

$$탱크\ 규격\ 5.81\times 24\times 3600=502{,}000ft^3$$

이 탱크의 규격을 높이 10ft의 원통형으로 가정하면 직경은 253ft가 되어야 한다. 탱크 직경을 250ft(체적 $490{,}874ft^3$)로 하고 중간 수위 고도를 1200ft로 명시하면 탱크의 바닥고도는 1195ft가 되고 상부고도는 1205ft가 된다.

이제 운전 조건이 변화해도 관망 성능이 충분한 것을 증명하기 위해 반드시 여러 정상유동 해를 구하여야 한다. 소방용수에 대한 관망 시험을 위해 절점 6, 8, 9, 20에서 수요량 $2000gal/min$을 추가로 부여한다. 다음 표는 펌프 두 대가 운전 중이고 저장 탱크의 중간 수위 1200ft와 첨두 1일 수요량에서 화재가 발생한다는 가정 아래 펌프와 탱크가 공급하는 최소 압력과 유량을 보여준다.

절점에서 소방용수 해석결과(제거된 배관 직경을 6인치로 대체)

절점	최소압력 (lb/in^2)	펌프 Q		탱크 Q	
		$gal/\min$	ft^3/s	$gal/\min$	ft^3/s
6	31.4	6420	14.3	1580	3.52
8	2.5	6290	14.0	1710	3.82
9	39.3	6470	14.4	1530	3.41
20	29.5	6250	13.9	1750	3.91

관망 해석 결과 절점 8에서의 소방용수량 $2000gal/min$을 공급할 수 있지만 최소 압력 $20lb/in^2$를 만족시킬 수 없다. 남-북 방향으로 유동이 형성되고 초기에 제거하였던 배관을 최소 직경 6인치로 할당할 때 이러한 문제가 발생하므로 일부 배관의

직경을 8인치로 증가시켜 이 문제를 완벽하게 개선할 수 있다. 38, 39, 40, 41 배관의 직경을 8인치로 증가시켜 해석한 결과인 아래 표로부터 모든 절점에서의 압력은 최소압력 $20lb/in^2$ 이상을 유지하는 것을 알 수 있다.

절점에서 소방용수 해석결과(제거된 배관 직경을 8인치로 대체)

절점	최소압력	펌프 Q		탱크 Q	
	(lb/in^2)	$gal/\min$	ft^3/s	$gal/\min$	ft^3/s
6	35.0	6070	13.5	1930	4.29
8	22.0	5860	13.1	2140	4.76
9	42.0	6150	13.7	1850	4.13
20	34.5	5870	13.1	2160	4.74

탱크의 최저 수위와 펌프 두 대가 운전 중 화재가 발생하여 소방용수를 공급하는 조건에서 해석한 결과의 압력과 유량은 다음 표와 같다. 탱크 수위가 중간 수위일 때 요구되는 최소압력보다는 약간 높지만 탱크 바닥 수위에서 절점 8에서의 압력은 $17.9lb/in^2$가 된다.

탱크 수위 1195ft, 펌프 2대 운전중일 때 소방용수 해석결과(제거된 배관을 직경 8인치로 대체)

절점	최소압력	펌프 Q		탱크 Q	
	(lb/in^2)	$gal/\min$	ft^3/s	$gal/\min$	ft^3/s
6	31.5	6700	14.9	1300	2.89
8	17.9	6460	14.4	1540	3.43
9	38.5	6820	15.2	1180	2.64
20	30.5	6460	14.4	1540	3.42

탱크가 거의 비워져 있는 상태에서 두 대의 병렬 펌프중 한 대만이 운전 중인 것으로 모의한 결과는 다음과 같다.

탱크 수위 1195ft, 펌프 2대 중 1대 운전중일 때 소방용수 해석결과(제거된 배관을 직경 8인치로 대체)

절점	최소압력	펌프 Q		탱크 Q	
	(lb/in^2)	$gal/\min$	ft^3/s	$gal/\min$	ft^3/s
6	22.8	5130	11.4	2870	6.40
8	11.2	5020	11.2	2990	6.65
9	29.4	5170	11.5	2840	6.32
20	23.5	5030	11.2	2970	6.63

예상한 것과 같이 절점 8에서의 압력은 소방용수의 요구조건에 상당히 부족하게 되며 이러한 문제를 해결하기 위한 조치를 취하여야 한다. 절점 8에서 소방용수를 구하기 위한 해로부터 배관 15, 34, 35에서의 손실수두가 15.1ft, 15.1ft, 15.3ft가 되는 것을 알 수 있다. 따라서 해결책으로 배관 15의 직경을 8인치에서 10인치로, 배관 34, 35, 36, 37의 직경을 당초 6인치에서 8인치로 대체한다. 배관의 직경을 대체한 후 탱크가 거의 비워진 조건에서 펌프 2대 중 1대를 운전할 때의 압력과 유량은 다음과 같다.

탱크 수위 1195ft, 펌프 2대 중 1대 운전중일 때 절점에서 소방용수 해석결과

절점	최소압력 (lb/in^2)	펌프 Q		탱크 Q	
		gal/min	ft^3/s	gal/min	ft^3/s
6	25.9	4930	11.0	3070	6.84
8	15.5	4820	10.7	3180	7.09
9	31.5	4970	11.1	3030	6.76
20	28.8	4830	10.8	3170	7.06

절점 8에서의 압력 $15.5lb/in^2$는 소방용수 요구압력 $20lb/in^2$을 만족시키지 못하지만 앞의 예보다는 상당히 개선되었다. 탱크가 거의 비워지고 펌프 1대만이 운전되는 두 경우가 동시에 발생할 확률은 매우 적기 때문에 임시적으로 이 배관의 직경을 수용하고 단계 8로 진행하여 ETS로 이 관망을 더욱 심도 있게 검토한다.

단계 8. ETS 사용의 주된 목적은 탱크가 비게 되거나 월류하는지 여부 그리고 24시간 모의 후에도 탱크 수위의 변화 여부를 결정하기 위해 탱크의 용량을 검토하는 것이다. 이를 위해 평균 수요량에서 모의를 시작하며 다음 표와 같은 수요량 함수를 모든 절점에 적용하는 것으로 가정한다.

수요량 함수

시간	0	2	4	5	6	8	12	15	17	20	22	24
첨두계수	1.00	1.13	1.70	2.20	2.30	2.30	0.80	0.30	0.10	0.10	0.30	1.00

탱크수위가 1201ft에 도달하면 펌프 1대가 정지되어 1대 펌프만 운전하고, 수위가 1201ft 이하로 저하되면 두 번째 펌프가 기동되도록 탱크 수위 스위치로 펌프를 제어한다고 가정한다. 이와 같은 조건에서 프로그램 NETWK를 실행시키기 위해 관망을 정의하는 자료 입력 후 다음 자료를 추가로 입력한다.

```
$TDATA ALTV=1,INCHR=1,ISUNIT=0,LINEAR=1,PRINT=3,NPUNOD=0,NPNRES=1 $END
```

```
PIPE TABLE
ALL
NODE TABLE
ALL
RESER. TABLE
1/
END TABLES
DEMAND FUNCTION
1 0 1 2 1.13 4 1.7 5 2.2 6 2.3 8 2.3 9 2.15 12 .8 15 .3 17 .1 20 .1 22 .3 24 1/
2-26/
STORAGE FUCTION
1  1195  0  1200  245437  1205  490874/
1/
PUMP RULES
1  2  1  1  1201  1  1199  2  1201  1/
END SIMULATION
```

이 모의 결과는 아래 그림과 같이 14시에 수위는 탱크 상단부로부터 0.7ft 아래까지 상승하고 이 후 수요량을 만족시키기 위해 탱크수위는 고도 1202.5ft까지 저하하지만 이 수위는 초기 탱크 중간수위보다 2.5ft 높다. 이 결과로부터 펌프용량은 필요이상이 되어 그 다음 날에도 동일한 수요패턴이 지속되면 탱크가 월류되어 유효하게 사용하지 못하므로 탱크의 직경을 감소시켜야 한다.

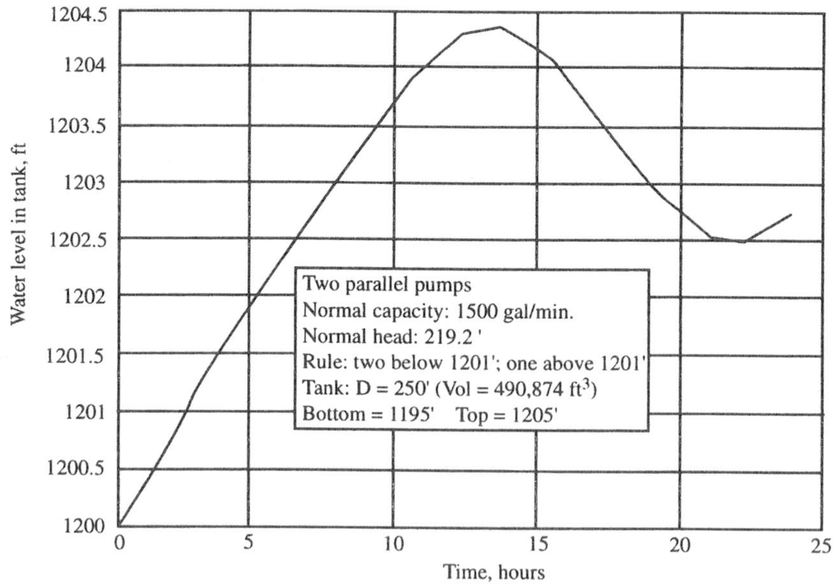

프로그램 모의에서는 동일한 조건에서 탱크의 바닥과 상단부 고도를 1195ft와 1205ft로 고정시키고 직경을 150ft로 감소시키면 탱크 체적은 $176,700 ft^3$으로 감소한다. 이 조건에서의 모의 결과는 다음 두 그림과 같다. 모의시작 6시간 후 탱크는 완전히 채워지므로 펌프는 6~16시까지 수요량을 정확하게 만족시켜야 하지만 이는 양호한 탱크–펌프 조합 운전이 아니다. 따라서 모의 결과 다음 두 결론에 도달한다. (1)24시간 모의 종료 시점에서 탱크 수위가 중간 수위에 인접하도록 펌핑 유량을 감소시키고, (2)탱크 상부 고도를 증가시켜야 한다.

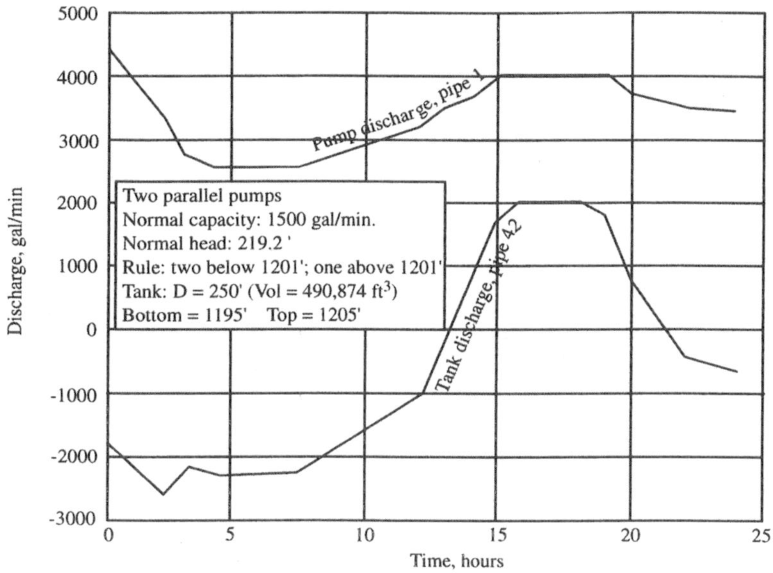

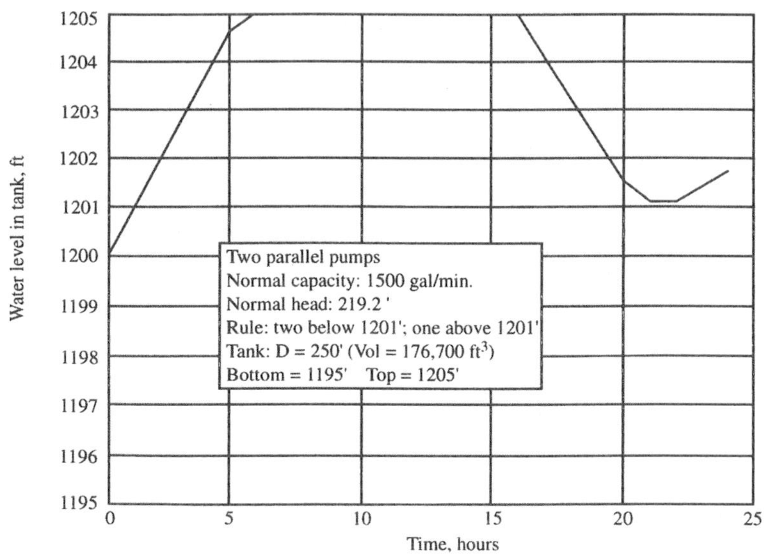

따라서 3번째 모의에서는 각 펌프의 용량을 줄이고 대수를 증가시킨다. 즉, 펌프 3대를 병렬로 운전하고 각 펌프의 정격유량 $1000gal/min$, 정격수두는 앞에서 펌프

2대를 사용할 때의 수두보다 5ft 작은 214.5ft로 설정한다. 탱크의 직경을 150ft로 설정하고 탱크의 높이를 5ft 증가시키면 상부고도는 1210ft가 된다. 따라서 이제 탱크의 높이는 10ft가 아닌 15ft가 되고 체적은 $265{,}100ft^3$이 된다. 새로운 펌프운영계획은 펌프 2대를 운전하고, 탱크 수위가 1204ft 이상이 되면 펌프 1대만을 운전하고, 수위가 1197ft 이하로 저하하면 펌프 3대 모두를 운전하는 것으로 모의한 결과는 아래 그림과 같다.

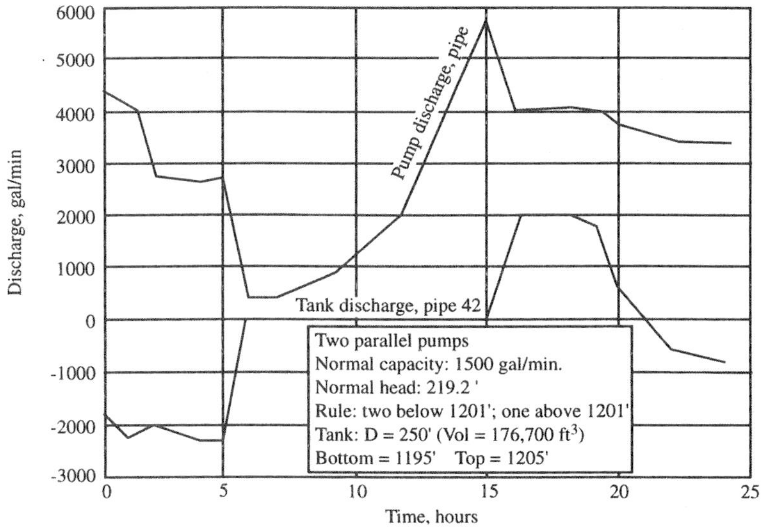

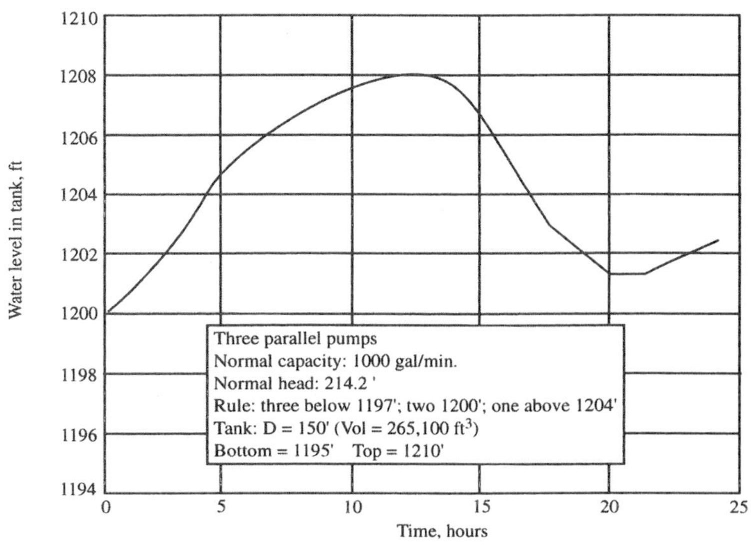

24시 모의 종료 시점에서 탱크 수위는 초기 수위보다 약 2ft 상승하고 13시에서 수위는 탱크 상단부로부터 2ft 아래가 된다. 비상 용수의 발생 가능성을 고려할 때 이 운전은 상당히 만족스럽다. 마지막 모의를 위한 프로그램 NETWK의 입력자료는 아래와 같다. 독자가 개선 결과를 직접 추정하도록 하고 최종 비용 해석은 독자의 숙제로 남겨두기로 한다.

```
Analysis based on nearest
standard dismeter
/*
$SPECIF ISIML=1,PEAKF=.4347826,
 NODESP=1,NFOW=1,NPGPM=1 $END
PIPES
1   1   2  3000  24  .005
2   2   3  1320  15
3   3   4  1320  15
4   4   5  1320  12
5   5   6  1320  10
6   6   7  1320   8
7   7   8  1320   8
8   3   9  1320  12
9   9  10  1320  10
10 10  11  1320   8
11 11  12  1320   8
12  2  13  1320  12
13 13  14  1320  10
14 14  15  1320   8
15 15  16  1320  10
16  2  17  1320  15
17 17  18  1320  12
18 18  19  1320  10
19 19  20  1320   8
20 20  21  1320   8
21 17  22  1320  15
22 22  23  1320  12
23 23  24  1320  10
24 24  25  1320   8
25 25  26  1320   8
26  9   5  1320   6
27 13   9
28 13  18
29 18  23
30 10   6
31 14  10
32 14  19
33 19  24
34 11   7  1320   8
35 15  11
36 15  20
37 20  25
37 12   8  1320   8
39 16  12
40 16  21
41 21  26
42 27  16   200  24
NODES
1    0  1000
2  240  1100
3  240  1100
4  240  1100
5  240  1100
6  240  1100
7  240  1100
8  240  1100
9  240  1100
10 240  1100
11 240  1100
12 240  1100
13 240  1100
14 240  1100
15 240  1100
16 240  1100
17 240  1100
18 240  1100
19 240  1100
20 240  1100
21 240  1100
22 240  1100
23 240  1100
24 240  1100
25 240  1100
26 240  1100
27   0  1100
PUMPS
1 1000 229 2000 214.2 3000 192 4000
RESER
27 1200/
RUN
```

```
$TDATA ALTV=1,INCHR=1,ISUNIT=0,LINEAR=1,PRINTT=3,NPUNOD=0,NPNRES=1 $END
PIPE TABLE
ALL
NODE TABLE
ALL
RESER. TABLE
1/
END TABLES
DEMAND FUNCTION
1 0 1 2 .3 4 .1 7 .1 9 .3 12 .8 15 2.15 16 2.3 18 2.3 19 2.2 20 1.7 22 1.13 24 1/
2-26/
STORAGE FUCTION
1  1195  0  1200  88357  1205  176715 1210 265072/
1/
PUMP RULES
1  2  1  2  1197.3  1200. 2  1204  1/
END SIMULATION
```

6.4.2 복합 관망의 설계지침

주 공급원이 1개이고 당초 관망을 분지관망으로 변경이 가능한 경우는 전술한 8 단계 절차를 따라 관망설계를 할 수 있다. 만일 공급원이 여러 개일 경우 후에 형성되는 개별 분지관망시스템에 각 공급원을 존재시키고 동일한 기본 절차를 따를 수 있다. 그러나 이러한 절차에서는 분지관망이 하나의 공급원을 포함하도록 관망의 어느 부분을 분지할지를 사전에 가정하여야 하며 이에 대한 지침으로서 다음 단계를 따를 수 있다.

1. 관망시스템에 대해 2개의 주 공급원을 명시한다. 이 공급원 선정에 대한 판단기준은 가장 큰 전체 수두를 제공하는 공급원을 찾는 것이다. 이 공급원을 가장 짧은 경로를 통해 관망으로 연결하며 이 경로를 “지배경로(dominant path)”라 부른다. 분지관망에서 정의한 것과 같이 다른 모든 경로는 궁극적으로 이 지배경로에 따른 절점 중 하나에서 종료된다. 오직 하나의 공급원이 존재하면 이 지배경로는 정의되지 않는다.
2. 지배경로의 절점 중 하나를 가장 짧은 경로를 통해 각기 다른 공급원에 연결하며 이러한 추가 경로를 “주경로(primary path)”라 부른다. 주경로를 연결하는 지배경로상의 절점 선정기준은 지배 공급원 인근 절점에서 전체 수두가 가장 큰 절점을 찾는 것이다. 유용한 전체 수두 크기가 큰 순서로 주경로를 결정한다. 공급원이 2개일 경우 이 공급원은 지배 공급원이고 이 단계는 생략된다.
3. 지배경로 또는 주경로에 포함되지 않은 관망의 나머지 절점을 관로의 최단거리 경로를 통해 지배경로의 절점 중 하나에 연결한다. 이 경로는 앞의 경로에서 하나의 절점과 교

차할 때마다 종료되며 이 경로를 "부경로(secondary path)"라 부른다. 이러한 부 경로가 형성되는 순서는 먼저 사수부 말단부 배관과 같이 절점에 1개의 배관이 연결되는 절점(1등급 절점)이 먼저이고 다음은 2개의 배관이 연결되는 절점(2등급) 순서이다. 등급이 동일한 경우에는 고도의 내림차순으로 절점을 선정한다.

상기 3단계 절차를 완성하면 분지관망이 형성된다. 분지관망은 관망의 모든 절점을 포함하고, 공급원으로부터 관망을 통해 여러 수요 지점까지 상당한 유량을 공급하는 배관을 포함한다. 이 분지관망에 포함되지 않은 배관을 "추가 루프형성배관(additional loop-forming pipes)"이라 부른다. 임의적으로 이 배관의 직경을 명시할 수 있지만 다른 판단기준에 근거하지 않으면 허용된 최소 직경이 된다.

4. 경로 형성의 역 순서로 관망의 각 절점에서의 수두를 적절하게 설정한다. "추가 루프형성배관"의 수송유량을 무시하고 분지관망시스템의 각 배관의 유량을 결정한다. 각 경로의 시작 절점에서 전체 수두는 최소 허용 압력수두에 절점의 고도를 더한 것과 동일하다. 이 절점으로부터 경로상 연속되는 절점으로 진행하면 전술한 것과 같이 최적 S를 사용하여 이 유량과 관련된 전체 수두를 설정할 수 있다. 만일 이 절점에서의 수두가 사전에 할당되면 현재 연산된 수두와 사전 할당된 수두를 비교하여 큰 것을 유지한다. 만일 압력수두 연산결과 최소 허용 압력수두보다 적으면 경로에 따라 사전에 할당된 모든 HGL 수치를 증가시킨다. 만일 압력수두가 명시된 최대 수치를 초과하여 가압펌프의 설치를 요구하면 이 배관에 가압펌프를 설치하는 것을 고려한다. 가압 펌프를 설치하여야 할 배관의 상류측 절점에서의 전체 수두는 펌프가 형성하는 수두의 크기만큼 감소되어야 한다.

   주된 경로까지 HGL 고도를 설정하기 위해 이러한 절차를 진행하려면 주경로 상에 있는 배관의 유량을 결정하기 위해 탱크가 공급하거나 유입하여야 할 유량을 알 필요가 있다. 전체 수요량 (+) 또는 (−) 중 일부를 각 공급원에게 할당하기 위해 규칙을 사용할 수 있다. 이러한 수요량 이외에도 부차적 경로에 따른 것과 동일한 방법으로 주된 경로에 따른 절점에서의 전체 수두를 계산한다.

5. 최적 또는 최적에 가까운 배관 규격 결정은 물론 2개의 "지배 공급원"에서 요구되는 최소 수두를 결정하기 위해 사전에 할당하지 않았던 지배경로상 절점에서의 전체 수두를 마지막으로 결정한다.

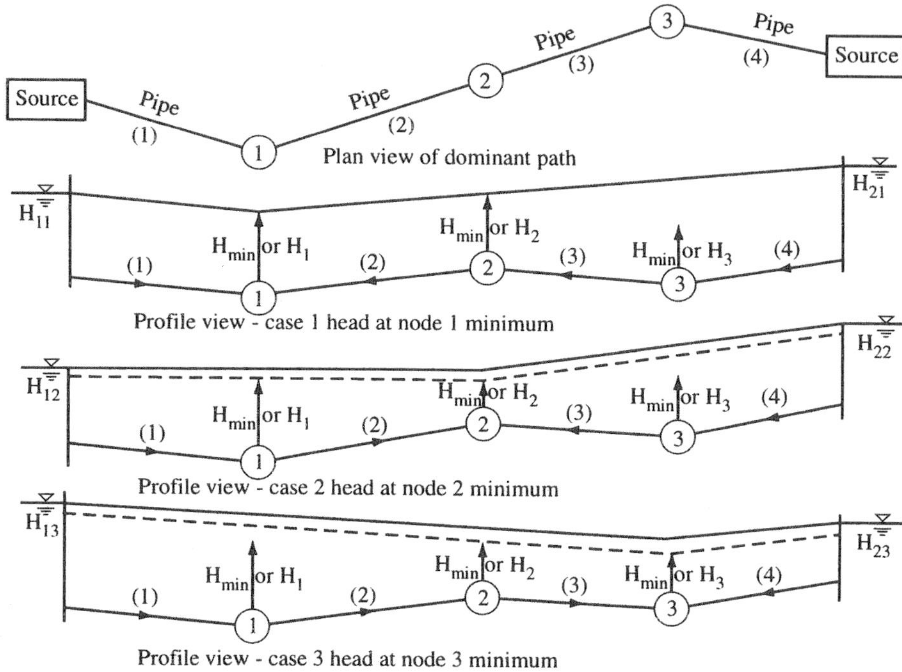

| 그림 6.2 | 지배경로 사례

이러한 수두 결정방법을 이해하기 위해 그림 6.2와 같이 2개의 "지배 공급원"과 1개의 지배경로상에 3개의 절점이($N_d = 3$) 존재한다고 가정한다. 각 절점 N_d에서의 수두가 모두 다른 사례에 대해서 검토하고 각 사례에서는 양 절점에서 하나의 절점으로 유동이 형성된다고 가정한다.

사례 1에서는 양쪽 공급원으로부터 절점 1로 유동이 향하도록 HGL 구배가 형성되고 절점 1은 지배 공급원 중 하나와 가장 인접하게 된다. 사례 2에서는 양쪽 공급원으로부터 절점 2로 유동이 향하도록 HGL 구배가 형성되며, 사례 3에서는 양쪽 공급원으로부터 절점 3으로 유동이 향하도록 HGL 구배가 형성된다. 각 사례에서 HGL 고도는 절점 고도 상부의 최소수두 H_{min} 또는 4단계 동안 설정되었던 H에서 시작한다. HGL 구배는 배관이 수송하는 유량에서의 최적 구배이다. 단계 4가 완성되면 지배경로상 각 절점에서 유출되는 유량 또는 수요량은 기저가 되므로 배관 내 유량을 결정할 수 있다. 각 사례에서 시작 절점의 수요량은 지배 공급원으로부터 공급받고 공급원으로부터 멀어지는 절점 N_d+1로 향한다. HGL 또는 단계 4에서 필요한 전체수두 H가 최소수두 H_{min} 이하로 저하되면 전체 HGL를 상승시켜 임의 지점에서 필요한 최소수두 이하로 저하되지 않도록 하여야 하며 이 HGL 상승을 그림 6.2의 사례 2와 3에서 예증하였다. 각 사례 i에서 2개의 지배 공급원의 전체 수두 H_{1i}, H_{2i}를 계산하여 이 공급원 수두의 합이 가장 작은 사례를 선정한다. 다시 말해 $H_{1i} + H_{2i}$ 수치가 가장 작은 사례를 사용하여 지배경로에 따른 모든 절점에 대해 전체 수두를 설정한다. 만일 지배 공급원이 탱크(저수지)이면 중간 수위를 설정하고, 공급원이 펌프이면 펌프가 공급하여야 할 수두를 결정한다. 이러한 절차는 지배 공급원의 수두를 설정할 뿐만 아니라 "주경로(primary paths)" 시작 시 다른 공급원에서의 수두 또는 수위를 결정한다.

6. 단계1부터 5까지에서 분지관망 내 각 배관의 전체 수두와 유량이 기저가 되므로 달시-바하 또는 하젠-윌리엄 또는 다른 식을 사용하여 모든 배관의 직경을 계산할 수 있다.

부록 A

수치해석

펌프에 의해 가압되는 수두는 주어진 여러 쌍의 유량-수두 자료를 이용하여 유량을 함수로 하는 다항식으로 정의할 수 있다. 실제로 펌프는 제한된 유량 범위 내 즉, 정상적인 펌프 운전 범위에서 운전되기 때문에 다항식으로 유량-수두관계를 충분히 표현할 수 있다. 그러나 그렇지 않을 경우에는 펌프의 특성 곡선을 제대로 표현하기 위해서는 다른 방법을 사용하여야 한다. 여기에서는 본서에서 사용되는 연립식, 뉴튼 반복법, 최소제곱회귀분석과 다항식 보간법, 적분을 수행하기 위한 수치해석이론들에 대해 기술하기로 한다.

A.1 선형 대수학

선형 연립식을 푸는 가장 단순한 방법은 직접법(Gauss 소거법, LU법)과 간접법(Gauss-Siedel 반복법)이 있다. LU법을 Doolittle법이라고도 하며 그 기본 이론은 다음과 같다.

A.1.1 가우스 소거법 이론

가우스 소거법이란 다음과 같은 연립식이 있을 경우

$$a_{11}x_1 + \cdot\cdot\cdot + a_{1n}x_n = b_1$$

$$a_{21}x_1 + \cdot\cdot\cdot + a_{2n}x_n = b_2$$

$$\cdot\ \cdot\ \cdot\ \cdot\ \cdot$$

$$a_{n1}x_1 + \cdot\cdot\cdot + a_{nn}x_n = b_n$$

상기 연립식을 풀기 위해서 행렬을 이용한다.

$$Ax = b$$

여기서

$$A = \begin{bmatrix} a_{11} & \cdot\cdot\cdot & a_{1n} \\ a_{21} & \cdot\cdot\cdot & a_{2n} \\ \cdot & \cdot & \cdot \\ a_{n1} & \cdot\cdot\cdot & a_{nn} \\ & & \end{bmatrix} \quad x = \begin{bmatrix} x_1 \\ x_2 \\ \cdot \\ \cdot \\ \cdot \\ x_n \end{bmatrix} \quad b = \begin{bmatrix} b_1 \\ b_2 \\ \cdot \\ \cdot \\ \cdot \\ b_n \end{bmatrix}$$

첫 번째 식을 기준식으로 선택하고 다음과 같이 이 기준식의 계수를 변형시켜서 두 번째 이후 식으로부터 x_1을 소거하면

$$a_{21}x_1 + a_{22}x_2 + \cdot\cdot\cdot\cdot + a_{2n}x_n = b_2$$

$$-\frac{a_{21}}{a_{11}}(a_{11}x_1 + a_{12}x_2 + \cdot\cdot\cdot\cdot + a_{1n}x_n = b_1)$$

$$\left(a_{22} - \frac{a_{21}}{a_{11}} \cdot a_{12}\right)x_2 + \cdot\cdot\cdot + \left(a_{2n} - \frac{a_{21}}{a_{11}}a_{1n}\right)x_n = b_2 - \frac{a_{21}}{a_{11}}b_1$$

$$a_{31}x_1 + a_{32}x_2 + \cdot\cdot\cdot\cdot + a_{3n}x_n = b_3$$

$$-\frac{a_{31}}{a_{11}}(a_{11}x_1 + a_{12}x_2 + \cdot\cdot\cdot\cdot + a_{1n}x_n = b_1)$$

$$\left(a_{32} - \frac{a_{31}}{a_{11}} \cdot a_{12}\right)x_2 + \cdot\cdot\cdot + \left(a_{3n} - \frac{a_{31}}{a_{11}}a_{1n}\right)x_n = b_3 - \frac{a_{31}}{a_{11}}b_1$$

$$\vdots$$

$$a_{n1}x_1 + a_{n2}x_2 + \cdot\cdot\cdot\cdot + a_{nn}x_n = b_n$$

$$-\frac{a_{n1}}{a_{11}}(a_{11}x_1 + a_{12}x_2 + \cdot\cdot\cdot\cdot + a_{1n}x_n = b_1)$$

$$\left(a_{n2} - \frac{a_{n1}}{a_{11}} \cdot a_{12}\right)x_2 + \cdot\cdot\cdot + \left(a_{nn} - \frac{a_{n1}}{a_{11}}a_{1n}\right)x_n = b_n - \frac{a_{n1}}{a_{11}}b_1$$

다음과 같이 두 번째 이후 식에서는 x_1이 소거된 식을 얻는다.

$$a_{11}x_1 + a_{12}x_2 + \cdot\cdot\cdot\cdot + a_{1n}b_n = b_1$$

$$\left(a_{22} - \frac{a_{21}}{a_{11}}a_{12}\right)x_2 + \cdot\cdot\cdot\cdot + \left(a_{2n} - \frac{a_{21}}{a_{11}}a_{1n}\right)x_n = b_2 - \frac{a_{21}}{a_{11}}b_1$$

$$\left(a_{32} - \frac{a_{31}}{a_{11}}a_{12}\right)x_2 + \cdot\cdot\cdot\cdot + \left(a_{3n} - \frac{a_{31}}{a_{11}}a_{1n}\right)x_n = b_3 - \frac{a_{31}}{a_{11}}b_1$$

$$\vdots$$

$$\left(a_{n2} - \frac{a_{n1}}{a_{11}}a_{12}\right)x_2 + \cdot\cdot\cdot\cdot + \left(a_{nn} - \frac{a_{n1}}{a_{11}}a_{1n}\right)x_n = b_n - \frac{a_{n1}}{a_{11}}b_1$$

그 다음엔 두 번째 식을 기준식으로 하여 세 번째 이후 식에서 x_2를 소거한다. 이러한 과정을 반복하면 맨 마지막 식에는 x_n만이 남게 된다.

$$a_{11}x_1 + a_{12}x_2 + \cdot \cdot \cdot + a_{1n}x_n = b_1$$

$$\left(a_{22} - \frac{a_{21}}{a_{11}}a_{12}\right)x_2 + \cdot \cdot \cdot + \left(a_{2n} - \frac{a_{21}}{a_{11}}a_{1n}\right)x_n = b_2 - \frac{a_{21}}{a_{11}}b_2$$

$$\begin{matrix} \cdot & \cdot & \cdot & \cdot & \cdot & \cdot \\ & \cdot & \cdot & \cdot & \cdot & \cdot \\ & & \cdot & \cdot & \cdot & \cdot \\ & & & \cdot & \cdot & \cdot \end{matrix}$$

$$x_n = \square$$

다시 말해 계수행렬 A가 삼각행렬이 될 때까지 소거해 나간다.

$$A = \begin{bmatrix} a_{11} & \cdot & \cdot & \cdot & a_{1n} \\ 0 & \cdot & \cdot & \cdot & a_{2n} \\ 0 & 0 & \cdot & \cdot & a_{3n} \\ \cdot & \cdot & \cdot & \cdot & a_{4n} \\ 0 & 0 & 0 & \cdot & a_{nn} \end{bmatrix}$$

최종적으로, 맨 마지막 식으로부터 x_n을 구하고, x_n을 마지막에서 두 번째 식에 대입하여 x_{n-1}을 구하는 방법으로 $x_{n-2}, \cdot \cdot \cdot, x_1$을 순차적으로 구하는 법을 가우스 소거법이라고 한다.

A.1.2 가우스 소거법(Gaussian Elimination) 적용

본 서에서 가우스 소거법을 적용한 전산 프로그램의 내용에 대해서 기술한다. 선형 공식 시스템을 푸는 가장 단순한 방법은 가우스 소거법이다. 즉 이 방법에서는 계수행렬에서의 한 공식 또는 한 줄을 임의 수치로 곱하여 이 공식을 주어진 공식으로부터 감하면 결과식의 첫 번째 항은 0이 되거나 소거된다. 이러한 절차를 대각선들이 0이 될 때까지 계속하여 다시 대입하면 해답 벡터를 얻을 수 있다. 이 방법은 전산 코드로 수행하기에 단순하고 용이한 반면 반올림 오차에 기인하여 부정확한 결과가 발생할 수 있다. 한 예로 소거할 때 두 수치를 곱하고 그 결과를 다른 수치로부터 감하면 컴퓨터의 연산 결과 소수점 이하에서 약간의 차이가 발생한다. 따라서 전산 프로그램을 작성할 때 해답 벡터를 반복 수정 적용하여 정확도를 향상시키는 것이 좋다. CD에 수록된 부 프로그램 GAUSEL은 상대적으로 단순한 프로그램으로서 선형 공식시스템$[A]\{x\}=\{b\}$을 풀기 위해 가우스 소거법을 한번 반복 수정한다. 독자는 이 방법에 대해 상세히 연구하기 위해서는 전산 코드를 해석하는 것이 좋다.

가우스 소거법은 근사해 $\{x_a\}$을 구하기 위해 선형 공식시스템 $[A]\{x\}=\{b\}$를 먼저 푼다. 이 해답을 $[A]^{-1}\{b\}$로 명기하고, 다음은 $[A]\{x_a\}=\{b\}\{r\}$로 정의된 잉여벡터$\{r\}$를 계산한다. 이 행렬 공식으로부터 원래 행렬공식을 빼면 다음과 같이 된다.

$$[A](\{x_a\}-\{x\}) \equiv [A]\{e\}=\{r\} \tag{A.1}$$

또는

$$(\{x_a\}-\{x\}) \equiv \{e\} \approx [A]^{-1}\{r\} \tag{A.2}$$

상기 첫 번째 공식은 $\{b\}$ 대신 $\{r\}$을 사용하면 $\{x_a\}$를 구하는 절차를 사용하여 오차 벡터 $\{e\}=[A]^{-1}\{r\}$을 구할 수 있다는 것을 나타낸다. 반복 횟수를 나타내는 아래첨자 i의 각 항목들을 재정리하면 $\{x\}_i=\{x_a\}_i-\{e\}_i$로 쓸 수 있으며 이는 임의 해답 요소 $\{x_a\}$에 대한 반복 식의 개선된 근사치는 원래 계산 수치에서 계산된 오차 수치를 뺀 것을 나타낸다. 각 후속적인 오차는 현재 추정된 오차보다 작고 따라서 $|\{e\}_i|$ 는 새로운 근사 해에 있어 보수적인 오차의 추정이 된다. 상대 오차는 $|\{e\}_i|/|\{x_a\}_i-\{e\}_i|$ 으로 정의된다. 통상적으로 1회 반복 개선으로 충분하며 GAUSEL.FOR에서도 1회 반복 개선방법을 사용하였다. 부 프로그램의 호출에는 다음 형태의 선언문이 포함되어야 한다.

CALL GAUSEL(N, M, A, B, DET, ERRNOR) (A.3)

괄호 안의 인자는 다음과 같다.

- N : 풀어야 할 공식 숫자. A는 $N \times N$ 수치, B는 N의 수치를 포함하여야 한다.
- M : 주 호출 프로그램에서 배열 A와 B 의 크기로서 $A(M,M)$그리고 $B(M)$
- A : 계수 행렬 $[A]$. 이 행렬은 항상 2차 배열로 크기는 $A(M,M)$이다.
- B : 기저 벡터 $[B]$로서 프로그램을 호출할 때 크기 $B(M)$인 1차 배열이다.
- DET : 행렬$[A]$의 행렬식(determinant)으로 이는 GAUSEL로부터 반환된 수치이다.
- ERRNOR : 상대 오차의 추정으로 프로그램 호출시 $ERRNOR(M)$ 1차 배열로서 크기가 결정되어야 한다. 이 배열 내 수치는 GAUSEL이 반환한 값이며 해답이 충분한 정밀도를 갖는지 여부를 결정하는 방법을 제공한다.

부 프로그램은 항상 DET 내 행렬식과 ERRNOR 내 미지수 벡터 각 요소에 대한 상대 오차를 반환해준다. 이 값을 원치 않을 때는 부 프로그램 선언부에서 제거할 수 있다. 2배 정밀도를 사용하도록 GAUSEL을 작성하면 호출 프로그램 내에서 A, B, DET, ERRNOR도 2배 정밀도를 사용하여야 한다.

A.1.3 선형대수학 SOLVER SOLVEQ 사용법

여기에서는 GAUSEL보다는 좀 더 복잡한 서브루틴 SOLVEQ에 대해서 기술한다. 이 프로그램은 (1)계수행렬과 기저벡터가 주어지면 선형 공식시스템을 해결하고, (2)정사각 행렬의 역행렬을 구하고, (3)행렬식을 평가하고, (4)행렬식을 평가하여 역행렬을 생성하고, (5)행렬식을 평가하여 역행렬을 생성하고 공식시스템을 해결한다. 본문에서 기술된 여러 프로그램은 프로그램 SOLVEQ을 사용한다. 독자는 CD로부터 본 프로그램의 내용을 발취하고, 이 프로그램을 사용하고자 하는 프로그램과 연결하여 사용할 수 있다.

해결하고자 하는 문제를 정의하는 프로그램은 반드시 서브루틴 SOLVEQ를 호출하여야 한다. 즉, 프로그램은 계수행렬을 2차원 배열에 제공하여 그리고 필요하면 기저벡터를 1차원 배열에 제공하여 이를 수행한다. 포트란에서 행렬과 벡터 색인(index)은 디폴트 아래첨자 1로 시작하여 아래첨자 N으로 종료한다. 따라서 이 배열의 크기는 "REAL A(100, 100), B(100)"으로 정의된다. 서브루틴 SOLVEQ의 호출은 다음과 같이 구성된다[인자(argument) 명칭은 다를 수 있지만 형식은 반드시 아래와 같이 기술되어야 하고 배열의 크기도 반드시 정의되어야 한다].

```
CALL SOLVEQ(N, NPROB, NDIM, A, B, ITYPE, DET, INDX)        (A.4)
```

상기 호출에서 괄호 안의 인자는 다음과 같다.

- N : 해결하고자 하는 공식 숫자(정수) 또는 오직 역행렬만이 필요할 때 행렬의 크기. SOLVEQ를 호출하는 프로그램은 N행과 N열을 갖는 정사각 계수행렬에 대한 수치들을 제공하여야 한다.
- NPROB : 해 벡터를 제공하여 해결하고자 하는 문제의 수량(정수). 즉, NPROB 기저 벡터로부터 각각의 NPROB 해를 구한다(수정된 SOLVEQ 프로그램은 이 인자를 생략할 수 있다).
- NDIM : 행렬 A(NDIM, NDIM)와 벡터 B(NDIM)의 크기를 나타내는 정수. NDIM은 N과 동일하거나 이상일 수 있다. 이 수치는 프로그램 SOLVEQ이 2차원 계수행렬 A에 대한 요소의 적정 위치를 지정하도록 허락한다.
- A : 계수 행렬을 포함하는 호출 프로그램 내 2차원 실수 배열; 이 배열은 반드시 N행과 N열을 갖는 정사각 행렬이어야 한다. 해결하고자 하는 문제에 대한 올바른 계수 수치는 서브루틴 SOLVEQ에 들어가는 순간 반드시 이 배열에 포함되어야 한다. 이 2차원 배열은 SOLVEQ로부터 반환되는 순간 필요하면 역행렬을 포함한다. SOLVEQ 수행 동안 계수행렬의 수치가 변경된다.

- B : 선형 공식시스템 $[A]\{x\}=\{b\}$ 내에서 기저 벡터 $\{b\}$를 포함하는 실수 배열과 이 기저 벡터의 수정 수치는 SOLVEQ이 호출될 때 반드시 B 요소 안에 존재하여야 한다. 호출 프로그램으로부터 SOLVEQ으로 반환되는 순간 이 배열은 선형 대수학 문제에 대한 해 벡터 $\{x\}$를 포함한다. 통상적으로 B의 크기는 1차원 배열이다. 그러나 만일 NRPOB가 1차원 이상이고 동일한 계수 행렬 $[A]$를 갖고 하나 이상의 선형 대수학 문제를 해결하고자 할 때 B는 2차원 크기의 NPROB를 갖는 2차원 배열이 될 수 있다.
- ITYPE : SOLVEQ에게 어느 과업을 수행할지를 말해주는 정수로서 다음 메뉴의 선정에 의해 정의된다.

  1=선형공식 시스템을 해결한다.

  2=역행렬(in A)을 생성한다.

  3=행렬식을 평가하고 결과를 DET에 나타낸다.

  4=일련의 공식을 해결하고 역행렬을 생성한다.

  5=행렬식을 평가하고 역행렬을 생성한다.

  6=행렬식와 역행렬을 생성하고 공식을 해결한다.
- DET : 필요시 행렬식의 수치를 반환하는 실수형 변수
- INDX : 작업공간을 확보하기 위한 NDIM 규격의 정수*2 1차원 배열. SOLVEQ에 입력되는 순간 이 배열은 비워지거나 또는 호출 프로그램 내부에서 후속적으로 사용되는 다른 정수 배열이 될 수 있다. 이 배열 내부 수치는 SOLVEQ로부터 반환되는 순간 소실되므로 만일 정수*2 배열이 다른 목적으로 사용되었다면 반드시 모든 SOLVEQ의 호출이 완료된 후에 위치하여야 한다.

본문의 예제 프로그램은 올바른 프로그램 SOLVEQ 호출 방법에 대한 예제로 사용될 수 있다.

A.2 뉴튼 반복법

뉴튼 반복법은 $f(x)=0$ 과 같은 방정식의 해는 x 축과 만나는 점을 이용하여 해를 구한다(그림 A.1참조). 뉴튼 반복법을 그림으로 설명하면 임의 값 x_0에서 시작해서 차례로 x_1, x_2, · · · 를 구해서 최종값인 x 절편에 도달하는 방법이다.

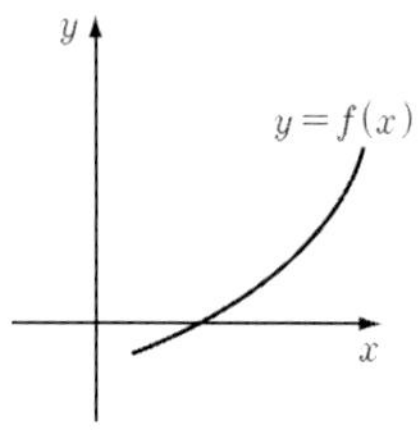

| 그림 A.1 |

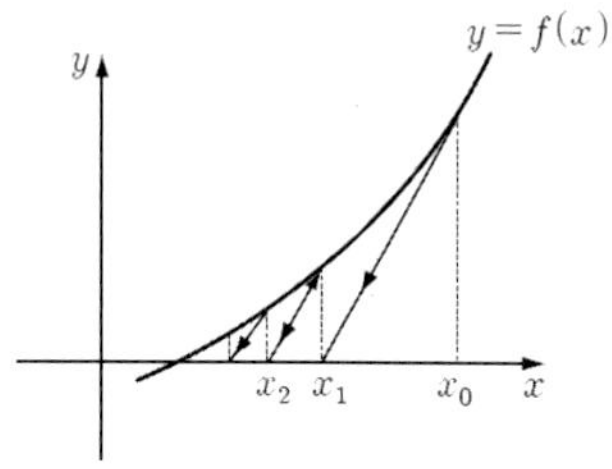

| 그림 A.2 |

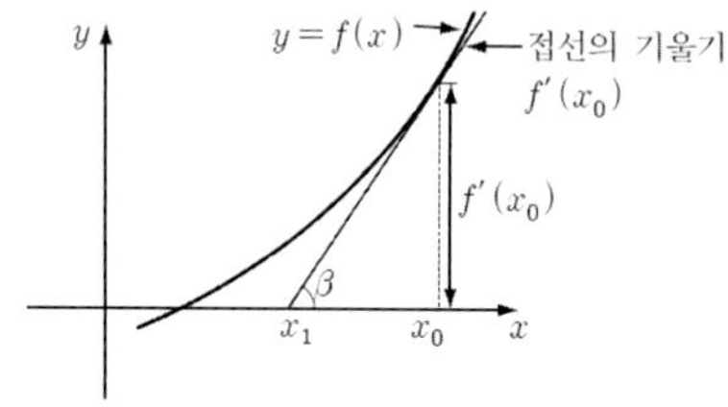

| 그림 A.3 |

구체적으로 그림 A.1에서 $\tan\beta$는 x_0에서의 접선의 기울기 즉, $f'(x_0)$ 와 같고 또, $\tan\beta$는 직각삼각형의 높이/밑면과 동일하여 $f(x_0)/(x_0-x_1)$와 같으므로 다음과 같이 나타낼 수 있다.

$$\tan\beta = f'(x_0) = \frac{f(x_0)}{x_0 - x_1}$$

상기 식으로부터 다음과 같이 x_1를 구할 수 있다.

$$x_1 = x_0 - \frac{f(x_0)}{f'(x_0)}$$

유사한 방법으로 x_2를 구할 수 있다.

$$x_2 = x_1 - \frac{f(x_1)}{f'(x_1)}$$

상기 과정을 반복하면 원하는 x 절편 즉, 방정식의 해를 구할 수 있으며 뉴튼의 반복법에 사용되는 점화식은 다음과 같다.

$$x_{n+1} = x_n - \frac{f(x_n)}{f'(x_n)} \tag{A.5}$$

예제 A.1

방정식 $x - 2sinx = 0$를 뉴튼 반복법으로 풀어라.

$f(x) = 0$의 형태이므로 $f(x) = x - 2sinx$가 되고 $f'(x) = 1 - 2cosx$가 된다. $f(x)$와 $f'(x)$를 뉴튼 점화식 A.4에 대입하면

$$x_{n+1} = x_n - \frac{x_n - 2sinx_n}{1 - 2cosx_n}$$

초기값 $x_0 = 2$로 설정하고 상기 점화식을 이용하여 계산하면

$$x_0 = 2,\ x_1 = 1.900996, x_2 = 1.895512,\ x_3 = 1.895494,\ x_4 = 1.895494, \cdots$$

상기 결과로부터 x_3부터 수렴하므로 해는 $x = 1.895494$가 된다.

A.3 회귀분석법

A.3.1 선형회귀분석

가장 간단한 최소제곱 근사의 예는 (x_1, y_1), $(x_2, y_2) \cdots$, (x_n, y_n)의 관측 점에 직선을 적합시키는 것이다. 이 직선에 대한 수학적인 표현은 다음 식과 같으며 여기서 a_0는 절편, a_1은 기울기, e는 관측치와 모델값의 오차 또는 잔차라 한다.

$$y = a_0 + a_1 x + e \tag{A.6}$$

다음과 같이 식 A.6을 표현할 수 있다.

$$e = y - a_0 - a_1 x$$

따라서 오차 또는 잔차는 y의 참값과 선형방정식으로 예측된 근사값 $a_0 + a_1 x$의 차이다.

A.3.2 "최적" 적합을 위한 판별조건

자료의 흐름을 나타내는 "최적"의 직선을 구하는 방법 중 하나는 오차의 합을 최소화시키는 것이다. 즉, 점의 숫자가 n일 때 다음과 같이 오차의 합을 최소화시킨다.

$$\sum_{i=1}^{n} e_i = \sum_{i=1}^{n} (y_i - a_0 - a_1 x_i) \tag{A.7}$$

그러나 이 방법은 부적합한 판별조건이다. 왜냐하면 그림 A.4a에서 설명한 것처럼 두 점을 직선으로 적합시켰기 때문이다. 분명히 최적 적합은 점들을 선으로 연결시키는 것이다. 그러나 연결선의 중앙을 통과하는 직선(완전한 수직선은 제외)은 오차가 상쇄되기 때문에 식 A.7의 최소값은 0이 된다. 또 다른 판별조건은 다음과 같이 오차의 절대값의 합을 최소화하는 것이다.

$$\sum_{i=1}^{n} |e_i| = \sum_{i=1}^{n} |y_i - a_0 - a_1 x_i|$$

이 방법도 역시 그림 A.4b에서 보듯이 두 직선의 교점을 통과하고 두 직선 사이에 존재하는 어떤 직선도 합을 최소화한다. 따라서 이 방법도 유일한 해를 도출하지 못하므로 부적합하다.

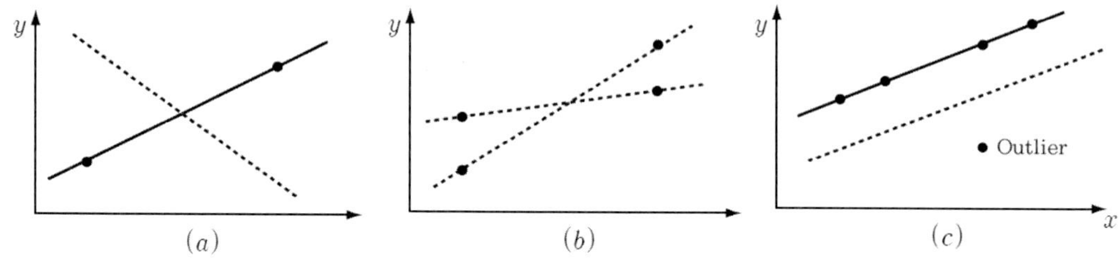

| 그림 A.4 | 회귀분석에 부적합한 "최적" 판별조건들의 예들. (a)잔차의 합을 최소화함. (b)잔차의 절대값의 합을 최소화함. (c)각 점으로부터 오차의 최대값을 최소화함.

최적의 직선을 적합하는 세 번째 방법은 "minimax" 판별조건이다. 즉, 직선으로부터 떨어진 각 점들의 변위의 최대값을 최소화시키는 것이다. 그림 A.4c에서 보듯이 이 방법도 가장 멀리 떨어져 있는 점(큰 오차를 갖는 단일점) 때문에 회귀분석에 부적합하다. 경우에 따라서는 "minimax" 원리는 단순한 함수로 복잡한 함수를 적합시킨다.

앞에서 언급한 방법의 단점을 극복하기 위하여 잔차 제곱의 합 S_r을 다음과 같이 최소화하는 방법을 고려한다.

$$S_r = \sum_{i=1}^{n} e_i^2 = \sum_{i=1}^{n} (y_i - a_0 - a_1 x_i)^2 \tag{A.8}$$

이 판별조건은 여러 장점이 있으며 그 중 하나는 자료의 집합으로부터 유일한 해를 도출할 수 있다는 것이다. 이러한 특징을 논의하기 전에 식 A.7을 최소화하는 a_0과 a_1 값을 결정하는 기법을 기술한다.

A.3.3 직선의 최소제곱적합

a_0과 a_1 값을 결정하기 위해 식 A.7의 각 계수에 대하여 편미분하면 다음과 같이 된다.

$$\frac{\partial S_r}{\partial a_0} = -2\sum (y_i - a_0 - a_1 x_i)$$

$$\frac{\partial S_r}{\partial a_1} = -2\sum [(y_i - a_0 - a_1 x_i) x_i]$$

별다른 표기가 없으면 $\sum$은 i가 1부터 n까지 더한 것으로 간주한다. 이러 도함수가 0이라는 사실은 S_r을 최소화한다는 의미가 있으므로 다음과 같이 상기 식을 표현할 수 있다.

$$0 = \sum y_i - \sum a_0 - \sum a_1 x_i$$

$$0 = \sum y_i x_i - \sum a_0 x_i - \sum a_1 x_i^2$$

$\sum a_0 = na_0$이므로 이 식은 a_0과 a_1에 대한 2원 1차 방정식으로 주어진다.

$$na_0 + \sum x_i a_1 = \sum y_i \tag{A.9}$$

$$\sum x_i a_0 + \sum x_i^2 a_1 = \sum x_i y_i \tag{A.10}$$

상기 식을 정규방정식(normal equation)이라 부르며 이 식을 풀면 다음과 같이 된다.

$$a_1 = \frac{n\sum x_i y_i - \sum x_i \sum y_i}{n\sum x_i^2 - \left(\sum x_i\right)^2} \tag{A.11}$$

이 결과를 식 A.9에 대입하면 다음 결과를 얻는다.

$$a_0 = \bar{y} - a_1 \bar{x} \tag{A.12}$$

여기서 $\bar{y}$와 $\bar{x}$는 y와 x의 평균이다.

예제 A.2

아래 표의 두 열에 있는 x와 y 값을 직선으로 적합시켜라.

x	1	2	3	4	5	6	7
y	0.5	2.5	2	4	3.5	6	5.5

상기 표의 자료들을 근거로 계산한 결과는 다음 표와 같다.

No	x_i	y_i	$x_i y_i$	x_i^2
1	1	0.5	0.5	1
2	2	2.5	5.0	4
3	3	2.0	6.0	9
4	4	4.0	16.0	16
5	5	3.5	17.5	25
6	6	6.0	36.0	36
7	7	5.5	38.5	49
$\sum$	28	24.0	119.5	140
평균	4	3.428571		

식 A.11 및 A.12를 사용하면 다음과 같다.

$$a_1 = \frac{\{7(119.5) - 28(24)\}}{\{7(140) - (28)^2\}} = 0.839285714$$

$$a_0 = 3.428571429 - 0.839285714(4) = 0.07142857$$

식 A.6으로부터 최소제곱적합은 다음과 같다.

$$y = 0.07142857 + 0.8392855714x$$

자료에 의해 얻은 이 직선은 그림 A.4c와 같다.

A.3.4 선형회귀분석 오차의 정량화

예제 A.2에서 얻은 직선 이외 다른 직선에 대한 잔차 제곱의 합은 더 커지므로 이 직선은 각 점의 흐름을 나타내는 "최적"의 유일한 직선이라 할 수 있다. 잔차를 분석함으로써 이 적합법의 여러 다른 특징을 발견할 수 있다. 식 A.8에 의해 정의된 제곱합을 상기해 보자.

$$S_r = \sum_{i=1}^{n} (y_i - a_0 - a_1 x_i)^2 \tag{A.13}$$

가장 보편적인 분포의 측정 방법은 다음과 같이 평균에 대한 표준편차 S_y이다.

$$S_y = \sqrt{\frac{S_t}{n-1}} \tag{A.14}$$

여기서 S_t는 자료점들과 평균 간의 잔차의 전체 제곱으로서 다음과 같이 표현할 수 있다.

$$S_t = \sum (y_i - \bar{y})^2 \tag{A.15}$$

여기서 식 A.15와 A.13이 유사한 사실에 유의하여야 한다. 식 A.15에서 잔차의 제곱은 자료와 평균(중심 경향의 추정치)과의 차이의 제곱이지만 식 A.13에서 잔차의 제곱은 자료와 또 다른 중심 경향의 추정치인 직선(그림 A.5) 간의 수직 거리의 제곱이다. 회귀분석직선에 대한 표준편차는 다음과 같다.

$$S_{y/x} = \sqrt{\frac{S_r}{n-2}} \tag{A.16}$$

여기서 $S_{y/x}$는 추정치의 표준오차이다. 첨자 y/x는 특정한 값 x에 대한 예측 값 y의 오차를 의미한다.

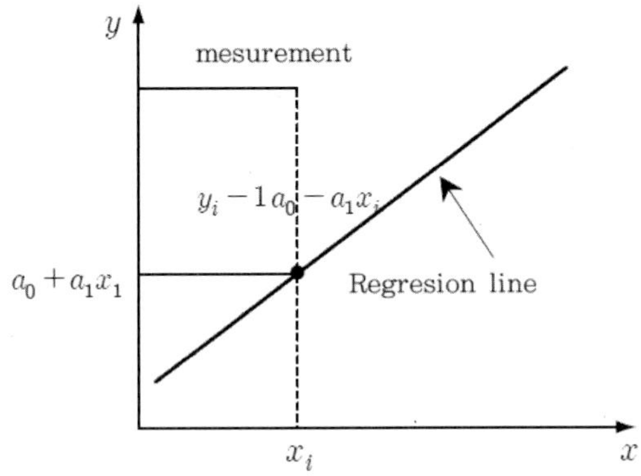

| 그림 A.5 | 선형회귀분석의 잔차는 각 자료점과 직선 사이의 수직거리를 나타낸다.

식 A.13과 A.15의 차인 $S_t - S_r$는 평균값 대신 회귀분석직선을 사용하여 자료를 표현하면 정도가 향상되거나 오차가 감소되는 것을 의미한다. 이 수치는 눈금 간격에 따라 달라지므로 전체 오차에 대한 비를 구하면 다음과 같으며 여기서 r^2을 결정계수, r을 상관계수라 한다.

$$r^2 = \frac{S_t - S_r}{S_t} \tag{A.17}$$

$S_r = 0,\ r = r^2 = 1$인 경우 완전한 적합이므로 회귀분석직선은 자료를 100% 설명한다. $r = r^2 = 0$인 경우, 즉 $S_r = S_t$인 경우 회귀분석 직선은 자료를 전혀 설명하지 못한다.

예제 A.3

예제 A.2에서 사용한 자료에 대한 상관계수 그리고 이 추정치의 표준오차와 전체 표준편차를 구하라.

해답 계산결과는 다음과 같다.

No	x_i	y_i	$(y_i - \bar{y})^2$	$(y_i - a_0 - a_1x_i)^2$
1	1	0.5	8.5765	0.1687
2	2	2.5	0.8622	0.5625
3	3	2	2.0408	0.3473
4	4	4	0.3265	0.3265
5	5	3.5	0.0051	0.5896
6	6	6	6.6122	0.7972
7	7	5.5	4.2908	0.1993
$\sum$	28	24	22.7143	2.9911

식 A.14로부터 전체 표준편차는 다음과 같다.

$$S_y = \sqrt{\frac{S_t}{n-1}} = \sqrt{\frac{22.7143}{7-1}} = 1.9457$$

식 A.16으로부터 추정치의 표준오차는 다음과 같다.

$$S_{y/x} = \sqrt{\frac{S_r}{n-2}} = \sqrt{\frac{2.9911}{7-2}} = 0.7735$$

따라서 $S_{y/x} < S_y$이기 때문에 선형회귀분석 모델은 장점을 갖는다. 식 A.17로부터 다음과 같이 개선의 정도를 구할 수 있다.

$$r^2 = \frac{22.7143 - 2.9911}{22.7143} = 0.868$$

또는

$$r = \sqrt{0.868} = 0.932$$

결론적으로 이 선형모델은 본래의 불확실성의 86.8%를 설명한다.

A.3.5 다항식 회귀분석

앞에서 직선식을 유도하는 과정을 기술하였다. 그러나 때로는 직선보다는 곡선이 적합에 잘 맞는 경우가 있다. 이러한 목적을 달성하기 위한 방법을 다항식회귀분석(polynomial regression)이라 한다.

자료를 m차 다항식으로 적합시키기 위해 다음과 같이 최소제곱 과정을 쉽게 확장할 수 있다.

$$y = a_0 + a_1 x + a_2 x^2 + \cdot \cdot \cdot + a_m x^m + e$$

이 경우 잔차의 제곱합은 다음과 같다.

$$S_r = \sum_{i=1}^{n} \left(y_i - a_0 - a_1 x_i - a_2 x_i^2 - \cdot \cdot \cdot \cdot - a_m x_i^m\right)^2 \tag{A.18}$$

앞 절과 유사하게 다항식의 각 미지의 계수에 대해 식 A.18을 미분하면 다음 식을 얻을 수 있다.

$$\frac{\partial S_r}{\partial a_0} = -2\sum \left(y_i - a_0 - a_1 x_i - a_2 x_i^2 - \cdot \cdot \cdot \cdot - a_m x_i^m\right)$$

$$\frac{\partial S_r}{\partial a_1} = -2\sum(y_i - a_0 - a_1x_i - a_2x_i^2 - \cdot\cdot\cdot\cdot - a_mx_i^m)x_i$$
$$\frac{\partial S_r}{\partial a_2} = -2\sum(y_i - a_0 - a_1x_i - a_2x_i^2 - \cdot\cdot\cdot\cdot - a_mx_i^m)x_i^2 \qquad (A.19)$$
$$\vdots$$
$$\frac{\partial S_r}{\partial a_m} = -2\sum(y_i - a_0 - a_1x_i - a_2x_i^2 - \cdot\cdot\cdot\cdot - a_mx_i^m)x_i^m$$

상기 식은 0과 같게 되며 정규식을 전개하기 위해서 재정리하면 다음과 같다.

$$a_0n + a_1\sum x_i + a_2\sum x_i^2 + \cdot\cdot\cdot + a_m\sum x_i^m = \sum y_i$$
$$a_0\sum x_i + a_1\sum x_i^2 + a_2\sum x_i^3 \cdot\cdot\cdot + a_m\sum x_i^{m+1} = \sum x_iy_i$$
$$a_0\sum x_i^2 + a_1\sum x_i^3 + a_2\sum x_i^4 \cdot\cdot\cdot + a_m\sum x_i^{m+2} = \sum x_i^2y_i \qquad (A.20)$$
$$\vdots$$
$$a_0\sum x_i^m + a_1\sum x_i^{m+1} + a_2\sum x_i^{m+2} \cdot\cdot\cdot + a_m\sum x_i^{2m} = \sum x_i^my_i$$

여기서 모든 합은 $i=1$부터 n까지로 한다. $m+1$개 식은 선형이며 $m+1$개의 미지수 $a_0, a_1, \cdot\cdot\cdot, a_m$을 포함한다. 각 미지수의 계수는 관측치로부터 직접 계산된다. 따라서 m차 최소제곱 다항식을 구하려면 $m+1$원 1차 연립식을 풀어야 한다.

선형회귀분석에서처럼 다항식회귀분석의 오차는 다음과 같이 추정치의 표준오차로 주어지며 여기서 m은 다항식의 차수이다.

$$S_{y/x} = \sqrt{\frac{S_r}{n-(m+1)}} \qquad A.21$$

선형회귀분석에서와 마찬가지로 다항회귀분석에서도 표준오차 이외에 결정계수가 다음과 같이 주어진다.

$$r^2 = \frac{S_t - S_r}{S_t}$$

예제 A.4

아래 표의 자료를 2차 다항식으로 적합시켜라.

x	0	1	2	3	4	5	15
y	2.1	7.7	13.6	27.2	40.9	61.1	152.6

해답 주어진 자료로부터 계산한 결과는 다음과 같다.

No	x_i	y_i	$x_i y_i$	$x_i^2 y_i$	x_i^2	x_i^3	x_i^4
1	0	2.1	0	0	0	0	0
2	1	7.7	7.7	7.7	1	1	1
3	2	13.6	27.2	54.4	4	8	16
4	3	27.2	81.6	244.8	9	27	81
5	4	40.9	163.6	654.4	16	64	256
6	5	61.1	305.5	1527.5	25	125	625
$\sum$	15	152.6	585.6	2488.8	55	225	979
평균	2.5	25.433					

따라서 연립식은 다음과 같이 주어진다.

$$6a_0 + 15a_1 + 55a_2 = 152.6$$

$$15a_0 + 55a_1 + 225a_2 = 585.6$$

$$55a_0 + 225a_1 + 979a_2 = 2488.8$$

가우스 소거법에 의한 식의 해는 다음과 같다.

$$a_0 = 2.47857, a_1 = 2.35929, a_2 = 1.86071$$

따라서 이 경우에 대한 최소제곱 2차식은 다음과 같다.

$$y = 2.47857 + 2.35939x + 1.86071x^2$$

아래 표와 식 A.21로부터 다항식회귀분석에 바탕을 둔 추정값의 표준오차는 다음과 같고,

No	x_i	y_i	$(y_i - \bar{y})^2$	$(y_i - a_0 - a_1 x_i - a_2 x_i^2)^2$
1	0	2.1	544.44	0.14332
2	1	7.7	314.47	1.00286
3	2	13.6	140.03	1.08158
4	3	27.2	3.12	0.80491
5	4	40.9	239.22	0.61951
6	5	61.1	1272.11	0.09439
$\sum$	15	152.6	2513.39	3.74657

$$S_{y/x} = \sqrt{\frac{S_r}{n-(m+1)}} = \sqrt{\frac{3.74657}{6-3}} = 1.12$$

결정계수는 다음과 같다.

$$r^2 = \frac{S_t - S_r}{S_t} = \frac{2513.39 - 3.74657}{2513.39} = 0.99851$$

따라서 상관계수는 $r = 0.99925$이다. 이 결과는 모델은 99.851의 불확실성을 설명할 수 있으며 그림 A.6과 같이 2차 다항식 모델이 매우 타당하다는 것을 의미한다.

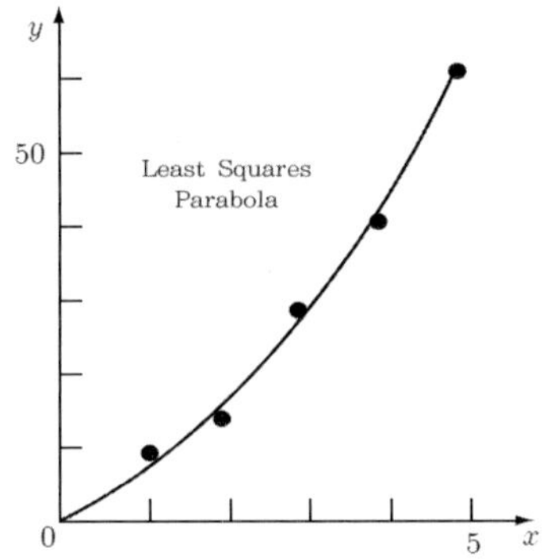

| 그림 A.6 | 2차 다항식적합

A.3.6 최소제곱회귀분석

대부분의 오차는 자료와 관련되기 때문에 이러한 자료를 사용해서 중간 값을 예측하기 위해 다항식 보간법을 사용하면 만족스럽지 못한 부적절한 결과가 발생할 수 있으며 대부분의 실험자료는 이러한 유형에 속한다. 예를 들면 그림 A.7a는 실험으로 유도된 큰 변위를 갖는 7개 자료점을 보여준다. 자료를 시각적으로 살펴보면 x와 y는 양의 비례관계이다. 즉, 전체적인 경향은 x 값이 커짐에 따라 y 값도 증가한다. 만약 6차 보간다항식으로 이 자료를 적합시키면 이 보간다항식은 모든 자료를 정확하게 통과한다(그림 A.7b). 그러나 자료의 변위 때문에 곡선은 각 점 사이에서 크게 진동한다. 특히 $x = 1.5$와 $x = 6.5$에서 보간값은 자료의 변위를 벗어나는 것처럼 보인다.

이러한 경우에 더욱 적합한 방법은 각각의 자료에 맞출 필요 없이 일반적인 흐름이나 형체를 적합시키는 근사함수를 유도하는 것이다. 그림 A.7c는 직선이 어떤 특별한 점을 통과하지는 않지만 자료의 전반적인 경향을 일반화시키는 것을 보여준다.

그림 A.7c에서의 직선을 결정하는 한 방법은 도표화된 자료를 시각적으로 조사한 후에 점들을 통과하는 "최적"의 선을 그려내는 것이다. 비록 이러한 시각적 접근법은 후에 계산에 의해 검증되고 상식적으로 받아들일 수는 있지만 이들은 독단적인 판단으로 한 것이기 때문에 결점이 있다. 즉, 직선으로 점들을 완전하게 정의할 수 없는 경우에는 보간법이 적합하다.

이러한 주관성을 배제하기 위해서 적합한 곡선을 작성하기 위한 기준이 있어야 한다. 그 중 한 방법은 자료 점과 곡선의 차를 최소화시키는 곡선을 유도하는 것으로 이 기법을 최소제곱회귀분석(Least-squares regression)이라 한다.

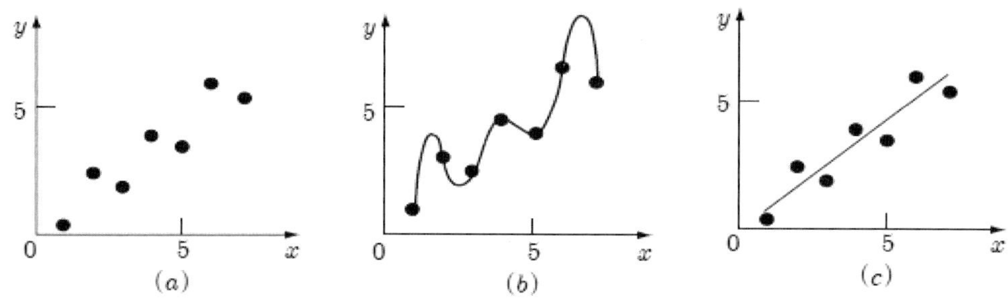

| 그림 A.7 | (a) 현저한 오차를 나타내는 자료 (b) 자료의 변위를 벗어나 진동하는 다항적합함수 (c) 최소제곱적합을 이용하여 얻은 보다 만족스런 결과

A.4 보간법

때로는 정확한 자료점들 사이에 있는 중간 값을 추정하여야 하는 경우가 발생하며 이러한 목적을 달성하기 위해 사용하는 가장 보편적인 방법은 다항식 보간법이다.

가장 보편적으로 사용되는 다항식 보간법으로는 뉴튼 보간법, 라그란지 보간법, 스플라인 보간법이 있다. 뉴튼 보간법에 대한 설명은 생략하기로 하고 여기에서는 라그란지 보간법과 스플라인 보간법에 대해서만 다루기로 한다.

A.4.1 전산기를 사용한 라그란지 보간법

펌프 특성 곡선을 정의하기 위해서 여러 쌍의 수치를 사용할 수 있으며 다항식을 사용하여 유량 범위가 주어진 유량 내에 수두가 위치하면 임의 유량에 해당하는 수두를 보간할 수 있다. 펌프 수두를 1차 다항식으로 표현하기 위해서 주어진 유량이 Q일 경우 Q_i는 Q보다 작고, Q_{i+1}은 Q보다 커야하며 1차 다항식은 다음과 같다.

$$h_p = h_{pi} + (h_{pi+1} - h_{pi})(Q - Q_i)/(Q_{i+1} - Q_i) \qquad \text{(A.22)}$$

식 A.22에서 아래 첨자 i와 $i+1$로 표기된 자료는 기저이고, h_p는 $Q_i \leq Q \leq Q_{i+1}$유량 범위에서 보간법으로 구한 수두이다. 유량 Q가 Q_{i+1}보다 크면 첫 번째 점은 떨어져 나가고 다음 점이 더해지게 된다. 고차 다항식을 사용하려면 더욱 많은 자료가 필요하다. n차 다항식을 사용하려면 최소 $n+1$ 쌍의 자료가 필요하다. 즉, 2차 다항식을 사용하려면 3쌍의 자료, 3차 다항식을 사용하려면 4쌍의 자료가 필요하다. 라그란지 보간식은 독립변수 유량 Q의 연속적인 수치 사이에서 증분이 상수일 필요가 없기 때문에 편리하게 사용되는 반면 다른 보간식은 이러한 증분이 상수가 되어야 한다. 라그란지공식은 다음과 같다.

$$h_p = \sum_{i=1}^{n} F_i H_i \tag{A.23}$$

여기서 H_i는 점 i에서의 펌프 수두이고 F_i는 다음 두 개 곱의 몫이다.

$$F_i = \frac{\sum_{j=1, j\neq 1}^{n} (Q - Q_j)}{\sum_{j=1, j\neq 1}^{n} (Q_i - Q_j)} \tag{A.24}$$

여기서 두 개의 적 $\sum$은 $j=i$항이 생략된 $n-1$항을 포함한다. 라그란지 보간법의 전산 프로그램을 성공적으로 수행하기 위해서 다음 두 조건이 만족되어야 한다. (1)임의 수두에서 알고자 하는 유량 점은 유량 자료 점의 범위 내에 위치하여야 한다. 그렇지 않을 경우 외삽법이 된다. (2)공식 A.23과 A.24는 적정하게 작성되어야 한다. CD에 수록된 EP94.FOR 라그란지 프로그램은 펌프 특성 곡선 상에 있는 n 쌍의 점을 읽어 들여 임의 유량에서 펌프 수두를 구하도록 작성되었다.

예제 A.5

다음과 같은 펌프특성곡선으로부터 10 쌍의 점을 입력하고 라그란지 3차 다항식을 이용하여 $850 gal/min$, $4200 gal/min$, $5800 gal/min$ 유량에서 펌프 수두를 구하라.

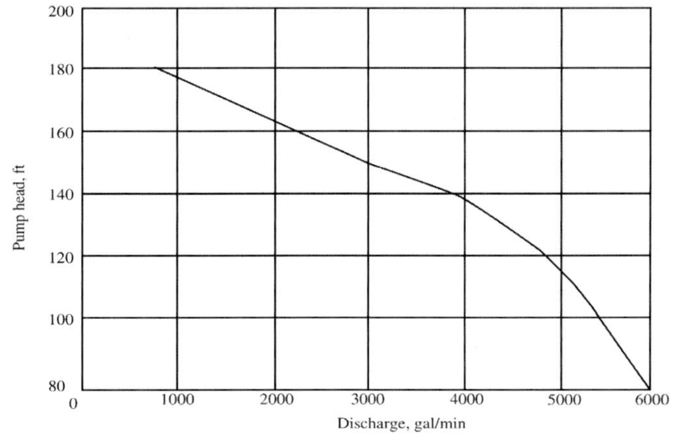

해답 상기 그림으로부터 아래와 같이 10개 유량점과 수두를 선정한다.

$Q(gal/min)$	800	1600	2400	3200	4000	4500	4800	5200	5600	6000
$h_p(ft)$	181.5	170.0	160.0	148.5	138.6	128.0	120.4	109.0	95.0	80.0

상기 수치들을 Notepad와 같은 문서 작성 프로그램을 사용하여 파일로 작성하여 프로그램에서 읽어 들이도록 한다. 본 예제에서는 프로그램명은 EP94.FOR이고 입력 파일명은 EP94.DAT이다. 본 프로그램을 수행하면 모니터에 입력할 자료 쌍의 숫자와 라그란지식의 차수를 질문하면 10과 3을 입력한다. 다음은 프로그램에 사용할 펌프의 특성 자료가 수록된 자료파일명 EP94.DAT을 입력하면 다음과 같이 임의 유량에서 수두를 구할 수 있다. 즉, 유량 $Q=850$, $Q=5800$, $Q=4200$에서 수두는 각각 $h_p=181.5$ $h_p=87.53$, $h_p=135.16$이 된다.

A.4.2 스플라인 보간법

n차 다항식은 $(n+1)$개 점 사이를 보간하기 위해 사용된다. 예를 들어 8개의 점이 있으면 완벽한 7차식을 유도할 수가 있다. 이 곡선은 점으로 구성된 곡선을 잘 표현하지만 이 함수는 잘못된 결과를 초래할 수도 있다. 이를 방지하기 위해 점의 부분집합에 저차 다항식을 적용하며 이러한 연결 다항식을 스플라인 함수(spline function)라 한다. 예를 들어, 각 쌍의 점을 연결하기 위해 3차 곡선을 사용하면 3차스플라인이라고 부른다. 이 함수에는 인접된 3차식을 시각적으로 부드럽게 연결시키는 추가적인 공리가 있다. 평면 위에서 3차스플라인 보간법은 7차 다항식 표현보다 좋지 못함에도 불구하고 스플라인이 많이 사용되는 이유를 의심할 수 있다.

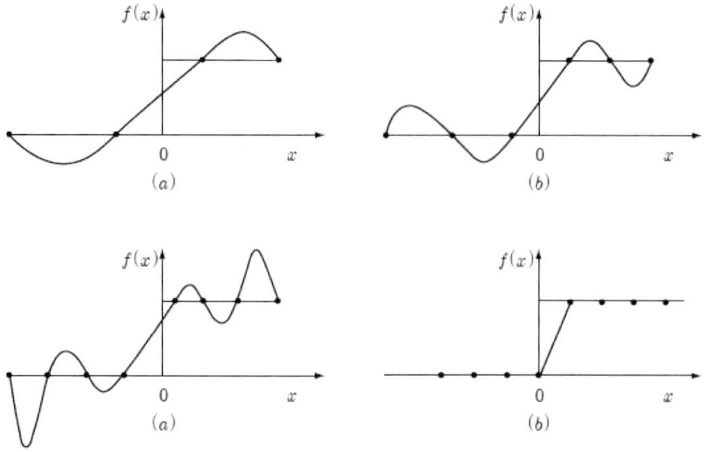

| 그림 A.8 | (a) 3차, (b) 5차, (c) 7차, 보간다항식 및 (d) 3차 스플라인 보간

그림 A.8은 스플라인 보간법이 고차 다항식보다 좋은 것을 설명해 주고 있다. 함수는 일반적으로 완만하게 변하지만 특정 구역에서는 급격히 변하는 경우도 있다. 그림 A.8에서 묘사된 각 단계의 증가는 이러한 극단적인 변화의 예를 보여주고 있다.

그림 A.8a~A.8c는 자료점이 급격하게 변화하는 근방에서 고차식은 격렬하게 진동하는 것을 보여주고 있다. 반대로 스플라인은 점을 연결하지만 3차 곡선으로 제한되어 있기 때문에 진동은 최소화된다. 그러므로 스플라인은 국부적으로 급격히 변화하는 함수에 대해 우수한 근사값을 제공한다.

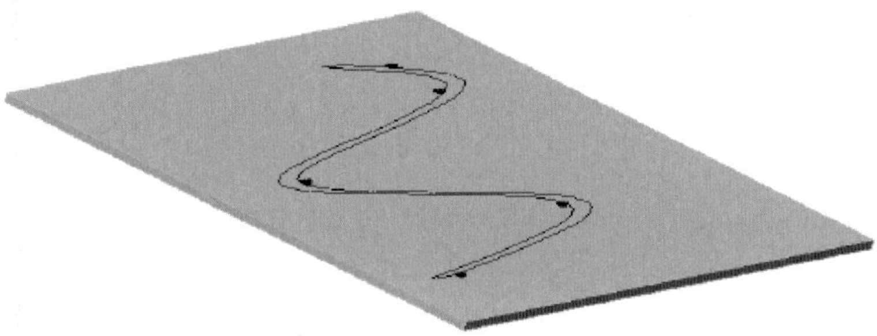

| 그림 A.9 | 일련의 점들을 완만한 곡선으로 만들려고 스플라인을 사용한 제도 기법.
끝점에서 스플라인이 어떻게 뻗어가는지를 주목하라. 이러한 것을 "자연" 스플라인이라 한다

A.4.2.1 1차(선형) 스플라인

두 점을 가장 간단하게 연결시키는 것은 직선이다. 순서화된 점들의 모임에 대한 1차스플라인은 아래와 같이 선형함수의 집합으로 정의할 수 있다.

$$
\begin{aligned}
f(x) &= f(x_0) + m_0(x - x_0) \qquad & x_0 \le x \le x_1 \\
f(x) &= f(x_1) + m_1(x - x_1) \qquad & x_1 \le x \le x_2 \\
&\vdots \\
f(x) &= f(x_{n-1}) + m_{n-1}(x - x_{n-1}) \qquad & x_{n-1} \le x \le x_n
\end{aligned}
$$

여기서 m_i는 점을 연결해 주는 직선의 기울기이다.

$$
m_i = \frac{f(x_{i+1}) - f(x_i)}{x_{i+1} - x_i} \tag{A.25}
$$

상기 식은 점이 놓여 있는 구간을 먼저 잡아서 x_0과 x_n 사이 임의 점의 함수값을 계산하기 위해 사용된다. 즉, 구간 내 함수값을 결정하기 위한 적당한 식으로 사용된다.

예제 A.6

아래 표에 있는 자료를 1차 스플라인으로 접합시키고 $x=5$일 때 함수값을 계산하라.

x	3.0	4.5	7.0	9.0
$f(x)$	2.5	1.0	2.5	0.5

해답 점들 간의 기울기를 결정하기 위해 자료를 사용한다. 예를 들어 식 A.25를 사용하여 다음과 같이 로서 $x=4.5$부터 $x=7$까지의 구간에 대한 기울기를 계산한다.

$$m=\frac{2.5-1.0}{7.0-4.5}=0.60$$

다른 구간에 대한 기울기를 계산하고 1차 스플라인을 적용한 결과는 그림 A.10a와 같으며 $x=5$에서 $f(x)=1.3$이다.

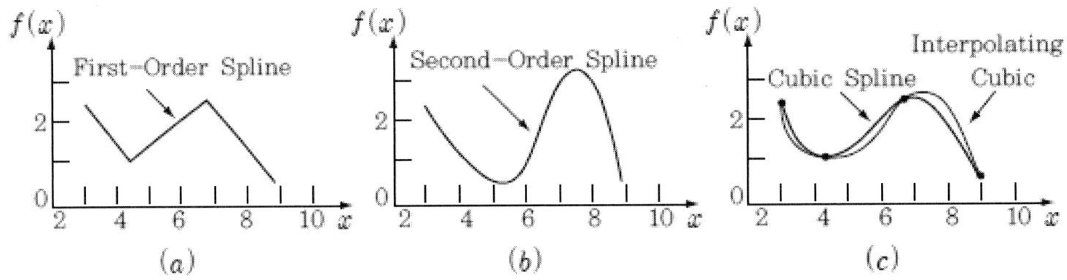

| 그림 A.10 | 4개의 점에 대한 스플라인 적합. (a) 선형스플라인 (b) 2차 스플라인 (c) 3차보간다항식 & 스플라인

그림 A.10a를 시각적으로 관찰해 보면 1차 스플라인의 주요한 단점은 부드러운 곡선이 아니라는 사실이다. 본래, 두 개의 스플라인이 만나는 자료점(일명 교점)에서 기울기는 급격하게 변한다. 공식적인 용어로 함수의 1차 도함수는 이들 점에서 불연속이다. 도함수를 등식화함으로써 교점에서 부드럽게 해주는 고차 다항식 스플라인을 사용하여 이러한 결점을 극복할 수 있으며 이러한 내용은 다음 절에서 기술한다.

A.4.2.2 2차 스플라인

교점에서의 m차 도함수를 연속으로 만들기 위해서는 적어도 $(m+1)$차 스플라인을 사용하여야 한다. 실제로 1차와 2차 도함수가 연속임을 보증하는 3차 다항식 또는 3차 스플라인이 자주 사용된다. 3차와 같은 고차 도함수가 3차 스플라인을 사용하면 불연속이 되지만 통상적으로 이를 육안으로 발견할 수 없으므로 무시할 수 있다.

3차 스플라인의 유도는 상당히 복잡하기 때문에 다음 절에서 기술하며 먼저 2차 다항식을 사용하여 스플라인 보간법의 개념을 설명하기로 한다. 2차 스플라인은 교점에서 1차 도함수가 연속이다. 비록 2차 스플라인이 교점에서 2차 도함수와 같지는 않지만 이들은 고차 스플라인 보간법을 전개하기 위한 일반적인 과정을 잘 보여준다.

2차 스플라인의 목적은 자료 점 사이 각 구간에 대해 2차 다항식을 유도하는 것으로 통상적으로 다음과 같이 각 구간에 대한 다항식을 표현한다.

$$f_i(x) = a_i x^2 + b_i x + c_i \tag{A.26}$$

그림 A.11은 개념을 명확히 하는 데 도움을 준다. $n+1$개의 자료점($i = 0, 1, 2, \cdot \cdot \cdot, n$)에는 n개의 구간이 존재해서 $3n$개의 미지수 a, b, c를 계산하여야 한다.

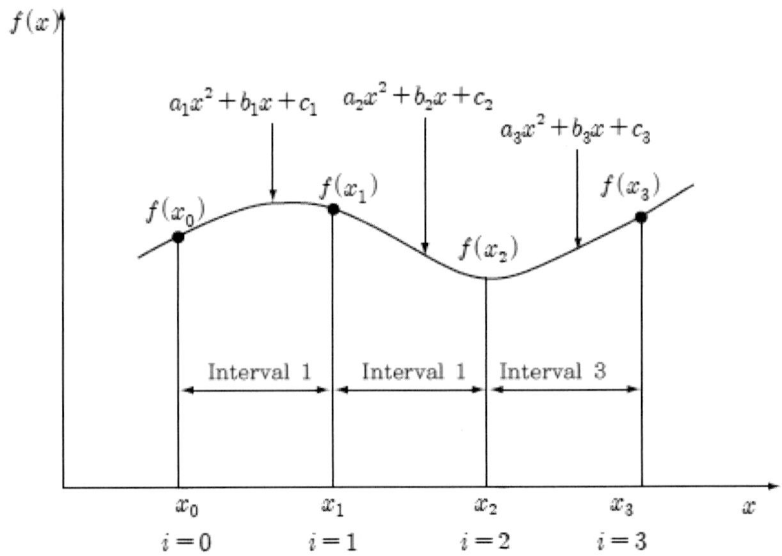

| 그림 A.11 | 2차 스플라인을 유도하는 데 사용되는 표기법.
n개의 구간과 (n+1)개의 자료들이 있음을 주목하라. 이 그림은 n=3인 경우임.

1. 함수값은 내부 교점에서 같아야 하며 다음과 같이 이 조건을 $i = 2$ 부터 n까지 표현한다.

$$a_{i-1}x_{i-1}^2 + b_{i-1}x_{i-1} + c_{i-1} = f(x_{i-1}) \tag{A.27}$$

$$a_i x_{i-1}^2 + b_i x_{i-1} + c_i = f(x_{i-1}) \tag{A.28}$$

여기에서는 내부 교점만을 사용하기 때문에 식 A.27과 A.28은 전체 $2n-2$개의 조건에 대해 $n-1$개의 교점을 제시한다.

2. 첫 번째와 마지막 함수는 끝점을 통과하여야 하며 따라서 다음과 같이 두 개의 식이 추가되며 전체 전체 조건은 $2n-2+2=2n$이다.

$$a_1x_0^2+b_1x_0+c_1=f(x_0) \tag{A.29}$$

$$a_nx_n^2+b_nx_n+c_n=f(x_n) \tag{A.30}$$

3. 내부 교점에서 1차 도함수는 같아야 하며 식 A.26의 1차 도함수는 다음과 같다.

$$f'(x)=2ax+b$$

이제 다음과 같이 이와 같은 조건을 일반식으로 표현할 수 있다.

$$2a_{i-1}x_{i-1}+b_{i-1}=2a_ix_{i-1}+b_i \tag{A.31}$$

여기서 i는 2부터 n까지이다. 이 식은 전체 $2n+n-1=3n-1$에 대해서 또 다른 $(n-1)$개의 조건을 제공한다. $3n$개의 미지수를 갖고 있기 때문에 한 개의 조건이 부족하다. 함수 또는 함수의 도함수에 대해서 추가적인 정보가 없으면 성공적으로 상수를 계산하기 위해서는 임의로 선택해야 한다. 비록 많은 상수를 선택할 수 있지만 다음의 조건을 선택한다.

4. 2차 도함수가 첫 번째 점에서 0이라고 가정하면 식 A.26의 도함수가 $2a_i$이기 때문에 다음과 같이 이 조건을 수학적으로 표현할 수 있다.

$$a_i=0 \tag{A.32}$$

이 조건의 시각적인 해석은 처음 두 개의 점이 직선으로 연결된다는 것이다.

예제 A.7

예제 A.6에서 사용한 자료를 2차 스플라인으로 적합시키고 결과를 사용하여 $x=5$에서의 함수값을 계산하라.

해답 이 문제는 4개의 자료 점과 3개의 구간 $n=3$을 갖고 있으므로 $3(3)=9$개의 미지수를 계산하여야 한다. 식 A.27과 A.28은 다음과 같이 $2(3)-2=4$개의 조건을 생성한다.

$$20.25a_1+4.5b_1+c_1=1.0$$

$$20.25a_2+4.5b_2+c_2=1.0$$

$$49a_2+7b_2+c_2=2.5$$

$$49a_3+7b_3+c_3=2.5$$

초기 값과 마지막 값을 통과하여야하기 때문에 다음과 같이 두 개의 조건 식 A.29와 A.30이 추가된다.

$$9a_1 + 3b_1 + c_1 = 2.5$$

$$81a_3 + 9b_3 + c_3 = 0.5$$

공식 A.30의 도함수의 연속성으로부터 추가적으로 $3-1=2$개의 조건이 생성된다.

$$9a_1 + b_1 = 9a_2 + b_2$$

$$14a_2 + b_2 = 14a_3 + b_3$$

마지막으로 식 A.32는 $a_1 = 0$을 기술하며 이 식은 정확하게 a_1을 기술하기 때문에 8개의 연립식을 풀 수 있다. 이 조건을 행렬 형태로 표현하면 다음과 같다.

$$\begin{bmatrix} 4.5 & 1.0 & 0.0 & 0.0 & 0.0 & 0.0 & 0.0 & 0.0 \\ 0.0 & 0.0 & 20.25 & 4.5 & 1.0 & 0.0 & 0.0 & 0.0 \\ 0.0 & 0.0 & 49.00 & 7.0 & 1.0 & 0.0 & 0.0 & 0.0 \\ 0.0 & 0.0 & 0.0 & 0.0 & 0.0 & 49.00 & 7.00 & 1.00 \\ 3.0 & 1.0 & 0.0 & 0.0 & 0.0 & 0.0 & 0.0 & 0.0 \\ 0.0 & 0.0 & 0.0 & 0.0 & 0.0 & 81.00 & 9.00 & 1.00 \\ 1.0 & 0.0 & -9.0 & -1.0 & 0.0 & 0.0 & 0.0 & 0.0 \\ 0.0 & 0.0 & 14.00 & 1.0 & 0.0 & -14.00 & -1.0 & 0.0 \end{bmatrix} \begin{pmatrix} b_1 \\ c_1 \\ a_2 \\ b_2 \\ c_2 \\ a_3 \\ b_3 \\ c_3 \end{pmatrix} = \begin{pmatrix} 1.0 \\ 1.0 \\ 2.5 \\ 2.5 \\ 2.5 \\ 0.5 \\ 0.0 \\ 0.0 \end{pmatrix}$$

가우스소거법으로 상기 식을 해결한 결과는 다음과 같다.

$$a_1 = 0 \qquad b_1 = -1 \qquad c_1 = 5.5$$

$$a_2 = 0.64 \qquad b_2 = -6.76 \qquad c_2 = 18.46$$

$$a_3 = -1.6 \qquad b_3 = 24.6 \qquad c_3 = -91.3$$

본래의 2차 방정식에 상기 수치를 대입하면 각 구간에 대해 다음 관계식이 성립된다.

$$f_1(x) = -x + 5.5 \qquad 3.0 \le x \le 4.5$$

$$f_2(x) = 0.64x^2 - 6.76x + 18.46 \qquad 4.5 \le x \le 7.0$$

$$f_3(x) = -1.6x^2 + 24.6x - 91.3 \qquad 7.0 \le x \le 9.0$$

$x=5$에서의 함수값을 계산하면 다음과 같다.

$$f_2(x) = 0.64(5)^2 - 6.76(5) + 18.46 = 0.66$$

그림 A.10b는 전체 스플라인 적합을 보여주고 있다. 이러한 적합에는 두 개의 결함이 있다는 사실에 주의하여야 한다. 즉, (1)처음 두 점을 연결하는 것은 직선이라는 사실, (2)마지막 구간에 대한 스플라인이 너무 높게 진동한다는 사실이다. 다음 절에서 기술하는 3차 스플라인은 이러한 결점을 보이지 않으며 결론적으로 스플라인 보간법 중 가장 선호되는 방법이다.

A.4.2.3 3차 스플라인

3차 스플라인의 목적은 교점 사이의 구간에 대해 다음과 같은 3차 다항식을 유도하는 것이다.

$$f_i(x) = a_i x^3 + b_i x^2 + c_i x + d_i \tag{A.33}$$

$n+1$개의 자료점에 대해서는 n개의 구간이 존재하며, 또한 $4n$개의 미지수를 계산하여야 한다. 3차 스플라인에 대한 미지수의 계산에 필요한 요구조건은 다음과 같다.

1. 함수값은 내부 교점에서 같아야 한다[$(2n-2)$개의 조건].
2. 첫 번째와 마지막 함수는 양 끝점을 통과해야 한다[2개의 조건].
3. 내부 교점에서의 1차 도함수는 같아야 한다[$(n-1)$개의 조건].
4. 내부 교점에서의 2차 도함수도 같아야 한다[$(n-1)$개의 조건].
5. 양 끝점에서의 2차 도함수는 0이다[2개의 조건].

조건 5의 시각적인 해석은 함수가 끝 교점에서 직선이 된다는 것으로 이로 인해 "자연 스플라인"이 된다. 이러한 이름은 제도 스플라인이 자연스럽게 이러한 형태로 행해지기 때문에 붙여진 것이다(그림 A.9). 만약에 끝 교점에서 2차 도함수의 값이 0이 아니면 즉, 임의 곡률이 존재한다면 마지막 두 조건을 지원하기 위해 이 정보를 선택적으로 사용한다.

상기 5개 조건은 $4n$개의 계수를 구하기 위해 $4n$개의 식을 필요로 한다. 반면에 이러한 형태에서 3차 스플라인을 전개하는 것이 가능하기 때문에 $(n-1)$개 방정식의 해 만을 요구하는 기법으로 대체할 필요가 있다. 비록 이 대체 기법의 유도는 2차 스플라인의 유도보다 어렵지만 노력할 가치가 충분하다. 각 구간에 대한 3차식은 다음과 같다.

$$\begin{aligned} f_i(x) = {} & \frac{f''(x_{i-1})}{6(x_i - x_{i-1})}(x_i - x)^3 + \frac{f''(x_i)}{6(x_i - x_{i-1})}(x - x_{i-1})^3 \\ & + \left[\frac{f(x_{i-1})}{x_i - x_{i-1}} - \frac{f''(x_{i-1})(x_i - x_{i-1})}{6}\right](x_i - x) \\ & + \left[\frac{f(x_i)}{x_i - x_{i-1}} - \frac{f''(x_i)(x_i - x_{i-1})}{6}\right](x - x_{i-1}) \end{aligned} \tag{A.34}$$

상기 식은 단지 각 구간의 끝에서 2차 도함수인 두 개의 미지수만을 포함하고 있으며 다음을 사용하여 이 미지수를 계산한다.

3차 스플라인을 유도하는 첫 번째 단계는 관측에 기초를 두고 있다. 왜냐하면 각 쌍의 교점은 3차식으로 연결되어 있기 때문에 각 구간에 있는 2차 도함수는 직선이다. 이 관측을 검증하기 위해서 식 A.33을 두 번 미분한다. 이에 기초하여 아래와 같이 2차 도함수를 1차 라그란지 보간식으로 표현할 수 있다.

$$f_i''(x) = f''(x_{i-1})\frac{x - x_i}{x_{i-1} - x_i} + f''(x_i)\frac{x - x_{i-1}}{x_i - x_{i-1}} \tag{A.35}$$

여기서 $f_i''(x)$는 i번째 구간의 임의 점 x에서의 2차 도함수 값이다. 그러므로 이 식은 두 번째 교점 $f''(x)$에서 2차 도함수와 첫 번째 교점 $f''(x_{i-1})$에서 2차 도함수를 연결시키는 직선이다.

다음은 $f_i(x)$를 표현하기 위해서 식 A.35를 두 번 적분한다. 그러나 이 식은 두 개의 알지 못하는 적분 상수를 포함하게 되며 함수–동일 조건을 사용하여 이 상수를 계산한다. 여기서 함수–동일조건은 x_{i-1}에서 $f(x)$는 $f(x_{i-1})$과 같고, x_i에서는 $f(x_i)$와 같아야 한다는 조건이다. 이 계산을 수행하면 다음과 같은 3차식을 얻을 수 있다.

$$\begin{aligned} f_i(x) = {} & \frac{f''(x_{i-1})}{6(x_i - x_{i-1})}(x_i - x)^3 + \frac{f''(x_i)}{6(x_i - x_{i-1})}(x - x_{i-1})^3 \\ & + \left[\frac{f(x_{i-1})}{x_i - x_{i-1}} - \frac{f''(x_{i-1})(x_i - x_{i-1})}{6}\right](x_i - x) \\ & + \left[\frac{f(x_{i)}}{x_i - x_{i-1}} - \frac{f''(x_i)(x_i - x_{i-1})}{6}\right](x - x_{i-1}) \end{aligned} \tag{A.36}$$

상기 관계식은 i번째 구간에 대한 3차 스플라인으로 식 A.33보다 훨씬 복잡하지만 이 식은 단지 구간의 시작인 $f''(x_{i-1})$과 구간의 끝인 $f''(x_i)$에서 2차 도함수인 두 미지의 "계수"만을 포함하고 있다. 따라서 각 교점에서 적당한 2차 도함수를 결정하면 식 A.36는 구간 내에서 보간하기 위해 식 A.36의 3차식을 사용할 수 있다. 교점에서 1차 도함수가 연속이라는 조건으로 2차 도함수를 계산한다. 즉,

$$f_{i-1}'(x_i) = f_i'(x_i) \tag{A.37}$$

1차 도함수에 대한 표현식을 얻기 위해 식 A.36을 미분한다. 만약에 이 미분이 $(i-1)$번째와 i번째 구간에서 이루어지고 식 A.37에 따라서 두 개의 결과가 동일하면 다음 결과를 얻을 수 있다.

$$(x_i - x_{i-1})f''(x_{i-1}) + 2(x_{i+1} - x_{i-1})f''(x_i) + (x_{i+1} - x_i)f''(x_{i+1}) = \frac{6}{(x_{i+1} - x_i)}[f(x_{i+1}) - f(x_i)] + \frac{6}{(x_i - x_{i-1})}[f(x_{i-1}) - f(x_i)] \tag{A.38}$$

만약 모든 내부 교점에 대해 식 A.37을 작성하였다면 결과적으로 $(n-1)$개의 연립식은 $(i+1)$개의 알지 못하는 2차 도함수를 갖게 된다. 그러나 이것이 자연적인 3차 스플라인이기 때문에 끝 교점에서의 2차 도함수는 0이며, 문제는 $(n-1)$개의 미지수를 갖는 $(n-1)$개의 방정식이 된다. 추가로 공식시스템은 삼중대각형이 되므로 식의 숫자가 감소할 뿐만 아니라 아주 쉽게 식을 풀 수 있다.

$$(x_i - x_{i-1})f''(x_{i-1}) + 2(x_{i+1} - x_{i-1})f''(x_i) + (x_{i+1} - x_i)f''(x_{i+1}) = \frac{6}{(x_{i+1} - x_i)}[f(x_{i+1}) - f(x_i)] + \frac{6}{(x_i - x_{i-1})}[f(x_{i-1}) - f(x_i)] \tag{A.39}$$

만약 모든 내부 교점에 대해 이 식을 작성하였다면 $(n-1)$개의 연립식은 $(n-1)$개의 미지수를 계산해 준다(끝 교점에서 2차 도함수는 0이라는 사실을 기억하라).

예제 A.8

예제 A.6에서 사용한 자료를 3차 스플라인으로 적합시키고 이 결과를 사용하여 $x = 5$에서 함수값을 계산하라.

해답 첫 번째 단계는 교점에서의 2차 도함수를 결정하기 위해 사용할 수 있는 연립식을 전개하기 위해서 식 A.39를 사용한다. 예를 들어 첫 번째 교점에 대해서는 다음의 자료를 사용한다.

$$x_0 = 3 \qquad f(x_0) = 2.5$$

$$x_1 = 4.5 \qquad f(x_1) = 1$$

$$x_2 = 7 \qquad f(x_2) = 2.5$$

이 값을 식 A.39에 대입하면 다음 식을 얻을 수 있다.

$$(4.5-3)f''(3) + 2(7-3)f''(4.5) + (7-4.5)f''(7) = \frac{6}{7-4.5}(2.5-1) + \frac{6}{4.5-3}(2.5-1)$$

자연 스플라인 조건에 따라 $f''(3) = 0$이 되며 식은 다음과 같다.

$$8f''(4.5) + 2.5f''(7) = 9.6$$

유사한 형태로 식 A.39를 두 번째 내점에 적용시키면 다음과 같다.

$$2.5f''(4.5)+9f''(7)=-9.6$$

상기 두 식을 연립으로 풀면 다음 값을 얻을 수 있다.

$$f''(4.5)=1.67909$$

$$f''(7)=-1.53308$$

이 값을 식 A.36에 대입하면 x와 $f(x)$ 의 값에 따라서 다음 식을 얻을 수 있다.

$$f_1(x)=\frac{1.67909}{6(4.5-3)}(x-3)^3+\frac{2.5}{4.5-3}(4.5-x)$$

$$+\left[\frac{1}{4.5-3}-\frac{1.67909(4.5-3)}{6}\right](x-3)$$

또는

$$f_1(x)=0.186566(x-3)^3+1.666667(4.5-x)^3+0.246894(x-3)$$

이 식은 첫 번째 구간에 대한 3차 스플라인이다. 유사한 방법으로 다음과 같이 두 번째와 세 번째 구간에 대한 식을 전개할 수 있다.

$$f_2(x)=\frac{f''(x_1)}{6(x_2-x_1)}(x_2-x)^3+\frac{f''(x_2)}{6(x_2-x_1)}(x-x_1)^3$$

$$+\left[\frac{f(x_1)}{x_2-x_1}-\frac{f''(x_1)(x_2-x_1)}{6}\right](x_2-x)$$

$$+\left[\frac{f(x_2)}{x_2-x_1}-\frac{f''(x_2)(x_2-x_1)}{6}\right](x-x_1)$$

$$f_2(x)=\frac{1.67909}{6(7-4.5)}(7-x)^3+\frac{-1.53308}{6(7-4.5)}(x-4.5)^3$$

$$+\left[\frac{1}{7-4.5}-\frac{1.67909(7-4.5)}{6}\right](7-x)$$

$$+\left[\frac{2.5}{7-4.5}-\frac{-1.53308(7-4.5)}{6}\right](x-4.5)$$

$$f_2(x)=0.111939(7-x)^3-0.102205(x-4.5)^3-0.299621(7-x)$$

$$+1.638783(x-4.5)$$

그리고

$$f_3(x) = \frac{f''(x_2)}{6(x_3 - x_2)}(x_3 - x)^3 + \frac{f''(x_3)}{6(x_3 - x_2)}(x - x_2)^3$$

$$+ \left[\frac{f(x_2)}{x_3 - x_2} - \frac{f''(x_2)(x_3 - x_2)}{6}\right](x_3 - x)$$

$$+ \left[\frac{f(x_3)}{x_3 - x_2} - \frac{f''(x_3)(x_3 - x_2)}{6}\right](x - x_2)$$

$$f_2(x) = \frac{-1.53308}{6(9-7)}(9-x)^3 + \left[\frac{2.5}{9-7} - \frac{-1.53308(9-7)}{6}\right](9-x)$$

$$+ \left[\frac{0.5}{9-7}\right](x-7)$$

$$f_3(x) = -0.127757(9-x)^3 + 1.761027(9-x)^3 + 0.25(x-7)$$

상기 식에서 자연 스플라인 조건에 따라 $f''(9) = 0$이 된다. 각 구간 내 값을 계산하기 위해 상기 3개 식을 사용한다. 예로서 $x = 5$에서의 함수 값은 두 번째 구간에 있으므로 다음과 같이 계산할 수 있다.

$$f_2(x) = 0.111939(7-5)^3 - 0.102205(5-4.5)^3 - 0.299621(7-5)$$

$$+ 1.638783(5-4.5) = 1.102886$$

동일한 방법으로 나머지 값을 계산할 수 있으며 그 결과는 그림 A.10c와 같다. 예제 A.6, A.7, A.8의 결과는 그림 A.10에 요약되어 있다. 선형 스플라인으로부터 2차, 3차 스플라인으로 이동하면서 점진적인 적합의 개선방법을 기술하였다. 또한 그림 A.10c는 3차 스플라인과 3차 보간식을 중첩시켜 보여준다. 비록 3차 스플라인은 일련의 3차 곡선으로 구성되어 있지만 적합의 결과는 3차식을 사용해서 얻은 결과와는 다르며 이와 같은 차이는 자연 스플라인이 끝 교점에서 2차 도함수가 0이 되어야 하는 반면 3차식은 이러한 제한을 갖지 않는다는 사실에 기인한다.

A.4.2.4 전산기를 사용한 스플라인 보간법

스플라인 보간법과 라그란지 보간법의 근본적인 차이는 스플라인 함수는 두 개의 연속된 점들 사이에서만 보간하지만 스플라인 함수와 도함수는 이 점들에서 연속이라는 것이다. 여기에서는 3차 스플라인 보간법에 대해 기술하기로 한다. 연속적인 각 한 쌍의 점 사이에 다음과 같은 3차식을 작성한다.

$$y(i) = a_i x^3 + b_i x^2 + c_i x + d_i \tag{A.40}$$

여기서 아래 첨자 i는 i 점 이전의 분절을 의미한다. 종속변수 y는 펌프 수두 h_p, 독립변수 x는 유량 Q를 나타낸다(이제부터 h_p를 간략히 H로 표기하기로 한다.) 한 예로 4쌍의 (H, Q)를 사용한다면 공식 A.40으로부터 3개의 보간식을 갖는다. 따라서 미지수(a, b, c, d)는 모두 $4(n-1)$가 되고 여기서 n은 점의 숫자이다. 본 예의 경우 $4(4-1)=12$의 미지수를 갖는다. 따라서 12개의 식이 필요하다. 각 점의 i 분절 끝 지점인 j와 $j+1$에 알고 있는 (H, Q)를 대입하여 $2(n-1)$개 식을 작성할 수 있다. 각 자료 점에 적용되는 두 보간식을 1차 미분하여 $(n-1)$개 식을 작성하고 같은 점에서 2차 미분하여 추가적으로 $(n-1)$개 식을 작성할 수 있다. 경계조건으로부터 마지막 두 식을 작성할 수 있다. 가장 광범위하게 사용되는 두 경계조건 중 하나는 다음과 같이 자료의 시작점 또는 종료점의 2차 도함수를 0으로 설정하는 것이다.

$$(d^2y/dx^2)_1 = H''_1 = 0$$

또는

$$(d^2y/dx^2)_n = H''_n = 0$$

이러한 경계조건을 자연 3차 스플라인이라 한다. 다른 하나는 y'_1 또는 y'_n 에 1차 미분 수치를 설정하는 것이다. 구체적으로 4개의 자료점에 대한 식은 다음과 같다.

$$H_1 = a_1 Q_1^3 + b_1 Q_1^2 + c_1 Q_1 + d_1 \tag{A.41}$$

$$H_2 = a_1 Q_2^3 + b_1 Q_2^2 + c_1 Q_2 + d_1 \tag{A.42}$$

$$H_2 = a_2 Q_2^3 + b_2 Q_2^2 + c_2 Q_2 + d_2 \tag{A.43}$$

$$H_3 = a_2 Q_3^3 + b_2 Q_3^2 + c_2 Q_3 + d_2 \tag{A.44}$$

$$H_3 = a_3 Q_3^3 + b_3 Q_3^2 + c_3 Q_3 + d_3 \tag{A.45}$$

$$H_4 = a_3 Q_4^3 + b_3 Q_4^2 + c_3 Q_4 + d_3 \tag{A.46}$$

$$\left(\frac{dy^{(1)}}{dx}\right)_2 = \left(\frac{dy^{(2)}}{dx}\right)_2 = 3a_1 Q_2^2 + 2b_1 Q_2 + c_1 = 3a_2 Q_2^2 + 2b_2 Q_2 + c_2 \tag{A.47}$$

$$\left(\frac{dy^{(2)}}{dx}\right)_2 = \left(\frac{dy^{(3)}}{dx}\right)_3 = 3a_2 Q_3^2 + 2b_2 Q_3 + c_2 = 3a_3 Q_3^2 + 2b_3 Q_3 + c_3 \tag{A.48}$$

$$\left(\frac{d^2y^{(1)}}{dx^2}\right)_2 = \left(\frac{d^2y^{(2)}}{dx^2}\right)_2 = 6a_1 Q_2 + 2b_1 = 6a_2 Q_2 + 2b_2 \tag{A.49}$$

$$\left(\frac{d^2y^{(2)}}{dx^2}\right)_3 = \left(\frac{d^2y^{(3)}}{dx^2}\right)_3 = 6a_2Q_3 + 2b_2 = 6a_3Q_3 + 2b_3 \tag{A.50}$$

경계조건은 다음 중 하나이다.

$$\left(\frac{d^2y^{(1)}}{dx^2}\right)_1 = H_1^{''} = 0 \tag{A.51}$$

$$\left(\frac{d^2y^{(3)}}{dx^2}\right)_4 = H_4^{''} = 0 \tag{A.52}$$

또는

$$\left(\frac{dy^{(1)}}{dx}\right)_1 = 3a_1Q_1^2 + 2b_1Q_1 + c_1 \tag{A.52a}$$

$$\left(\frac{dy^{(3)}}{dx}\right)_4 = 3a_3Q_4^2 + 2b_3Q_4 + c_3 \tag{A.52b}$$

상기 식에서 y는 연속적인 종속변수로 사용되었다. 보간법으로 펌프특성곡선의 한 점에 대한 값을 구하기 위한 종속변수를 펌프 수두 H라 부르며 식에서는 y로 표현된다.

주어진 유량 Q에서 H를 계산하기 위해 $a_i, b_i,\ c_i\ \ d_i$ 그리고 $i=1,\ 2,\ 3$에 대해 상기 식과 적정한 식을 사용하며 가장 간략한 대안 보간식은 다음과 같다.

$$H^{(i)} = a_iH_j + b_iH_{j+1} + c_iH''_j + d_iH''_{j+1} \tag{A.53}$$

상기 계수 $a, b,\ c\,d$ 는 이전의 결과와는 명백히 다르다. a와 b는 j와 $j+1$ 지점에서의 종속변수에 적용한 가중 함수이고 c와 d는 같은 점의 2차 도함수에 적용된 가중 함수이다. 유한 요소법에서 a와 b는 선형 1차 요소와 관련된 보간 함수들의 형태이다. 즉, 쉽게 표현하면 다음과 같다.

$$a_i + b_i = 1$$

$$a_i = (Q_{j+1} - Q)/(Q_{j+1} - Q_j)$$

$$b_i = (Q - Q_j)/(Q_{j+1} - Q_j)$$

여기서 a_i와 b_i는 Q의 선형함수이다. 간략히 표현하기 위해서 지금부터 아래 첨자와 위 첨자를 생략한다. 보간 함수는 $[Q_j,\ Q_{j+1}]$ 사이에서만 Q 수치를 제공한다는 사실을 유의하여야 한다.

c와 d는 a와 b의 함수이므로 각 새로운 분절에 도입되는 미지수의 숫자는 4개가 아니라 2개가 된다. 따라서 n 간격에 대한 전체 식의 숫자는 $4(n-1)$가 아니라 $2(n-1)$가 된다.

그리고 $b=1-a$이므로 새로운 자료 점에는 오직 하나의 새로운 미지수만이 나타나므로 필요한 식은 오직 $n-1$이 된다. a와 b, c와 d의 관계는 다음과 같다.

$$c=(a^3-a)(Q_{j+1}-Q_j)/6 \tag{A.54a}$$

$$d=(b^3-b)(Q_{j+1}-Q_j)/6 \tag{A.54b}$$

따라서 Q에서 보간식은 전적으로 a와 b에 종속된다. 또한 도함수는 c와 d에 의해 좌우되므로 3차 보간식은 폐쇄된 간격 $[Q_j,\ Q_{j+1}]$에서만 존재하게 된다. 이러한 사실을 증명하기 위해서 먼저 c와 d의 정의로부터 a^3과 b^3을 포함하는 것을 알 수 있으므로 c와 d는 Q^3과 Q^2항을 포함한다는 것을 알 수 있다. 따라서 보간식은 3차식이 되며 다음의 관계를 알 수 있다.

$$da/dQ=-1/(Q_{j+1}-Q_j),$$
$$db/dQ=1/(Q_{j+1}-Q_j)=-da/dQ$$

이제 다음과 같이 수두 H의 도함수를 계산할 수 있다.

$$H'=\frac{dH}{dQ}=\frac{H_{j+1}-H_j}{Q_{j+1}-Q_j}-\frac{3a^2-1}{6}(Q_{j+1}-Q_j)H''_j+\frac{3b^2-1}{6}(Q_{j+1}-Q_j)H''_{j+1} \tag{A.55}$$

2차 도함수는

$$H''=aH''_j+bH''_{j+1} \tag{A.56}$$

Q_j에서 $a=1$, Q_{j+1}에서 $a=0$ 그리고 Q_j에서 $b=0$, Q_{j+1}에서 $b=1$이므로 c와 d, d 와 b 의 관계가 유효하다는 것을 증명할 수 있다.

식 A.53을 실제로 적용하기 위해서 식에 나타나는 2차 도함수의 수치를 결정하여야 한다. 이 수치를 결정하기 위해 필요한 식은 점 2, 3, · · $n-2$에서 1차 도함수를 평가하고 인접한 분절로부터 쌍들을 일치시켜 구할 수 있으며 당초 식 또는 2차 도함수를 일치시켜 구한 식이 필요하지 않다. 그 이유는 이 식들은 보간 다항식에 의해 이미 만족되었기 때문이다. 자료 점에서 1차 도함수를 일치시키면

$$\frac{H_j-H_{j-1}}{Q_j-Q_{j-1}}+\frac{Q_j-Q_{j-1}}{6}H''_{j-1}+\frac{Q_j-Q_{j-1}}{3}H''_j \tag{A.57}$$

$$=\frac{H_{j+1}-H_j}{Q_{j+1}-Q_j}-\frac{Q_{j+1}-Q_j}{3}H''_j-\frac{Q_{j+1}-Q_j}{6}H''_{j+1}$$

식 A.55의 좌측 항 도함수 j지점에 Q_j에서 $a=0, b=1$, 우측 항에 $a=1, b=0$ 를 대입하여 상기 식을 직접 구할 수 있다. 우변의 기저 수치를 사용하여 H의 2차 도함수들 사이 선형 관계를 더 잘 보여주기 위해 상기 식을 다음과 같이 재작성할 수 있다.

$$(Q_j - Q_{j-1})H''_{j-1} + 2(Q_{j+1} - Q_{j-1})H''_j - (Q_{j+1} - Q_j)H''_{j+1} \tag{A.58}$$

$$= 6\left\{\frac{H_{j+1} - H_j}{Q_{j+1} - Q_j} - \frac{H_j - H_{j-1}}{Q_j - Q_{j-1}}\right\}$$

식 A.58을 행렬 형태로 나타내면 계수 행렬$[A]$와 미지수 2차 도함수 $\{H''\}$벡터를 곱하면 기저 벡터 $\{B\}$가 된다.

$$[A]\{H''\} = \{B\} \tag{A.59}$$

이제 풀이를 완성하기 위해서 경계조건은 첫 번째 수치와 마지막 수치를 제공하여야만 한다. 만일 자연 조건을 사용하면 H''_1과 H''_n은 0이 되며 이러한 사실은 시스템이 점 2로부터 시작하여 점 $n-1$에서 끝난다는 것을 의미한다. 만일 1차 도함수가 명시되면 공식시스템의 첫 번째 식과 마지막 식에 이 도함수의 수치를 제공한다. 경계조건의 선택과 무관하게 이 공식시스템 내 3개의 2차 도함수의 연속 수치들이 서로 연결된다는 사실에 주의하여야 한다. 매우 광범위하게 사용되는 소거법 또는 분해법으로 이러한 삼중대각식을 쉽게 해결할 수 있다. 대각선의 전반부에는 오직 하나의 요소만이 존재하므로 행렬의 한 행을 통과하는 단일 전방 소거(single forward elimination)는 행렬을 0이 아닌 두 개의 요소로 상부 삼각 행렬로 변환시키고, 역 대입하여 2차 도함수에 대한 해답을 구할 수 있다.

이러한 3차 스플라인 보간법의 대안은 각 자료 점에서 주어진$(H_j,\ Q_j)$ 쌍의 H와 관련된 2차 도함수의 수치를 결정하기 위해 삼중대각 공식시스템을 해결하여야 할 필요성이 있다. 다른 보간 관계식을 적용하여 전체 보간 범위 내 임의 Q로부터 수두 H를 직접 구할 수 있다.

CD에 수록된 EP98.FOR 프로그램은 스플라인 보간을 수행한다. 이 프로그램은 N쌍의 $(H_j,\ Q_j)$수치를 읽어 균등한 Q 수치 간격 M으로 수두 H를 결정하도록 설계되었다. 이 프로그램 출력인 표의 3번째 칸은 dH/dQ수치를 제공한다. 이 프로그램은 라그란지 보간법 프로그램과 같은 방법으로 수정될 수도 있고, 사용자가 필요한 수두를 구하기 위한 일련의 유량 Q 수치를 제공할 수도 있도록 수정할 수 있다.

예제 A.9

스플라인 프로그램을 사용하여 $\triangle Q = 100gal/min$ 간격으로 $800gal/min$부터 $6000gal/min$ 범위에서 펌프 수두 H와 도함수 dH/dQ를 구하라. 입력 자료는 예제 A.5의 10 쌍의 자료점을 사용한다.

해답 키보드를 이용해 2 3 10 53 0을 입력하여 EP98.FOR 프로그램 수행 결과는 다음과 같다.

```
800.0      181.50     -0.01508
900.0      179.99     -0.01505
1000.0     178.49     -0.01495

5800.0      87.53     -0.03755
5900.0      83.77     -0.03766
6000.0      80.0      -0.03770
```

예제 A.10

예제 A.9에서의 펌프가 아래 표와 같이 6시간 동안 운전되며 자료들 사이는 부드럽게 변화되는 것으로 가정한다.

시간(hr)	0	1	1.5	2.0	2.8	3.8	4.9	5.2	6.0
유량(gpm)	800	2500	3500	4700	5500	4900	3500	2900	2500

예제 A.9에서 유량에 따른 펌프의 효율은 아래 표와 같다.

유량(gpm)	800	1600	2400	3200	4000	4500	4800	5200	5600
효율(e)	0.40	0.50	0.65	0.75	0.825	0.847	0.845	0.81	0.79
수두(ft)	181.5	170.0	160.0	148.5	138.6	128.0	120.4	109.0	95.0

상기 표와 자료로부터 필요한 상관관계를 정의하기 위해 3차 스플라인을 사용하고 6시간 동안 펌프가 소비하는 에너지를 결정하라.

스플라인 함수로 성립되어야 할 3개 상관관계는 다음과 같다.

1. 시간 t의 함수로서 유량 Q
2. 유량 Q의 함수로서 펌핑수두 H
3. 유량 Q의 함수로서 효율 e

상기 상관관계가 결정되면 식을 수치적분하여 에너지소비량을 구할 수 있다.

$$Energy = \gamma \int (QH/e)dt$$

상기 상관관계를 나타내기 위한 2차 도함수를 구하기 위해 프로그램 SPLINECU를 서브루틴으로 변환시키는 것이 편리하며 수치적분 서브루틴을 사용하여 에너지를 구할 수 있다. 이 과업을 완성하기 위해 CD에 수록된 프로그램 ELECECG의 목록을 열거하여 본 예제의 나머지 부분에 대해서도 고찰할 필요가 있다. 프로그램 ELECECG은 2차 도함수를 결정하기 위해 새롭게 생성된 서브루틴 SPLIINESU를 3번 호출한 후 SIMPR를 호출하여 적분을 완성한다. 서브루틴 SPLINESU에서의 인자는 다음과 같다: N은 자료 쌍의 숫자, X는 독립변수를 위한 N 수치의 배열, Y는 종속변수를 위한 N 수치의 배열, D2Y는 SPLINESU에 의해 반환된 2차 도함수의 배열, D는 N 수치를 갖는 작업 배열, ITY=0은 자연 경계조건 또는 ITY=1은 도메인의 말단부에서 규정된 1차 도함수를 나타낸다.

프로그램은 다음과 같이 3개 부분으로 나누어진다: (1)3개의 2차 도함수를 구하기 위해 SPLINESU를 3번 호출한 후 수치적분 루틴 SIMPR를 호출하는 주 프로그램; (2)파일로부터 자료 쌍을 입력하기 위한 블록 자료 서브 프로그램; 그리고 (3)적분하여야 할 공식을 정의하는 서브 함수 프로그램 EQUAT. 2차 도함수와 3쌍의 자료는 함수 서브 프로그램 Block common statement에 의해 EQUAT로 통과된다. 이 시간부터 EQUAT는 유량을 QQ로, 펌핑수두를 HH로, 그리고 효율을 EE로 수치를 제공할 수 있는 3차 스플라인 내삽법을 사용하여야 할 2개의 instant를 결정할 로직을 포함하고, 수치적분 QH/e는 EQUAT로서 반환된다. 주 프로그램은 gpm를 ft^3/s로 그리고 에너지 $ft \cdot lb$를 $kilowatt \cdot hr$로 변환하기 위한 γ의 상수를 제공한다. 프로그램 수행 결과는 다음과 같다.

$$Energy = 1.915 \times 10^9 ft \cdot lb \quad or \ 2{,}600{,}000 kWh$$

A.5 수치적분

A.5.1 수치적분의 의미

가능한 전산기로 미분을 계산하지 않는 것이 좋지만 적분은 전산기로 계산해도 오차가 적은 값을 용이하게 구할 수 있다.

정적분 $J = \int_a^b f(x)dx$를 컴퓨터로 구하려면 어떻게 해야 할까? 정적분의 기하학적 의미는 빗금친 부분의 면적이므로 이 면적을 근사적으로 계산하면 된다.

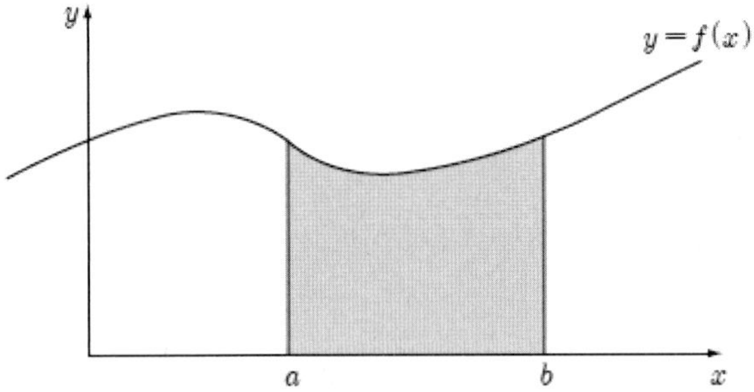

| 그림 A.12 | 수치적분의 의미

A.5.2 사다리꼴 법칙(TR:Trapezoidal Rule)

사다리꼴 법칙은 독립변수의 시작 수치 x_b부터 끝나는 수치 x_e까지 적분에 대한 근사 해는 간격 $\Delta x = x_e - x_b$ 그리고 x_a와 x_b 두 지점에서 계산된 함수의 평균 값의 곱과 동일하다.

$$\Delta F = \int f(x)dx = (x_e - x_b)\{f(x_b) + f(x_e)\}/2 \quad \text{(A.60)}$$

수치적분의 정확도는 간격 Δx의 크기에 따라 결정된다. 즉, 요구되는 오차를 만족시키기 위해서는 Δx의 크기가 충분히 작아야 한다. 얼마나 작아야 되는지 어떻게 결정할 수 있을까? 통상적으로Δx는 충분히 작기 때문에 Δx를 사용한 결과와 $\Delta x/2$를 사용한 결과는 크게 차이가 나지 않는다. 즉, 수치적분은 Δx를 감소시킨 후 결과의 차이가 설정한 오차 기준보다 작을 때까지 반복할 수 있다. 만일 연산을 최소로 하는 방법을 고려하지 않고 이러한 절차를 수행한다면 상당히 많은 계산이 요구된다. 이제부터 전술한 계산의 이점을 잃지 않고 간격 크기를 감소시키는 알고리즘에 대해 기술한다. 이해를 도모하기 사다리꼴법을 이용해 1차식의 적분을 구하도록 한다.

전체 적분 구간을 N으로 나눈 $\Delta x = (x_e - x_b)/N$ 간격에 연속적으로 사다리꼴법을 반복적으로 적용하면 다음 결과식을 얻을 수 있다.

$$F(x_e) - F(x_b) = \Delta x\{f_0/2 + f_1 + f_2 + \cdot\cdot\cdot + f_{N-1} + f_N/2\} \quad \text{(A.61)}$$

따라서 첫 번째와 마지막 항은 2로 나눈 것과 중간 지점에서의 함수의 수치를 서로 더한다. 여기서 $f_0 = f_b$(첫 번째 간격에서의 함수)와 $f_N = f_e$(마지막 간격에서의 함수)이다. 사다리꼴법은 앞에서 구한 함수 값을 잃지 않고 앞에서의 수치 절반과 동일한 새로운 Δx를 사용하여 반복적으로 수행된다. 이와 같은 알고리즘의 전개를 가시화하기 위해서 먼저 그림 A.13에서 보는 바와 같이 $N = 1$이고, 두 끝 지점 x_b와 x_e 의 함수의 평균에 $(x_e - x_b)$에 곱하는 가장 거친 사다리꼴법의 수행을 고려한다. 적분 범위를 두 개의 간격

$\triangle x = (x_e - x_b)/2$으로 나누면 추가된 다른 한 지점에서의 함수를 평가하여야 하며 이는 그림 A.13에서 $N=2$인 경우 중간 지점이 된다. 확장된 사다리꼴법을 적용할 때는 $\triangle x$는 선행 것의 반이기 때문에 선행 마지막 수치를 1/2로 곱한다. 그리고 이 결과를 $\triangle x$로 곱하여 중간 지점 함수의 수치에 더한다. 적분 범위를 4 등분하면 간격은 $\triangle x = (x_e - x_b)/4$가 되고 추가된 두 지점에서 $x = x_b + (\triangle x)_{i-1}/2$ 및 $x = x_b + (\triangle x)_{i-1}/2 + (\triangle x)_{i-1}$ 함수를 평가하여야 한다. 여기서$(\triangle x)_{i-1}$는 선행 증가분이다. 이 추가된 두 지점은 $N=3$과 관련된 선상에 나타난다. $N=4$인 경우 추가된 4개 지점에서 함수를 평가하여야 하고 이러한 절차가 연속된다. 그림 A.13이 보여주는 것과 같이 모든 평가의 합은 연장된 사다리꼴법의 수행에 필요한 모든 수치를 제공한다. 연속적인 N의 증가 사이에서 적분의 평가수치가 미리 설정된 오차 범위내의 수치가 될 때까지 이러한 절차는 계속된다.

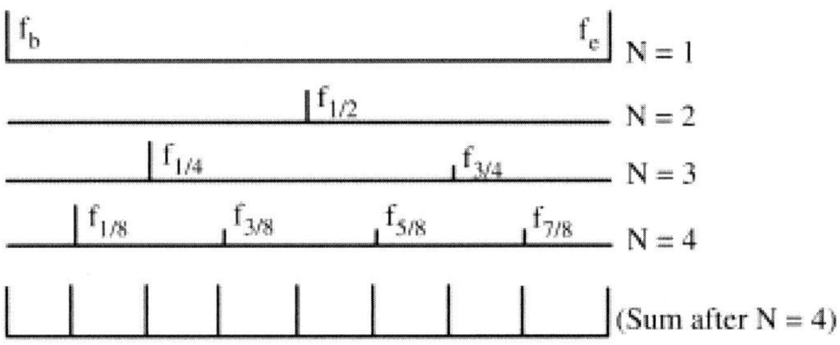

| 그림 A.13 | 계속해서 감소하는 증가분 △x는 선행 증가분의 절반으로 새로운 지점에서의 함수는 △x가 감소되면서 평가되는 사다리꼴 법 수행

그림 A.14에 열거된 포트란 프로그램 코드는 이러한 알고리즘을 수행하며 사다리법칙을 이용하여 적분을 수치적으로 수행하는 서브루틴 프로그램 TRAPR.FOR이다.

```
      SUBROUTINE TRAPR(EQUAT, XB, XE, VALUE, ERR, MAX)
      EXTERNAL EQUAT
      EV=-1.E30
      VALUE=0.5*(XE-EB)*(EQUAT(XB)+EQUAT(XE))
      M=1
      I=1
10    I=I+1
      DELX=(XE-XB)/FLOAT (M)
      X=XB+0.5*DELX
      SUM=0.
      DO 20 J=1,M
      SUM=SUM+EQUAT(M)
20    X=X+DELX
```

```
VALUE=0.5*(VALUE+(XE-XB)*SUM/FLOAT(M))
M=2*M
IF(ABS(VALUE-EV).LT.ERR*ABS(EV)) RETURN
EV=VALUE
IF(I.LT.MAX) GOTO 10
WRITE(*.*) 'FAILED TO SATISFY ERROR REQ.', VALUE-EV
RETURN
END
```

| 그림 A.14 | TRAPR.FOR 프로그램

이 서브루틴 프로그램을 사용하기 위해 두 개의 다른 프로그램이 필요하다. 첫 번째 프로그램은 함수 서브루틴 프로그램으로(TRAPR로 호출되는 첫 번째 인자로서 명칭은 EQUAT이다) 인자 X에서 적분할 함수인 integrand를 평가한다. 따라서 이 프로그램은 함수 EQUAT(X)를 호출한다. 두 번째 프로그램은 주 프로그램으로 다른 과업들 사이에서 적절하게 TRAPR를 호출한다. TRAPR 프로그램을 수행하기 위한 인자는 다음과 같다.

- EQUAT : 외부 함수 서브 프로그램으로 주어진 X 수치에서 적분함수(integrand)를 평가한다.
- XB : 간격의 시작점에서 독립변수의 실수 수치
- XE : 간격의 마지막 점에서 독립변수의 실수 수치 즉, 적분구간은 XB부터 XE까지다.
- VALUE : 주 프로그램에 반환될 적분의 실수 수치
- ERR : 상대적 오차 기준으로 실수형이다. 증분 Δx는 적분의 연속적인 두 적분수치의 절대 차이가 ERR와 선행 평가로부터의 절대 적분 수치의 곱보다 작을 때 까지 계속해서 반복된다. ERR의 수치 1.0×10^{-6}은 32비트 수치로 표시되는 한계에 근접하고 기준을 만족시킬 수 없는 절삭(truncation) 오차도 발생시키지 않는다.
- MAX : 허용된 Δx의 최대 정수 감소 수치이다.

포트란의 주 프로그램의 선언부에서 하나의 문장으로 함수를 정의할 수 있으면 함수 EQUAT의 자리에 함수를 정의할 수 있다.

A.5.3 심슨법(simpson)

심슨법은 사다리꼴법보다 더 정확한 수치적분법이다. 이 심슨법은 2차 근사함수를 사용하며 대부분의 문제에 대해 충분한 정밀도를 가지므로 아주 많이 사용되는 방법인 반면 사다리꼴법은 1차 근사함수를 사용한다.

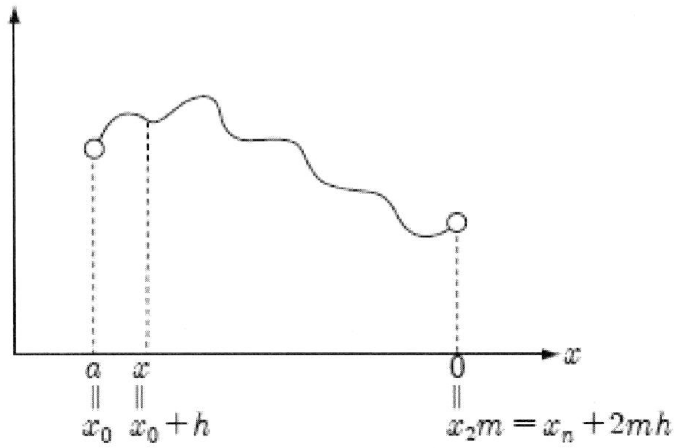

| 그림 A.15 | 심슨법

심슨법은 우선 적분구간 $a \leqq x \leqq b$을 같은 간격의 부분 구간으로 나누되 그 숫자가 짝수가 되도록 한다. 예를 들어 나눌 부분 구간의 수가 $n=2m$이라면, 한 개의 부분구간의 길이는 $h=(b-a)/2m$이 된다. 이제 앞에서부터 첫 번째 구간과 두 번째 구간 $x_0 \leqq x \leqq x_2 = x_0+2h$에 대한 $f(x)$의 근사함수를 2차 라그란지 다항식 $p_2(x)$라고 놓는다. 이 때 세 점 (x_0,f_0), (x_1,f_1), (x_2,f_2) 를 사용하면 $f(x)$의 근사함수는 다음과 같이 된다.

$$f(x) \approx p_2(x) = \frac{(x-x_1)(x-x_2)}{(x_0-x_1)(x_0-x_2)}f_0 + \frac{(x-x_0)(x-x_2)}{(x_1-x_0)(x_1-x_2)}f_1 + \frac{(x-x_0)(x-x_1)}{(x_2-x_0)(x_2-x_1)}f_2$$

앞의 식의 분모는 $x_1-x_0=x_2-x_1=h$이므로 각각 $2h^2$, $-h^2$, $2h^2$이 되며 식을 간단히 하기 위해서 $s=(x-x_1)/h$라고 놓으면 분자에 들어 있는 인자는 다음과 같이 된다.

$$\begin{aligned} x-x_0 &= (x-x_1)+(x_1-x_0) \\ &= sh+h \\ &= (s+1)h \end{aligned}$$

$$x-x_1 = sh$$

$$\begin{aligned} x-x_2 &= (x-x_1)+(x_1-x_2) \\ &= sh-h \\ &= (s-1)h \end{aligned}$$

상기 관계식을 앞의 식에 대입하면 다음과 같이 된다.

$$f(x) \approx p_2(x) = \frac{1}{2}s(s-1)f_0 - (s+1)(s-1)f_1 + \frac{1}{2}(s+1)sf_2$$

이제 $p_2(x)$를 x에 대해 x_0부터 x_2 까지 적분해 보자. 이는 s에 대해서 −1부터 1까지 적분하는 것과 동일하므로

$$s(x_0) = (x_0 - x_1)/(x_1 - x_0) = -1$$

$$s(x_2) = (x_2 - x_1)/(x_2 - x_1) = 1$$

$$dx = hds$$

$$\int_{x_0}^{x_2} f(x)dx \approx \int_{x_0}^{x_2} p_2(x)dx$$

$$= \int_{-1}^{1} \left\{\frac{1}{2}s(s-1)f_0 - (s+1)(s-1)f_1 + \frac{1}{2}(s+1)sf_2\right\}hds$$

$$= h\left(\frac{1}{3}f_0 + \frac{4}{3}f_1 + \frac{1}{3}f_2\right)$$

이와 같은 식을 다음의 두 부분구간(x_2부터 x_4)에 대해서도 구하고, 또 그 다음의 두 부분구간에 대해서도 계속 구해서 모두 더하면 다음과 같다.

$$\int_a^b f(x)dx \approx \frac{h}{3}(f_0 + 4f_1 + 2f_2 + 4f_3 + \cdot\cdot\cdot + 2f_{2m-2} + 4f_{2m-1} + f_{2m})$$

단, $h = (b-a)/2m, f_j = f(x_j)$ 이다. 이를 심슨법이라 하며 다음과 같이 간략히 표현할 수 있다.

$$\bar{J} = \frac{h}{3}(s_0 + 4s_1 + 2s_s)$$

여기서

$$s_0 = f_0 + f_{2m}$$

$$s_1 = f_1 + f_3 + \cdot\cdot\cdot + f_{2m-1}$$

$$s_2 = f_2 + f_4 + \cdot\cdot\cdot + f_{2m-2}$$

예제 A.11

심슨법을 이용하여 $J = \int_0^1 e^{-x^2}dx$의 근사값을 구하라. 단, $2m = 10$이다.

해답 적분구간이 $a=0, b=1$이고 나눌 간격의 수가 $2m=10$이므로 나눌 간격은 $h=(b-a)/2m=0.1$이고, 이로부터 x_j와 f_j를 계산하면 다음 표와 같다.

j	x_j	$e^{-x_j^2}$		
0	0	1.000000		
1	0.1		0.990050	
2	0.2			0.960789
3	0.3		0.913931	
4	0.4			0.852144
5	0.55		0.778801	
6	0.6			0.6976767
7	0.7		0.612626	
8	0.8			0.527292
9	0.9		0.444858	
10	1.0	0.367879		
합계		1.367879	3.740266	3.037901

따라서

$$J \approx \frac{h}{3}(s_0+4s_1+2s_2)=\frac{0.1}{3}(1.367879+4\times 3.740266+2\times 3.037901)=0.746825$$

참값은 0.746824이므로 소수점 5자리까지 정확하다.

A.5.3.1 심슨법(Simpson's Rule) 적용

심슨법은 두 간격의 적분식이다. 즉, 심슨법은 $2\triangle x$에 걸쳐 적분하고 3개의 연속적으로 균등하게 나누어진 점들에 2차 다항식을 적용하여 2차 근사 해를 만든다.

$$\triangle F_{i-1}^{i+1}=\frac{\triangle x\{f_b+4f_m+f_e\}}{3} \tag{A.62}$$

여기서 f_m은 간격 $2\triangle x$의 중간 지점인 $x=\triangle x$에서의 적분함수이다. 사다리꼴법과 함께 심슨법은 $2\triangle x$를 사용하여 앞에서 구한 $\triangle x$의 새로운 간격에서 구한 수치를 비교하여 효과적인 계산 형태로 수행될 수 있다. 알고리즘은 다음의 방법으로 수행된다. $\triangle x_0=x_e-x_b$ 증분으로 독립변수의 전체범위에 걸쳐 수행한다. 대략적인 적분을 위한 사다리꼴법 수치는 $VALU1_0=\triangle x_0(f_b+f_e)/2$ 이다. 이 간격을 2로 나누면$\triangle x_1=\triangle x_0/2$ 이 되고 원래의 중간 지점에서의 함수를 평가하여 f_m을 구한다.

이 법칙을 두 번 적용하고 x_b 부터 x_e까지 적분한 대략적인 수치인 $VALU1_1=\triangle x(f_b+2f_m+f_e)/2$ 를 구하기 위해 더한다. 심슨법은 다음과 같이 이 새로운 수치를 4로 곱하고 첫 번째 수치를 감하고 이 결과를 3으로 나누어 구할 수 있다.

$$VALUE = (4VALU1_1 - VALU1_0)/3 \tag{A.63}$$

$$= \{4\Delta x_1(f_b + 2f_m + f_e)/2 - \Delta x_1(f_b + f_e)\}/3$$

$$= \Delta x_1(f_b + 4f_m + f_e)/3$$

$\Delta x_i,\ i = 2,\ 3, \cdot \cdot$, 연속적인 절반의 간격으로 이 알고리즘을 적용하고 심슨법의 새로운 대략적인 적분 수치 즉, 새로운 절반 간격과 연관된 심슨법을 위한 적분의 새로운 근사수치 $VALUE$는 다음과 같다.

$$VALUE = (4VALU1_I - VALU1_{I-1})/3 \tag{A.64}$$

여기서 사다리꼴법 알고리즘으로 $VALU1$을 구한다. 새로운 Δx로 각 $VALU1_i$를 구하고 각 선행Δx로 $VALU1_{i-1}$를 구한다.

그림 A.16은 심슨법으로 수치적분을 수행하는 포트란 프로그램 SIMPR 전산 코드를 보여준다. 여기서 인자는 서브루틴 프로그램 TRAPR의 인자와 동일하다. TRAPR와 구별하기 위해서 이 프로그램의 명칭을 SIMPR로 변경한다.

```
      SUBROUTINE SIMPR(EQUAT,XB,XE,VALUE,ERR,MAX)
      EXTERNAL EQUAT
      EV1=-1.E30
      EV=-1.E30
      VALU1=.5*(XE-XB)*(EQUAT(XB)+EQUAT(XE))
      M=1
      I=0
10    I=I+1
      DELX=(XE-XB)/FLOAT(M)
      X=XB+.5*DELX
      SUM=0.
      DO 20 J=1,M
      SUM=SUM+EQUAT(X)
20    X=X+DELX
      VALU1=.5*(VALU1+(XE-XB)*SUM/FLOAT(M))
      M=2*M
      VALUE=(4.*VALU1-EV1)/3.
      IF(ABS(VALUE-EV).LT.ERR*ABS(EV)) RETURN
      EV=VALUE
      EV1=VALU1
      IF(I.LT.MAX) GO TO 10
      WRITE(*,*)' Failed to satisfy error req.', VALUE-EV
      RETURN
      END
```

| 그림 A.16 | SIMPR.FOR 프로그램

예제 A.12

사다리꼴법과 심슨법을 사용하여 함수 $f(x)=x^2(x^2-2)sin(x)$을 구간 0에서 $\pi/2$까지 적분하고 그 결과를 엄밀해와 비교하라.

엄밀 적분결과는 $F(x)=4x(x^2-7)sin(x)-(x^4-14x^2+28)cos(x)$이다. 다음의 프로그램은 이 문제를 완벽하게 해결하기 위해 작성되었다.

해답 해를 구하기 위한 포트란 주 프로그램과 서브루틴 프로그램 EQUAT

```
PARAMETER (NMAX=21, A=0, B=1.5707963, ERR=1.E-5)
EXTERNAL EQUAT
CLOINT(X)=4.*X*(X**2 -7.)*SIN(X)-(X**4-14.*X**2+28.)*COS(X)
CALL TRAPR(EQUAT,A,B,VALUE,ERR,NMAX) ! 심슨법을 사용하려면
!TRAPR를 SIMPR로 변경하여야 한다.
WRITE(*.*) VALUE,CLOINT(B)-CLOINT(A)
END
FUNCTION EQUAT(X)
EQUAT=X**2*(X**2-2.)*SIN(X)
RETURN
END
```

프로그램 실행 결과 다음과 같다.

방법	결과
엄밀해	-4.791598E-1
사다리꼴법	-4.791531E-1
심슨법	-4.791583E-1

부록 B

펌프특성곡선

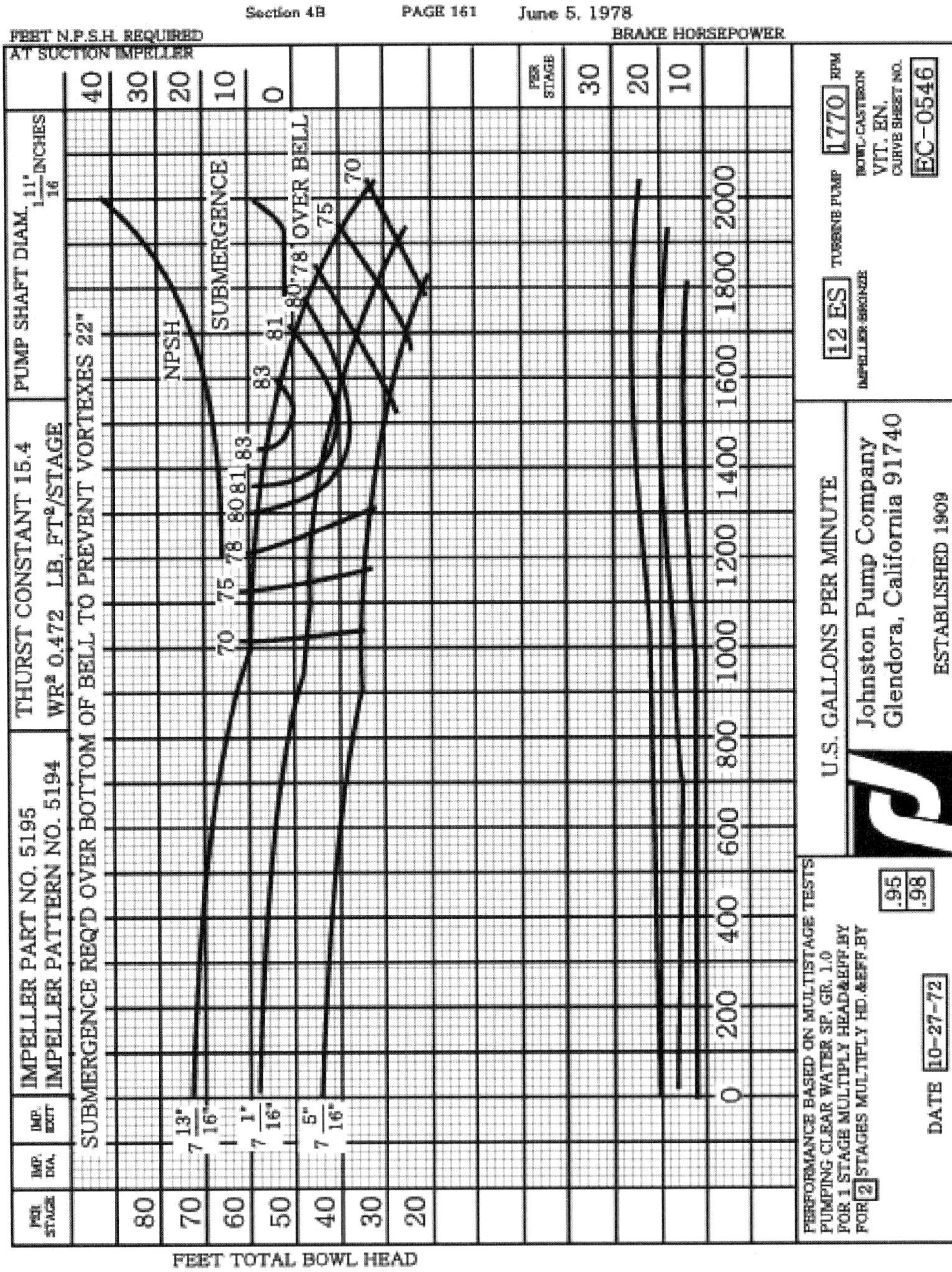

(Courtesy of Johnston Pump Co.)

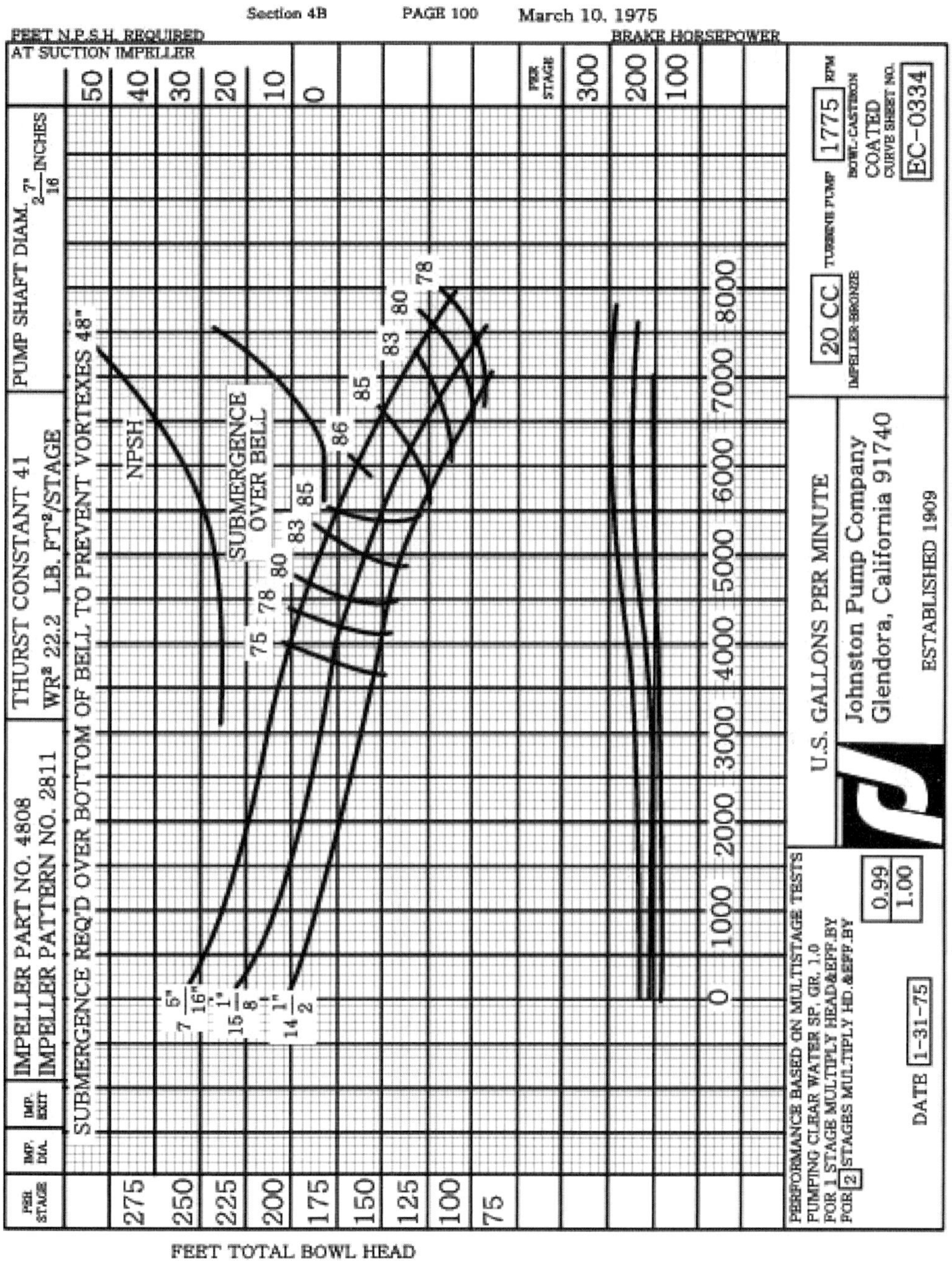

(Courtesy of Johnston Pump Co.)

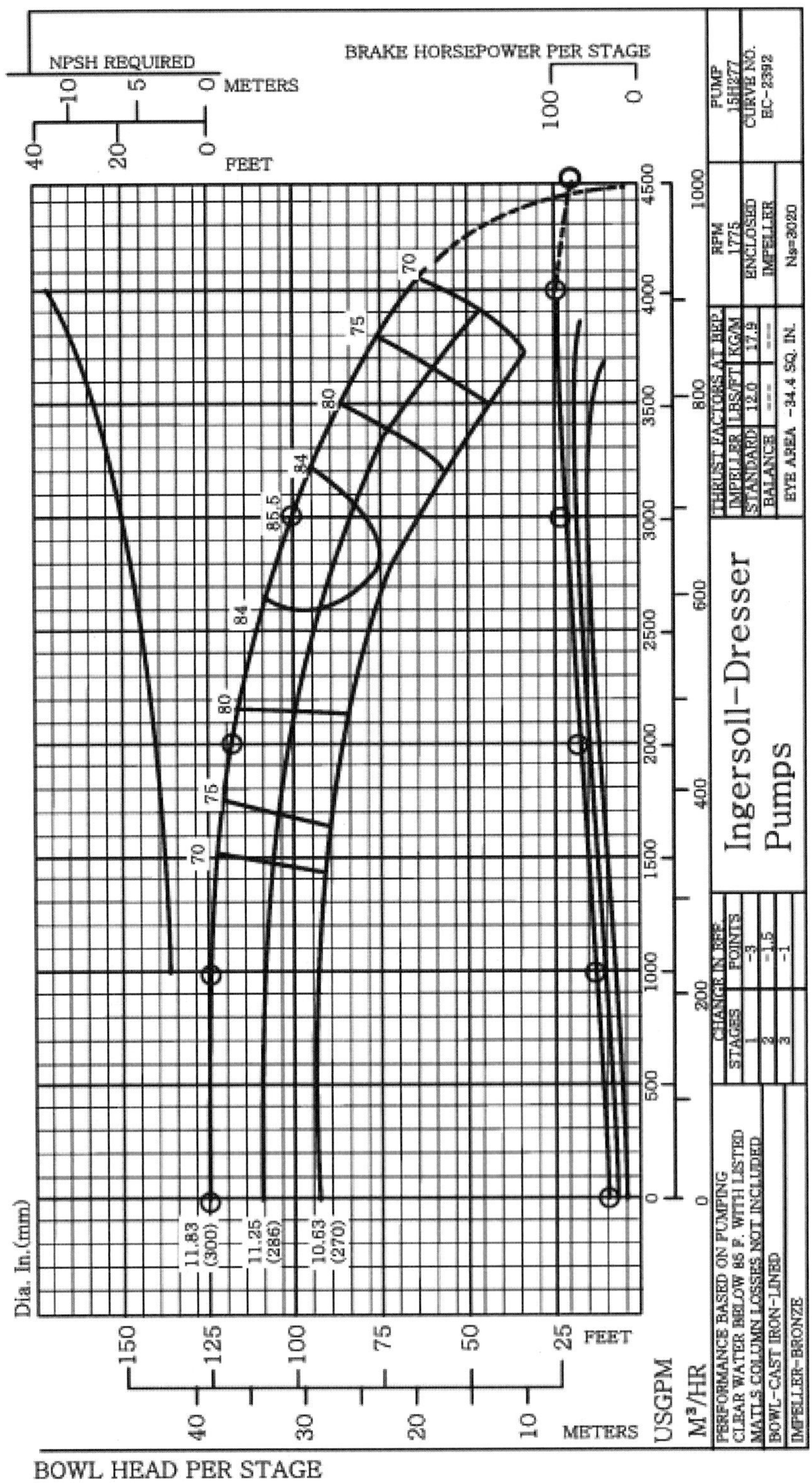
NPSH REQUIRED
METERS
FEET
BRAKE HORSEPOWER PER STAGE
Dia. In.(mm)
11.83 (300)
11.25 (286)
10.63 (270)
USGPM
M³/HR
BOWL HEAD PER STAGE
PUMP 15H277
CURVE NO. EC-2392
RPM 1775
ENCLOSED IMPELLER
Ns=2020
EYE AREA -34.4 SQ. IN.
Ingersoll-Dresser Pumps
PERFORMANCE BASED ON PUMPING CLEAR WATER BELOW 85 F. WITH LISTED MATL.S COLUMN LOSSES NOT INCLUDED
BOWL-CAST IRON-LINED
IMPELLER-BRONZE

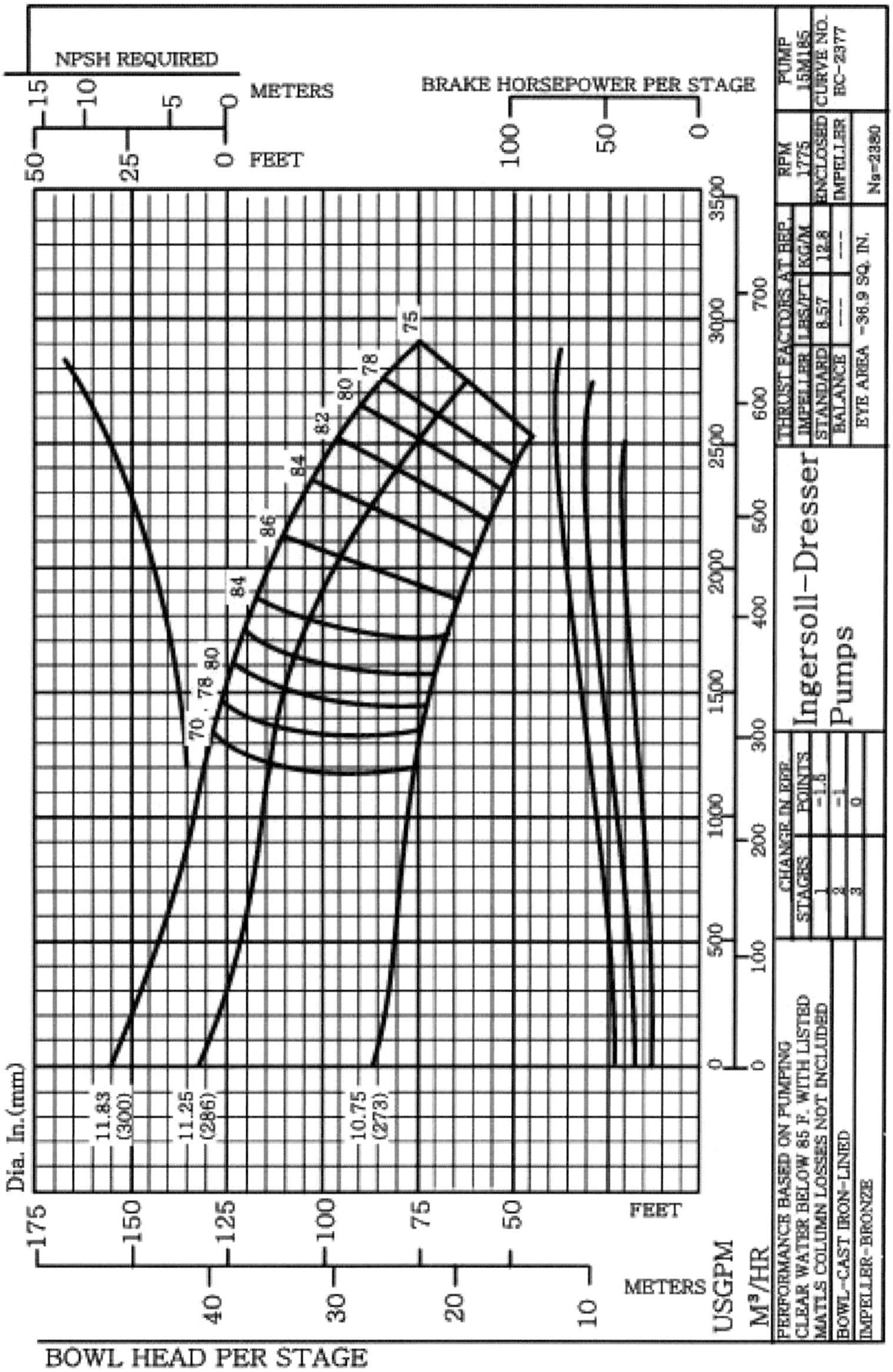
NPSH REQUIRED
METERS
FEET
BRAKE HORSEPOWER PER STAGE
BOWL HEAD PER STAGE
Dia. In.(mm)
11.83 (300)
11.25 (286)
10.75 (273)
USGPM
M³/HR
PUMP 15M185
CURVE NO. BC-2377
RPM 1775
ENCLOSED IMPELLER
THRUST FACTORS AT REF.
IMPELLER LBS/FT KG/M
STANDARD 8.57 12.8
BALANCE
EYE AREA -36.9 SQ. IN.
Ns=2380
Ingersoll-Dresser Pumps
CHANGE IN EFF.
STAGES POINTS
1 -1.5
2 -1
3 0
PERFORMANCE BASED ON PUMPING CLEAR WATER BELOW 85 F. WITH LISTED MATLS COLUMN LOSSES NOT INCLUDED
BOWL-CAST IRON-LINED
IMPELLER-BRONZE

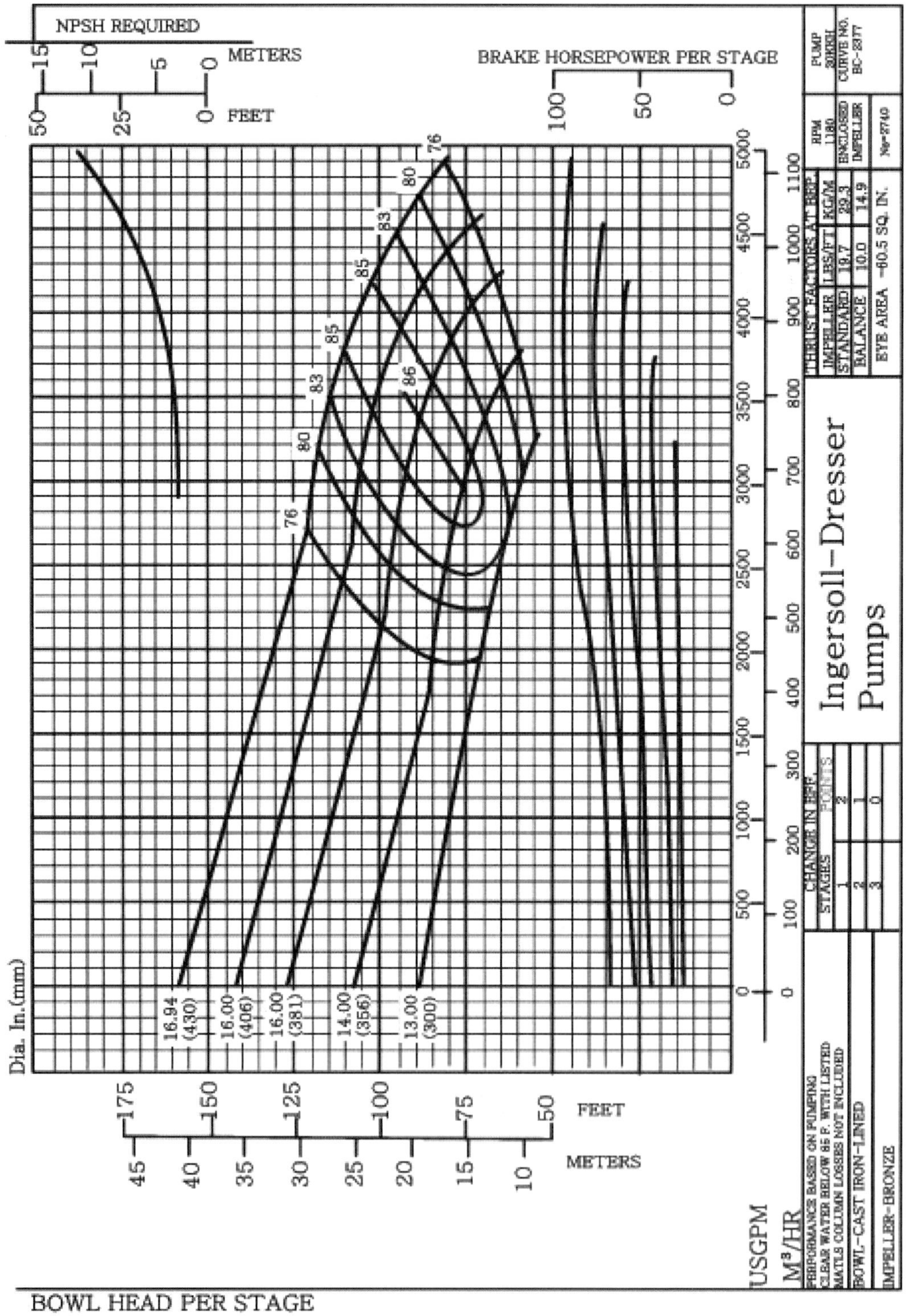
NPSH REQUIRED
METERS
FEET
BRAKE HORSEPOWER PER STAGE
Ingersoll-Dresser Pumps
USGPM
M³/HR
BOWL HEAD PER STAGE
Dia. In.(mm)
16.94 (430)
16.00 (406)
16.00 (381)
14.00 (356)
13.00 (300)
THRUST FACTORS AT BEP
IMPELLER LBS/FT KG/M
STANDARD 19.7 29.3
BALANCE 10.0 14.9
EYE AREA -60.5 SQ. IN.
ENCLOSED IMPELLER
CHANGE IN BEP
STAGES POINTS
BOWL-CAST IRON-LINED
IMPELLER-BRONZE

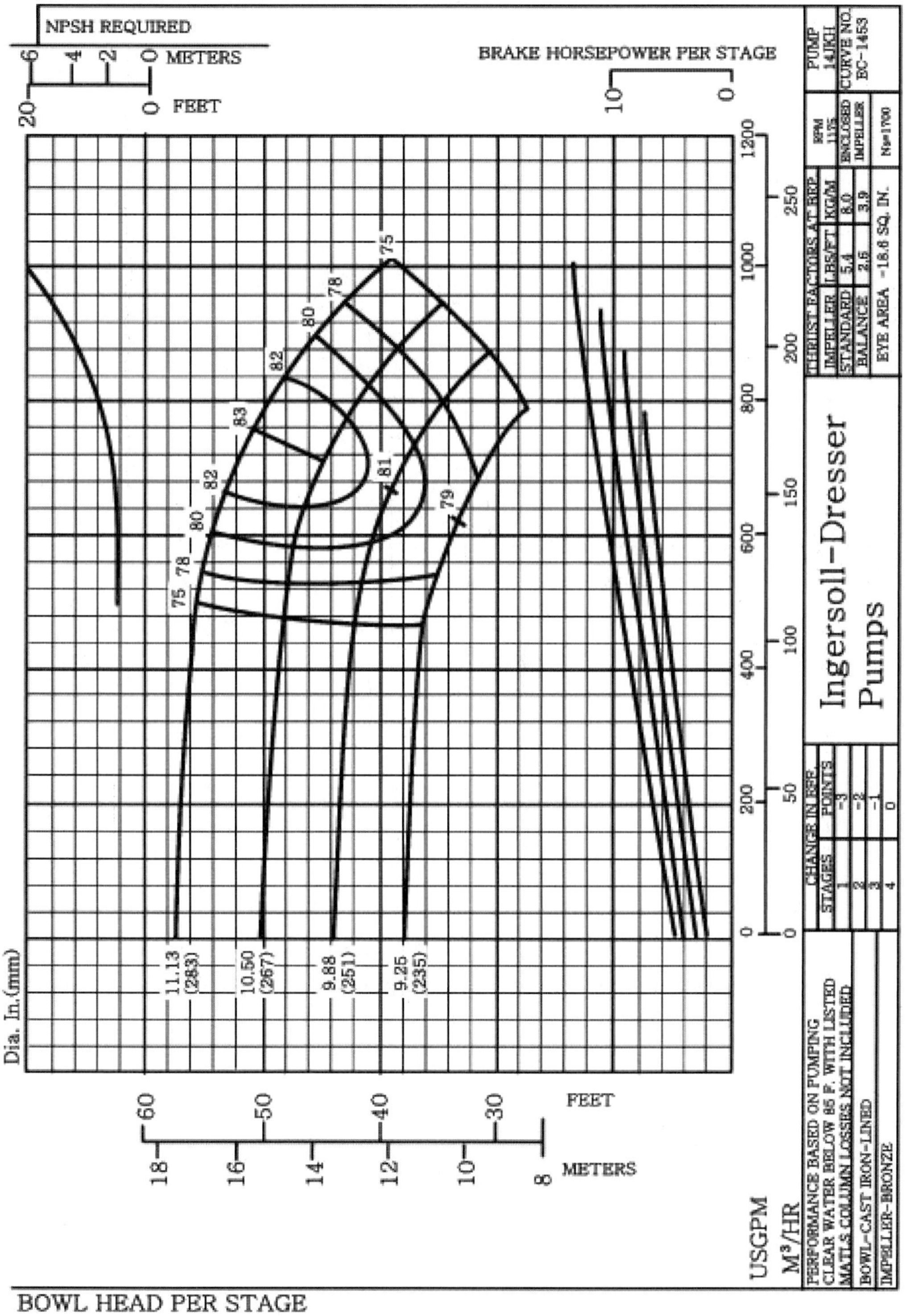
NPSH REQUIRED
METERS
FEET
BRAKE HORSEPOWER PER STAGE
Dia. In.(mm)
11.13 (283)
10.50 (267)
9.88 (251)
9.25 (235)
USGPM
M³/HR
FEET
METERS
BOWL HEAD PER STAGE
PUMP 14JKH
CURVE NO. BC-1453
RPM 1175
ENCLOSED IMPELLER
Ns=1700
THRUST FACTORS AT REP
IMPELLER LBS/FT KG/M
STANDARD 5.4 8.0
BALANCE 2.6 3.9
EYE AREA =18.6 SQ. IN.
Ingersoll-Dresser Pumps
CHANGE IN EFF.
STAGES POINTS
1 -3
2 -2
3 -1
4 0
PERFORMANCE BASED ON PUMPING CLEAR WATER BELOW 85 F. WITH LISTED MATL.S COLUMN LOSSES NOT INCLUDED
BOWL-CAST IRON-LINED
IMPELLER-BRONZE

부록 C

밸브손실계수

C.1 글로브밸브와 앨글밸브

완전 개방시 글로브밸브와 앵글밸브의 유량계수 C_V와 손실계수 K_L는 다음과 같다. 이 자료는 CLA–VAL, Newport Beach, CA의 협찬으로 Cla–Val Automatic Control Valve Data Catalog로부터 발췌 한 것이다.

표 C.1 글로브밸브와 앵글밸브의 유량계수

크기(인치)	4	6	8	10	12	14	16	24
C_V 글로브	200	460	770	1245	1725	2300	2940	7655
앨 글	240	541	990	1575	2500*	3060*	4200*	---
K_L 글로브	5.8	5.7	6.1	5.8	6.1	5.0	5.2	4.0
앵 글	4.1	4.1	3.7	3.6	2.9	2.8	2.6	---

*:추정치

유량계수 C_V는 밸브 전후에서의 압력차가 $1lb/in^2$일 때 분당 통과하는 유량(gal/min)으로 이 때의 수온은 60°F이다. C_V와 관련된 공식은 유량 Q 그리고 압력 저하 Δp 와 함께 다음과 같이 표현된다.

$$C_V = \frac{Q}{\sqrt{\Delta p}} \qquad Q = C_V\sqrt{\Delta p} \qquad \Delta p = \left(\frac{Q}{C_V}\right)^2 \tag{C.1}$$

밸브의 저항 계수 K_L의 수치는 다음 식으로 구할 수 있다.

$$h = K_L \frac{V^2}{2g} \tag{C.2}$$

여기서 h는 손실수두, V는 평균 유속으로 단위는 ft/s, 그리고 $g = 32.2ft/s^2$이다. C_V와 K_L의 관계는 다음과 같으며 여기서 D는 배관 직경으로 단위는 인치이다.

$$K_L = 890\frac{D^4}{C_V^{@}} \tag{C.3}$$

GA Industries에서 제작한 글로브밸브와 앵글밸브의 완전 개방시 유량 계수 C_V는 다음 표와 같으며 C_V계수는 식 C.1에서 정의되었다.

표 C.2 글로브밸브와 앵글밸브의 유량계수

크기(인치)	6	8	10	12	14	16	18	24
글로브	447	831	1175	1750	2500	3260	4130	5100
앨 글	600	1060	1800	2385	3245	4240	5365	6620

그림 C.1은 밸브 행정과 유량 계수가 어떻게 다른지를 보여준다. 그림은 글로브밸브와 앵글밸브 모두에 적용된다.

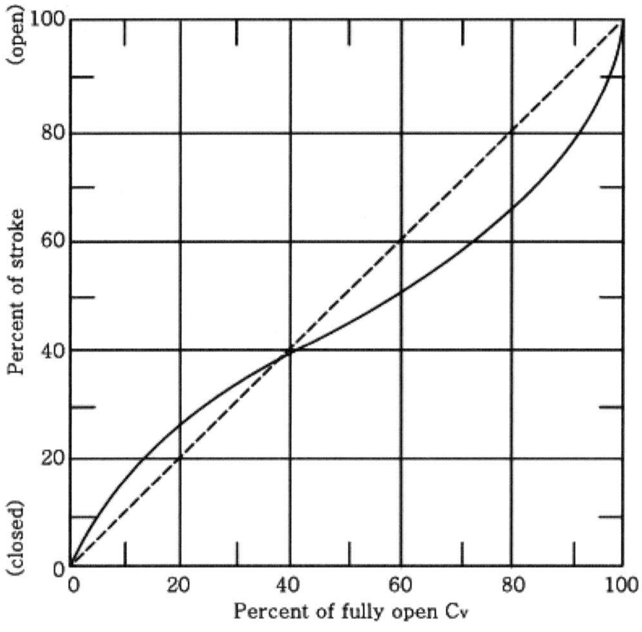

| 그림 C.1 | 행정의 퍼센트의 함수로서 유량 계수 C_V

상기 그래프와 표는 GA Industries, Inc., Cranberry township, PA.의 협찬으로 제공 되었음.

C.2 버터플라이밸브

식 C.2에 따른 버터플라이밸브의 개방 퍼센트의 함수로서의 손실계수는 다음 표와 같다.

표 2.3 버터플라이 밸브 손실계수 K_L

개방 도(°)	3인치부터 8인치 밸브 K_L	10인치부터 20인치 밸브 K_L
5	15625	15625
10	3860	3860
15	935	935
20	337	337
25	145	145
30	71.8	71.8
35	39.6	39.6
40	21.6	21.6
45	12.7	12.7
50	6.61	7.42
55	4.00	4.41
60	2.62	2.64
65	1.79	1.59
70	1.25	0.952
75	0.948	0.620
80	0.800	0.496
85	0.718	0.460
90	0.689	0.447

C.3 볼밸브

식 C.1에 따른 볼밸브에 대한 ①완전 개방시C_V수치 ②개방 각도(°)의 함수로서 C_V의 퍼센트와 C_V 계수는 다음과 같다.

∷ 표 C.$ 볼밸브 유량계수

밸브 크기 인치	C_V
6	5250
8	9330
10	14600
12	21000
14	28600
16	37300
18	47300
20	58300
24	84000
30	131300
36	189000
42	257300
48	336000
54	425300
60	525100

개방 각도 °	완전 개방 C_V의 퍼센트
5	0.16
10	0.88
15	1.40
20	1.80
25	2.40
30	3.10
35	3.70
40	4.70
45	5.90
50	7.20
55	9.00
60	11.2
65	14.10
70	18.00
75	24.50
80	41.50
85	73.00
90	100.00

표 D.3와 D.4에 있는 자료는 Henry Pratt Co., Aurora, IL.사의 협찬으로 제공되었음.

부록 D

엑셀 사용법

본 부록에서는 포트란 프로그램을 이용한 관망해석·설계시 사용된 포트란 프로그램의 주요 기능을 대체할 수 있는 엑셀 사용법에 대해 기술한다.

D.1 해 찾기

엑셀의 해 찾기 사용법을 사용하여 예제 2.1의 문제를 해결한다.

1. 엑셀의 메뉴바에서 데이터를 클릭하고 해 찾기 버튼을 클릭하면 그림 D.1의 팝업창이 뜬다.
2. 이 팝업창의 "목표설정"칸에는 다음의 Colebrook–White식을 입력한 셀 B14를 지정한다.

$$F = \frac{1}{\sqrt{f}} - 1.14 + 2\log_{10}\left(\frac{e}{D} + \frac{7.3434728\nu D}{Q\sqrt{f}}\right)$$

3. "대상" 칸에는 지정값을 선택한 후 0을 입력한다.
4. "변수 셀 변경" 칸에는 임의 f 값(여기에서는 $f = 0.01$)을 입력한 셀 B8을 지정한다.
5. "제한 조건에 종속" 칸에는 예상되는 f 값의 초기 수치를 입력한 셀 B8의 수치를 셀 B11과 B12에 복사하고, 최대수치 1과 최소수치 0.0001를 입력한 셀 D11과 D12를 지정하여 최대치와 최소치를 입력한다.
6. 이 칸 밑에 있는 "제한되지 않은 변수를 음이 아닌 수로 설정" 박스를 클릭한다.
7. 마지막으로 "해법 선택" 칸에서는 Colebrook–White식이 비선형이므로 GRG 비선형을 선택한 후 해 찾기 버튼을 클릭하면 그림 D.2의 팝업창이 뜨고, 확인 버튼을 클릭하면 $f = 0.017547$을 구 할 수 있다.

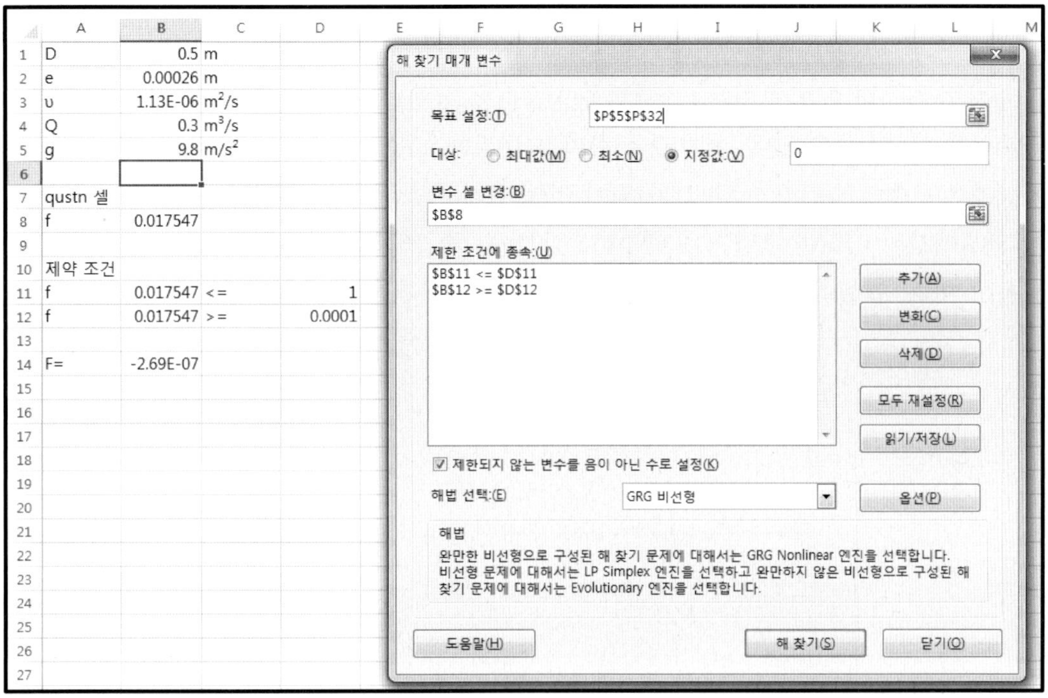

| 그림 D.1 | 엑셀의 해 찾기 기능 사용법 1

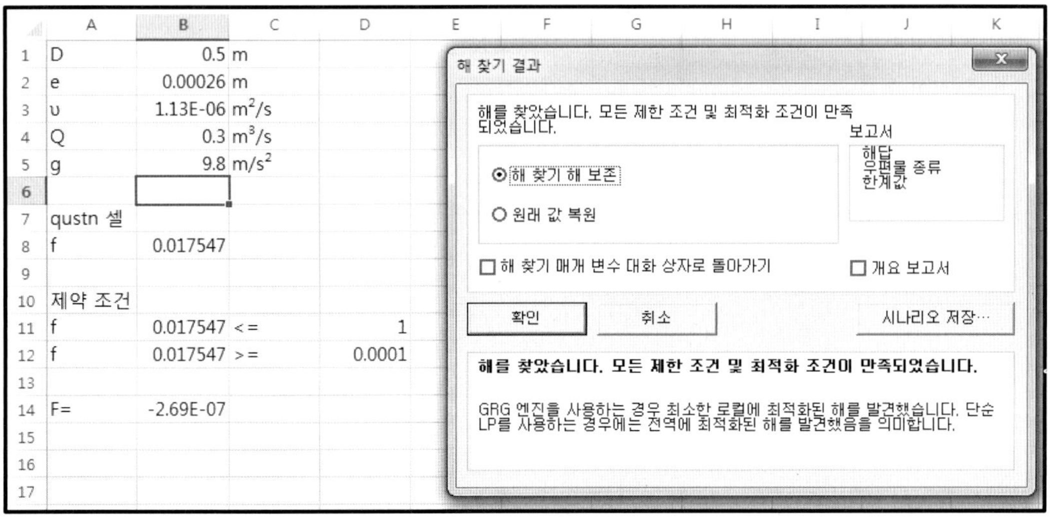

| 그림 D.2 | 엑셀의 해 찾기 기능 사용법 2

D.2 행렬식

뉴튼법 사용시 반드시 가우스소거법을 사용하여 행렬을 해결하여야 한다. 행렬의 크기가 단순하게 3×3일 때도 많은 시간과 노력이 요구된다. 그러나 배관이 9개로 구성된 단순한 관망에서도 행렬의 크기가 21×21가 되어 이를 수계산으로 해결하는 것이 불가능하다. 그러나 엑셀에서는 이러한 행렬식을 해결하는 기능을 제공하므로 이 사용법을 숙지하면 많은 도움이 된다. 엑셀의 행렬식 해를 구하는 방법을 사용하여 예제 4.1의 문제를 해결한다.

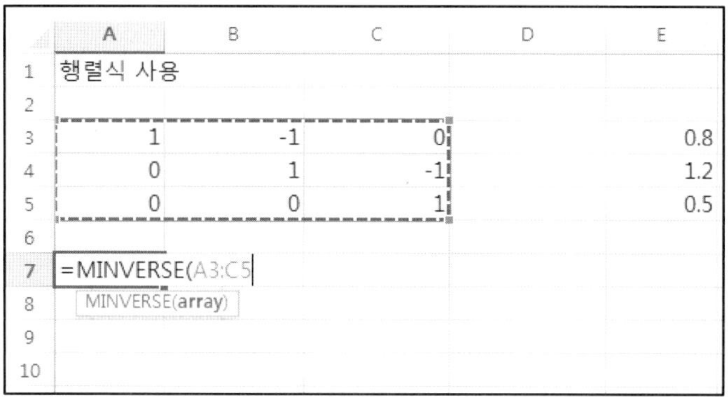

| 그림 D.3 | 행렬식 해결 과정 1

1. 그림 D.3과 같이 엑셀의 A3~C5 셀과 E3~E5 셀에 계수행렬식의 숫자를 입력한다.
2. A7셀에서 MINVERSE을 입력하거나 함수를 호출하고 범위를 A3~C5 셀을 드래그하여 지정한다.
3. 마지막으로 자판의 Ctrl과 Shift 키를 누른 상태에서 Ender 키를 치면 그림 D.4와 같이 A7셀에 수치가 자동으로 입력된다.

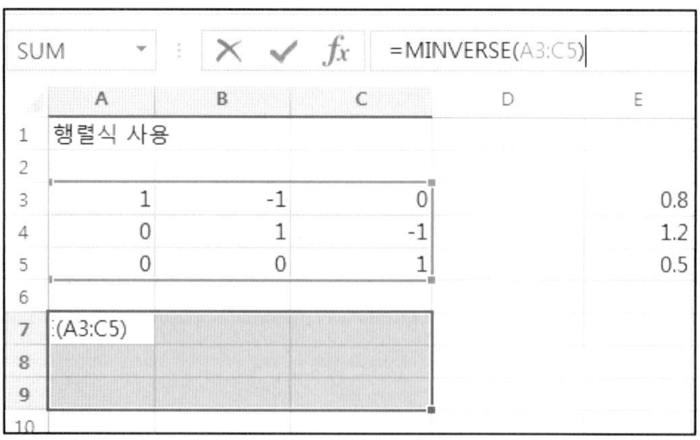

| 그림 D.4 | 행렬식 해결 과정 2

5. 마우스를 드래그하여 A7～C9까지 범위를 지정한 후 상단에 있는 수식 입력창에 마우스를 클릭한 후 자판의 Ctrl과 Shift 키를 누른 상태에서 Ender 키를 치면 그림 D.5와 같이 A7～C9 셀에 수치가 자동으로 입력된다.

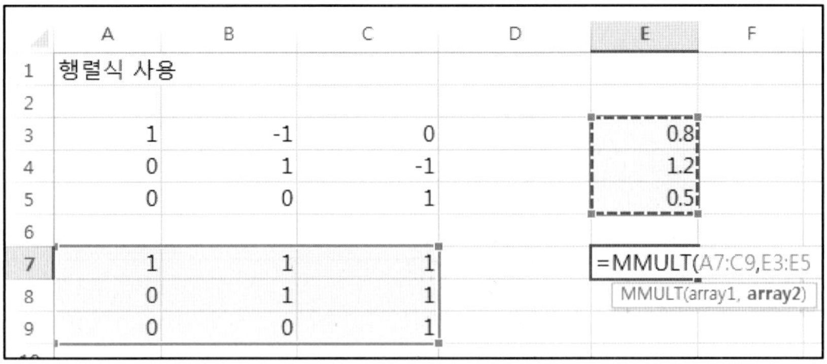

| 그림 D.5 | 행렬식 해결 과정 3

6. E7 셀에서 MMULT 기능을 호출한 후 마우스로 A7～C9 셀을 드래그한 후 자판으로 콤마 (,)를 입력하고 마우스로 E3～E5 셀을 드래그한 후 자판의 Ctrl과 Shift 키를 누른 상태에서 Ender 키를 치면 그림 D.6과 같이 E7 셀에 수치가 자동으로 입력된다.

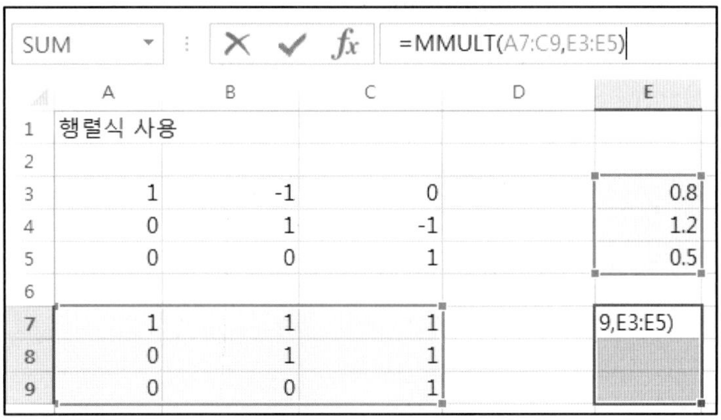

| 그림 D.6 | 행렬식 해결 과정 4

7. 마우스를 드래그하여 E7～E9까지 범위를 지정한 후 상단에 있는 수식 입력창에 마우스를 클릭한 후 자판의 Ctrl과 Shift 키를 누른 상태에서 Ender 키를 치면 그림 D.7과 같이 E7～E9 셀에 수치가 자동으로 입력되면서 해가 출력된다.

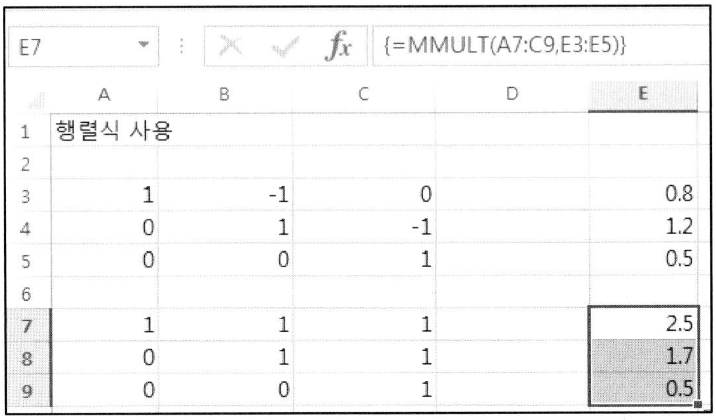

| 그림 D.7 | 행렬식 해결 과정 5

D.3 펌프 특성식

펌프의 3쌍의 $Q-H$ 자료가 주어지면 엑셀의 그래프 기능을 이용하여 예제 2.5의 문제를 해결한다.

1. 그림 D.8과 같이 펌프의 $Q-H$ 자료가 주어진 셀 A2~B5까지 마우스 드래그하고, 메뉴바에서 삽입을 클릭한 후 분산형 차트를 선택한다.

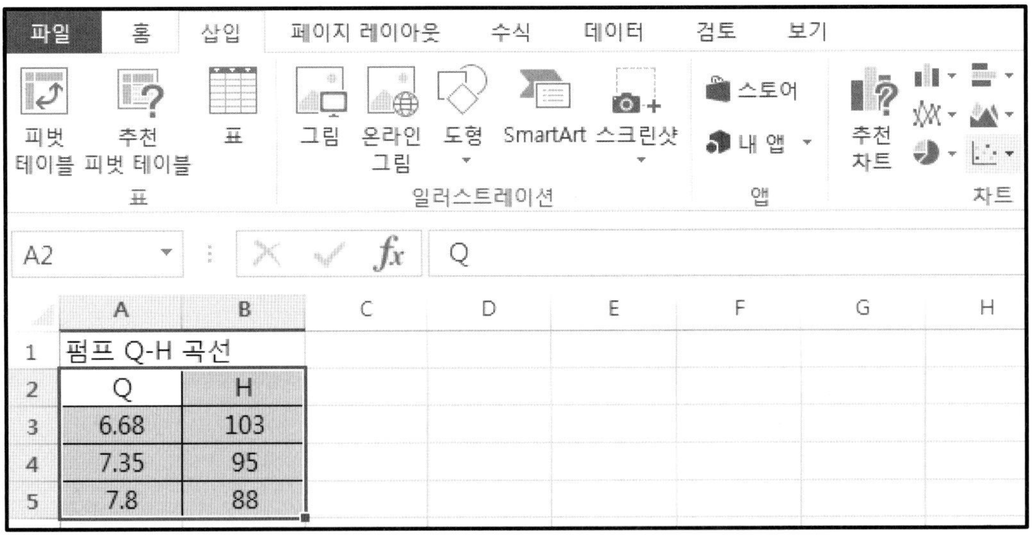

| 그림 D.8 | 펌프 특성식 해결 과정 1단계

2. 곡선 및 표식이 있는 분산형을 선택하면 그림 D.9와 같이 그래프가 나타난다.

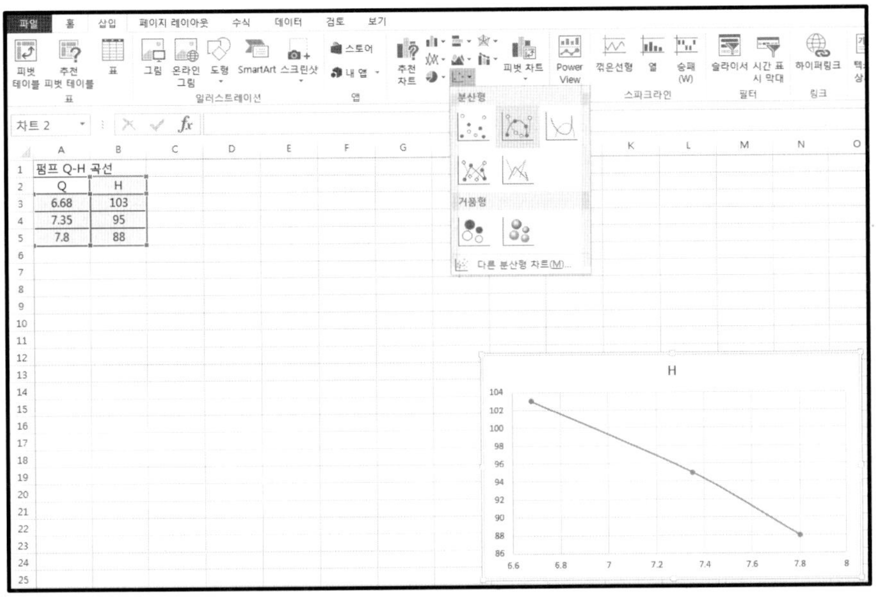

| 그림 D.9 | 펌프 특성식 해결 과정 2단계

3. 그림 D.10과 같이 나타난 그래프의 선을 클릭하고 마우스 오른쪽을 클릭하면 세부 메뉴 팝업창이 뜬다.

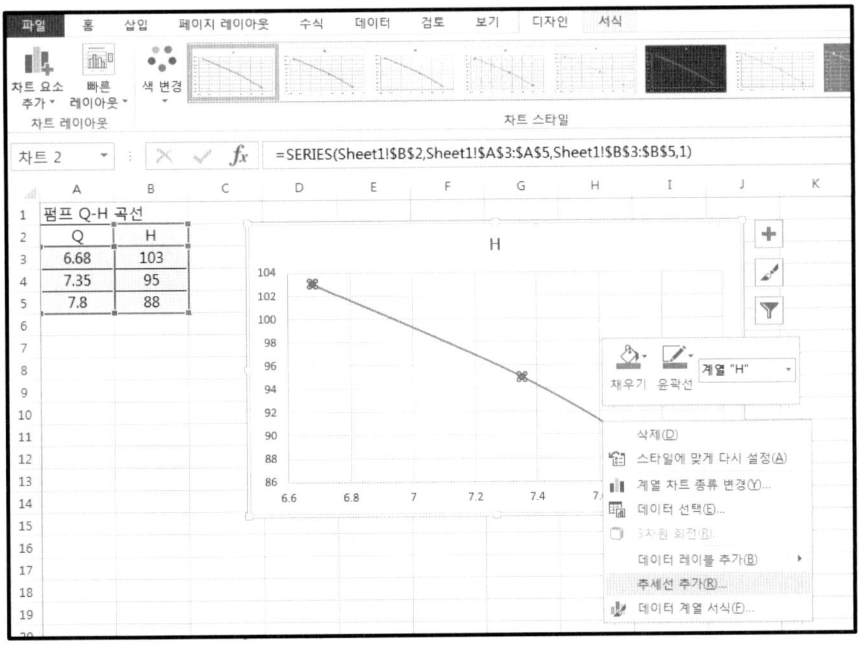

| 그림 D.10 | 펌프 특성식 해결 과정 3단계

4. 그림 D.10의 팝업창에서 추세선 추가(R)를 클릭하면 엑셀 화면의 오른 쪽에 추세식 서식 팝업창이 뜬다. 이 팝업창에서 추세선 옵션을 다항을 선택하고 펌프 특성식을 2차식으로 나타내기 위해 차수를 2로 지정한다. 추세식을 그래프에 나타내기 위해 예측 아래 수식을 차트에 표시 박스를 선택하면 그림 D.11과 같이 그래프에 2차식이 나타난다.

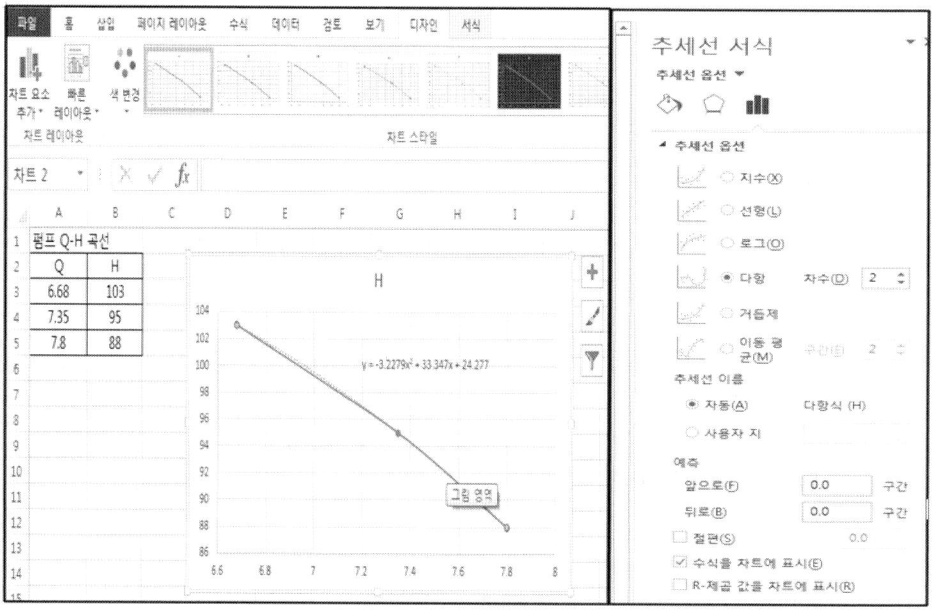

| 그림 D.11 | 펌프 특성식 해결 과정 4단계

찾아보기

ㅎ

에코스타
"자연을 생각하는 환경기업"
http://www.ecostar.co.kr
상향류식 고속여과시설(EcoTreat)
중.소규모 시설
대규모 시설
적용사례
기술적용 – 불투수면 초기우수, 합류식 하수도 월류수
적용사례 – 수원, 태백, 창녕, 청주, 부산, 국방부 등 기술공모 선정
상향류식 고속여과시설(ES-Filter)
중.소규모 시설
대규모 시설
교량형 시설
기술적용 – 불투수면 초기우수 (도로, 단지 등)
적용사례 – 국내 500여 개소 이상 적용
저영향 개발 시설(L.I.D System)
모식도(레인가든)
수목식재박스
레인가든
기술적용 – 불투수면 초기우수 (도로, 단지 등)
적용사례 – 국책기관 및 00대학교 개발 기술
조류제거용 선택적 취수시스템
모식도
적용사례 (팔당호, 광주 취수탑)
기술적용 – 상수원 취수구, 호소 등
적용사례 – 팔당호, 경기도 광주 취수탑 등
터널폐수 처리시설
적 용 사 례
기술적용 – 도로부 터널 오탁수처리시설
적용사례 – 수도권 고속철도 건설공사 외
ECOSTAR
경기도 수원시 장안구 경수대로 950 Tel : 031) 268-8998 Fax : 02) 3402-1646 E-mail : ecostars@hanmail.net

저자 약력

박 한 영

- 공학박사/기술사/겸임교수/저자
- Texas Tech University at Lubbok 기계공학석사(1993년)
- University of Wisconsin at Madison 방문연구원(2003년)
- KYPIPE 프로그램 교육자격인증서 취득(Dr. D.J. Wood, University of Kentucky)
- 현재 한국수자원공사 경남서부권관리단장

저술활동(총 20권)

- 상하수도설비관련 6권: 『펌프핸드북』 2002년, 『밸브핸드북』 2005년, 『펌프장설계』 2007년, 『정수설비핸드북』 2009년, 『배관핸드북』 2010년, 『밸브 · 작동기 A to Z』 2013년
- 유체역학관련 2권: 『전산유체 따라잡기』 2010년, 『유체기계에서의 공동화현상』 2015년
- 최적화 및 수요예측관련 2권: 『최적화 이론 및 실제』 2011년, 『물수요예측』 2011년
- 수충격해석관련 5권: 『그림으로 푸는 수충격해석』 2004년, 『전산기로 푸는 수충격해석 입문』 2005년, 『전산기로 푸는 수충격해석 완성』 2005년, 『Pipe2008을 이용한 관망해석 · 설계』 2008년, 『Pipe2010을 이용한 관망해석 · 설계』 2010년
- 관망해석 및 운영관련 5권: 『상하수도 관망해석 · 설계』 2007년, 『배 · 급수시스템 핸드북』 2011년, 『배 · 급수시스템 최적 설계 · 운영』 2013년, 『물손실제어』 2014년, 『엑셀로 푸는 관망해석 · 설계』 2017년

강 문 식

- 에코스타(주) 대표이사('14 ~ 현재)
- 한국도로공사 녹색처 환경팀장,수원지사장('87~'13.12)
- 강원대학교 토목공학과 졸업 ('87.2)
- 강원대학교 토목공학과 박사 졸업('12.2)
- 환경부장관상 표창('15.3)
- 친환경대상 국토부장관상 표창('15.9)
- 특허등록 : '빗물받이 함침형 침투도랑'등 다수

양 재 구

- 한국해양대학교 기관학과 졸업(1985)
- 現 플로우테크(주) 설립 및 대표이사 취임(2005~)
- 열병합발전 중온수배관계 압력유지시스템 개발 및 20개 발전소 독점 납품(세계최초개발)
- 정부발주 연구실적
  「발전소냉각수계의 온라인 실시간 부식감지 시스템」
  「열병합발전용 상압형 축열조 성능개선」
- 서울시 상수도 사업본부 수도시설 기술진단 전문위원 위촉(2011)
- 한국과학기술정보연구원 위촉(2014)
- 수충격-압력유지시스템 우수자본재개발 대통령 표창(2014)
- 한국무역협회 백만불 수출의 탑 수상(2016)
- 수충격방지·압력유지 관련 IP재산권 126건 보유(세계최다)

최신 예제풀이 엑셀파일을 다운받기 위해서는 www.flowtech21.co.kr 고객지원으로 접속하시기 바랍니다.

엑셀로 푸는 관망 해석·설계

2017년 5월 12일 1판 인쇄
2017년 5월 19일 1판 발행

인 지
첨 부

지은이 • 박한영, 강문식, 양재구
발행자 • 이영애
발행처 • 공감북스
주 소 • 02011 서울시 중랑구 중랑천로 256
전 화 • 02-971-9683
팩 스 • 02-972-9683
등 록 • 제 25100-2015-18호
등록일 • 2015년 7월 15일
e-mail • sympathybook@naver.com

ISBN 979-11-86898-28-4(93530)
정 가 35,000원